建设工程识图与工程量清单计价一本通系列

建筑工程识图与工程量清单计价一本通

（第 2 版）

本书编委会　编

中国建材工业出版社

图书在版编目(CIP)数据

建筑工程识图与工程量清单计价一本通/《建筑工程识图与工程量清单计价一本通》编委会编. —2版. —北京:中国建材工业出版社,2014.12

(建设工程识图与工程量清单计价一本通系列)

ISBN 978 - 7 - 5160 - 1006 - 8

Ⅰ.①建… Ⅱ.①建… Ⅲ.①建筑制图-识别 ②建筑工程-工程造价 Ⅳ.①TU204②TU723.3

中国版本图书馆 CIP 数据核字(2014)第 242548 号

建筑工程识图与工程量清单计价一本通(第 2 版)

本书编委会　编

出版发行:中国建材工业出版社

地　　址:北京市海淀区三里河路 1 号

邮　　编:100044

经　　销:全国各地新华书店

印　　刷:北京紫瑞利印刷有限公司

开　　本:787mm×1092mm　1/16

印　　张:22

字　　数:592 千字

版　　次:2014 年 12 月第 2 版

印　　次:2014 年 12 月第 1 次

定　　价:55.00 元

本社网址:www.jccbs.com.cn　　微信公众号:zgjcgycbs

本书如出现印装质量问题,由我社营销部负责调换。电话:(010)88386906

对本书内容有任何疑问及建议,请与本书责编联系。邮箱:dayi51@sina.com

内容提要

本书第 2 版根据《建设工程工程量清单计价规范》（GB 50500—2013）和《房屋建筑与装饰工程工程量计算规范》（GB 50854—2013）编写，系统阐述了建筑工程施工图识读与工程量清单计价的基础理论和方式方法。全书主要内容包括建筑工程施工图绘制与识读、建设工程工程量清单及计价、清单计价模式下的成本要素、建筑工程清单项目设置及工程量计算、建设工程招投标管理、工程价款结算与竣工决算等。

本书内容丰富、实用性强，可供建筑工程工程量清单计价编制与管理人员使用，也可作为高等院校相关专业师生的学习辅导用书。

建筑工程识图与工程量清单计价一本通

编委会

主　编：韩　轩

副主编：宋丽华　沈志娟

编　委：李　慧　李建钊　徐梅芳　马　超
　　　　刘秀南　王　委　刘梓洁　王翠玲
　　　　王秋艳　卢晓雪　左万义

第 2 版前言

在工程建设领域实行工程量清单计价，是我国深入进行工程造价体制改革的重要组成部分。本系列丛书自出版发行以来，对指导广大建设工程造价人员理解清单计价规范的相关内容，掌握工程量清单计价的方法发挥了重要的作用。

随着我国工程建设市场的快速发展，住房和城乡建设部标准定额司组织有关单位对《建设工程工程量清单计价规范》（GB 50500—2008）进行了修订，并于 2012 年 12 月 25 日正式颁布了《建设工程工程量清单计价规范》（GB 50500—2013）及《房屋建筑与装饰工程工程量计算规范》（GB 50854—2013）、《通用安装工程工程量计算规范》（GB 50856—2013）等 9 本工程量计算规范。

2013 版清单计价规范进一步确立了工程计价标准体系的形成，为下一步工程计价标准的制订打下了坚实的基础。较之以前的版本，2013 版清单计价规范扩大了计价计量规范的适用范围，深化了工程造价运行机制的改革，强化了工程计价计量的强制性规定，注重与施工合同的衔接，明确了工程计价风险分担的范围，完善了招标控制价制度，规范了不同合同形式的计量与价款支付，统一了合同价款调整的分类内容，确立了施工全过程计价控制与工程结算的原则，提供了合同价款争议解决的方法，增加了工程造价鉴定的专门规定，细化了措施项目计价的规定，增强了规范的可操作性和保持了规范的先进性。

随着 2013 版清单计价规范的颁布实施，加之建标〔2013〕44 号文件《建筑安装工程费用项目组成》的发布，本系列丛书中的部分内容已不能满足当前建设工程工程量清单计价编制与管理工作的需要。为使丛书内容能更好满足工作实际，更好地符合 2013 版清单计价规范和相关专业工程国家计量规范的要求，以及方便广大造价工作者更好地掌握建标〔2013〕44 号文件的精神，我们组织有关方面的专家在保证丛书体例及风格的基础上，对本系列丛书的相关分册进行了修订。修订时主要进行了下列工作：

1. 严格按照《建设工程工程量清单计价规范》（GB 50500—2013）及相关专业工程国家计量规范进行修订。修订时重点对清单计价体系方面的内容进行了调整、修改与补充，并补充了工程合同签订、工程计量与价款支付、合同价款调整、索赔和竣工结算等内容，从而使丛书结构体系更加完整。

2. 按照建筑工程最新制图标准对丛书中工程施工图识读的部分内容进行了修订，以期能帮助广大建设工程造价工作者掌握最新工程制图标准的内容，从而快速读懂工程施工图，从而更好地开展工作。

3. 为强化图书的实用性，本次修订时还依据相关专业工程国家计量规范中有关清单项目设置、清单项目特征描述及工程量计算规则等方面的规定，结合最新工程计价表格，对书中的工程清单计价实例进行了修改。

丛书修订过程中参阅了大量建设工程造价编制与管理方面的书籍与资料，并得到了有关单位与专家学者的大力支持与指导，在此表示衷心的感谢。尽管编者已尽最大努力，但限于编者水平，丛书中难免还存在错误及疏漏之处，敬请广大读者及专家批评指正。

本书编委会

第 1 版前言

在我国工程造价领域，传统的工程造价计价模式是定额管理计价方式。随着 2003 年版《建设工程工程量清单计价规范》的出台，我国工程造价计价方式发生了重大变化，从单一的定额计价模式转化为工程量清单计价、定额计价两种模式并存的格局。工程量清单计价是一种国际上通行的工程造价计价方式，是在建设工程招标投标过程中，招标人按照有关规定提供工程量清单及招标控制价，由投标人依据工程量清单、施工图纸及企业定额自主报价，并经评审后，合理低价中标的工程造价计价方式。

与传统定额计价方式相比，实行工程量清单计价，能给投标者提供一个平等的竞争条件，有利于工程价款的拨付和工程价款的最终确定，有利于风险的合理分担，有利于业主对工程投资的控制。而且工程量清单计价有利于发挥企业自主报价的能力，实现从政府定价到市场定价的转变，有利于规范业主在招标中的行为，有效抑制招标单位在招标中盲目压价的行为，从而真正体现公开、公正、公平的原则，反映市场经济规律。

尽管 2003 版清单计价规范的颁布实施，极大地推进了我国工程造价体制的改革，但由于其侧重于工程招投标中的工程量清单计价，而忽视了工程建设不同阶段对工程造价必然会产生影响的客观因素，这对继续深入推行工程量清单计价改革工作产生了不小的负面影响。为了巩固工程量清单计价改革的成果，进一步规范工程量清单计价的行为，提高工程量清单计价改革的整体效力，原建设部组织有关单位和专家对 2003 年版《建设工程工程量清单计价规范》进行了修订，并由中华人民共和国住房和城乡建设部以第 63 号公告形式发布了《建设工程工程量清单计价规范》（GB 50500—2008）。

2008 版清单计价规范与 2003 版清单计价规范相比，增加了工程量清单计价中有关招标控制价、投标报价、合同价款约定、工程计量与价款支付、工程价款调整、索赔、竣工结算、工程计价争议处理等内容，这充分体现了工程造价各阶段的要求，更加有利于工程量清单计价的全面推行，更加有利于规范工程建设参与各方的计价行为。

《建设工程识图与工程量清单计价一本通系列》严格依照 2008 版清单计价规范的内容和结构体系组织编写。本套丛书主要包括以下分册：

1. 《建筑工程识图与工程量清单计价一本通》

2. 《安装工程识图与工程量清单计价一本通》

3. 《装饰装修工程识图与工程量清单计价一本通》

4. 《市政工程识图与工程量清单计价一本通》

5. 《公路工程识图与工程量清单计价一本通》

6. 《水利水电工程识图与工程量清单计价一本通》

本套丛书主要具有以下特点：

（1）为便于读者理解 2008 年版清单计价规范的精髓，掌握工程量清单及其计价的编制方法，丛书在对工程量清单理论知识及计价方法进行阐述的同时，还通过大量工程量清单计价编制实例来对丛书内容进行解释说明，大大增强了丛书的实用性和可操作性。

（2）理解工程制图的基础知识和掌握施工图识读的方法是对工程造价人员的基本要求，只有看清看懂了工程施工图，才能准确无误地进行工程造价的编制与管理工作。为帮助读者更好地理解工程量清单计价，丛书用一定的篇幅对工程施工图绘制与识读的基础知识进行了介绍，体现丛书内容的全面性。

（3）丛书资料丰富、翔实，语言通俗易懂，充分体现了 2008 版清单计价规范的特点，是广大工程造价人员学习理解《建设工程工程量清单计价规范》（GB 50500—2008)的理想参考用书。

限于编者的专业水平和实践经验，虽经推敲核证，但丛书中仍难免有疏漏或不妥之处，恳请广大读者指正。

本书编委会

目　　录

第一章　建筑工程施工图绘制与识读

第一节　投影知识

一、投影的形成

在日常生活中,人们发现只要有物体、光线和承受落影面,就会在附近的墙面、地面上留下物体的影子,这就是自然界的投影现象。从这一现象中,人们认识到光线、物体、影子之间的关系,归纳出表达物体形状、大小的投影原理和作图方法。

自然界的物体投影与工程制图上反映的投影是有区别的,前者一般是外部轮廓线较清晰而内部一片混沌,后者不仅要求外部轮廓线清晰,还能反映内部轮廓及形状,这样才能符合清晰表达工程物体形状大小的要求。所以,要形成工程制图所要求的投影,应有三个假设:一是光线能够穿透物体,二是光线在穿透物体的同时能够反映其内部、外部的轮廓(看不见的轮廓用虚线表示),三是对形成投影光线的射向作相应的选择,以得到不同的投影。

在制图上,把发出光线的光源称为投影中心,光线称为投影线。光线的射向称为投影方向,将落影的平面称为投影面。构成影子的内外轮廓称为投影。用投影表达物体的形状和大小的方法称为投影法,用投影法画出物体的图形称为投影图。习惯上也将投影物体称为形体。制图上投影图的形成如图1-1所示。

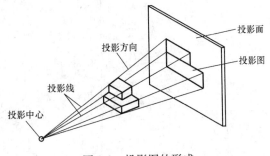

图 1-1　投影图的形成

二、投影的分类

根据投影中心距离投影面远近的不同,投影分为中心投影和平行投影两类。

(一)中心投影

中心投影即在有限的距离内,由投影中心 S 发射出的投影线所产生的投影,如图1-2所示。其特点是:投影线相交于一点,投影图的大小与投影中心 S 距离投影面远近有关,在投影中心 S 与投影面 P 距离不变的情况下,物体离投影中心 S 越近,投影图愈大,反之则愈小。

用中心投影法绘制物体的投影图称为透视图,如图1-3所示即为物体的透视图。其直观性很强、形象逼真,常用作建筑方案设计图和效果图。但绘制比较烦琐,而且建筑物等的真实形状和大小不能直接在图中度量,不能作为施工图用。

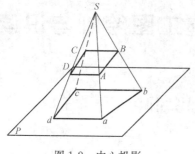

图 1-2 中心投影

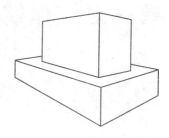

图 1-3 透视图

(二)平行投影

如果投影中心 S 离投影面无限远,则投影线可视为相互平行的直线,由此产生的投影,则称为平行投影。其特点是:投影线互相平行,所得投影的大小与物体离投影中心的远近无关。根据互相平行的投影线与投影是否垂直,平行投影又分为正投影和斜投影。

1. 正投影

投影线与投影面相互垂直,由此所作出的平行投影称为正投影,也称为直角投影,如图 1-4(a) 所示。采用正投影法,在三个互相垂直相交且平行于物体主要侧面的投影面上所作出的物体投影图,称为正投影图,如图 1-5 所示。该投影图能够较为真实地反映出物体的形状和大小,即度量性好,多用于绘制工程施工图。

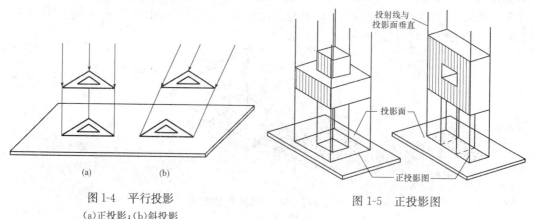

图 1-4 平行投影

(a)正投影;(b)斜投影

图 1-5 正投影图

2. 斜投影

投影线斜交投影面,所作出物体的平行投影,称为斜投影,如图 1-4(b)所示。

用斜投影法可绘制斜轴测图,如图 1-6 所示。投影图有一定的立体感,作图简单,但不能准确地反映物体的形状,视觉上变形和失真,只能作为工程的辅助图样。

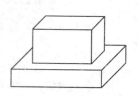

图 1-6 斜轴测图

三、平面投影的特性

平面投影的特性有平行性、定比性、度量性、类似性、积聚性等,如图 1-7 所示。

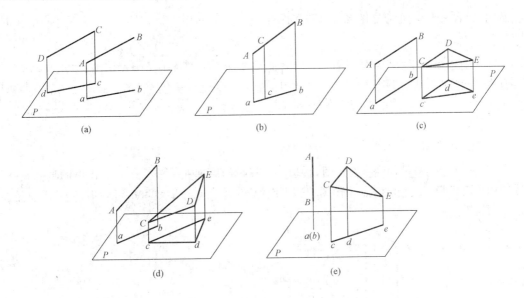

图 1-7　平行投影特性

(a)平行性;(b)定比性;(c)度量性;(d)类似性;(e)积聚性

1. 平行性

空间两直线平行($AB /\!/ CD$),则其在同一投影面上的投影仍然平行($ab /\!/ cd$);如图 1-7(a)所示。

通过两平行直线 AB 和 CD 的投影线所形成的平面 $ABba$ 和 $CDdc$ 平行,而两平面与同一投影面 P 的交线平行,即 $ab /\!/ cd$,如图 1-7(c)所示。

2. 定比性

点分线段为一定比例,点的投影分线段的投影为相同的比例,如图 1-7(b)所示,$AC : CB = ac : cb$。

3. 度量性

线段或平面图形平行于投影面,则在该投影面上反映线段的实长或平面图形的实形,如图 1-7(c)所示,$AB = ab$,$\triangle CDE \cong \triangle cde$,也就是该线段的实长或平面图形的实形,可直接从平行投影中确定和度量。

4. 类似性

线段或平面图形不平行于投影面,其投影仍是线段或平面图形,但不反映线段的实长或平面图形的实形,其形状与空间图形相似。这种特性称为类似性,如图 1-7(d)所示,$ab < AB$,$\triangle CDE \backsim \triangle cde$。

5. 积聚性

直线或平面图形平行于投影线(正投影则垂直于投影面)时,其投影积聚为一点或一直线,如图 1-7(e)所示,该投影称为积聚投影,这种特性称为积聚性。

四、工程中常用的投影图

为了清楚地表示不同的工程对象,满足工程建设的需要,工程中常用的投影图有四种:透视投影图、轴测投影图、正投影图和标高投影图。

1. 透视投影图

运用中心投影原理绘制的具有逼真立体感的单面投影图称为透视投影图,简称透视图。它具有真实、直观、有空间感且符合人们视觉习惯的特点,但绘制较复杂,形体的尺寸不能在投影图中度量和标注,不能作为施工的依据,仅用于建筑及室内设计等方案的比较以及美术、广告等,如图 1-8 所示。

2. 轴测投影图

图 1-9 所示为形体的轴测投影图,是运用平行投影原理在一个投影图上作出的具有较强立体感的单面投影图。它的特点是作图较透视图简单,相互平行的线可平行画出,但立体感稍差,常作为辅助图样。

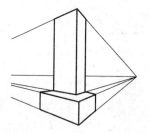

图 1-8 形体的透视投影图

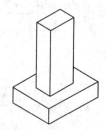

图 1-9 形体的轴测投影图

3. 正投影图

运用正投影法使形体在相互垂直的多个投影面上得到的投影,然后按规则展开在一个平面上所得到的图为正投影图,如图 1-10 所示。其特点是作图较以上各图简单,便于度量和标注尺寸,形体的平面平行于投影面时能够反映其实形,所以在工程上应用最多。但其缺点是无立体感,需多个正投影图结合起来分析想象,才能得出立体形象。

4. 标高投影图

标高投影图是标有高度数值的水平正投影图。在建筑工程中常用于表示地面的起伏变化、地形、地貌。作图时,用一组上下等距的水平剖切平面剖切地面,其交线反映在投影图上称为等高线。将不同高度的等高线自上而下投影在水平投影面上时,便可得到等高线图,称为标高投影图,如图 1-11 所示。

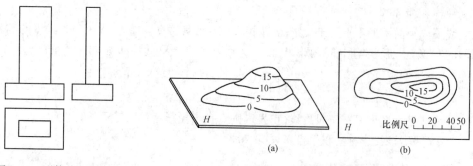

(a)　　　　　　　　　(b)

图 1-10　形体的正投影图　　　　图 1-11　形体的标高投影图

　　　　　　　　　　　　(a)立体状况;(b)标高投影图

第二节 常用制图工具和仪器

学习建筑制图,首先要了解各种绘图工具和仪器的性能,熟练掌握它们正确的使用方法,加快绘图速度,才能保证绘图质量。下面介绍几种常用制图工具、仪器和用品的使用方法。

一、制图工具

1. 图板

图板是指用来铺贴图纸及配合丁字尺、三角板等进行制图的平面工具。图板板面要平整,相邻边要平直,如图1-12所示。图板板面通常为椴木夹板,边框为水曲柳等硬木制作,其左面的硬木边为工作边(导边),必须保持平直,以便与丁字尺配合画出水平线。图板常用的规格有0号图板、1号图板、2号图板,分别适用于相应图号的图纸。

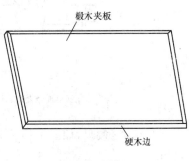

图1-12 图板

2. 丁字尺

丁字尺由相互垂直的尺头和尺身构成,尺头的内侧边缘和尺身的工作边必须平直光滑。丁字尺是用来画水平线的。画线时,左手把住尺头,使丁字尺始终贴住图板左边,然后上下推动,直至丁字尺工作边对准要画线的地方,再从左至右画出水平线,如图1-13所示。应注意:不得把丁字尺头靠在图板的右边、下边或上边画线,也不得用丁字尺的下边画线。

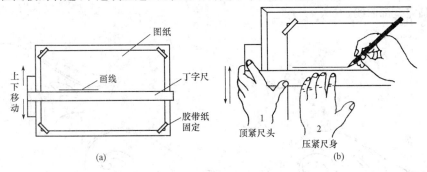

图1-13 丁字尺的用法
(a)丁字尺的摆放位置;(b)丁字尺的使用步骤

3. 三角板

常用的三角板有30°×60°×90°和45°×45°×90°两种。与丁字尺配合使用可以画出竖直线或15°、30°、45°、60°、75°等的倾斜线;用两块三角板相配合,可以画出任意直线的平行线或垂直线,如图1-14所示。

采用三角板画线时,应先把丁字尺推到线的下方,再将三角板放在线的右方,并使它的一直角边靠贴在丁字尺的工作边上,然后移动三角板,直至另一直角边靠贴竖直线,再用左手轻轻按住丁字尺和三角板,右手持铅笔,由下而上画出竖直线,如图1-14(a)所示。

4. 比例尺

比例尺是直接用来放大或缩小图线长度的度量工具。直尺上刻有不同的比例,绘图时不必通过计算,可直接用它在图纸上量取物体的实际尺寸。目前,常用的比例尺是在三个棱面上刻有

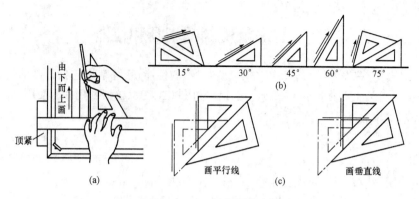

图 1-14　三角板的用法

(a)画竖直线；(b)画各种角度斜线；(c)画任意直线的平行线、垂直线

六种比例的三棱尺，如图 1-15 所示。尺上刻度所注数字的单位为 m。

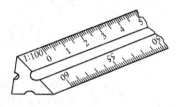

图 1-15　比例尺

5. 曲线板

曲线板是用来画非圆曲线的，其使用方法如图 1-16 所示。绘制曲线时，首先按相应作图法作出曲线上一些点，再用铅笔徒手把各点依次连成曲线，然后找出曲线板上与曲线相吻合的一段，画出该段曲线，最后同样找出下一段，注意前后两段应有一小段重合，曲线才显得圆滑。以此类推，直至画完全部曲线。

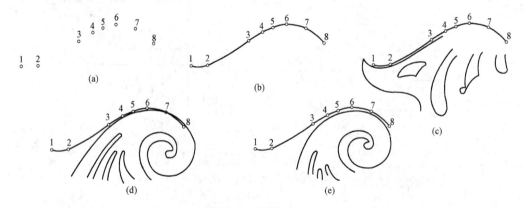

图 1-16　曲线板的用法

6. 制图模板

在手工制图条件下，为了提高制图的质量和速度，人们把专业施工图上的常用符号、图例和比例尺均刻画在透明的塑料薄板上，制成供专业人员使用的尺子就是制图模板。建筑制图中常用的模板有建筑模板、结构模板、给水排水模板等。

二、制图仪器

1. 圆规与分规

圆规是画圆或圆弧的仪器。常用的是四用圆规，有台肩一端钢针的针尖应在圆心处，以防圆心孔扩大,影响画图质量;圆规的另一条腿上应有插接构造,如图1-17(a)、(b)所示。

圆规在使用前应先调整针脚,使针尖略长于铅芯(或墨线笔头),如图1-17(c)所示,铅芯应磨削呈65°的斜面,斜面向外。画圆或圆弧时,可由左手食指来帮助针尖扎准圆心,调整两脚距离,使其等于半径长度,然后从左下方开始,顺时针方向转动圆规,笔尖应垂直于纸面,如图1-17(d)、(e)所示。

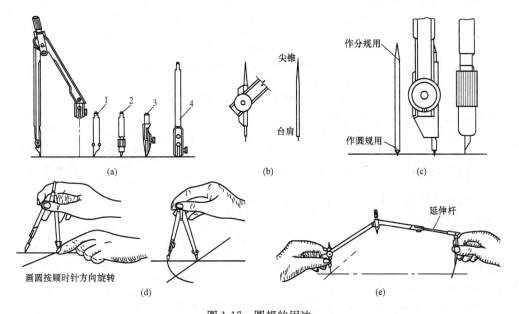

图 1-17　圆规的用法

(a)圆规及插腿;(b)圆规的钢针;(c)圆心钢针略长于铅芯;(d)圆的画法;(e)画大圆时加延伸杆

分规与圆规相似,只是两腿均装了圆锥状的钢针,两只钢针必须等长,既可用于量取线段的长度,又可等分线段和圆弧,如图1-18所示。分规的两针合拢时应对齐。

2. 绘图墨水笔

绘图墨水笔又叫针管笔,其笔头为一根针管,有粗细不同的规格,内配相应的通针。它能像普通钢笔那样吸墨水和存储墨水,描图时,无须频频加墨。

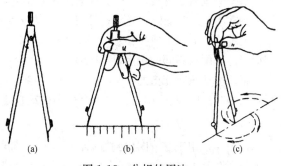

图 1-18　分规的用法

(a)分规;(b)量取长度;(c)等分线段

画线时,要使笔尖与纸面尽量保持垂直,如发现墨水不畅通,应上下抖动笔杆使通针将针管内的堵塞物捅出。针管的直径有0.18～1.4mm等多种,可根据图线的粗细选用。因其使用和携带方便,是目前常用的描图工具,如图1-19所示。

用于绘图的墨水一般有两种:普通绘图墨水和碳素墨水。普通绘图墨水快干易结块,适用于传统的鸭嘴笔;碳素墨水不易结块,适用于针管笔。

3. 绘图蘸笔

绘图蘸笔主要用于书写墨线字体,与普通蘸笔相比,其笔尖较细,写出来的字笔画细长,看起

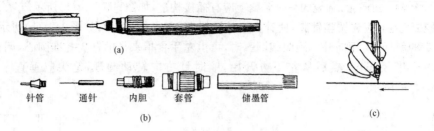

针管　　通针　　内胆　套管　　储墨管

(b)

图 1-19　绘图墨水笔

(a)外观;(b)构造组成;(c)画线时与纸面保持垂直

来很清秀;同时,也可用于书写字号较小的字。写字时,每次蘸墨水不要太多,并应保持笔杆的清洁,如图 1-20 所示。

图 1-20　绘图蘸笔

三、制图用品

常用的制图用品有图纸、绘图铅笔、擦图片、橡皮、透明胶带纸、毛刷、砂纸等。

1. 图纸

图纸有绘图纸和描图纸两种。绘图纸用于画铅笔或墨线图,要求纸面洁白、质地坚实,并以橡皮擦拭不起毛、画墨线不洇为好。

描图纸也称硫酸纸,专门用于针管笔等描图使用,并以此复制蓝图。

2. 绘图铅笔

绘图铅笔有多种硬度:代号 H 表示硬芯铅笔,H～3H 常用于画稿线;代号 B 表示软芯铅笔,B～3B 常用于加深图线的色泽;HB 表示中等硬度铅笔,通常用于注写文字和加深图线等。

铅笔笔芯可以削成尖锥形、楔形和圆锥形等。尖锥形铅芯用于画稿线、细线和注写文字等;楔形铅芯可削成不同的厚度,用于加深不同宽度的图线。

铅笔应从没有标记的一端开始使用。画线时握笔要自然,速度、用力要均匀。用圆锥形铅芯画较长的线段时,应边画边在手中缓慢地转动且始终与纸面保持一定的角度。

3. 擦图片与橡皮

擦图片是用于修改图样的,图片上有各种形状的孔,其形状如图 1-21 所示。使用时,应将擦图片盖在图面上,使画错的线在擦图片上适当的模孔内露出来,然后用橡皮擦拭,这样可以防止擦去近旁画好的图线,有助于提高绘图速度。

橡皮有软硬之分。修整铅笔线多用软质的,修整墨线多用硬质的。

4. 透明胶带纸

透明胶带纸用于在图板上固定图纸,通常使用 1cm 宽的胶带纸粘贴。绘制图纸时,不要使用普通图钉来固定图纸。

5. 砂纸、排笔

工程制图中,砂纸的主要用途是将铅芯磨成所需的形状。砂纸可用双面胶带固定在薄木板或硬纸板上,做成如图 1-22 所示的形状。当图面用橡皮擦拭后可用排笔(图 1-23)扫掉碎屑。

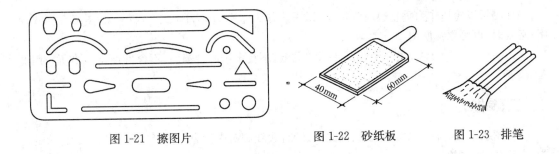

图 1-21　擦图片　　　　　　图 1-22　砂纸板　　　　图 1-23　排笔

第三节　建筑制图标准

一、图纸幅面

(1)图纸幅面及图框尺寸应符合表 1-1 的规定。

表 1-1　　　　　　　　　　　　　　幅面及图框尺寸(mm)

尺寸代号 \ 幅面代号	A0	A1	A2	A3	A4
$b \times l$	841×1189	594×841	420×594	297×420	210×297
c	10			5	
a	25				

注:表中 b 为幅面短边尺寸,l 为幅面长边尺寸,c 为图框线与幅面线间宽度,a 为图框线与装订边间宽度。

(2)需要微缩复制的图纸,其一个边上应附有一段准确米制尺度,四个边上均附有对中标志,米制尺度的总长应为 100mm,分格应为 10mm。对中标志应画在图纸内框各边长的中点处,线宽 0.35mm,并应伸入内框边,在框外为 5mm。对中标志的线段,于 l_1 和 b_1 范围取中。

(3)图纸的短边尺寸不应加长,A0~A3 幅面长边尺寸可加长,但应符合表 1-2 的规定。

表 1-2　　　　　　　　　　　　　　图纸长边加长尺寸(mm)

幅面代号	长边尺寸	长边加长后的尺寸
A0	1189	1486(A0+1/4l)　1635(A0+3/8l)　1783(A0+1/2l) 1932(A0+5/8l)　2080(A0+3/4l)　2230(A0+7/8l) 2378(A0+l)
A1	841	1051(A1+1/4l)　1261(A1+1/2l)　1471(A1+3/4l) 1682(A1+l)　1892(A1+5/4l)　2102(A1+3/2l)
A2	594	743(A2+1/4l)　891(A2+1/2l)　1041(A2+3/4l) 1189(A2+l)　1338(A2+5/4l)　1486(A2+3/2l) 1635(A2+7/4l)　1783(A2+2l)　1932(A2+9/4l) 2080(A2+5/2l)
A3	420	630(A3+1/2l)　841(A3+l)　1051(A3+3/2l) 1261(A3+2l)　1471(A3+5/2l)　1682(A3+3l) 1892(A3+7/2l)

注:有特殊需要的图纸,可采用 $b \times l$ 为 841mm×891mm 与 1189mm×1261mm 的幅面。

（4）图纸以短边作为垂直边应为横式，以短边作为水平边应为立式。A0～A3图纸宜横式使用；必要时，也可立式使用。

（5）一个工程设计中，每个专业所使用的图纸，不宜多于两种幅面，不含目录及表格所采用的A4幅面。

二、标题栏

（1）图纸中应有标题栏、图框线、幅面线、装订边线和对中标志。图纸的标题栏及装订边的位置，应符合下列规定：

1）横式使用的图纸，应按图1-24、图1-25的形式进行布置；

2）立式使用的图纸，应按图1-26、图1-27的形式进行布置。

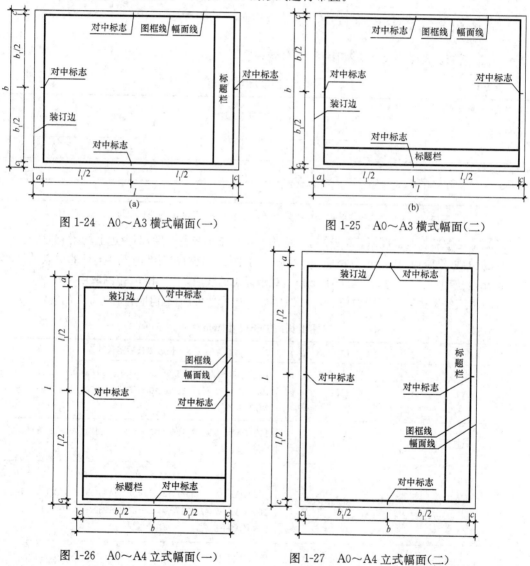

图1-24　A0～A3横式幅面(一)　　　　图1-25　A0～A3横式幅面(二)

图1-26　A0～A4立式幅面(一)　　　　图1-27　A0～A4立式幅面(二)

（2）标题栏应符合图1-28、图1-29的规定，根据工程的需要选择确定其尺寸、格式及分区。签字栏应包括实名列和签名列，并应符合下列规定：

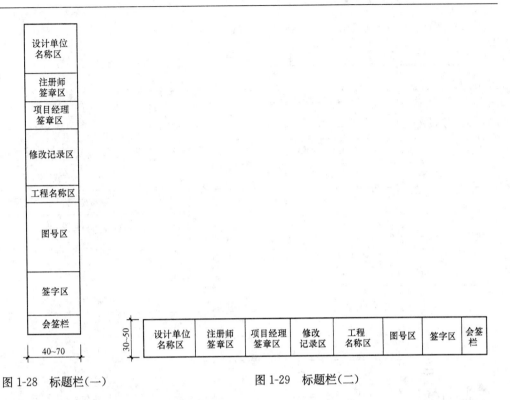

图 1-28 标题栏（一）　　　　　　　　图 1-29 标题栏（二）

1)涉外工程的标题栏内,各项主要内容的中文下方应附有译文,设计单位的上方或左方,应加"中华人民共和国"字样;

2)在计算机制图文件中当使用电子签名与认证时,应符合国家有关电子签名法的规定。

三、图纸编排顺序

(1)工程图纸应按专业顺序编排,应为图纸目录、总图、建筑图、结构图、给水排水图、暖通空调图、电气图等。

(2)各专业的图纸,应按图纸内容的主次关系、逻辑关系进行分类排序。

四、图线与比例

1. 图线

(1)图线的宽度 b,宜从 1.4、1.0、0.7、0.5、0.35、0.25、0.18、0.13(mm)线宽系列中选取。图线宽度不应小于 0.1mm。每个图样,应根据复杂程度与比例大小,先选定基本线宽 b,再选用表1-3 中相应的线宽组。

表 1-3　　　　　　　　　　　　　　线宽组(mm)

线宽比	线宽组			
b	1.4	1.0	0.7	0.5
$0.7b$	1.0	0.7	0.5	0.35
$0.5b$	0.7	0.5	0.35	0.25
$0.25b$	0.35	0.25	0.18	0.13

注:1. 需要缩微的图纸,不宜采用 0.18mm 及更细的线宽。

2. 同一张图纸内,各不同线宽中的细线,可统一采用较细的线宽组的细线。

(2)工程建设制图应选用表 1-4 所示的图线。

表 1-4 图线

名称		线 型	线宽	用 途
实线	粗	——————	b	主要可见轮廓线
	中粗	——————	$0.7b$	可见轮廓线
	中	——————	$0.5b$	可见轮廓线、尺寸线、变更云线
	细	——————	$0.25b$	图例填充线、家具线
虚线	粗	— — — —	b	见各有关专业制图标准
	中粗	— — — —	$0.7b$	不可见轮廓线
	中	— — — —	$0.5b$	不可见轮廓线、图例线
	细	— — — —	$0.25b$	图例填充线、家具线
单点长画线	粗	—·—·—·—	b	见各有关专业制图标准
	中	—·—·—·—	$0.5b$	见各有关专业制图标准
	细	—·—·—·—	$0.25b$	中心线、对称线、轴线等
双点长画线	粗	—··—··—	b	见各有关专业制图标准
	中	—··—··—	$0.5b$	见各有关专业制图标准
	细	—··—··—	$0.25b$	假想轮廓线、成型前原始轮廓线
折断线	细	—/\—	$0.25b$	断开界线
波浪线	细	~~~~~	$0.25b$	断开界线

(3)同一张图纸内,相同比例的各图样,应选用相同的线宽组。

(4)图纸的图框和标题栏线可采用表 1-5 的线宽。

表 1-5 图框和标题栏线的宽度(mm)

幅面代号	图框线	标题栏外框线	标题栏分格线
A0、A1	b	$0.5b$	$0.25b$
A2、A3、A4	b	$0.7b$	$0.35b$

(5)相互平行的图例线,其净间隙或线中间隙不宜小于 0.2mm。

(6)虚线、单点长画线或双点长画线的线段长度和间隔,宜各自相等。

(7)单点长画线或双点长画线,当在较小图形中绘制有困难时,可用实线代替。

(8)单点长画线或双点长画线的两端,不应是点。点画线与点画线交接点或点画线与其他图线交接时,应是线段交接。

(9)虚线与虚线交接或虚线与其他图线交接时,应是线段交接。虚线为实线的延长线时,不得与实线相接。

(10)图线不得与文字、数字或符号重叠、混淆,不可避免时,应首先保证文字的清晰。

2. 比例

(1)图样的比例,应为图形与实物相对应的线性尺寸之比。

(2)比例的符号应为"：",比例应以阿拉伯数字表示。

(3)比例宜注写在图名的右侧,字的基准线应取平;比例的字高宜比图名的字高小一号或二号(图 1-30)。

平面图 1:100　　⑥ 1:20

图 1-30　比例的注写

(4)绘图所用的比例应根据图样的用途与被绘对象的复杂程度,从表 1-6 中选用,并应优先采用表中常用比例。

表 1-6　　　　　　　　　　　绘图所用的比例

常用比例	1：1,1：2,1：5,1：10,1：20,1：30,1：50,1：100,1：150,1：200,1：500,1：1000,1：2000
可用比例	1：3,1：4,1：6,1：15,1：25,1：40,1：60,1：80,1：250,1：300,1：400,1：600,1：5000、1：10000,1：20000,1：50000,1：100000,1：200000

(5)一般情况下,一个图样应选用一种比例。根据专业制图需要,同一图样可选用两种比例。

(6)特殊情况下也可自选比例,这时除应注出绘图比例外,还应在适当位置绘制出相应的比例尺。

五、字体

(1)图纸上所需书写的文字、数字或符号等,均应笔画清晰、字体端正、排列整齐;标点符号应清楚正确。

(2)文字的字高应从表 1-7 中选用。字高大于 10mm 的文字宜采用 Truetype 字体,当需书写更大的字时,其高度应按 $\sqrt{2}$ 的倍数递增。

表 1-7　　　　　　　　　　　文字的字高(mm)

字体种类	中文矢量字体	True type 字体及非中文矢量字体
字高	3.5、5、7、10、14、20	3、4、6、8、10、14、20

(3)图样及说明中的汉字,宜采用长仿宋体或黑体,同一图纸字体种类不应超过两种。长仿宋体的高宽关系应符合表 1-8 的规定,黑体字的宽度与高度应相同。大标题、图册封面、地形图等的汉字,也可书写成其他字体,但应易于辨认。

表 1-8　　　　　　　　　　　长仿宋字高宽关系(mm)

字高	20	14	10	7	5	3.5
字宽	14	10	7	5	3.5	2.5

(4)汉字的简化字书写应符合国家有关汉字简化方案的规定。

(5)图样及说明中的拉丁字母、阿拉伯数字与罗马数字,宜采用单线简体或 ROMAN 字体。拉丁字母、阿拉伯数字与罗马数字的书写规则,应符合表 1-9 的规定。

表 1-9 拉丁字母、阿拉伯数字与罗马数字的书写规则

书写格式	字 体	窄 字 体
大写字母高度	h	h
小写字母高度(上下均无延伸)	$7/10h$	$10/14h$
小写字母伸出的头部或尾部	$3/10h$	$4/14h$
笔画宽度	$1/10h$	$1/14h$
字母间距	$2/10h$	$2/14h$
上下行基准线的最小间距	$15/10h$	$21/14h$
词间距	$6/10h$	$6/14h$

(6)拉丁字母、阿拉伯数字与罗马数字,当需写成斜体字时,其斜度应是从字的底线逆时针向上倾斜 75°。斜体字的高度和宽度应与相应的直体字相等。

(7)拉丁字母、阿拉伯数字与罗马数字的字高,不应小于 2.5mm。

(8)数量的数值注写,应采用正体阿拉伯数字。各种计量单位凡前面有量值的,均应采用国家颁布的单位符号注写。单位符号应采用正体字母。

(9)分数、百分数和比例数的注写,应采用阿拉伯数字和数学符号。

(10)当注写的数字小于 1 时,应写出各位的"0",小数点应采用圆点,齐基准线书写。

(11)长仿宋汉字、拉丁字母、阿拉伯数字与罗马数字示例应符合现行国家标准《技术制图-字体》(GB/T 14691)的有关规定。

六、符号

1. 剖切符号

(1)剖视的剖切符号应由剖切位置线及剖视方向线组成,均应以粗实线绘制。剖视的剖切符号应符合下列规定:

1)剖切位置线的长度宜为 6～10mm;剖视方向线应垂直于剖切位置线,长度应短于剖切位置线,宜为 4～6mm(图 1-31),也可采用国际统一和常用的剖视方法,如图 1-32 所示。绘制时,剖视剖切符号不应与其他图线相接触。

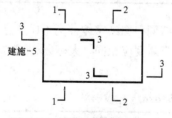

图 1-31 剖视的剖切符号(一)

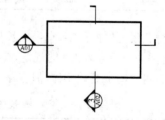

图 1-32 剖视的剖切符号(二)

2)剖视剖切符号的编号宜采用粗阿拉伯数字,按剖切顺序由左至右、由下向上连续编排,并应注写在剖视方向线的端部。

3)需要转折的剖切位置线,应在转角的外侧加注与该符号相同的编号。

4)建(构)筑物剖面图的剖切符号应注在±0.000 标高的平面图或首层平面图上。

5)局部剖面图(不含首层)的剖切符号应注在包含剖切部位的最下面一层的平面图上。

(2)断面的剖切符号应符合下列规定：

1)断面的剖切符号应只用剖切位置线表示，并应以粗实线绘制，长度宜为6～10mm；

2)断面剖切符号的编号宜采用阿拉伯数字，按顺序连续编排，并应注写在剖切位置线的一侧；编号所在的一侧应为该断面的剖视方向(图1-33)。

(3)剖面图或断面图，当与被剖切图样不在同一张图内，应在剖切位置线的另一侧注明其所在图纸的编号，也可以在图上集中说明。

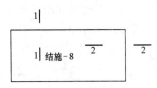

图1-33 断面剖切符号

2. 索引符号与详图符号

(1)图样中的某一局部或构件，如需另见详图，应以索引符号索引[图1-34(a)]。索引符号是由直径为8～10mm的圆和水平直径组成，圆及水平直径应以细实线绘制。索引符号应按下列规定：

1)索引出的详图，如与被索引的详图同在一张图纸内，应在索引符号的上半圆中用阿拉伯数字注明该详图的编号，并在下半圆中间画一段水平细实线[图1-34(b)]；

2)索引出的详图，如与被索引的详图不在同一张图纸内，应在索引符号的上半圆中用阿拉伯数字注明该详图的编号，在索引符号的下半圆用阿拉伯数字注明该详图所在图纸的编号[图1-34(c)]。数字较多时，可加文字标注；

3)索引出的详图，如采用标准图，应在索引符号水平直径的延长线上加注该标准图集的编号[图1-34(d)]。需要标注比例时，文字在索引符号右侧或延长线下方，与符号下对齐。

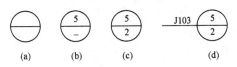

图1-34 索引符号

(2)索引符号当用于索引剖视详图，应在被剖切的部位绘制剖切位置线，并以引出线引出索引符号，引出线所在的一侧应为剖视方向。索引符号的编写应符合规定(图1-35)。

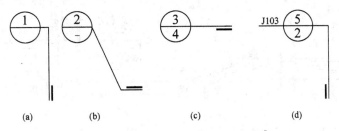

图1-35 用于索引剖面详图的索引符号

(3)零件、钢筋、杆件、设备等的编号宜以直径为5～6mm的细实线圆表示，同一图样应保持一致，其编号应用阿拉伯数字按顺序编写(图1-36)。消火栓、配电箱、管井等的索引符号，直径宜为4mm～6mm。

(4)详图的位置和编号应以详图符号表示。详图符号的圆应以直径为14mm粗实线绘制。

详图编号应符合下列规定:

1)详图与被索引的图样同在一张图纸内时,应在详图符号内用阿拉伯数字注明详图的编号(图 1-37);

2)详图与被索引的图样不在同一张图纸内时,应用细实线在详图符号内画一水平直径,在上半圆中注明详图编号,在下半圆中注明被索引的图纸的编号(图 1-38);

图 1-36 零件、钢筋   图 1-37 与被索引图样   图 1-38 与被索引图样
　　等的编号　　　　　同在一张图纸内　　　不在同一张图纸内
　　　　　　　　　　　的详图符号　　　　　的详图符号

3. 引出线

(1)引出线应以细实线绘制,宜采用水平方向的直线,与水平方向成 30°、45°、60°、90°的直线,或经上述角度再折为水平线。文字说明宜注写在水平线的上方[图 1-39(a)],也可注写在水平线的端部[图 1-39(b)]。索引详图的引出线,应与水平直径线相连接[图 1-39(c)]。

(2)同时引出的几个相同部分的引出线,宜互相平行[图 1-40(a)],也可画成集中于一点的放射线[图 1-40(b)]。

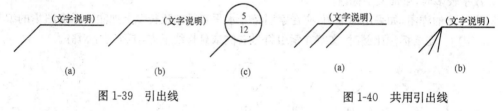

图 1-39 引出线　　　　　　　　　图 1-40 共用引出线

(3)多层构造或多层管道共用引出线,应通过被引出的各层,并用圆点示意对应各层次。文字说明宜注写在水平线的上方,或注写在水平线的端部,说明的顺序应由上至下,并应与被说明的层次对应一致;如层次为横向排序,则由上至下的说明顺序应与由左至右的层次对应一致(图 1-41)。

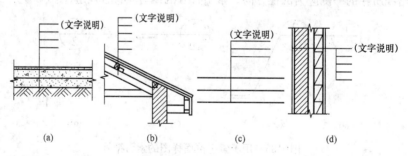

图 1-41 多层构造引出线

4. 其他符号

(1)对称符号由对称线和两端的两对平行线组成。对称线用细单点长画线绘制;平行线用细实线绘制,其长度宜为 6~10mm,每对的间距宜为 2~3mm;对称线垂直平分于两对平行线,两端

超出平行线宜为 2～3mm(图 1-42)。

(2)连接符号应以折断线表示需连接的部位。两部位相距过远时,折断线两端靠图样一侧应标注大写拉丁字母表示连接编号。两个被连接的图样应用相同的字母编号(图 1-43)。

(3)指北针的形状符合图 1-44 的规定,其圆的直径宜为 24mm,用细实线绘制;指针尾部的宽度宜为 3mm,指针头部应注"北"或"N"字。需用较大直径绘制指北针时,指针尾部的宽度宜为直径的 1/8。

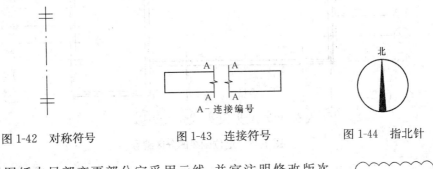

图 1-42　对称符号　　　　图 1-43　连接符号　　　　图 1-44　指北针

(4)对图纸中局部变更部分宜采用云线,并宜注明修改版次(图 1-45)。

图 1-45　变更云线
注:1 为修改次数

七、定位轴线

(1)定位轴线应用细单点长画线绘制。

(2)定位轴线应编号,编号应注写在轴线端部的圆内。圆应用细实线绘制,直径为 8～10mm。定位轴线圆的圆心应在定位轴线的延长线上或延长线的折线上。

(3)除较复杂需采用分区编号或圆形、折线形外,平面图上定位轴线的编号,宜标注在图样的下方或左侧。横向编号应用阿拉伯数字,从左至右顺序编写;竖向编号应用大写拉丁字母,从下至上顺序编写(图 1-46)。

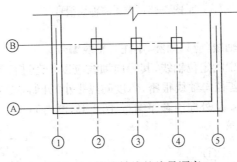

图 1-46　定位轴线的编号顺序

(4)拉丁字母作为轴线号时,应全部采用大写字母,不应用同一个字母的大小写来区分轴线号。拉丁字母的 I、O、Z 不得用做轴线编号。当字母数量不够使用,可增用双字母或单字母加数字注脚。

(5)组合较复杂的平面图中定位轴线也可采用分区编号(图 1-47)。编号的注写形式应为"分区号—该分区编号"。"分区号—该分区编号"采用阿拉伯数字或大写拉丁字母表示。

(6)附加定位轴线的编号,应以分数形式表示,并应符合下列规定:

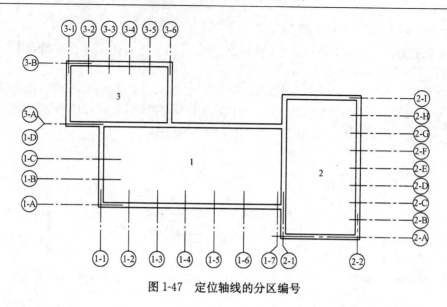

图 1-47 定位轴线的分区编号

1)两根轴线的附加轴线,应以分母表示前一轴线的编号,分子表示附加轴线的编号。编号宜用阿拉伯数字顺序编写;

2)1 号轴线或 A 号轴线之前的附加轴线的分母应以 01 或 0A 表示。

(7)一个详图适用于几根轴线时,应同时注明各有关轴线的编号(图 1-48)。

图 1-48 详图的轴线编号

(8)通用详图中的定位轴线,应只画圆,不注写轴线编号。

(9)圆形与弧形平面图中的定位轴线,其径向轴线应以角度进行定位,其编号宜用阿拉伯数字表示,从左下角或−90°(若径向轴线很密,角度间隔很小)开始,按逆时针顺序编写;其环向轴线宜用大写阿拉伯字母表示,从外向内顺序编写(图 1-49、图 1-50)。

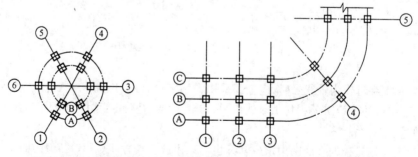

图 1-49 圆形平面定位轴线的编号　　　图 1-50 弧形平面定位轴线的编号

（10）折线形平面图中定位轴线的编号可按图 1-51 的形式编写。

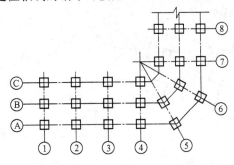

图 1-51　折线形平面定位轴线的编号

八、尺寸标准

1. 尺寸界线、尺寸线及尺寸起止符号

（1）图样上的尺寸，应包括尺寸界线、尺寸线、尺寸起止符号和尺寸数字（图 1-52）。

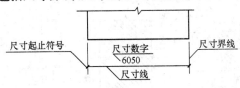

图 1-52　尺寸的组成

（2）尺寸界线应用细实线绘制，应与被注长度垂直，其一端应离开图样轮廓线不应小于 2mm，另一端宜超出尺寸线 2～3mm。图样轮廓线可用作尺寸界线（图 1-53）。

（3）尺寸线应用细实线绘制，应与被注长度平行。图样本身的任何图线均不得用作尺寸线。

（4）尺寸起止符号用中粗斜短线绘制，其倾斜方向应与尺寸界线成顺时针 45°角，长度宜为 2～3mm。半径、直径、角度与弧长的尺寸起止符号，宜用箭头表示（图 1-54）。

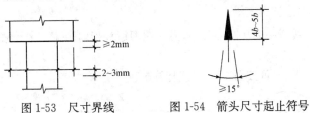

图 1-53　尺寸界线　　　　　图 1-54　箭头尺寸起止符号

2. 尺寸数字

（1）图样上的尺寸，应以尺寸数字为准，不得从图上直接量取。

（2）图样上的尺寸单位，除标高及总平面以米为单位外，其他必须以毫米为单位。

（3）尺寸数字的方向，应按图 1-55（a）的规定注写。若尺寸数字在 30°斜线区内，也可按图 1-55（b）的形式注写。

（4）尺寸数字应依据其方向注写在靠近尺寸线的上方中部。如没有足够的注写位置，最外边的尺寸数字可注写在尺寸界线的外侧，中间相邻的尺寸数字可上下错开注写，引出线端部用圆点表示标注尺寸的位置（图 1-56）。

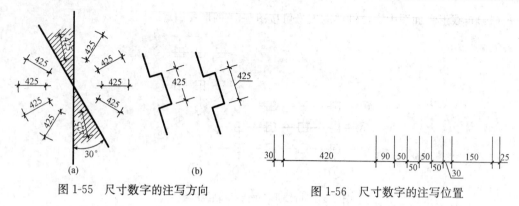

图 1-55 尺寸数字的注写方向　　　　图 1-56 尺寸数字的注写位置

3. 尺寸的排列与布置

(1)尺寸宜标注在图样轮廓以外,不宜与图线、文字及符号等相交(图 1-57)。

(2)互相平行的尺寸线,应从被注写的图样轮廓线由近向远整齐排列,较小尺寸应离轮廓线较近,较大尺寸应离轮廓线较远(图 1-58)。

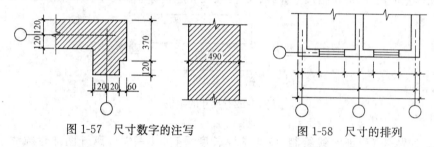

图 1-57 尺寸数字的注写　　　　图 1-58 尺寸的排列

(3)图样轮廓线以外的尺寸界线,距图样最外轮廓之间的距离,不宜小于 10mm。平行排列的尺寸线的间距,宜为 7～10mm,并应保持一致(图 1-58)。

(4)总尺寸的尺寸界线应靠近所指部位,中间的分尺寸的尺寸界线可稍短,但其长度应相等(图 1-58)。

4. 半径、直径、球的尺寸标注

(1)半径的尺寸线应一端从圆心开始,另一端两箭头指向圆弧。半径数字前应加注半径符号"R"(图 1-59)。

(2)较小圆弧的半径,可按图 1-60 形式标注。

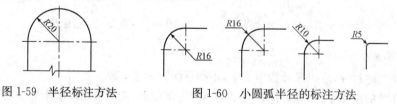

图 1-59 半径标注方法　　　　图 1-60 小圆弧半径的标注方法

(3)较大圆弧的半径,可按图 1-61 形式标注。

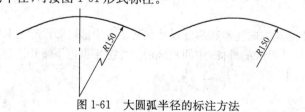

图 1-61 大圆弧半径的标注方法

(4)标注圆的直径尺寸时,直径数字前应加直径符号"φ"。在圆内标注的尺寸线应通过圆心,两端画箭头指至圆弧(图1-62)。

(5)较小圆的直径尺寸,可标注在圆外(图1-63)。

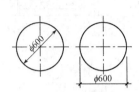 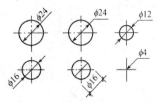

图1-62　圆直径的标注方法　　　　图1-63　小圆直径的标注方法

(6)标注球的半径尺寸时,应在尺寸前加注符号"SR"。标注球的直径尺寸时,应在尺寸数字前加注符号"Sφ"。注写方法与圆弧半径和圆直径的尺寸标注方法相同。

5.角度、弧度、弧长的标注

(1)角度的尺寸线应以圆弧表示。该圆弧的圆心应是该角的顶点,角的两条边为尺寸界线。起止符号应以箭头表示,如没有足够位置画箭头,可用圆点代替,角度数字应沿尺寸线方向注写(图1-64)。

(2)标注圆弧的弧长时,尺寸线应以与该圆弧同心的圆弧线表示,尺寸界线应指向圆心,起止符号用箭头表示,弧长数字上方应加注圆弧符号"⌒"(图1-65)。

(3)标注圆弧的弦长时,尺寸线应以平行于该弦的直线表示,尺寸界线应垂直于该弦,起止符号用中粗斜短线表示(图1-66)。

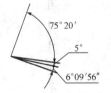

图1-64　角度标注方法　　　图1-65　弧长标注方法　　　图1-66　弦长标注方法

6.薄板厚度、正方形、坡度、非圆曲线等尺寸标注

(1)在薄板板面标注板厚尺寸时,应在厚度数字前加厚度符号"t"(图1-67)。

(2)标注正方形的尺寸,可用"边长×边长"的形式,也可在边长数字前加正方形符号"□"(图1-68)。

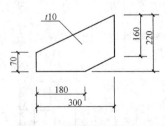 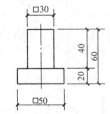

图1-67　薄板厚度标注方法　　　图1-68　标注正方形尺寸

(3)标注坡度时,应加注坡度符号"←"[图1-69(a)、(b)],该符号为单面箭头,箭头应指向下坡方向。坡度也可用直角三角形形式标注[图1-69(c)]。

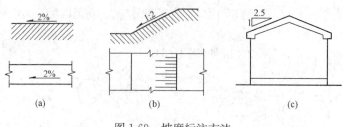

图 1-69　坡度标注方法

(4)外形为非圆曲线的构件,可用坐标形式标注尺寸(图 1-70)。

(5)复杂的图形,可用网格形式标注尺寸(图 1-71)。

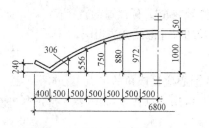

图 1-70　坐标法标注曲线尺寸

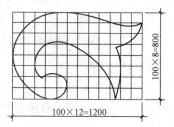

图 1-71　网格法标注曲线尺寸

7. 尺寸的简化标注

(1)杆件或管线的长度,在单线图(桁架简图、钢筋简图、管线简图)上,可直接将尺寸数字沿杆件或管线的一侧注写(图 1-72)。

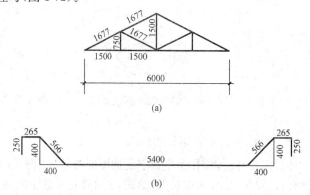

图 1-72　单线图尺寸标注方法

(2)连续排列的等长尺寸,可用"等长尺寸×个数=总长"[图 1-73(a)]或"等分×个数=总长"[图 1-73(b)]的形式标注。

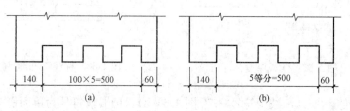

图 1-73　等长尺寸简化标注方法

(3)构配件内的构造因素(如孔、槽等)如相同,可仅标注其中一个要素的尺寸(图1-74)。

(4)对称构配件采用对称省略画法时,该对称构配件的尺寸线应略超过对称符号,仅在尺寸线的一端画尺寸起止符号,尺寸数字应按整体全尺寸注写,其注写位置宜与对称符号对齐(图1-75)。

(5)两个构配件,如个别尺寸数字不同,可在同一图样中将其中一个构配件的不同尺寸数字注写在括号内,该构配件的名称也应注写在相应的括号内(图1-76)。

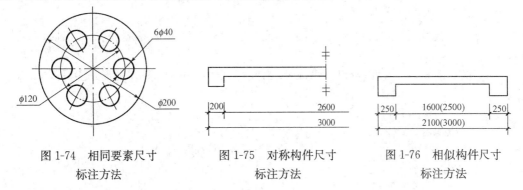

图1-74　相同要素尺寸　　　图1-75　对称构件尺寸　　　图1-76　相似构件尺寸
　　　标注方法　　　　　　　　　标注方法　　　　　　　　　标注方法

(6)数个构配件,如仅某些尺寸不同,这些有变化的尺寸数字,可用拉丁字母注写在同一图样中,另列表格写明其具体尺寸(图1-77)。

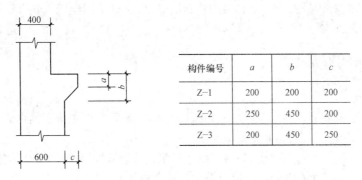

构件编号	a	b	c
Z-1	200	200	200
Z-2	250	450	200
Z-3	200	450	250

图1-77　相似构配件尺寸表格式标注方法

8. 标高

(1)标高符号应以直角等腰三角形表示,按图1-78(a)所示形式用细实线绘制,当标注位置不够,也可按图1-78(b)所示形式绘制。标高符号的具体画法应符合图1-78(c)、(d)的规定。

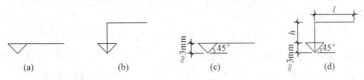

图1-78　标高符号
l—取适当长度注写标高数字;h—根据需要取适当高度

(2)总平面图室外地坪标高符号,宜用涂黑的三角形表示,具体画法应符合图1-79的规定。

(3)标高符号的尖端应指至被注高度的位置。尖端宜向下,也可向上。标高数字应注写在标高符号的上侧或下侧(图 1-80)。

图 1-79 总平面图室外地坪标高符号 　　　　　 图 1-80 标高的指向

(4)标高数字应以米为单位,注写到小数点以后第三位。在总平面图中,可注写到小数字点以后第二位。

(5)零点标高应注写成±0.000,正数标高不注"+",负数标高应注"-",例如 3.000、-0.600。

(6)在图样的同一位置需表示几个不同标高时,标高数字可按图 1-81 的形式注写。

图 1-81 同一位置注写多个标高数字

第四节　图样绘制

为提高图面质量和绘图速度,除必须熟悉制图标准、正确使用绘图工具和仪器外,还要掌握正确的绘图方法和步骤。

一、制图前的准备工作

1. 准备工具

绘制工程图必须具备图板、丁字尺、三角板、比例尺、圆规、针管笔等工具仪器,还应准备若干HB、2H、2B 绘图铅笔、绘图纸或描图纸等用品。

绘图前,还需将铅笔削好、磨细,如需描图还需将针管笔灌好墨水备用,并把各种工具仪器用品放置在绘图桌上的适当位置,以方便取用。

2. 安排工作地点

了解绘图的任务,明确绘图要求,然后选好图板,使其平整面向上,放置于合适的位置和角度,要保证光线能从图板的左前方射入,并将需要的工具放在方便之处,以便顺利地进行制图工作。

3. 固定图纸

根据图样大小裁切图纸且光面向上,用胶带纸粘贴图纸四角固定在图板上,并且贴平服、不起翘。固定图纸时,一般应按对角线方向顺次固定,使图纸平整。当图纸较小时,应将图纸布置在图板的左下方,但要使图板的底边与图纸下边的距离大于丁字尺的宽度。

二、绘制底稿

为使图样画得准确、清晰,打底稿时应采用 H 或 2H 的铅笔,同时注意不应过分用力,使图面不出现刻痕为好;画底稿也不需分出线型,待加深时再予调整。

画底稿的一般步骤为先画图框、标题栏,后画图形。画图形时,先画轴线或对称中心线,再画主要轮廓,然后画细部。如图形是剖视图或剖面图时,则最后画剖面符号,剖面符号在底稿中只需画出一部分,其余可待上墨或加深时再全部画出。图形完成后,画其他符号、尺寸线、尺寸界线、尺寸数字横线和仿宋字的格子等。

注意:画底稿时,要用削尖的 H 或 2H 铅笔轻淡地画出,并经常磨削铅笔;对于需上墨的底稿,在线条的交接处可画出头一些,以便清楚地辨别上墨的起讫位置。

三、加深铅笔图

1. 加深要求

(1)在加深时,应该做到线型正确,粗细分明,连接光滑,图面整洁。

(2)加深粗实线用 HB 铅笔,加深虚线、细实线、细点画线以及线宽约 $b/3$ 的各类图线都用削尖的 H 或 2H 铅笔,写字和画箭头用 HB 铅笔。画图时,圆规的铅芯应比画直线的铅芯软一级。

(3)在加深前,应认真校对底稿,修正错误和缺点,并擦净多余线条和污垢。加深图线时用力要均匀,还应使图线均匀地分布在底稿线的两侧。

2. 加深步骤

(1)加深铅笔图线时宜按照先细后粗、先曲后直、先水平后垂直的原则进行,由上至下、由左至右,按不同线型把图线全部加深。

一般先加深所有的点画线,再加深所有的粗实线圆和圆弧,然后从上向下或从左向右依次加深所有的水平粗实线或铅垂的粗实线。加深倾斜的粗实线时,应从左上方开始。然后,按加深粗实线的同样步骤依次加深所有虚线圆及圆弧,水平、铅垂和倾斜的虚线。最后,加深所有的细实线、波浪线等。

(2)画符号和箭头,标注尺寸,书写注解和标题栏等。

(3)检查全图,如有错误和遗漏,即刻改正,并做必要的修饰。

3. 注意事项

绘图时,要注意图面的整洁,减少尺寸数字在图面上的挪动次数;不画时用干净的纸张将图面蒙盖起来。图线在加深时不论粗细,色泽均应一致。较长的线在绘制时应适当转动铅笔以保证图线粗细均匀。

四、描绘墨线图

墨线应用针管笔绘制,应保持针管笔的畅通,灌墨不宜太多,以免溢漏污染图面。墨线图的描绘步骤与铅笔图相同,可参照执行。画错时应用双面刀片轻轻地刮除,刮时应在描图纸下垫平整的硬物,如三角板等,防止刮破图纸。刮后用橡皮擦拭,再将修刮处压平后方可画线。

五、图样校对与检查

整张图纸画完以后应经细致检查,校对、修改以后才算最后完成。首先应检查图样是否正确;其次应检查图线的交接、粗细、色泽以及线型应用是否准确;最后校对文字、尺寸标注是否整齐、正确,符号是否符合国标规定。

六、平面图形分析与作图

平面图形是由若干直线线段和曲线线段按一定规则连接而成的。绘图前,应根据平面图形给定的尺寸,以明确各线段的形状、大小、相互位置及性质,从而确定正确的绘图顺序。

(一)平面图形尺寸分析

平面图形中的尺寸,按其作用分为定形尺寸和定位尺寸两类。要标注平面图形的尺寸,首先就必须了解这两类尺寸,并对其进行分析。

1. 定形尺寸

在平面图形中,确定平面图形各组成部分的形状和大小的尺寸,称为定形尺寸,如直线的长度、圆及圆弧的直径(半径)、角度的大小等。如图1-82中的尺寸80、40、5、$R120$、$R20$、$R10$均为定形尺寸。

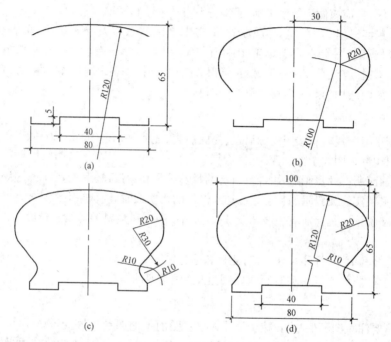

图1-82 平面图形的画图步骤及尺寸线段分析

2. 定位尺寸

在平面图形中,确定平面图形各组成部分之间相互位置的尺寸,称为定位尺寸。如图1-82中的尺寸$R100$、100、65、30、$R30$就是定位尺寸。

标注定位尺寸时,必须将图形中的某些线段(一般以图形的对称线、较大圆的中心线或图形中的较长直线)作为标注尺寸的基点,称为尺寸基准。如图1-82中的尺寸65的基准是平面图形下部的水平线。通常,一个平面图形需要水平和竖直两个方向的基准。

(二)平面图形的线段分析

根据所标注尺寸的齐全程度,平面图形上的线段大致可分为如下三种:

(1)已知线段,即定形尺寸和定位尺寸齐全,可以直接画出的线段。如图1-82中的尺寸80、40、5、$R120$。

(2)中间线段,即只有定形尺寸而定位尺寸不全,还需根据与相邻线段的一个连接关系才能画出的线段。如图1-82中的圆弧$R20$,由于只能根据定位尺寸100得到其圆心在水平方向的一个定位尺寸,而竖直方向的位置需要根据已知圆弧 $R120$ 画出后相切确定。

（3）连接线段,即只有定形尺寸而无定位尺寸,需要根据两个连接关系才能画出的线段。如图 1-82 中的小圆弧 $R10$,圆心两个方向的定位尺寸都未标注,需根据其一端与 $R20$ 的中间线段相切,另一端与已知线段 5 的终点相交确定圆心。

(三)平面图形的作图步骤

平面图形的绘图步骤,可归纳为如下几点：

（1）分析图形及其尺寸,判断各线段和圆弧的性质；

（2）画基准线、定位线,如图 1-82(a)所示；

（3）画已知线段,如图 1-82(b)所示；

（4）画中间线段,如图 1-82(c)所示；

（5）画连接线段,如图 1-82(d)所示；

（6）擦去不必要的图线,标注尺寸,按线型描深。

第五节　建筑工程施工图识读

一、房屋建筑的构造组成

房屋建筑是供人们居住、生活和从事各类公共活动的建筑,通常是由基础、墙体和柱、楼板层、楼梯、屋顶、地坪、门窗七个主要构造部分组成,如图 1-83 所示。这些组成部分构成了房屋的主体,它们在建筑的不同部位,发挥着不同的作用。

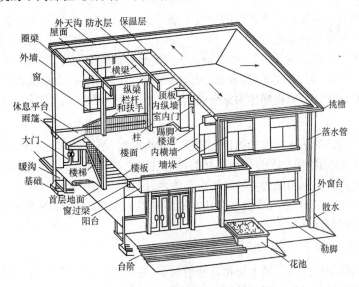

图 1-83　房屋建筑的构成

房屋建筑是由若干个大小不等的室内空间组合而成的,而空间的形成又需要各种各样实体来组合,这些实体称为建筑构配件。除上述七个主要组成部分之外,还有其他的构配件和设施,如阳台、雨篷、台阶、散水、通风道等,以保证建筑充分发挥其功能。

1. 基础

基础是建筑物最下面埋在土层中的部分,它承受建筑物的全部荷载,并把荷载传给下面的土层——地基。基础是建筑物的重要组成部分,是建筑物得以立足的根基,由于它长期埋置于地下,受土壤中潮湿、酸类、碱类等有害物质的侵蚀,故其安全性要求较高。因此,基础应具有足够的刚度、强度和耐久性,应耐水、耐腐蚀、耐冰冻,不应早于地面以上部分先破坏。

2. 墙体和柱

(1)墙体。墙体是建筑物的重要组成部分。对于墙承重结构的建筑来说,墙承受屋顶和楼板层传给它的荷载,并把这些荷载连同自重传给基础。同时,外墙也是建筑物的围护构件,具有围护功能,能减少风、雨、雪、温差变化等对室内的影响;内墙是建筑物的分隔构件,能把建筑物的内部空间分隔成若干相互独立的空间,避免使用时的互相干扰。因此,墙体应具有足够的强度、刚度、稳定性、良好的热性能及防火、隔声、防水、耐久性能。

(2)柱。柱是建筑物的竖向承重构件,除了不具备围护和分隔的作用外,其他要求与墙体相差不多。随着骨架结构建筑的日渐普及,柱已经成为房屋中常见的构件。当建筑物采用柱作为垂直承重构件时,墙填充在柱间,仅起围护和分隔作用。

3. 楼板层

楼板层也称楼层,它是建筑物的水平承重构件,将其上所有荷载连同自重传给墙或柱。同时,楼层把在垂直方向上的建筑空间划分为若干层,并对墙或柱起水平支撑作用。

楼地层指底层地面,承受其上荷载并传给地基。楼地层应坚固、稳定,应具有足够的强度和刚度,并应具备足够的防火、防水和隔声性能。此外,楼地层还应具有防潮、防水等功能。

4. 楼梯

楼梯是楼房建筑中联系上下各层的垂直交通设施,供人们上下楼层和紧急疏散使用。楼梯应坚固、安全、有足够的疏散能力。

楼梯虽然不是建造房屋的目的所在,但由于它关系到建筑使用的安全性,因此在宽度、坡度、数量、位置,布局形式、防火性能等诸方面均有严格的要求。目前,许多建筑的竖向交通主要靠电梯、自动扶梯等设备解决,但楼梯作为安全通道仍然是建筑不可缺少的组成部分。

5. 屋顶

屋顶是建筑顶部的承重和围护构件。屋顶一般由屋面、保温(隔热)层和承重结构三部分组成。其中,承重结构的使用要求与楼板层相似;而屋面和保温(隔热)层则应具有足够的强度、刚度和抵御自然界不良因素的能力,同时,还应能防水、排水与保温(隔热)。

屋顶又被称为建筑的"第五立面",对建筑的形体和立面形象具有较大的影响,屋顶的形式将直接影响建筑物的整体形象。

6. 地坪

地坪是建筑底层房间与下部土层相接触的部分,它承担着底层房间的地面荷载。由于首层房间地坪下面往往是夯实的土壤,所以对地坪的强度要求比楼板层低,但其面层要具有良好的耐磨、防潮性能,有些地坪还要具有防水、保温的能力。

7. 门窗

门的主要作用是供人们进出和搬运家具、设备,紧急疏散时使用,有时兼起采光、通风作用。由于门是人及家具设备进出建筑及房间的通道,因此应有足够的宽度和高度,其数量和位置也应符合有关规范的要求。

窗的主要作用是采光、通风和供人眺望,同时也是围护结构的一部分,在建筑的立面形象中也占有相当重要的地位。由于制作窗的材料往往比较脆弱和单薄,造价较高,同时窗又是围护结构的薄弱环节,因此在寒冷和严寒地区应合理控制窗的面积。

二、施工图的产生

一般建设项目要按两个阶段进行设计,即初步设计阶段和施工图设计阶段。对于技术要求复杂的项目,可在两设计阶段之间,增加技术设计阶段,用来深入解决各工种之间的协调等技术问题。

1. 初步设计阶段

设计人员接受任务书后,首先要根据业主建造要求和有关政策性文件、地质条件等进行初步设计,画出比较简单的初步设计图,简称方案图纸。方案图纸包括简略的平面、立面、剖面等图样,文字说明及工程概算。有时还要向业主提供建筑效果图、建筑模型及电脑动画效果图,以便于直观地反映建筑的真实情况。方案图应征求业主意见,并报规划、消防、卫生、交通、人防等部门审批。

2. 施工图设计阶段

此阶段设计人员在已经批准的方案图纸的基础上,综合建筑、结构、设备等工种之间的相互配合、协调和调整。从施工要求的角度对设计方案予以具体化,为施工企业提供完整的、正确的施工图和必要的有关计算的技术资料。

三、建筑施工图识读

建筑施工图是由目录、设计说明、总平面图、建筑平面图、建筑立面图、建筑剖面图以及建筑详图等内容组成的,是房屋工程施工图中具有全局性地位的图纸,反映房屋的平面形状、功能布局、外观特征、各项尺寸和构造做法等,是房屋施工放线、砌筑、安装门窗、室内外装修和编制施工概算及施工组织计划的主要依据。通常编排在整套图纸的最前位置,其后有结构图、设备施工图、装饰施工图。

(一)图纸目录与设计说明

1. 图纸目录

除图纸的封面外,图纸目录安排在一套图纸的最前面,用来说明本工程的图纸类别、图号编排、图纸名称和备注等,以方便图纸的查阅和排序。

2. 设计说明

设计说明位于图纸目录之后,是对房屋建筑工程中不易用图样表达的内容而采用文字加以说明,主要包括工程的设计概况、工程做法中所采用的标准图集代号,以及在施工图中不宜用图样而必须采用文字加以表达的内容,如材料的内容、饰面的颜色、环保要求、施工注意事项、采用新材料、新工艺的情况说明等。

此外,在建筑施工图中,还应包括防火专篇等一些有关部门要求明确说明的内容。设计说明一般放在一套施工图的首页。

(二)总平面图

总平面图是描绘新建房屋所在的建设地段或建设小区的地理位置以及周围环境的水平投影

图,是新建房屋定位、布置施工总平面图的依据,也是室外水、暖、电等设备管线布置的依据。

1. 总平面图的用途

总平面图是将新建工程四周一定范围内的新建、拟建、原有和拆除的建筑物、构筑物连同其周围的地形、地物状况用正投影的方法和相应的图例所画出的 H 面投影图。其常用比例一般为 1∶500、1∶1000、1∶1500 等。

总平面图主要表示新建房屋的位置、朝向,与原有建筑物的关系,以及周围道路、绿化和给水、排水、供电条件等方面的情况。以其作为新建房屋施工定位、土方施工、设备管网平面布置,安排施工时进入现场的材料和构配件堆放场地以及运输道路布置等的依据。

总平面图的主要用途是:①工程施工的依据;②室外管线布置的依据;③工程预算的重要依据。

2. 总平面图的图示内容

(1)表明新建区域的地形、地貌、平面布置,包括红线位置,各建(构)筑物、道路、河流、绿化等的位置及其相互间的位置关系。

(2)确定新建房屋的平面位置。一般根据原有建筑物或道路定位,标注定位尺寸;修建成片住宅、较大的公共建筑物、工厂或地形复杂时,用坐标确定房屋及道路转折点的位置。

(3)表明建筑物首层地面的绝对标高,室外地坪、道路的绝对标高;说明土方填挖情况、地面坡度及雨水排除方向。

(4)用指北针和风向频率玫瑰图来表示建筑物的朝向。

风向频率玫瑰图还表示该地区常年风向频率。它是根据某一地区多年统计的各个方向吹风次数的百分数值,按一定比例绘制。用16个罗盘方位表示。风向频率玫瑰图上所表示的风的吹向,是指从外面吹向地区中心的。实线图形表示常年风向频率;虚线图形表示夏季(六、七、八三个月)的风向频率。

(5)根据工程的需要,有时还有水、暖、电等管线总平面,各种管线综合布置图、竖向设计图、道路纵横剖面图以及绿化布置图等。

(6)补充图例,若图中采用了建筑制图规范中没有的图例时,则应在总平面图下方详细补充图例,并予以说明。

3. 总平面图的识读

(1)先查看总平面图的图名、比例及有关文字说明。由于总平面图包括的区域较大,所以绘制时都用较小比例,常用的比例有1∶500、1∶1000、1∶2000等。总图中的尺寸(如标高、距离、坐标等)宜以"m"为单位,并应至少取至小数点后两位,不足时以"0"补齐。

(2)了解新建工程的性质和总体布局,如各种建筑物及构筑物的位置、道路和绿化的布置等。由于总平面图的比例较小,各种有关物体均不能按照投影关系如实反映出来,只能用图例的形式进行绘制。要读懂总平面图,必须熟悉总平面图中常用的各种图例。

在总平面图中,为了说明房屋的用途,在房屋的图例内应标注出名称。当图样比例小或图面无足够位置时,也可编号列表编注在图内。在图形过小时,可标注在图形外侧附近。同时,还要在图形的右上角标注房屋的层数符号,一般以数字表示,如14表示该房屋为14层,当层数不多时,也可用小圆点数量来表示,如"∷"表示为4层。

(3)看新建房屋的定位尺寸。新建房屋的定位方式基本上有两种:一种是以周围其他建筑物或构筑物为参照物。实际绘图时,标明新建房屋与其相邻的原有建筑物或道路中心线的相对位置尺寸。另一种是以坐标表示新建筑物或构筑物的位置。

当新建建筑区域所在地形较为复杂时，为了保证施工放线的准确，常用坐标定位。坐标定位分为测量坐标和施工坐标两种。

1）测量坐标。在地形图上用细实线画成交叉十字线的坐标网，南北方向的轴线为 X，东西方向的轴线为 Y，这样的坐标为测量坐标。坐标网常采用 100m×100m 或 50m×50m 的方格网。一般建筑物的定位宜注写其三个角的坐标，如建筑物与坐标轴平行，可注写其对角坐标，如图1-84所示。

2）建筑坐标。建筑坐标就是将建设地区的某一点定为"0"，采用 100m×100m 或 50m×50m 的方格网，沿建筑物主轴方向用细实线画成方格网通线，垂直方向为 A 轴，水平方向为 B 轴，适用于房屋朝向与测量坐标方向不一致的情况。其标注形式如图1-85所示。

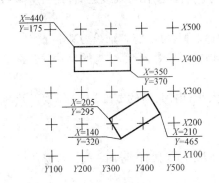

图1-84　测量坐标定位示意图

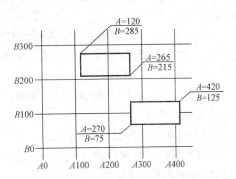

图1-85　建筑坐标定位示意图

（4）了解新建建筑附近的室外地面标高，明确室内外高差。总平面图中的标高均为绝对标高，如标注相对标高，则应注明相对标高与绝对标高的换算关系。建筑物室内地坪，标准建筑图中±0.000处的标高，对不同高度的地坪分别标注其标高，如图1-86所示。

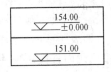

图1-86　标高注写法

（5）看总平面图中的指北针，明确建筑物及构筑物的朝向；有时还要画上风向频率玫瑰图，来表示该地区的常年风向频率。

（三）建筑平面图

建筑平面图，简称平面图，实际上是一幢房屋的水平剖面图。假想用一水平剖面将房屋沿门窗洞口剖开，移去上部分，剖面以下部分的水平投影图就是平面图。

一般地说，多层房屋就应画出各层平面图。沿底层门窗洞口切开后得到的平面图，称为底层平面图。沿二层门窗洞口切开后得到的平面图，称为二层平面图。依次可得到三层、四层平面图。当某些楼层平面相同时，可以只画出其中一个平面图，称其为标准层平面图（或中间层平面图）。

为了表明屋面构造，一般还要画出屋顶平面图。它不是剖面图，是其俯视屋顶时的水平投影图，主要表示屋面的形状及排水情况和突出屋面的构造位置。

1. 建筑平面图的用途

建筑平面图主要表示建筑物的平面形状、水平方向各部分（出入口、走廊、楼梯、房间、阳台等）的布置和组合关系，墙、柱及其他建筑物的位置和大小。其主要用途是：

（1）建筑平面图是施工放线，砌墙、柱，安装门窗框、设备的依据。

(2)建筑平面图是编制和审查工程预算的主要依据。

2. 建筑平面图的基本内容

(1)表明建筑物的平面形状,内部各房间包括走廊、楼梯、出入口的布置及朝向。

(2)表明建筑物及其各部分的平面尺寸。在建筑平面图中,必须详细标注尺寸。平面图中的尺寸分为外部尺寸和内部尺寸。外部尺寸有三道,一般沿横向、竖向分别标注在图形的下方和左方。

第一道尺寸:表示建筑物外轮廓的总体尺寸,也称为外包尺寸。它是从建筑物一端外墙边到另一端外墙边的总长和总宽尺寸。

第二道尺寸:表示轴线之间的距离,也称为轴线尺寸。它标注在各轴线之间,说明房间的开间及进深的尺寸。

第三道尺寸:表示各细部的位置和大小的尺寸,也称细部尺寸。它以轴线为基准,标注出门、窗的大小和位置;墙、柱的大小和位置。此外,台阶(或坡道)、散水等细部结构的尺寸可分别单独标出。

内部尺寸标注在图形内部。用以说明房间的净空大小;内门、窗的宽度;内墙厚度以及固定设备的大小和位置。

(3)表明地面及各层楼面标高。

(4)表明各种门、窗位置,代号和编号,以及门的开启方向。门的代号用 M 表示,窗的代号用 C 表示,编号数用阿拉伯数字表示。

(5)表示剖面图剖切符号、详图索引符号的位置及编号。

(6)综合反映其他各工种(工艺、水、暖、电)对土建的要求,各工程要求的坑、台、水池、地沟、电闸箱、消火栓、雨水管等及其在墙或楼板上的预留洞,应在图中表明其位置及尺寸。

(7)表明室内装修做法,包括室内地面、墙面及天棚等处的材料及做法。一般简单的装修。在平面图内直接用文字说明;较复杂的工程则另列房间明细表和材料做法表,或另画建筑装修图。

(8)文字说明,平面图中不易表明的内容,如施工要求、砖及灰浆的强度等需用文字说明。

3. 平面图的绘制

因建筑平面图是水平剖面图,因此在绘图时,应按剖面图的方法绘制,被剖切到的墙、柱轮廓用粗实线(b),门的开启方向线可用中粗实线($0.5b$)或细实线($0.25b$),窗的轮廓线以及其他可见轮廓和尺寸线等均用细实线($0.25b$)表示。

建筑平面图常用的比例是 1∶50、1∶100、1∶150,而实际工程中使用 1∶100 最多。在建筑施工图中,比例小于等于 1∶50 的图样,可不画材料图例和墙柱面抹灰线。为了有效区分,墙、柱体画出轮廓后,在描图纸上砖砌体断面用红铅笔涂红,而钢筋混凝土则用涂黑的方法表示,晒出蓝图后分别变为浅蓝和深蓝色,即可识别其材料。

4. 平面图的内容及阅读方法

(1)看图名、比例。首先,要从中了解平面图层次、图例及绘制建筑平面图所采用的比例,如 1∶50、1∶100、1∶200。

(2)看图中定位轴线编号及其间距。从中了解各承重构件的位置及房间的大小,以便于施工时定位放线和查阅图纸。定位轴线的标注应符合《房屋建筑制图统一标准》(GB/T 50001—2010)的规定。

(3)看房屋平面形状和内部墙的分隔情况。从平面图的形状与总长、总宽尺寸,可计算出房屋的用地面积;从图中墙的分隔情况和房间的名称,可了解到房屋内部各房间的分布、用途、数量及其相互间的联系情况。

(4)看平面图的各部分尺寸。在建筑平面图中,标注的尺寸有内部尺寸和外部尺寸两种,主要反映建筑物中房间的开间、进深的大小、门窗的平面位置及墙厚、柱的断面尺寸等。

1)外部尺寸。外部尺寸一般标注三道尺寸,最外一道尺寸为总尺寸,表示建筑物的总长、总宽,即从一端外墙皮到另一端外墙皮的尺寸;中间一道尺寸为定位尺寸,表示轴线尺寸,即房间的开间与进深尺寸;最里一道为细部尺寸,表示各细部的位置及大小,如外墙门窗的大小以及与轴线的平面关系。

2)内部尺寸。用来标注内部门窗洞口和宽度及位置、墙身厚度以及固定设备大小和位置等,一般用一道尺寸线表示。

(5)看楼地面标高。平面图中标注的楼地面标高为相对标高,而且是完成面的标高。一般在平面图中地面或楼面有高度变化的位置都应标注标高。

(6)看门窗的位置、编号和数量。图中门窗除用图例画出外,还应注写门窗代号和编号。门的代号通常用"门"的汉语拼音的首字母"M"表示,窗的代号通常用"窗"的汉语拼音首字母"C"表示,并分别在代号后面写上编号,用于区别门窗类型,统计门窗数量。如M—1、M—2和C—1、C—2等。对一些特殊用途的门窗也有相应的符号进行表示,如FM代表防火门,MM代表密闭防护门,CM代表窗连门。

为了便于施工,一般情况下,在首页图上或在本平面图内,附有门窗表,列出门窗的编号、名称、尺寸、数量及其所选标准图集的编号等内容。

(7)看剖面的剖切符号及指北针。通过查看图纸中的剖切符号及指北针,可以在底层平面图中了解剖切部位,了解建筑物朝向。

(四)建筑立面图

在与建筑物立面平行的铅直投影面上所做的投影图称为建筑立面图,简称立面图。一座建筑物是否美观、是否与周围环境协调,主要取决于立面的艺术处理,包括建筑造型与尺度、装饰材料的选用、色彩的选用等内容。在施工图中,立面图主要用于表示建筑物的体形与外貌,表示立面各部分配件的形状和相互关系,表示立面装饰要求及构造做法等。

1. 立面图的命名与数量

房屋有多个立面,为便于与平面图对照阅读,每一个立面图下都应标注立面图的名称。立面图名称的标注方法为:对于有定位轴线的建筑物,宜根据两端的定位轴线号编注立面图名称,如①~⑨轴立面图等。对于无定位轴线的建筑物,可按平面图各面的朝向确定名称,如南立面图等。

平面形状曲折的建筑物,可绘制展开立面图。圆形或多边形平面的建筑物,可分段展开绘制立面图,但均应在图名后加注"展开"二字。此外,可用外貌特征命名,其中反映主要出入口或比较显著地反映房屋外貌特征的那一面的立面图,称为正立面图,其余立面图可称为背立面图和侧立面图等。

立面图的数量是根据房屋各立面的形状和墙面的装修要求确定的。当房屋各立面造型不同、墙面装修不同时,就需要画出所有立面图。

2. 立面图的内容

(1)画出室外地面线及房屋的勒脚、台阶、花池、门窗、雨篷、阳台、室外楼梯、墙柱、檐口、屋顶、落水管、墙面分格线等内容。

(2)标注出外墙各主要部位的标高。如室外地面、台阶顶面、窗台、窗上口、阳台、雨篷、檐口、女儿墙顶、屋顶水箱间及楼梯间屋顶等的标高。

(3)标注出建筑物两端的定位轴线及其编号。

(4)标注索引符号。

(5)用文字说明外墙面装修的材料及其做法。

3. 立面图的识读方法

(1)看图名、比例。了解该图与房屋哪一个立面相对应及绘图的比例。立面图的绘图比例与平面图绘图比例应一致。

(2)看房屋立面的外形、门窗、檐口、阳台、台阶等的形状及位置。在建筑物立面图上,相同的门窗、阳台、外檐装修、构造做法等可在局部重点表示,绘出其完整图形,其余部分只画轮廓线。

(3)看立面图中的标高尺寸。立面图中应标注必要的尺寸和标高。注写的标高尺寸部位有室内外地坪、檐口、屋脊、女儿墙、雨篷、门窗、台阶等处的标高。

(4)看房屋外墙表面装修的做法和分格线等。在立面图上,外墙表面分格线应表示清楚,应用文字说明各部位所用面材和颜色。

(五)建筑剖面图

1. 剖面图的形成与作用

假想用一个平行于投影面的剖切平面,将房屋剖开,移去观察者与剖切平面之间的房屋部分,做出剩余部分的房屋的正投影,所得图样称为建筑剖面图,简称剖面图。

建筑剖面图主要表示房屋的内部结构、分层情况、各层高度、楼面和地面的构造以及各配件在垂直方向上的相互关系等内容。在施工中,可作为进行分层、砌筑内墙、铺设楼板和屋面板以及内装修等工作的依据,是与平、立面图相互配合的不可缺少的重要图样之一。

编制工程预算时,与平、立面图配合计算墙体、内部装修等的工程量。

2. 剖面图的剖切位置与数量

剖面图的剖切部位,应根据图样的用途或设计深度,在平面图上选择能反映全貌、构造特征以及有代表性的部位剖切。一般剖切位置选择房屋的主要部位或构造较为典型的地方如楼梯间等,并应通过门窗洞口。剖面图的图名符号应与底层平面图上的剖切符号相对应。

在一般规模不大的工程中,房屋的剖面图通常只有一个。当工程规模较大或平面形状较复杂时,则要根据实际需要确定剖面图的数量,也可能是两个或几个。

3. 剖面图的内容

(1)表示被剖切到的墙、柱、门窗洞口及其所属定位轴线。剖面图的比例应与平、立面图的比例一致,因此在1∶100的剖面图中一般也不画材料图例,而用粗实线表示被剖切到的墙、梁、板等轮廓线,被剖断的钢筋混凝土梁板等应涂黑表示。

(2)表示室内底层地面、各层楼面及楼层面、屋顶、门窗、楼梯、阳台、雨篷、防潮层、踢脚板、室外地面、散水、明沟及室内外装修等剖到或能见到的内容。

(3)表示楼地面、屋顶各层的构造。一般可用多层共用引出线说明楼地面、屋顶的构造层次和做法。如果另画详图或已有构造说明(如工程做法表),则在剖面图中用索引符号引出说明。

4. 剖面图的识读方法

(1)看图名、比例。根据图名与底层平面图对照,确定剖切平面的位置及投影方向,从中了解该图所画出的是房屋的哪一部分的投影。剖面图的绘图比例通常与平、立面图一致。

（2）看房屋内部的构造、结构形式和所用建筑材料等内容，如各层梁板、楼梯、屋面的结构形式、位置及其与墙（柱）的相互关系等。

（3）看房屋各部位竖向尺寸。竖向尺寸包括高度尺寸和标高尺寸。高度尺寸应标出房屋墙身垂直方向分段尺寸，如门窗洞口、窗间墙等的高度尺寸；标高尺寸主要是标注出室内外地面、各层楼面、阳台、楼梯平台、檐口、屋脊、女儿墙、雨篷、门窗、台阶等处的标高。

（4）看楼地面、屋面的构造。在剖面图中表示楼地面、屋面的多层构造时，通常用通过各层引出线，按其构造顺序加文字说明来表示。有时将这一内容放在墙身剖面详图中表示。

（六）建筑详图

建筑详图是把房屋的某些细部构造及构配件用较大的比例（如 1∶20，1∶10，1∶5 等）将其形状、大小、材料和做法详细表达出来的图样，简称详图或大样图、节点图。常用的详图一般有：墙身详图、楼梯详图、门窗详图、厨房、卫生间、浴室、壁橱及装修详图（吊顶、墙裙、贴面）等。

1. 建筑详图的分类及特点

建筑详图分为局部构造详图和构配件详图。局部构造详图主要表示房屋某一局部构造做法和材料的组成，如墙身详图、楼梯详图等。构配件详图主要表示构配件本身的构造，如门、窗、花格等详图。

建筑详图具有以下特点：

（1）图形详：图形采用较大比例绘制，各部分结构应表达详细，层次清楚，但又要详而不繁。

（2）数据详：各结构的尺寸要标注完整齐全。

（3）文字详：无法用图形表达的内容采用文字说明，要详尽清楚。

详图的表达方法和数量，可根据房屋构造的复杂程度而定。有的只用一个剖面详图就能表达清楚（如墙身详图），有的需加平面详图（如楼梯间、卫生间），或用立面详图（如门窗详图）。

2. 墙身详图

墙身详图应按剖面图的画法绘制，被剖切到的结构墙体用粗实线（b）绘制，装饰层轮廓用细实线（$0.25b$）绘制，在断面轮廓线内画出材料图例。

墙身详图也叫墙身大样图，实际上是建筑剖面图的局部放大图。它表达了墙身与地面、楼面、屋面的构造连接情况以及檐口、门窗顶、窗台、勒脚、防潮层、散水、明沟的尺寸、材料、做法等构造情况，是砌墙、室内外装修、门窗安装、编制施工预算以及材料估算等的重要依据。有时墙身详图不以整体形式布置，而把各个节点详图分别绘制，也称为墙身节点详图。有时，在外墙详图上引出分层构造，注明楼地面、屋顶等的构造情况，而在建筑剖面图中省略不标。在多层房屋中，若各层的构造情况一样，可只画墙脚、檐口和中间层（含门窗洞口）三个节点，按上下位置整体排列。由于门窗一般均有标准图集，为简化作图采用折断省略画法，因此，门窗在洞口处出现双折断线。

墙身详图的主要内容如下：

（1）表明墙身的定位轴线编号，墙体的厚度、材料及其本身与轴线的关系（如墙体是否为中轴线等）。

（2）表明墙脚的做法，墙脚包括勒脚、散水（或明沟）、防潮层（或地圈梁）以及首层地面等的构造。

（3）表明各层梁、板等构件的位置及其与墙体的联系，构件表面抹灰、装饰等内容。

（4）表明檐口部位的做法。檐口部位包括封檐构造（如女儿墙或挑檐），圈梁、过梁、屋顶泛水构造,屋面保温、防水做法和屋面板等结构构件。

(5)图中的详图索引符号等。

3. 楼梯详图

楼梯是房屋中比较复杂的构造,目前多采用预制或现浇钢筋混凝土结构。楼梯详图主要表示楼梯的结构形式,构造做法,各部分的详细尺寸、材料,是楼梯施工放样的主要依据。通常,楼梯详图包括楼梯平面图、楼梯剖面图和踏步、栏杆(栏板)、扶手等详图。

(1)楼梯平面图。楼梯平面图实际是建筑平面图中楼梯间部分的局部放大。假设用一水平剖切平面在该层往上引的第一楼梯段中剖切开,移去剖切平面及以上部分,将余下的部分按正投影的原理投射在水平投影面上所得到的图,称为楼梯平面图。其绘制比例常采用 1∶50。

楼梯平面图一般分层绘制,有底层平面图、中间层平面图和顶层平面图。如果中间各层中某层的平面布置与其他层相差较多,应专门绘制。需要说明的是,按假设的剖切面将楼梯剖切开,折断线本应该平行于踏步的折断线,为了与踏步的投影区别开,规定画为斜折断线,并用箭头配合文字"上"或"下"表示楼梯的上行或下行方向,同时注明梯段的步级数。

楼梯间的尺寸要求标注轴线间尺寸、梯段的定位及宽度、休息平台的宽度、踏步宽度以及平面图上应标注的其他尺寸。标高要求注写出楼面、地面及休息平台的标高。

现以图 1-87 住宅楼梯平面图为例,说明楼梯平面图的读图方法。

1)了解楼梯或楼梯间在房屋中的平面位置。由图可知该住宅楼的两部楼梯分别位于横轴③~⑤与⑨~⑪范围内以及纵轴ⓒ~ⓔ区域中。

2)熟悉楼梯段、楼梯井和休息平台的平面形式、位置,踏步的宽度和踏步的数量。

该楼梯为两跑楼梯。在地下室和一层平面图上,去地下室的楼梯段有 7 个踏步,踏步面宽 280mm,楼梯段水平投影长 1960mm,楼梯井宽 60mm。在标准层和顶层平面图上(二层及其以上)每个梯段有 8 个踏步,每个踏步面宽为 280mm,楼梯井宽为 60mm。楼梯栏杆用两条细线表示。

3)了解楼梯间处的墙、柱、门窗平面位置及尺寸。该楼梯间外墙和两侧内墙厚370mm,平台上方分别设门窗洞口,洞口宽度都为 1200mm,窗口居中。

4)看清楼梯的走向以及楼梯段起步的位置。楼梯的走向用箭头表示。地下室起步台阶的定位尺寸为 800mm,其他各层的定位读者可自行分析。

5)了解各层平台的标高。一层入口处地面标高为−0.940m,其余各层休息平台标高分别为 1.400m、4.200m、7.000m、9.800m,在顶层平面图上看到的平台标高为 12.600m。

6)了解楼梯剖面图的剖切位置。从地下室平面图中可以看到 3—3 剖切符号,表达出楼梯剖面图的剖切位置和剖视方向。

(2)楼梯剖面图。楼梯剖面图是用假想的铅直剖切平面通过各层的一个梯段和门窗洞口将楼梯垂直剖开,向另一未剖到的楼梯段方向投影所做的剖面图。楼梯剖面图主要表达楼梯踏步、平台的构造与连接,以及栏杆的形式及相关尺寸,其常用比例一般为 1∶50、1∶40 或 1∶30。

在楼梯剖面图中,应注明各层楼地面、平台、楼梯间窗洞的标高,每个梯段踢面的高度、踏步的数量以及栏杆的高度等。如果各层楼梯都为等跑楼梯,中间各层楼梯构造又相同,则剖面图可只画出底层、顶层剖面,中间部分可用折断线省略。

(3)踏步、栏杆(栏板)、扶手详图。楼梯栏杆、扶手、踏步面层和楼梯节点的构造在用 1∶50 的绘图比例绘制的楼梯平面图和剖面图中仍然不能表示得十分清楚,还需要用更大比例画出节点放大图。

图 1-88 是楼梯节点、栏杆、扶手详图,它能详细表明楼梯梁、板、踏步、栏杆和扶手的细部构造。

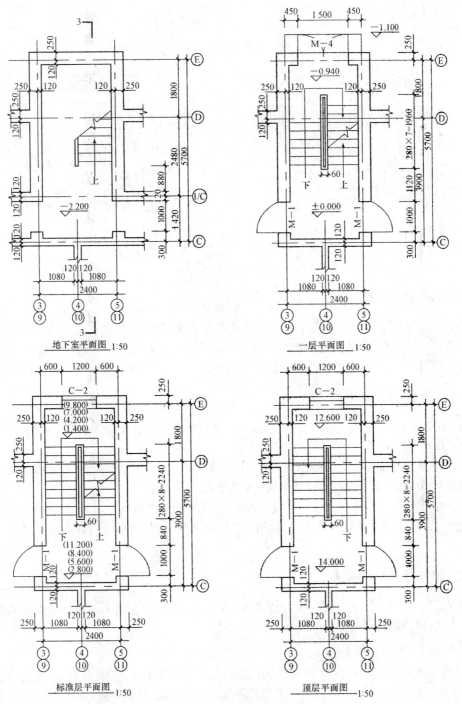

图 1-87　楼梯平面图

4. 其他详图

在建筑、结构设计中,对大量重复出现的构配件如门窗、台阶、面层做法等,通常采用标准设计,即由国家或地方编制一般建筑常用的构件和配件详图,供设计人员选用,以减少不必要的重复劳动。在读图时要学会查阅这些标准图集。

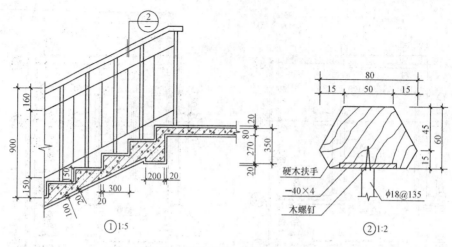

图 1-88　楼梯节点、栏杆、扶手详图

四、结构施工图识读

为了建筑物的使用与安全,除了要满足使用功能、美观、防火等要求外,还应按照建筑各方面的要求进行力学与结构计算,决定建筑承重构件(如基础、梁、板、柱等)的布置、形状、尺寸和详细设计的构造要求,并将其结果绘制成图样,用以指导施工,这样的图样被称为结构施工图。

(一)结构施工图的内容

(1)结构设计说明。主要用于说明结构设计依据、对材料质量及构件的要求,有关地基的概况及施工要求等。

(2)结构布置平面图。结构布置平面图与建筑平面图一样,属于全局性的图纸,通常包括基础平面图、楼层结构平面布置图、屋顶结构平面布置图。

(3)构件详图。构件详图属于局部性的图纸,表示构件的形状、大小,所用材料的强度等级和制作安装等。其主要内容包括基础详图,梁、板、柱等构件详图,楼梯结构详图以及其他构件详图等。

(二)钢筋混凝土结构图

钢筋混凝土在建筑工程中是一种应用极为广泛的建筑材料,它由力学性能完全不同的钢筋和混凝土两种材料组合而成。

1. 钢筋的作用及标注方法

(1)受力钢筋:承受构件内拉、压应力的钢筋。其配置根据受力通过计算确定,且应满足构造要求。在梁、柱中的受力筋亦称纵向受力筋,标注时应说明其数量、品种和直径,如 $4\phi20$,表示配置 4 根 HPB235 级钢筋,直径为 20mm。

在板中的受力筋,标注时应说明其品种、直径和间距,如 $\phi10@100$($@$ 是相等中心距符号),表示配置 HPB235 级钢筋,直径为 10mm,间距为 100mm。

(2)架立筋:一般设置在梁的受压区,与纵向受力钢筋平行,用于固定梁内钢筋的位置,并与受力筋形成钢筋骨架。架立筋是按构造配置的,其标注方法同梁内受力筋。

(3)箍筋:用于承受梁、柱中的剪力、扭矩,固定纵向受力钢筋的位置等。标注箍筋时,应说明箍筋的级别、直径、间距，如 φ10@100。

（4）分布筋：用于单向板、剪力墙中。

单向板中的分布筋与受力筋垂直。其作用是将承受的荷载均匀地传递给受力筋，并固定受力筋的位置以及抵抗热胀冷缩所引起的温度变形。标注方法同板中受力筋。

在剪力墙中布置的水平和竖向分布筋，除上述作用外，还可参与承受外荷载，其标注方法同板中受力筋。

（5）构造筋：因构造要求及施工安装需要而配置的钢筋，如腰筋、吊筋、拉结筋等。其标注方法同板中受力筋。

2. 钢筋的表示方法

了解钢筋混凝土构件中钢筋的配置非常重要。在结构图中通常用粗实线表示钢筋。一般钢筋的表示方法见表1-10。

表 1-10　　　　　　　　　　　　一般钢筋的表示方法

序号	名　称	图　例	说　明	序号	名　称	图　例	说　明
1	钢筋横断面	●		6	无弯钩的钢筋搭接		
2	无弯钩的钢筋端部		下图表示长、短钢筋投影重叠时，短钢筋的端部用45°斜画线表示	7	带半圆形弯钩的钢筋搭接		
3	带半圆形弯钩的钢筋端部			8	带直钩的钢筋搭接		
4	带直钩的钢筋端部			9	花篮螺栓钢筋接头		
5	带丝扣的钢筋端部			10	机械连接的钢筋接头		用文字说明机械连接的方式（冷挤压或锥螺纹等）

3. 钢筋混凝土构件图

钢筋混凝土构件图是加工制作钢筋、浇筑混凝土的依据，其内容包括模板图、配筋图、钢筋表和文字说明四部分。

（1）模板图。模板图是为浇筑构件的混凝土绘制的，主要表达构件的外形尺寸、预埋件的位置、预留孔洞的大小和位置。对于外形简单的构件，一般不必单独绘制模板图，只需在配筋图中把构件的尺寸标注清楚即可。对于外形较复杂或预埋件较多的构件，一般要单独画出模板图。

模板图的图示方法就是按构件的外形绘制的视图，外形轮廓线用中粗实线绘制，如图1-89所示。

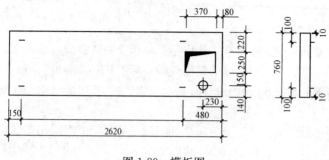

图 1-89   模板图

(2)配筋图。配筋图就是钢筋混凝土构件(结构)中的钢筋配置图。主要表示构件内部所配置钢筋的形状、大小、数量、级别和排放位置。配筋图又分为立面图、断面图和钢筋详图。

1)立面图。立面图是假定构件为一透明体而画出的一个纵向正投影图,主要表示构件中钢筋的立面形状和上下排列位置。通常构件外形轮廓用细实线表示,钢筋用粗实线表示。如图1-90(a)表示。当钢筋的类型、直径、间距均相同时,可只画出其中的一部分,其余可省略不画。

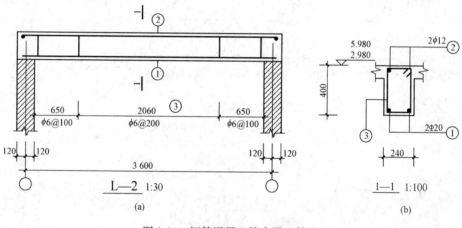

图 1-90   钢筋混凝土简支梁配筋图
(a)立面图;(b)断面图

2)断面图。断面图是构件横向剖切投影图。它主要表示钢筋的上下和前后的排列、箍筋的形状等内容。凡构件的断面形状及钢筋的数量、位置有变化之处,均应画出其断面图。断面图的轮廓为细实线,钢筋横断面用黑点表示,如图1-90(b)所示。

3)钢筋详图。钢筋详图是按规定的图例画出的一种示意图。它主要表示钢筋的形状,以便于钢筋下料和加工成型。同一编号的钢筋只画一根,并注出钢筋的编号、数量(或间距)、等级、直径及各段的长度和总尺寸。

为了区分钢筋的等级、形状、大小,应将钢筋予以编号。钢筋编号是用阿拉伯数字注写在直径为 6mm 的细实线圆圈内,并用引出线指到对应的钢筋部位。同时,在引出线的水平线段上注出钢筋标注内容。

(3)钢筋表。为便于编制施工预算和统计用料,在配筋图中还应列出钢筋表,表 1-11 为某钢筋混凝土简支梁钢筋用表。表内应注明构件代号、构件数量、钢筋编号、钢筋简图、直径、长度、数量、总数量、总长和重量等。对于比较简单的构件,可不画钢筋详图,只列钢筋表。

表 1-11 梁钢筋表

编号	钢筋简图	规格	长度	根数	重量
①	3790	Φ 20	3790	2	
②	3790	ϕ12	3950	2	
③	190　350	ϕ6	1180	23	
总重					

注:此表应与图 1-90 钢筋混凝土简支梁配筋图结合阅读。

4. 钢筋混凝土简支梁配筋图识读

图 1-90 是钢筋混凝土简支梁 L—2 的配筋图,它是由立面图、断面图和钢筋表组成的。其中,L—2 是楼层结构平面图中钢筋混凝土的代号。L—2 的配筋立面图和断面图分别表明简支梁的长为 3840mm,宽为 240mm,高为 400mm。两端搭入墙内 240mm,梁的下端配置了两根编号为①的直受力筋,直径为 20mm,HRB335 级钢筋;两根编号为②的架立筋配置在梁的上部,直径12mm,HPB235 级钢筋;编号③的钢筋是箍筋,直径 6mm,HPB235 级钢筋,在梁端间距为100mm,梁中间距为 200mm。

钢筋表中表明了三种类型钢筋的形状、编号、根数、等级、直径、长度和根数等。各编号钢筋长度的计算方法为:

①号钢筋长度应该是梁长减去两端保护层厚度,即 $3840-2\times25=3790$。

②号钢筋长度应该是梁长减去两端保护层厚度,加上两端弯钩所需长度,即 $3840-2\times25+80\times2=3950$,其中一个半圆弯钩的长度为6.25$d$,实际计算长度为 75mm,施工中取 80mm。

③号箍筋的长度按图 1-91 进行计算。③号箍筋应为 135°的弯钩,当不考虑抗扭要求时,ϕ6 的箍筋按施工经验一般取 50mm。

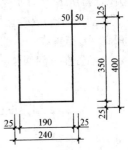

图 1-91　钢筋成型尺寸

(三)条形基础图

1. 基础平面图

假想用一个水平剖切面,沿建筑物首层室内地面把建筑物水平剖开,移去剖切面以上的建筑物和回填土,向下作水平投影,所得到的图称为基础平面图。它主要表示基础的平面布置以及墙、柱与轴线的关系。

条形基础平面图的主要内容及阅读方法如下:

(1)看图名、比例和轴线。基础平面图的绘图比例、轴线编号及轴线间的尺寸必须同建筑平面图一样。

(2)看基础的平面布置,即基础墙、柱以及基础底面的形状、大小及其与轴线的关系。

(3)看基础梁的位置和代号。主要了解基础哪些部位有梁,根据代号可以统计梁的种类、数量和查阅梁的详图。

(4)看地沟与孔洞。由于给水排水的要求,常常设置地沟或在地面以下的基础墙上预留孔洞。在基础平面图中用虚线表示地沟或孔洞的位置,并注明大小及洞底的标高。

(5)看基础平面图中剖切符号及其编号。在不同的位置,基础的形状、尺寸、埋置深度及与轴线的相对位置不同,需要分别画出它们的断面图(基础详图)。在基础平面图中要相应地画出剖切符号,并注明断面图的编号。

2. 基础详图

条形基础详图就是先假想用剖切平面垂直剖切基础,用较大比例画出的断面图,它用于表示基础的断面形状、尺寸、材料、构造及基础埋置深度等内容。其阅读方法及步骤如下:

(1)看图名、比例。基础详图的图名常用1—1、2—2……断面或用基础代号表示。基础详图比例常用1:20。读图时先用基础详图的名字(1—1、2—2等),对照基础平面图的位置,了解其是哪一条基础上的断面图。

(2)看基础断面形状、大小、材料及配筋。断面图中(除配筋部分),要画上材料图例表示。

(3)看基础断面图的各部分详细尺寸和室内外地面、基础底面的标高。基础断面图中的详细尺寸包括基础底部的宽度及其与轴线的关系,基础的深度及大放脚的尺寸。

(四)独立基础图

1. 基础平面图

独立基础图也是由基础平面图和基础详图两部分组成的。独立基础平面图不但要表示出基础的平面形状,而且要标明各独立基础的相对位置。对不同类型的单独基础要分别编号。某厂房的钢筋混凝土杯形基础平面图如图 1-92 所示,图中的"□"表示独立基础的外轮廓线,框中的"工"是矩形钢筋混凝土柱的断面,基础沿定位轴线分布,其编号为 J—1,J—2 及 J—1a,其中 J—2 有 10 个,布置在②~⑥轴线之间并分前后两排;J—1 共 4 个,布置在①和⑦轴线上;J—1a 也有 4 个,布置在车间四角。

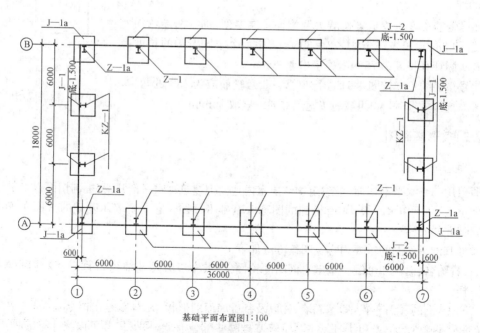

基础平面布置图1:100

图 1-92　钢筋混凝土杯形基础平面图

2. 基础详图

钢筋混凝土独立基础详图一般应画出平面图和剖面图,用以表达每一基础的形状、尺寸和配筋情况。

(五)楼层结构布置平面图

楼层结构布置平面图是假想用一水平剖切平面,沿每层楼板面将建筑物水平剖开,移去剖切平面上部建筑物后,向下作水平投影所得到的水平剖面图。它主要用来表示每层的梁、板、柱、墙等承重构件的平面布置,是安装梁、板等各种楼层构件的依据,也是计算构件数量、编制施工预算的依据。

楼层结构布置平面图的内容与阅读方法如下:

(1)看图名、轴线、比例。一般房屋有几层,就应画出几个楼层结构布置平面图。对于结构布置相同的楼层,可画一个通用的结构布置平面图。

(2)看预制楼板的平面布置及其标注。在平面图上,预制楼板应按实际布置情况用细实线表示,其表示方法为:在布板的区域内用细实线画一对角线并注写板的数量和代号。目前,各地标注构件代号的方法不同,应注意按选用图集中的规定代号注写。一般应包含数量、标志长度、板宽、荷载等级等内容。

(3)看现浇楼板的布置。现浇楼板在结构平面图中的表示方法主要有两种:一种是直接在现浇板的位置处绘出配筋图,并进行钢筋标注;另一种是在现浇板范围内画一条对角线,并注写板的编号,该板配筋另有详图。

(4)看楼板与墙体(或梁)的构造关系。在结构平面图中,配置在板下的圈梁、过梁、梁等钢筋混凝土构件轮廓线可用中虚线表示,也可用单线(粗虚线)表示,并应在构件旁侧标注其编号和代号。为了清楚地表达楼板与墙体(或梁)的构造关系,通常要画出节点剖面放大图。

第二章 建设工程工程量清单及计价

第一节 2013 版清单计价规范简介

一、工程量清单计价规范目的与编制依据

1. 工程量清单计价规范目的

(1)为了更加广泛深入地推行工程量清单计价,规范建设工程发承包双方的计量、计价行为。

(2)为了与当前国家相关法律、法规和政策性的变化规定相适应,使其能够正确的贯彻执行。

(3)为了适应新技术、新工艺、新材料日益发展的需要,促使规范的内容不断更新完善。

(4)总结实践经验,进一步建立健全我国统一的建设工程计价、计量规范标准体系。

2. 工程量清单计价规范编制依据

《建设工程工程量清单计价规范》(GB 50500—2013)、《房屋建筑与装饰工程工程量计算规范》(GB 50854—2013)等 9 本计量规范,是以《建设工程工程量清单计价规范》(GB 50500—2008)(以下简称"08 计价规范")为基础,以原建设部发布的工程基础定额、消耗量定额、预算定额以及各省、自治区、直辖市或行业建设主管部门发布的工程计价定额为参考,以工程计价相关的国家或行业的技术标准、规范、规程为依据,收集近年来的新施工技术、工艺和新材料的项目资料,经过整理,在全国广泛征求意见后编制而成。

二、工程量清单计价规范的简介

2012 年 12 月 25 日,住房和城乡建设部发布了《建设工程工程量清单计价规范》(GB 50500—2013)(以下简称"13 计价规范")和《房屋建筑与装饰工程工程量计算规范》(GB 50854—2013)、《仿古建筑工程工程量计算规范》(GB 50855—2013)、《通用安装工程工程量计算规范》(GB 50856—2013)、《市政工程工程量计算规范》(GB 50857—2013)、《园林绿化工程工程量计算规范》(GB 50858—2013)、《矿山工程工程量计算规范》(GB 50859—2013)、《构筑物工程工程量计算规范》(GB 50860—2013)、《城市轨道交通工程工程量计算规范》(GB 50861—2013)、《爆破工程工程量计算规范》(GB 50862—2013)等 9 本计量规范(以下简称"13 工程计量规范"),全部 10 本规范于 2013 年 7 月 1 日起实施。

"13 计价规范"共设置 16 章 54 节 329 条,各章名称为:总则、术语、一般规定、工程量清单编制、招标控制价、投标报价、合同价款约定、工程计量、合同价款调整、合同价款期中支付、竣工结算与支付、合同解除的价款结算与支付、合同价款争议的解决、工程造价鉴定、工程计价资料与档案和工程计价表格。相比"08 计价规范"而言,分别增加了 11 章 37 节 192 条。

"13 计价规范"适用于建设工程发承包及实施阶段的招标工程量清单、招标控制价、投标报价的编制,工程合同价款的约定,竣工结算的办理以及施工过程中的工程计量、合同价款支付、施工索赔与现场签证、合同价款调整和合同价款争议的解决等计价活动。相对于"08 计价规范",

"13 计价规范"将"建设工程工程量清单计价活动"修改为"建设工程发承包及实施阶段的计价活动",从而对清单计价规范的适用范围进一步进行了明确,表明了不分何种计价方式,建设工程发承包及实施阶段的计价活动必须执行"13 计价规范"。之所以规定"建设工程发承包及实施阶段的计价活动",主要是因为工程建设具有周期长、金额大、不确定因素多的特点,从而决定了建设工程计价具有分阶段计价的特点,建设工程决策阶段、设计阶段的计价要求与发承包及实施阶段的计价要求是有区别的,这就避免了因理解上的歧义而发生纠纷。

"13 计价规范"规定:"建设工程发承包及实施阶段的工程造价应由分部分项工程费、措施项目费、其他项目费、规费和税金组成"。这说明了不论采用什么计价方式,建设工程发承包及实施阶段的工程造价均由这五部分组成,这五部分也称之为建筑安装工程费。

根据原人事部、原建设部《关于印发〈造价工程师执业制度暂行规定〉的通知》(人发[1996]77号)、《注册造价工程师管理办法》(建设部第 150 号令)以及《全国建设工程造价员管理办法》(中价协[2011]021 号)的有关规定,"13 计价规范"规定:"招标工程量清单、招标控制价、投标报价、工程计量、合同价款调整、合同价款结算与支付以及工程造价鉴定等工程造价文件的编制与核对,应由具有专业资格的工程造价人员承担。""承担工程造价文件的编制与核对的工程造价人员及其所在单位,应对工程造价文件的质量负责"。

另外,由于建设工程造价计价活动不仅要客观反映工程建设的投资,更应体现工程建设交易活动的公正、公平的原则,因此"13 计价规范"规定,工程建设双方,包括受其委托的工程造价咨询方,在建设工程发承包及实施阶段从事计价活动均应遵循客观、公正、公平的原则。

第二节　建设工程量清单编制

一、工程量清单概述

1. 工程量清单的概念

工程量清单是指表现建设工程的分部分项工程项目、措施项目、其他项目、规费项目和税金项目名称及相应数量等的明细清单。

工程量清单应由具有编制能力的招标人或受其委托具有相应资质的工程造价咨询人编制。

采用工程量清单方式招标,工程量清单必须作为招标文件的组成部分,其准确性和完整性由招标人负责。

工程量清单是工程量清单计价的基础,应作为编制招标控制价、招标报价、计算工程量、支付工程款、调整合同价款、办理竣工结算以及工程索赔等的依据。

2. 工程量清单的作用

工程量清单体现了招标人员要求投标人完成的工程项目及相应的工程数量,全面反映了投标报价要求是编制招标工程招标控制价(标底)和投标工程报价的依据,也是支付工程进度款和办理工程结算、调整工程量及工程索赔的依据。

工程量清单是招投标活动中对招标人和投标人都具有约束力的重要文件,其专业性强,内容复杂,对编制人的业务技术要求高,能否编制出完整、严谨的工程量清单,直接影响招标质量,也是招标成败的关键。

二、工程量清单的编制

1. 工程量清单编制的依据

(1)《建设工程工程量清单计价规范》(GB 50500—2013)和相关专业工程的国家计量规范。

(2)国家或省级、行业建设主管部门颁发的计价定额和办法。

(3)建设工程设计文件及相关资料。

(4)与建设工程有关的标准、规范、技术资料。

(5)拟定的招标文件。

(6)施工现场情况、地勘水文资料、工程特点及常规施工方案。

(7)其他相关资料。

2. 工程量清单编制一般规定

(1)招标工程量清单应由招标人负责编制,若招标人不具有编制工程量清单的能力,则可根据《工程造价咨询企业管理办法》(建设部第 149 号令)的规定,委托具有工程造价咨询性质的工程总价咨询人编制。

(2)招标工程量清单必须作为招标文件的组成部分,其准确性(数量不算错)和完整性(不缺项漏项)应由招标人负责。招标人应将工程量清单连同招标文件一起发给投标人。投标人依据工程量清单进行投标报价时,对工程量清单不负有核实的义务,更不具有修改和调整的权利。如招标人委托工程造价咨询人编制工程量清单,其责任仍由招标人负责。

(3)招标工程量清单是工程量清单计价的基础,应作为编制招标控制价、投标报价、计算或调整工程量以及工程索赔等依据之一。

(4)投标工程量清单应以单位(项)工程为单位编制,由分部分项工程项目清单、措施项目清单、其他项目清单、规费和税金项目清单组成。

3. 工程量清单编制程序

(1)熟悉图纸和招标文件。

(2)了解施工现场的有关情况。

(3)划分项目,确定分部分项工程项目清单和单价措施项目清单的项目名称、项目编码。

(4)确定分部分项项目清单和单价措施项目清单的项目特征。

(5)计算分部分项工程项目清单和单价措施项目的工程量。

(6)编制清单(分部分项工程项目清单、措施项目清单、其他项目清单)。

(7)复核、编写总说明、扉页、封面。

(8)装订。

4. 工程量清单编制的内容

(1)分部分项工程项目清单。

1)分部分项工程项目清单必须载明项目编码、项目名称、项目特征、计量单位和工程量。这是构成一个分部分项工程项目清单的五个要件,在分部分项工程项目清单的组成中缺一不可。

2)分部分项工程项目清单应根据"13 计价规范"和相关专业工程国家计量规范附录中规定的项目编码、项目名称、项目特征、计量单位和工程量计算规则进行编制。

分部分项工程项目清单项目编码栏应根据相关国家工程量计算规范项目编码栏内规定的 9 位数字另加 3 位顺序码共 12 位阿拉伯数字填写。各位数字的含义为:一、二位为专业工程代码,房屋建筑与装饰工程为 01,仿古建筑为 02,通用安装工程为 03,市政工程为 04,园林绿化工程为05,矿山工程为06,构筑物工程为07,城市轨道交通工程为08,爆破工程为09;三、四位为专业工程附录分类顺序码;五、六位为分部工程顺序码;七、八、九位为分项工程项目名称顺序码;十至十二位为清单项目名称顺序码。

在编制工程量清单时应注意对项目编码的设置不得有重码,特别是当同一标段(或合同段)的一份工程量清单中含有多个单项或单位工程且工程量清单是以单项或单位工程为编制对象时,应注意项目编码中的十至十二位的设置不得重码。例如一个标段(或合同段)的工程量清单中含有三个单项或单位工程,每一单项或单位工程中都有项目特征相同的现浇混凝土矩形梁,在工程量清单中又需反映三个不同单项或单位工程的现浇混凝土矩形梁工程量时,此时工程量清单应以单项或单位工程为编制对象,第一个单项或单位工程的现浇混凝土矩形梁的项目编码为010503002001,第二个单项或单位工程的现浇混凝土矩形梁的项目编码为010503002002,第三个单项或单位工程的现浇混凝土矩形梁的项目编码为010503002003,并分别列出各单项或单位工程现浇混凝土矩形梁的工程量。

分部分项工程量清单项目名称栏应按相关工程国家工程量计算规范的规定,根据拟建工程实际填写。在实际填写过程中,"项目名称"有两种填写方法:一是完全保持相关工程国家工程量计算规范的项目名称不变;二是根据工程实际在工程量计算规范项目名称下另行确定详细名称。

分部分项工程量清单项目特征栏应按相关工程国家工程量计算规范的规定,根据拟建工程实际进行描述。

分部分项工程量清单的计量单位应按相关工程国家工程量计算规范规定的计量单位填写。有些项目工程量计算规范中有两个或两个以上计量单位的,应根据拟建工程项目的实际,选择最适宜表现该项目特征并方便计量的单位。如泥浆护壁成孔灌注桩项目,工程量计算规范以"m^3"、"m"和"根"三个计量单位表示,此时就应根据工程项目的特点,选择其中一个即可。

"工程量"应按相关工程国家工程量计算规范规定的工程量计算规则计算填写。

工程量的有效位数应遵守下列规定:

1)以"t"为单位,应保留小数点后三位小数,第四位小数四舍五入。

2)以"m"、"m^2"、"m^3"、"kg"为单位,应保留小数点后两位小数,第三位小数四舍五入。

3)以"个"、"件""根""组""系统"为单位,应取整数。

分部分项工程量清单编制应注意的问题:

1)不能随意设置项目名称,清单项目名称一定要按"13工程计量规范"附录的规定设置。

2)正确对项目进行描述,一定要将完成该项目的全部内容完整地体现在清单上,不能有遗漏,以便投标人报价。

(2)措施项目清单。

措施项目清单是指为完成工程项目施工,发生于该工程施工准备和施工过程中的技术、生活、安全、环境保护等方面的项目。"13工程计量规范"中有关措施项目的规定和具体条文比较少,投标人可根据施工组织设计中采取的措施增加项目。

措施项目清单的设置,首先要参考拟建工程的施工组织设计,以确定安全文明施工、材料的二次搬运等项目。其次参阅施工技术方案,以确定夜间施工增加费、大型机械进出场及安拆费、脚手架工程费等项目。参阅相关的工程施工规范及工程验收规范,可以确定施工技术方案没有表达的,但是为了实现施工规范及工程验收规范要求而必须采取技术措施。

1)措施项目清单应根据拟建工程的实际情况列项。

2)措施项目中可以计算工程量的项目清单宜采用分部分项工程量清单的方式编制,列出项目编码、项目名称、项目特征、计量单位和工程量计算规则;不能计算工程量的项目清单,以"项"

为计量单位。

3)规范将实体性项目划分为分部分项工程量清单,非实体性项目划分为措施项目。非实体性项目,一般来说,其费用的发生和金额的大小与使用时间、施工方法或者两个以上工序相关,与实际完成的实体工程量的多少关系不大,典型的是大中型施工机械、文明施工和安全防护、临时设施等。但有的非实体性项目,则是可以计算工程量的项目,典型的是建筑工程混凝土浇筑的模板工程,用分部分项工程量清单的方式采用综合单价,更有利于措施费的确定和调整,也有利于合同管理。

(3)其他项目清单。

其他项目清单是指分部分项工程量清单、措施项目清单所包含的内容以外,因招标人的特殊要求而发生的与拟建工程有关的其他费用项目和相应数量的清单。工程建设标准的高低、工程的复杂程度、工程的工期长短、工程的组成内容、发包人对工程管理要求等都直接影响其他项目清单的具体内容。其他项目清单包括暂列金额、暂估价(包括材料暂估单价、工程设备暂估单价、专业工程暂估价)、计日工、总承包服务费。

1)暂列金额。

暂列金额是招标人在工程量清单中暂定并包括在合同价款中的一笔款项。"13 计价规范"中明确规定暂列金额用于施工合同签订时尚未确定或者不可预见的所需材料、设备、服务的采购,施工中可能发生的工程变更、合同约定调整因素出现时的工程价款调整以及发生的索赔、现场签证确认等的费用。

不管采用何种合同形式,工程造价理想的标准是,一份合同的价格就是其最终的竣工结算价格,或者至少两者应尽可能接近。我国对政府投资工程实行概算管理,经项目审批部门批复的设计概算是工程投资控制的刚性指标,即使商业性开发项目也有成本的预先控制问题,否则,无法相对准确地预测投资的收益和科学合理地进行投资控制。但工程建设自身的特性决定了工程的设计需要根据工程进展不断地进行优化和调整,业主需求可能会随工程建设进展出现变化,工程建设过程还会存在一些不能预见、不能确定的因素。消化这些因素必然会影响合同价格的调整,暂列金额正是为这类不可避免的价格调整而设立,以便达到合理确定和有效控制工程造价的目标。

另外,暂列金额列入合同价格不等于就属于承包人所有了,即使是总价包干合同,也不等于列入合同价格的所有金额就属于承包人,是否属于承包人应得金额取决于具体的合同约定,只有按照合同约定程序实际发生后,才能成为承包人的应得金额,纳入合同结算价款中。扣除实际发生金额后的暂列金额余额仍属于发包人所有。设立暂列金额并不能保证合同结算价格就不会再出现超过合同价格的情况,是否超出合同价格完全取决于工程量清单编制人暂列金额预测的准确性,以及工程建设过程是否出现了其他事先未预测到的事件。

2)暂估价。

暂估价是指招标阶段直至签订合同协议时,招标人在招标文件中提供的用于支付必然发生但暂时不能确定价格的材料以及专业工程的金额。暂估价包括材料暂估单价、工程设备暂估单价和专业工程暂估价。暂估价类似于 FIDIC 合同条款中的 Prime Cost Items,在招标阶段预见肯定要发生,只是因为标准不明确或者需要由专业承包人完成,暂时无法确定价格。暂估价数量和拟用项目应当结合工程量清单中的"暂估价表"予以补充说明。

为方便合同管理,需要纳入分部分项工程项目清单综合单价中的暂估价应只是材料费、工程设备费,以方便投标人组价。

专业工程的暂估价一般应是综合暂估价,应当包括除规费和税金以外的管理费、利润等取费。总承包招标时,专业工程设计深度往往是不够的,一般需要交由专业设计人设计,国际上,出于提高可建造性考虑,一般由专业承包人负责设计,以发挥其专业技能和专业施工经验的优势。这类专业工程交由专业分包人完成是国际工程的良好实践,目前在我国工程建设领域也已经比较普遍。公开透明地合理确定这类暂估价的实际开支金额的最佳途径,就是通过施工总承包人与工程建设项目招标人共同组织的招标。

3)计日工。

计日工是为解决现场发生的零星工作的计价而设立的,其为额外工作和变更的计价提供了一个方便快捷的途径。计日工适用的零星工作一般是指合同约定之外的或者因变更而产生的、工程量清单中没有相应项目的额外工作,尤其是那些时间不允许事先商定价格的额外工作。计日工以完成零星工作所消耗的人工工时、材料数量、机械台班进行计量,并按照计日工表中填报的适用项目的单价进行计价支付。

国际上常见的标准合同条款中,大多数都设立了计日工(Daywork)计价机制。但在我国以往的工程量清单计价实践中,由于计日工项目的单价水平一般要高于工程量清单项目的单价水平,因而经常被忽略。从理论上讲,由于计日工往往是用于一些突发性的额外工作,缺少计划性,承包人在调动施工生产资源方面难免不影响已经计划好的工作,生产资源的使用效率也有一定的降低,客观上造成超出常规的额外投入。另外,其他项目清单中计日工往往是一个暂定的数量,其无法纳入有效的竞争。所以合理的计日工单价水平一定是要高于工程量清单的价格水平的。为获得合理的计日工单价,发包人在其他项目清单中对计日工一定要给出暂定数量,并需要根据经验尽可能估算一个较接近实际的数量。

4)总承包服务费。

总承包服务费是为了解决招标人在法律、法规允许的条件下进行专业工程发包,以及自行供应材料、设备,并需要总承包人对发包的专业工程提供协调和配合服务,对供应的材料、设备提供收、发和保管服务以及进行施工现场管理时发生,并向总承包人支付的费用。招标人应预计该项费用并按投标人的投标报价向投标人支付该项费用。

为保证工程施工建设的顺利实施,投标人在编制招标工程量清单时应对施工过程中可能出现的各种不确定因素对工程造价的影响进行估算,列出一笔暂列金额。暂列金额可根据工程的复杂程度、设计深度、工程环境条件(包括地质、水文、气候条件等)进行估算,一般可按分部分项工程费的 $10\%\sim15\%$ 作为参考。

暂估价中的材料、工程设备暂估单价应根据工程造价信息或参照市场价格估算,列出明细表;专业工程暂估价应分不同专业,按有关计价规定估算,列出明细表。

计日工应列出项目名称、计量单位和暂估数量。

总承包服务费应列出服务项目及其内容等。

出现未列的项目,应根据工程实际情况补充。如办理竣工结算时就需将索赔及现场签证列入其他项目中。

(4)规费项目清单。

规费是根据省级政府或省级有关权力部门规定必须缴纳的,应计入建筑安装工程造价的费用。根据住房和城乡建设部、财政部"关于印发《建筑安装工程费用项目组成》的通知"(建标〔2013〕44号)的规定,规费主要包括社会保险费、住房公积金、工程排污费,其中社会保险费包括养老保险费、医疗保险费、失业保险费、工伤保险费和生育保险费;税金主要包括营业税、城市维护建设税、教育费附加和地方教育附加。规费作为政府和有关权力部门规定必须缴纳的费用,政府和有关权力部门可根据形势发展的需要,对规费项目进行调整,因此,清单编制人对《建筑安装工程费用项目组成》中未包括的规费项目,在编制规费项目清单时应根据省级政府或省级有关权力部门的规定列项。

规费项目清单应按照下列内容列项:

1)社会保险费:包括养老保险费、失业保险费、医疗保险费、工伤保险费、生育保险费。

2)住房公积金。

3)工程排污费。

相对于"08计价规范","13计价规范"对规费项目清单进行了以下调整:

1)根据《中华人民共和国社会保险法》的规定,将"08计价规范"使用的"社会保障费"更名为"社会保险费",将"工伤保险费、生育保险费"列入社会保险费。

2)根据十一届全国人大常委会第20次会议将《中华人民共和国建筑法》第四十八条由"建筑施工企业必须为从事危险作业的职工办理意外伤害保险,支付保险费"修改为"建筑施工企业应当依法为职工参加工伤保险缴纳工伤保险费。鼓励企业为从事危险作业的职工办理意外伤害保险,支付保险费"。由于建筑法将意外伤害保险由强制改为鼓励,因此,"13计价规范"中规费项目增加了工伤保险费,删除了意外伤害保险,将其在企业管理费中列支。

3)根据《财政部、国家发展改革委关于公布取消和停止征收100项行政事业性收费项目的通知》(财综[2008]78号)的规定,工程定额测定费从2009年1月1日起取消,停止征收。因此,"13计价规范"中规费项目取消了工程定额测定费。

(5)税金。

根据住房和城乡建设部、财政部"关于印发《建筑安装工程费用项目组成》的通知"(建标[2013]44号)的规定,目前我国税法规定应计入建筑安装工程造价的税种包括营业税、城市建设维护税、教育费附加和地方教育附加。如国家税法发生变化,税务部门依据职权增加了税种,应对税金项目清单进行补充。

税金项目清单应按下列内容列项:

1)营业税。

2)城市维护建设税。

3)教育费附加。

4)地方教育附加。

根据《财政部关于统一地方教育政策有关内容的通知》(财综[2011]98号)的有关规定,"13计价规范"相对于"08计价规范",在税金项目增列了地方教育附加项目。

第三节 工程量清单计价

一、一般规定

(一)计价方式

(1)使用国有资金投资的建设工程发承包,必须采用工程量清单计价。国有资金投资的资金包括国家融资资金、国有资金为主的投资资金。

1)国有资金投资的工程建设项目包括:

①使用各级财政预算资金的项目。

②使用纳入财政管理的各种政府性专项建设资金的项目。

③使用国有企事业单位自有资金,并且国有资产投资者实际拥有控制权的项目。

2)国家融资资金投资的工程建设项目包括:

①使用国家发行债券所筹资金的项目。

②使用国家对外借款或者担保所筹资金的项目。

③使用国家政策性贷款的项目。

④国家授权投资主体融资的项目。

⑤国家特许的融资项目。

3)国有资金为主的工程建设项目是指国有资金占投资总额50%以上,或虽不足50%但国有投资者实质上拥有控股权的工程建设项目。

(2)非国有资金投资的建设工程,"13计价规范"鼓励采用工程量清单计价方式,但是否采用,由项目业主自主确定。

(3)不采用工程量清单计价的建设工程,应执行"13计价规范"中除工程量清单等专门性规定外的其他规定。

(4)实行工程量清单计价应采用综合单价法,不论分部分项工程项目、措施项目、其他项目,还是以单价形式或以总价形式表现的项目,其综合单价的组成内容均包括完成该项目所需的、除规费和税金以外的所有费用。

(5)根据《中华人民共和国安全生产法》、《中华人民共和国建筑法》、《建设工程安全生产管理条例》、《安全生产许可证条例》等法律、法规的规定,建设部办公厅印发了《建筑工程安全防护、文明施工措施费及使用管理规定》(建办[2005]89号),将安全文明施工费纳入国家强制性标准管理范围,其费用标准不予竞争,并规定"投标方安全防护、文明施工措施的报价,不得低于依据工程所在地工程造价管理机构测定费率计算所需费用总额的90%"。2012年2月14日,财政部、国家安全生产监督管理总局印发的《企业安全生产费用提取和使用管理办法》(财企[2012]16号)规定:"建设工程施工企业提取的安全费用列入工程造价,在竞标时,不得删减,列入标外管理"。

"13计价规范"规定措施项目清单中的安全文明施工费必须按国家或省级、行业建设主管部门的规定费用标准计算,招标人不得要求投标人对该项费用进行优惠,投标人也不得将该项费用参与市场竞争。此处的安全文明施工费包括《建筑安装工程费用项目组成》(建标[2013]44号)中措施费的文明施工费、环境保护费、临时设施费、安全施工费。

(6)根据建设部、财政部印发的《建筑安装工程费用项目组成》(建标[2013]44号)的规定,规费是政府和有关权力部门规定必须缴纳的费用。税金是国家按照税法预先规定的标准,强制地、无偿地要求纳税人缴纳的费用。它们都是工程造价的组成部分,但是其费用内容和计取标准都不是发、承包人能自主确定的,更不是由市场竞争决定的。因此"13计价规范"规定:"规费和税金必须按国家或省级、行业建设主管部门的规定计算,不得作为竞争性费用"。

(二)发包人提供材料和机械设备

《建设工程质量管理条例》第14条规定:"按照合同约定,由建设单位采购建筑材料、建筑构配件和设备的,建设单位应当保证建筑材料、建筑构配件和设备符合设计文件和合同要求";《中华人民共和国合同法》第283条规定:"发包人未按照约定的时间和要求提供原材料、设备、场地、资金、技术资料的,承包人可以顺延工程日期,并有权要求赔偿停工、窝工等损失"。"13计价规范"根据上述法律条文对发包人提供材料和机械设备的情况进行了如下约定:

(1)发包人提供的材料和工程设备(以下简称甲供材料)应在招标文件中按照规定填写《发包

人提供材料和工程设备一览表》,写明甲供材料的名称、规格、数量、单价、交货方式、交货地点等。承包人投标时,甲供材料价格应计入相应项目的综合单价中,签约后,发包人应按合同约定扣除甲供材料款,不予支付。

(2)承包人应根据合同工程进度计划的安排,向发包人提交甲供材料交货的日期计划。发包人应按计划提供。

(3)发包人提供的甲供材料如规格、数量或质量不符合合同要求,或由于发包人原因发生交货日期延误、交货地点及交货方式变更等情况的,发包人应承担由此增加的费用和(或)工期延误,并应向承包人支付合理利润。

(4)发承包双方对甲供材料的数量发生争议不能达成一致的,应按照相关工程的计价定额同类项目规定的材料消耗量计算。

(5)若发包人要求承包人采购已在招标文件中确定为甲供材料的,材料价格应由发承包双方根据市场调查确定,并应另行签订补充协议。

(三)承包人提供材料和工程设备

《建设工程质量管理条例》第29条规定:"施工单位必须按照工程设计要求、施工技术标准和合同约定,对建筑材料、建筑构配件、设备和商品混凝土进行检验,检验应当有书面记录和专人签字;未经检验或者检验不合格的,不得使用"。"13计价规范"根据此法律条文对承包人提供材料和机械设备的情况进行了如下约定:

(1)除合同约定的发包人提供的甲供材料外,合同工程所需的材料和工程设备应由承包人提供,承包人提供的材料和工程设备均应由承包人负责采购、运输和保管。

(2)承包人应按合同约定将采购材料和工程设备的供货人及品种、规格、数量和供货时间等提交发包人确认,并负责提供材料和工程设备的质量证明文件,满足合同约定的质量标准。

(3)对承包人提供的材料和工程设备经检测不符合合同约定的质量标准,发包人应立即要求承包人更换,由此增加的费用和(或)工期延误应由承包人承担。对发包人要求检测承包人已具有合格证明的材料、工程设备,但经检测证明该项材料、工程设备符合合同约定的质量标准,发包人应承担由此增加的费用和(或)工期延误,并向承包人支付合理利润。

(四)计价风险

(1)建设工程发承包,必须在招标文件、合同中明确计价中的风险内容及其范围,不得采用无限风险、所有风险或类似语句规定计价中的风险内容及范围。

风险是一种客观存在的、会带来损失的、不确定的状态。它具有客观性、损失性、不确定性的特点,并且风险始终是与损失相联系的。工程施工发包是一种期货交易行为,工程建设本身又具有单件性和建设周期长的特点。在工程施工过程中影响工程施工及工程造价的风险因素很多,但并非所有的风险都是承包人能预测、能控制和应承担其造成损失的。

工程施工招标发包是工程建设交易方式之一,一个成熟的建设市场应是一个体现交易公平性的市场。在工程建设施工发包中实行风险共担和合理分摊原则是实现建设市场交易公平性的具体体现,是维护建设市场正常秩序的措施之一。其具体体现则是应在招标文件或合同中对发、承包双方各自应承担的风险内容及其风险范围或幅度进行界定和明确,而不能要求承包人承担所有风险或无限度风险。

根据我国工程建设特点,投标人应完全承担的风险是技术风险和管理风险,如管理费和利润;应有限度承担的是市场风险,如材料价格、施工机械使用费等的风险;应完全不承担的是法律、法规、规章和政策变化的风险。

（2）由于下列因素出现，影响合同价款调整的，应由发包人承担：

1）由于国家法律、法规、规章或有关政策出台导致工程税金、规费等发生变化的。

2）对于我国目前工程建设的实际情况，各省、自治区、直辖市建设行政主管部门均根据当地人力资源和社会保障行政主管部门的有关规定发布人工成本信息或人工费调整，对此关系职工切身利益的人工费进行调整的，但承包人对人工费或人工单价的报价高于发布的除外。

3）《中华人民共和国合同法》第 63 条规定："执行政府定价或者政府指导价的，在合同约定的交付期限内价格调整时，按照交付的价格计价。逾期交付标的物的，遇价格上涨时，按照原价格执行；价格下降时，按照新价格执行。逾期提取标的物者或逾期付款的，遇价格上涨时，按照新价格执行；价格下降时，按照原价格执行"。因此，对政府定价或政府指导价管理的原材料价格按照相关文件规定进行合同价款调整的，因承包人原因导致工期延误的，应按本节后叙"四、（三）合同价款调整"中"2. 法律法规变化"和"8. 物价变化"中的有关规定进行处理。

（3）对于主要由市场价格波动导致的价格风险，如工程造价中的建筑材料、燃料等价格风险，应由发承包双方合理分摊，并按规定填写《承包人提供主要材料和工程设备一览表》作为合同附件；当合同中没有约定，发承包双方发生争议时，应按"13 计价规范"的相关规定调整合同价款。

"13 计价规范"中提出承包人所承担的材料价格的风险宜控制在 5% 以内，施工机械使用费的风险可控制在 10% 以内，超过者予以调整。

（4）由于承包人使用机械设备、施工技术以及组织管理水平等自身原因造成施工费用增加的，应由承包人全部承担。

（5）当不可抗力发生，影响合同价款时，应按本节后叙"四、（三）合同价款调整"中"10. 不可抗力"的相关规定处理。

二、招标控制价

1. 招标控制价的编制依据

（1）"13 计价规范"。

（2）国家或省级、行业建设主管部门颁发的计价定额和计价办法。

（3）建设工程设计文件及相关资料。

（4）拟定的招标文件及招标工程量清单。

（5）与建设项目相关的标准、规范、技术资料。

（6）施工现场情况、工程特点及常规施工方案。

（7）工程造价管理机构发布的工程造价信息，当工程造价信息没有发布时，参照市场价。

（8）其他的相关资料。

2. 招标控制价的编制人员

招标控制价应由具有编制能力的招标人编制，当招标人不具有编制招标控制价的能力时，可委托具有相应资质的工程造价咨询人编制。工程造价咨询人接受招标人委托编制招标控制价的，不得再就同一工程接受投标人委托编制投标报价。

具有相应工程造价咨询资质的工程造价咨询人是指根据《工程造价咨询企业管理办法》（建设部令第 149 号）的规定，依法取得工程造价咨询企业资质，并在其资质许可的范围内接受招标人的委托，编制招标控制价的工程造价咨询企业。即取得甲级工程造价咨询资质的咨询人可承担各类建设项目的招标控制价编制，取得乙级（包括乙级暂定）工程造价咨询资质的咨询人，则只能承担 5000 万元以下的招标控制价的编制。

3. 其他项目费计价的规定

(1)暂列金额。暂列金额应按招标工程量清单中列出的金额填写。

(2)暂估价。暂估价包括材料暂估单价、工程设备暂估单价和专业工程暂估价。暂估价中的材料、工程设备单价应根据招标工程量清单列出的单价计入综合单价。

(3)计日工。计日工包括计日人工、材料和施工机械。在编制招标控制价时,对计日工中的人工单价和施工机械台班单价应按省级、行业建设主管部门或其授权的工程造价管理机构公布的单价计算;材料应按工程造价管理机构发布的工程造价信息中的材料单价计算,工程造价信息未发布材料单价的材料,其价格应按市场调查确定的单价计算。

(4)总承包服务费。招标人编制招标控制价时,总承包服务费应根据招标文件中列出的内容和向总承包人提出的要求,按照省级或行业建设主管部门的规定或参照下列标准计算:

1)招标人仅要求对分包的专业工程进行总承包管理和协调时,按分包的专业工程估算造价的 1.5% 计算。

2)招标人要求对分包的专业工程进行总承包管理和协调,并同时要求提供配合服务时,根据招标文件中列出的配合服务内容和提出的要求,按分包的专业工程估算造价的 3%~5% 计算。

3)招标人自行供应材料的,按招标人供应材料价值的 1% 计算。

(5)招标控制价的规费和税金必须按国家或省级、行业建设主管部门的规定计算。

4. 招标控制价的编制注意事项

(1)使用的计价标准、计价政策应是国家或省、自治区、直辖市建设行政主管部门或行业建设主管部门颁布的计价定额和计价方法。

(2)采用的材料价格应是工程造价管理机构通过工程造价信息发布的材料单价,工程造价信息未发布材料单价的材料,其材料价格应通过市场调查确定。

(3)国家或省、自治区、直辖市建设行政主管部门或行业建设主管部门对工程造价计价中费用或费用标准有规定的,应按规定执行。

三、投标报价

1. 一般规定

(1)工程完工后,发承包双方必须在合同约定时间内办理工程竣工结算。合同中没有约定或约定不清的,按"13 计价规范"中有关规定处理。

(2)工程竣工结算应由承包人或受其委托具有相应资质的工程造价咨询人编制,并应由发包人或受其委托具有相应资质的工程造价咨询人核对。实行总承包的工程,由总承包人对竣工结算的编制负总责。

(3)当发承包双方或一方对工程造价咨询人出具的竣工结算文件有异议时,可向工程造价管理机构投诉,申请对其进行执业质量鉴定。

(4)工程造价管理机构对投诉的竣工结算文件进行质量鉴定,宜按后叙"六、工程造价鉴定"的相关规定进行。

(5)根据《中华人民共和国建筑法》第 61 条规定:"交付竣工验收的建筑工程,必须符合规定的建筑工程质量标准,有完整的工程技术经济资料和经签署的工程保修书,并具备国家规定的其他竣工条件",由于竣工结算是反映工程造价计价规定执行情况的最终文件,竣工结算办理完毕,发包人应将竣工结算文件报送工程所在地或有该工程管辖权的行业管理部门的工程造价管理机构备案。竣工结算文件应作为工程竣工验收备案、交付使用的必备文件。

2. 投标报价的编制依据

(1)"13 计价规范"。

(2)工程合同。

(3)发承包双方实施过程中已确认的工程量及其结算的合同价款。

(4)发承包双方实施过程中已确认调整后追加(减)的合同价款。

(5)建设工程设计文件及相关资料。

(6)投标文件。

(7)其他依据。

3. 投标报价的编制审核

(1)综合单价中应考虑招标文件中要求投标人承担的风险内容及其范围(幅度)产生的风险费用,招标文件中没有明确的,应提请招标人明确。在施工过程中,当出现的风险内容及其范围(幅度)在合同约定的范围内时,合同价款不做调整。

(2)分部分项工程和措施项目中的单价项目,应根据招标文件和招标工程量清单项目中的特征描述确定综合单价。招标工程量清单的项目特征描述是确定分部分项工程和措施项目中的单价的重要依据之一,投标人投标报价时应依据招标工程量清单项目的特征描述确定清单项目的综合单价。招投标过程中,当出现招标工程量清单项目特征描述与设计图纸不符时,投标人应以招标工程量清单的项目特征描述为准,确定投标报价的综合单价。当施工中施工图纸或设计变更与招标工程量清单的项目特征描述不一致时,发、承包双方应按实际施工的项目特征,依据合同约定重新确定综合单价。

招标文件中提供了暂估单价的材料,应按暂估的单价计入综合单价;综合单价中应考虑招标文件中要求投标人承担的风险内容及其范围(幅度)产生的风险费用。在施工过程中,当出现的风险内容及其范围(幅度)在合同约定的范围内时,工程价款不做调整。

(3)投标人可根据工程实际情况并结合施工组织设计,对招标人所列的措施项目进行增补。由于各投标人拥有的施工装备、技术水平和采用的施工方法有所差异,招标人提出的措施项目清单是根据一般情况确定的,没有考虑不同投标人的"个性",投标人投标时应根据自身编制的投标施工组织设计或施工方案确定措施项目,对招标人提供的措施项目进行调整。投标人根据投标施工组织设计或施工方案调整和确定的措施项目应通过评标委员会的评审。措施项目中的总价项目应采用综合单价计价。其中安全文明施工费应按国家或省级、行业建设主管部门的规定确定,且不得作为竞争性费用。

(4)其他项目应按下列规定报价:

1)暂列金额应按招标工程量清单中列出的金额填写,不得变动。

2)材料、工程设备暂估价应按招标工程量清单中列出的单价计入综合单价,不得变动和更改。

3)专业工程暂估价应按招标工程量清单中列出的金额填写,不得变动和更改。

4)计日工应按招标工程量清单中列出的项目和数量,自主确定综合单价并计算计日工金额。

5)总承包服务费应依据招标工程量清单中列出的专业工程暂估价内容和供应材料、设备情况,按照招标人提出的协调、配合与服务要求和施工现场管理需要自主确定。

(5)规费和税金应按国家或省级、行业建设主管部门的规定计算,不得作为竞争性费用。规费和税金的计取标准是依据有关法律、法规和政策规定制定的,具有强制性。投标人是法律、法规和政策的执行者，不能改变，更不能制定，而必须按照法律、法规、政策的有关规定执行。

（6）招标工程量清单与计价表中列明的所有需要填写单价和合价的项目，投标人均应填写且只允许有一个报价。未填写单价和合价的项目，可视为此项费用已包含在已标价工程量清单中其他项目的单价和合价之中。当竣工结算时，此项目不得重新组价予以调整。

（7）实行工程量清单招标时，投标人的投标总价应当与组成已标价工程量清单的分部分项工程费、措施项目费、其他项目费和规费、税金的合计金额相一致，即投标人在投标报价时，不能进行投标总价优惠（或降价、让利），投标人对招标人的任何优惠（或降价、让利）均应反映在相应清单项目的综合单价中。

四、工程合同价款管理

(一)合同价款约定

1. 一般规定

（1）工程合同价款的约定是建设工程合同的主要内容。根据有关法律条款的规定，实行招标的工程合同价款应在中标通知书发出之日起30天内，由发承包双方依据招标文件和中标人的投标文件在书面合同中约定。

工程合同价款的约定应满足以下几个方面的要求：

1）约定的依据要求：招标人向中标的投标人发出的中标通知书。

2）约定的时间要求：自招标人发出中标通知书之日起30天内。

3）约定的内容要求：招标文件和中标人的投标文件。

4）合同的形式要求：书面合同。

在工程招投标及建设工程合同签订过程中，招标文件应视为要约邀请，投标文件为要约，中标通知书为承诺。因此，在签订建设工程合同时，若招标文件与中标人的投标文件有不一致的地方，应以投标文件为准。

（2）实行招标的工程，合同约定不得违背招标文件中关于工期、造价、资质等方面的实质性内容。合同实质性内容，按照《中华人民共和国合同法》第30条规定："有关合同标的、数量、质量、价款或者报酬、履行期限、履行地点和方式、违约责任和解决争议方法等的变更，是对要约内容的实质性变更"。

（3）不实行招标的工程合同价款，应在发承包双方认可的工程价款基础上，由发承包双方在合同中约定。

（4）工程建设合同的形式对工程量清单计价的适用性不构成影响，无论是单价合同、总价合同，还是成本加酬金合同均可以采用工程量清单计价。采用单价合同形式时，经标价的工程量清单是合同文件必不可少的组成内容，其中的工程量一般具备合同约束力（量可调），工程款结算时按照合同中约定应予计量并实际完成的工程量计算进行调整，由招标人提供统一的工程量清单则彰显了工程量清单计价的主要优点。总价合同是指总价包干或总价不变合同，采用总价合同形式，工程量清单中的工程量不具备合同的约束力（量不可调），工程量以合同图纸的标示内容为准，工程量以外的其他内容一般均赋予合同约束力，以方便合同变更的计量和计价。成本加酬金合同是承包人不承担任何价格变化风险的合同。

"13计价规范"中规定："实行工程量清单计价的工程，应采用单价合同；建设规模较小，技术难度较低，工期较短，且施工图设计已审查批准的建设工程可采用总价合同；紧急抢险、救灾以及施工技术特别复杂的建设工程可采用成本加酬金合同"。单价合同约定的工程价款中所包含的工程量清单项目综合单价在约定条件内是固定的，不予调整，工程量允许调整。工程量清单项目综合单价在约定的条件外，允许调整。但调整方式、方法应在合同中约定。

2. 合同价款约定内容

(1)发承包双方应在合同条款中对下列事项进行约定：

1)预付工程款的数额、支付时间及抵扣方式。预付款是发包人为解决承包人在施工准备阶段资金周转问题提供的协助。如使用大宗材料，可根据工程具体情况设置工程材料预付款。

2)安全文明施工措施的支付计划，使用要求等。

3)工程计量与支付工程进度款的方式、数额及时间。

4)工程价款的调整因素、方法、程序、支付及时间。

5)施工索赔与现场签证的程序、金额确认与支付时间。

6)承担计价风险的内容、范围以及超出约定内容、范围的调整办法。

7)工程竣工价款结算编制与核对、支付及时间。

8)工程质量保证金的数额、预留方式及时间。

9)违约责任以及发生合同价款争议的解决方法及时间。

10)与履行合同、支付价款有关的其他事项等。

由于合同中涉及工程价款的事项较多，能够详细约定的事项应尽可能具体的约定，约定的用词应尽可能唯一，如有几种解释，最好对用词进行定义，尽量避免因理解上的歧义造成合同纠纷。

(2)合同中没有按照上述第(1)条的要求约定或约定不明的，若发承包双方在合同履行中发生争议由双方协商确定；当协商不能达成一致时，应按"13计价规范"的规定执行。

(二)工程计量

1. 一般规定

(1)正确的计量是发包人向承包人支付合同价款的前提和依据，因此"13计价规范"中规定："工程量必须按照相关工程现行国家计量规范规定的工程量计算规则计算"。这就明确了不论采用何种计价方式，其工程量必须按照相关工程的现行国家计量规范规定的工程量计算规则计算。采用统一的工程量计算规则，对于规范工程建设各方的计量计价行为，有效减少计量争议具有十分重要的意义。

(2)选择恰当的工程计量方式对于正确计量是十分必要的。由于工程建设具有投资大、周期长等特点，因而"13计价规范"中规定："工程计量可选择按月或按工程形象进度分段计量，当采用分段结算方式时，应在合同中约定具体的工程分段划分界限"。按工程形象进度分段计量与按月计量相比，其计量结果更具稳定性，可以简化竣工结算。但应注意工程形象进度分段的时间应与按月计量保持一定关系，不应过长。

(3)因承包人原因造成的超出合同工程范围施工或返工的工程量，发包人不予计量。

(4)成本加酬金合同应按单价合同的规定计量。

2. 单价合同的计量

(1)招标工程量清单标明的工程量是招标人根据拟建工程设计文件预计的工程量，不能作为承包人在实际工作中应予完成的实际和准确的工程量。招标工程量清单所列的工程量一方面是各投标人进行投标报价的共同基础，另一方面也是对各投标人的投标报价进行评审的共同平台，是招投标活动应当遵循公开、公平、公正和诚实、信用原则的具体体现。

发承包双方竣工结算的工程量应以承包人按照现行国家计量规范规定的工程量计算规则计

算的实际完成应予计量的工程量确定,而非招标工程量清单所列的工程量。

(2)当施工中进行工程计量,发现招标工程量清单中出现缺项、工程量偏差,或因工程变更引起工程量增减时,应按承包人在履行合同义务中完成的工程量计算。

(3)承包人应当按照合同约定的计量周期和时间向发包人提交当期已完工程量报告。发包人应在收到报告后7天内核实,并将核实计量结果通知承包人。发包人未在约定时间内进行核实的,承包人提交的计量报告中所列的工程量视为承包人实际完成的工程量。

(4)发包人认为需要进行现场计量核实时,应在计量前24小时通知承包人,承包人应为计量提供便利条件并派人参加。当双方均同意核实结果时,双方应在上述记录上签字确认。承包人收到通知后不派人参加计量,视为认可发包人的计量核实结果。发包人不按照约定时间通知承包人,致使承包人未能派人参加计量,计量核实结果无效。

(5)当承包人认为发包人核实后的计量结果有误时,应在收到计量结果通知后的7天内向发包人提出书面意见,并应附上其认为正确的计量结果和详细的计算资料。发包人收到书面意见后,应在7天内对承包人的计量结果进行复核后通知承包人。承包人对复核计量结果仍有异议的,按照合同约定的争议解决办法处理。

(6)承包人完成已标价工程量清单中每个项目的工程量并经发包人核实无误后,发承包双方应对每个项目的历次计量报表进行汇总,以核实最终结算工程量,并应在汇总表上签字确认。

3. 总价合同的计量

(1)由于工程量是招标人提供的,招标人必须对其准确性和完整性负责,且工程量必须按照相关工程国家现行计量规范规定的工程量计算规则计算,因而对于采用工程量清单方式形成的总价合同,若招标工程量清单中工程量与合同实施过程中的工程量存在差异时,都应按上述"2.单价合同的计量"中的相关规定进行调整。

(2)采用经审定批准的施工图纸及其预算方式发包形成的总价合同,由于承包人自行对施工图纸进行计量,因此除按照工程变更规定引起的工程量增减外,总价合同各项目的工程量是承包人用于结算的最终工程量。

(3)总价合同约定的项目计量应以合同工程经审定批准的施工图纸为依据,发承包双方应在合同中约定工程计量的形象目标或时间节点进行计量。

(4)承包人应在合同约定的每个计量周期内对已完成的工程进行计量,并向发包人提交达到工程形象目标完成的工程量和有关计量资料的报告。

(5)发包人应在收到报告后7天内对承包人提交的上述资料进行复核,以确定实际完成的工程量和工程形象目标。对其有异议的,应通知承包人进行共同复核。

(三)合同价款调整

1. 一般规定

(1)下列事项(但不限于)发生,发承包双方应当按照合同约定调整合同价款:

1)法律法规变化。

2)工程变更。

3)项目特征不符。

4)工程量清单缺项。

5)工程量偏差。

6)计日工。

7）物价变化。

8）暂估价。

9）不可抗力。

10）提前竣工（赶工补偿）。

11）误期赔偿。

12）索赔。

13）现场签证。

14）暂列金额。

15）发承包双方约定的其他调整事项。

（2）出现合同价款调增事项（不含工程量偏差、计日工、现场签证、索赔）后的14天内，承包人应向发包人提交合同价款调增报告并附上相关资料；承包人在14天内未提交合同价款调增报告的，应视为承包人对该事项不存在调整价款请求。

此处所指合同价款调增事项不包括工程量偏差，是因为工程量偏差的调整在竣工结算完成之前均可提出；不包括计日工、现场签证和索赔，是因为这三项的合同价款调增时限在"13计价规范"中另有规定。

（3）出现合同价款调减事项（不含工程量偏差、索赔）后的14天内，发包人应向承包人提交合同价款调减报告并附相关资料；发包人在14天内未提交合同价款调减报告的，应视为发包人对该事项不存在调整价款请求。

基于上述第（2）条同样的原因，此处合同价款调减事项中不包括工程量偏差和索赔两项。

（4）发（承）包人应在收到承（发）包人合同价款调增（减）报告及相关资料之日起14天内对其核实，予以确认的应书面通知承（发）包人。当有疑问时，应向承（发）包人提出协商意见。发（承）包人在收到合同价款调增（减）报告之日起14天内未确认也未提出协商意见的，应视为承（发）包人提交的合同价款调增（减）报告已被发（承）包人认可。发（承）包人提出协商意见的，承（发）包人应在收到协商意见后的14天内对其核实，予以确认的应书面通知发（承）包人。承（发）包人在收到发（承）包人的协商意见后14天内既不确认也未提出不同意见的，应视为发（承）包人提出的意见已被承（发）包人认可。

（5）发包人与承包人对合同价款调整的不同意见不能达成一致的，只要对发承包双方履约不产生实质影响，双方应继续履行合同义务，直到其按照合同约定的争议解决方式得到处理。

（6）根据财政部、原建设部印发的《建设工程价款结算暂行办法》（财建〔2004〕369号）的相关规定，如第15条："发包人和承包人要加强施工现场的造价控制，及时对工程合同外的事项如实纪录并履行书面手续。凡由发、承包双方授权的现场代表签字的现场签证以及发、承包双方协商确定的索赔等费用，应在工程竣工结算中如实办理，不得因发、承包双方现场代表的中途变更改变其有效性"，"13计价规范"对发承包双方确定调整的合同价款的支付方法进行了约定，即："经发承包双方确认调整的合同价款，作为追加（减）合同价款，应与工程进度款或结算款同期支付"。

2. 法律法规变化

（1）工程建设过程中，发、承包双方都是国家法律、法规、规章及政策的执行者。因此，在发、承包双方履行合同的过程中，当国家的法律、法规、规章及政策发生变化，国家或省级、行业建设主管部门或其授权的工程造价管理机构据此发布工程造价调整文件时，工程价款应当进行调整。"13计价规范"中规定："招标工程以投标截止日前28天、非招标工程以合同签订前28天为基准日，其后因国家的法律、法规、规章和政策发生变化引起工程造价增减变化的，发承包双方应按照省级或行业建设主管部门或其授权的工程造价管理机构据此发布的规定调整合同价款"。

(2)因承包人原因导致工期延误的,按上述第(1)条规定的调整时间,在合同工程原定竣工时间之后,合同价款调增的不予调整,合同价款调减的予以调整。这就说明由于承包人原因导致工期延误,将按不利于承包人的原则调整合同价款。

3. 工程变更

建设工程施工合同实施过程中,如果合同签订时所依赖的承包范围、设计标准、施工条件等发生变化,则必须在新的承包范围、新的设计标准或新的施工条件等前提下对发承包双方的权利和义务进行重新分配,从而建立新的平衡,追求新的公平和合理。由于施工条件变化和发包人要求变化等原因,往往会发生合同约定的工程材料性质和品种、建筑物结构形式、施工工艺和方法等的变动,此时必须变更才能维护合同的公平。因此,"13计价规范"中对因分部分项工程量清单的漏项或非承包人原因引起的工程变更,造成增加新的工程量清单项目时,新增项目综合单价的确定原则进行了约定,具体如下:

(1)因工程变更引起已标价工程量清单项目或其工程数量发生变化时,应按照下列规定调整:

1)已标价工程量清单中有适用于变更工程项目的,应采用该项目的单价;但当工程变更导致该清单项目的工程数量发生变化,且工程量偏差超过15%时,该项目单价应按照规定进行调整,即当工程量增加15%以上时,增加部分的工程量的综合单价应予调低;当工程量减少15%以上时,减少后剩余部分的工程量的综合单价应予调高。采用此条进行调整的前提条件是其采用的材料、施工工艺和方法相同,亦不因此增加关键线路上工程的施工时间。

如:某桩基工程施工过程中,由于设计变更,新增加预制钢筋混凝土管柱3根(45m),已标价工程量清单中有预制钢筋混凝土管柱项目的综合单价,且新增部分工程量偏差在15%以内时,应采用该项目的综合单价。

2)已标价工程量清单中没有适用但有类似于变更工程项目的,可在合理范围内参照类似项目的单价。采用此条进行调整的前提条件是其采用的材料、施工工艺和方法基本相似,不增加关键线路上工程的施工时间,则可仅就其变更后的差异部分,参考类似的项目单价由发、承包双方协商新的项目单价。

如:某现浇混凝土设备基础的混凝土强度等级为C30,施工过程中设计单位将其调整为C35,此时则可将原综合单价组成中C30混凝土价格用C35混凝土价格替换,其余不变,组成新的综合单价。

3)已标价工程量清单中没有适用也没有类似于变更工程项目的,应由承包人根据变更工程资料、计量规则和计价办法、工程造价管理机构发布的信息价格和承包人报价浮动率提出变更工程项目的单价,并应报发包人确认后调整。承包人报价浮动率可按下列公式计算:

招标工程:

$$承包人报价浮动率 L = (1-中标价/招标控制价)\times 100\%$$

非招标工程:

$$承包人报价浮动率 L = (1-报价/施工图预算)\times 100\%$$

4)已标价工程量清单中没有适用也没有类似于变更工程项目,且工程造价管理机构发布的信息价格缺价的,应由承包人根据变更工程资料、计量规则、计价办法和通过市场调查等取得有合法依据的市场价格提出变更工程项目的单价,并应报发包人确认后调整。

(2)工程变更引起施工方案改变并使措施项目发生变化时,承包人提出调整措施项目费的,应事先将拟实施的方案提交发包人确认,并应详细说明与原方案措施项目相比的变化情况。拟

实施的方案经发承包双方确认后执行,并应按照下列规定调整措施项目费:

1)安全文明施工费应按照实际发生变化的措施项目依据国家或省级、行业建设主管部门的规定计算。

2)采用单价计算的措施项目费,应按照实际发生变化的措施项目,按上述第(1)条的规定确定单价。

3)按总价(或系数)计算的措施项目费,按照实际发生变化的措施项目调整,但应考虑承包人报价浮动因素,即调整金额按照实际调整金额乘以上述第(1)条规定的承包人报价浮动率计算。

如果承包人未事先将拟实施的方案提交给发包人确认,则应视为工程变更不引起措施项目费的调整或承包人放弃调整措施项目费的权利。

(3)当发包人提出的工程变更因非承包人原因删减了合同中的某项原定工作或工程,致使承包人发生的费用或(和)得到的收益不能被包括在其他已支付或应支付的项目中,也未被包含在任何替代的工作或工程中时,承包人有权提出并应得到合理的费用及利润补偿。这主要是为了维护合同的公平,防止发包人在签约后擅自取消合同中的工作,转而由发包人自己或其他承包人实施而使本合同工程承包人蒙受损失。

4. 项目特征不符

工程量清单的项目特征是确定一个清单项目综合单价不可缺少的主要依据,对工程量清单项目的特征描述具有十分重要的意义,其主要体现在以下三个方面:①项目特征是区分清单项目的依据。工程量清单项目特征是用来表述分部分项清单项目的实质内容,用于区分计价规范中同一清单条目下各个具体的清单项目。没有项目特征的准确描述,对于相同或相似的清单项目名称,就无从区分;②项目特征是确定综合单价的前提。由于工程量清单项目的特征决定了工程实体的实质内容,必然直接决定了工程实体的自身价值。因此,工程量清单项目特征描述得准确与否,直接关系到工程量清单项目综合单价的准确确定;③项目特征是履行合同义务的基础。实行工程量清单计价,工程量清单及其综合单价是施工合同的组成部分,因此,如果工程量清单项目特征的描述不清甚至漏项、错误,从而引起在施工过程中的更改,都会引起分歧,导致纠纷。

在按"13 工程计量规范"对工程量清单项目的特征进行描述时,应注意"项目特征"与"工作内容"的区别。"项目特征"是工程项目的实质,决定着工程量清单项目的价值大小,而"工作内容"主要讲的是操作程序,是承包人完成能通过验收的工程项目所必须要操作的工序。在"13 工程计量规范"中,工程量清单项目与工程量计算规则、工作内容具有一一对应的关系,当采用"13计价规范"进行计价时,工作内容即有规定,无需再对其进行描述。而"项目特征"栏中的任何一项都影响着清单项目的综合单价的确定,招标人应高度重视分部分项工程项目清单项目特征的描述,任何不描述或描述不清,均会在施工合同履约过程中产生分歧,导致纠纷、索赔。例如屋面卷材防水,按照"13 工程计量规范"编码为 010902001 项目中"项目特征"栏的规定,发包人在对工程量清单项目进行描述时,就必须要对卷材的品种、规格、厚度,防水层数及防水层做法等进行详细的描述,因为这其中任何一项的不同都直接影响到屋面卷材防水的综合单价。而在该项"工作内容"栏中阐述了屋面卷材防水应包括基层处理、刷底油、铺油毡卷材、接缝等施工工序,这些工序即便发包人不提,承包人为完成合格屋面卷材防水工程也必然要经过,因而发包人在对工程量清单项目进行描述时就没有必要对屋面卷材防水的施工工序对承包人提出规定。

正因为此,在编制工程量清单时,必须对项目特征进行准确而且全面的描述,准确地描述工程量清单的项目特征对于准确地确定工程量清单项目的综合单价具有决定性的作用。

"13 计价规范"中对清单项目特征描述及项目特征发生变化后重新确定综合单价的有关要求进行了如下约定:

(1)发包人在招标工程量清单中对项目特征的描述,应被认为是准确的和全面的,并且与实际施工要求相符合。承包人应按照发包人提供的招标工程量清单,根据项目特征描述的内容及有关要求实施合同工程,直到项目被改变为止。

(2)承包人应按照发包人提供的设计图纸实施合同工程,若在合同履行期间出现设计图纸(含设计变更)与招标工程量清单任一项目的特征描述不符,且该变化引起该项目工程造价增减变化的,应按照实际施工的项目特征,按前述"(二)工程计量"中的有关规定重新确定相应工程量清单项目的综合单价,并调整合同价款。

5. 工程量清单缺项

导致工程量清单缺项的原因主要包括:①设计变更;②施工条件改变;③工程量清单编制错误。由于工程量清单的增减变化必然使合同价款发生增减变化。

(1)合同履行期间,由于招标工程量清单中缺项,新增分部分项工程清单项目的,应按照前述"3. 工程变更"中的第(1)条的有关规定确定单价,并调整合同价款。

(2)新增分部分项工程清单项目后,引起措施项目发生变化的,应按照前述"3. 工程变更"中的第(2)条的有关规定,在承包人提交的实施方案被发包人批准后调整合同价款。

(3)由于招标工程量清单中措施项目缺项,承包人应将新增措施项目实施方案提交发包人批准后,按照前述"3. 工程变更"中的第(1)、(2)条的有关规定调整合同价款。

6. 工程量偏差

(1)合同履行期间,当应予以计算的实际工程量与招标工程量清单出现偏差,且符合下述第(2)、(3)条规定时,发承包双方应调整合同价款。

(2)对于任一招标工程量清单项目,当因工程量偏差和前述"3. 工程变更"中规定的工程变更等原因导致工程量偏差超过15%时,可进行调整。当工程量增加15%以上时,增加部分的工程量的综合单价应予调低;当工程量减少15%以上时,减少后剩余部分的工程量的综合单价应予调高。

(3)如果工程量出现变化引起相关措施项目相应发生变化时,按系数或单一总价方式计价的,工程量增加的措施项目费调增,工程量减少的措施项目费调减。反之,如未引起相关措施项目发生变化,则不予调整。

7. 计日工

(1)发包人通知承包人以计日工方式实施的零星工作,承包人应予执行。

(2)采用计日工计价的任何一项变更工作,在该项变更的实施过程中,承包人应按合同约定提交下列报表和有关凭证送发包人复核:

1)工作名称、内容和数量。

2)投入该工作所有人员的姓名、工种、级别和耗用工时。

3)投入该工作的材料名称、类别和数量。

4)投入该工作的施工设备型号、台数和耗用台时。

5)发包人要求提交的其他资料和凭证。

(3)任一计日工项目持续进行时,承包人应在该项工作实施结束后的24小时内向发包人提交有计日工记录汇总的现场签证报告一式三份。发包人在收到承包人提交现场签证报告后的2天内予以确认并将其中一份返还给承包人,作为计日工计价和支付的依据。发包人逾期未确认也未提出修改意见的,应视为承包人提交的现场签证报告已被发包人认可。

(4)任一计日工项目实施结束后,承包人应按照确认的计日工现场签证报告核实该类项目的工程数量,并应根据核实的工程数量和承包人已标价工程量清单中的计日工单价计算,提出应付价款;已标价工程量清单中没有该类计日工单价的,由发承包双方按前述"3. 工程变更"中的相关规定商定计日工单价计算。

(5)每个支付期末,承包人应按规定向发包人提交本期间所有计日工记录的签证汇总表,并应说明本期间自己认为有权得到的计日工金额,调整合同价款,列入进度款支付。

8. 物价变化

(1)合同履行期间,因人工、材料、工程设备、机械台班价格波动影响合同价款时,应根据合同约定,按"13 计价规范"附录 A 中介绍的方法之一调整合同价款。

(2)承包人采购材料和工程设备的,应在合同中约定主要材料、工程设备价格变化的范围或幅度;当没有约定,且材料、工程设备单价变化超过 5%时,超过部分的价格应按照"13 计价规范"附录 A 中介绍的方法计算调整材料、工程设备费。

(3)发生合同工程工期延误的,应按照下列规定确定合同履行期的价格调整:

1)因非承包人原因导致工期延误的,计划进度日期后续工程的价格,应采用计划进度日期与实际进度日期两者的较高者。

2)因承包人原因导致工期延误的,计划进度日期后续工程的价格,应采用计划进度日期与实际进度日期两者的较低者。

(4)发包人供应材料和工程设备的,不适用上述第(1)和第(2)条规定,应由发包人按照实际变化调整,列入合同工程的工程造价内。

9. 暂估价

(1)发包人在招标工程量清单中给定暂估价的材料、工程设备不属于依法必须招标的,应由承包人按照合同约定采购,经发包人确认单价后取代暂估价,调整合同价款。暂估材料或工程设备的单价确定后,在综合单价中只应取代暂估单价,不应再在综合单价中涉及企业管理费或利润等其他费用的变动。

(2)发包人在工程量清单中给定暂估价的专业工程不属于依法必须招标的,应按照前述"3. 工程变更"中的相关规定确定专业工程价款,并应以此为依据取代专业工程暂估价,调整合同价款。

(3)发包人在招标工程量清单中给定暂估价的专业工程依法必须招标的,应当由发承包双方依法组织招标选择专业分包人,并接受有管辖权的建设工程招标投标管理机构的监督,还应符合下列要求:

1)除合同另有约定外,承包人不参加投标的专业工程发包招标,应由承包人作为招标人,但拟定的招标文件、评标工作、评标结果应报送发包人批准。与组织招标工作有关的费用应当被认为已经包括在承包人的签约合同价(投标总报价)中。

2)承包人参加投标的专业工程发包招标,应由发包人作为招标人,与组织招标工作有关的费用由发包人承担。同等条件下,应优先选择承包人中标。

3)应以专业工程发包中标价为依据取代专业工程暂估价,调整合同价款。

10. 不可抗力

(1)因不可抗力事件导致的人员伤亡、财产损失及其费用增加,发承包双方应按下列原则分别承担并调整合同价款和工期:

1)合同工程本身的损害、因工程损害导致第三方人员伤亡和财产损失以及运至施工场地用于施工的材料和待安装的设备的损害,应由发包人承担。

2)发包人、承包人人员伤亡应由其所在单位负责,并应承担相应费用。

3)承包人的施工机械设备损坏及停工损失,应由承包人承担。

4)停工期间,承包人应发包人要求留在施工场地的必要的管理人员及保卫人员的费用应由发包人承担。

5)工程所需清理、修复费用,应由发包人承担。

(2)不可抗力解除后复工的,若不能按期竣工,应合理延长工期。发包人要求赶工的,赶工费用应由发包人承担。

11. 提前竣工(赶工补偿)

《建设工程质量管理条例》第10条规定:"建设工程发包单位不得迫使承包方以低于成本的价格竞标,不得任意压缩合理工期"。因此为了保证工程质量,承包人除了根据标准规范、施工图纸进行施工外,还应当按照科学合理的施工组织设计,按部就班地进行施工作业。

(1)招标人应依据相关工程的工期定额合理计算工期,压缩的工期天数不得超过定额工期的20%,超过者,应在招标文件中明示增加赶工费用。赶工费用主要包括:①人工费的增加,如新增加投入人工的报酬,不经济使用人工的补贴等;②材料费的增加,如可能造成不经济使用材料而损耗过大,材料运输费的增加等;③机械费的增加,例如可能增加机械设备投入,不经济的使用机械等。

(2)发包人要求合同工程提前竣工的,应征得承包人同意后与承包人商定采取加快工程进度的措施,并应修订合同工程进度计划。发包人应承担承包人由此增加的提前竣工(赶工补偿)费用,除合同另有约定外,提前竣工补偿的金额可为合同价款的5%。

(3)发承包双方应在合同中约定提前竣工每日历天应补偿额度,此项费用应作为增加合同价款列入竣工结算文件中,应与结算款一并支付。

12. 误期赔偿

(1)如果承包人未按照合同约定施工,导致实际进度迟于计划进度的,承包人应加快进度,实现合同工期。即使承包人采取了赶工措施,赶工费用仍应由承包人承担。如合同工程仍然误期,承包人应赔偿发包人由此造成的损失,并按照合同约定向发包人支付误期赔偿费,除合同另有约定外,误期赔偿可为合同价款的5%。即使承包人支付误期赔偿费,也不能免除承包人按照合同约定应承担的任何责任和应履行的任何义务。

(2)发承包双方应在合同中约定误期赔偿费,并应明确每日历天应赔额度。误期赔偿费应列入竣工结算文件中,并应在结算款中扣除。

(3)在工程竣工之前,合同工程内的某单项(位)工程已通过了竣工验收,且该单项(位)工程接收证书中表明的竣工日期并未延误,而是合同工程的其他部分产生了工期延误时,误期赔偿费应按照已颁发工程接收证书的单项(位)工程造价占合同价款的比例幅度予以扣减。

13. 现场签证

由于施工生产的特殊性,施工过程中往往会出现一些与合同工程或合同约定不一致或未约定的事项,这时就需要发承包双方用书面形式记录下来,这就是现场签证。签证有多种情形,一是发包人的口头指令,需要承包人将其提出,由发包人转换成书面签证;二是发包人的书面通知如涉及工程实施,需要承包人就完成此通知需要的人工、材料、机械设备等内容向发包人提出,取得发包人的签证确认;三是合同工程招标工程量清单中已有,但施工中发现与其不符,比如土方类别,出现流砂等,需承包人及时向发包人提出签证确认,以便调整合同价款;四是由于发包人原因未按合同约定提供场地、材料、设备或停水、停电等造成承包人停工,需承包人及时向发包人提出签证确认,以便计算索赔费用;五是合同中约定材料、设备等价格,由于市场发生变化,需承包人向发包人提出采纳数量及其单价,以便发包人核对后取得发包人的签证确认;六是其他由于施工条件、合同条件变化需现场签证的事项等。

(1)承包人应发包人要求完成合同以外的零星项目、非承包人责任事件等工作的,发包人应及时以书面形式向承包人发出指令,并应提供所需的相关资料;承包人在收到指令后,应及时向发包人提出现场签证要求。

(2)承包人应在收到发包人指令后的 7 天内向发包人提交现场签证报告,发包人应在收到现场签证报告后的 48 小时内对报告内容进行核实,予以确认或提出修改意见。发包人在收到承包人现场签证报告后的 48 小时内未确认也未提出修改意见的,应视为承包人提交的现场签证报告已被发包人认可。

(3)现场签证的工作如已有相应的计日工单价,现场签证中应列明完成该类项目所需的人工、材料、工程设备和施工机械台班的数量。

如现场签证的工作没有相应的计日工单价,应在现场签证报告中列明完成该签证工作所需的人工、材料设备和施工机械台班的数量及单价。

(4)合同工程发生现场签证事项,未经发包人签证确认,承包人便擅自施工的,除非征得发包人书面同意,否则发生的费用应由承包人承担。

(5)按照财政部、原建设部印发的《建设工程价款结算办法》(财建[2004]369 号)等十五条的规定:"发包人和承包人要加强施工现场的造价控制,及时对工程合同外的事项如实纪录并履行书面手续。凡由发、承包双方授权的现场代表签字的现场签证以及发、承包双方协商确定的索赔等费用,应在工程竣工结算中如实办理,不得因发、承包双方现场代表的中途变更改变其有效性"。"13 计价规范"规定:"现场签证工作完成后的 7 天内,承包人应按照现场签证内容计算价款,报送发包人确认后,作为增加合同价款,与进度款同期支付"。此举可避免发包方变相拖延工程款以及发包人以现场代表变更而不承认某些索赔或签证的事件发生。

(6)在施工过程中,当发现合同工程内容因场地条件、地质水文、发包人要求等不一致时,承包人应提供所需的相关资料,并提交发包人签证认可,作为合同价款调整的依据。

14. 暂列金额

(1)已签约合同价中的暂列金额应由发包人掌握使用。

(2)暂列金额虽然列入合同价款,但并不属于承包人所有,也并不必然发生。只有按照合同约定实际发生后,才能成为承包人的应得金额,纳入工程合同结算价款中,发包人按照前述相关规定与要求进行支付后,暂列金额余额仍归发包人所有。

五、合同价款期中支付

1. 预付款

(1)预付款是发包人为解决承包人在施工准备阶段资金周转问题提供的协助,用于承包人为合同工程施工购置材料、工程设备,购置或租赁施工设备以及组织施工人员进场。预付款应专用于合同工程。

(2)按照财政部、原建设部印发的《建设工程价款结算暂行办法》的相关规定,"13 计价规范"中对预付款的支付比例进行了约定:包工包料工程的预付款的支付比例不得低于签约合同价(扣除暂列金额)的 10%,不宜高于签约合同价(扣除暂列金额)的 30%。预付款的总金额,分期拨付次数,每次付款金额、付款时间等应根据工程规模、工期长短等具体情况,在合同中约定。

(3)承包人应在签订合同或向发包人提供与预付款等额的预付款保函(如有)后向发包人提交预付款支付申请。

(4)发包人应在收到支付申请的7天内进行核实,向承包人发出预付款支付证书,并在签发支付证书后的7天内向承包人支付预付款。

(5)发包人没有按合同约定按时支付预付款的,承包人可催告发包人支付;发包人在预付款期满后的7天内仍未支付的,承包人可在付款期满后的第8天起暂停施工。发包人应承担由此增加的费用和延误的工期,并应向承包人支付合理利润。

(6)当承包人取得相应的合同价款时,预付款应从每一个支付期应支付给承包人的工程进度款中扣回,直到扣回的金额达到合同约定的预付款金额为止。通常约定承包人完成签约合同价款的比例在20%~30%时,开始从进度款中按一定比例扣还。

(7)承包人预付款保函(如有)的担保金额根据预付款扣回的数额相应递减,但在预付款全部扣回之前一直保持有效。发包人应在预付款扣完后的14天内将预付款保函退还给承包人。

2. 安全文明施工费

(1)财政部、国家安全生产监督管理总局印发的《企业安全生产费用提取和使用管理办法》(财企[2012]16号)第19条规定:"建设工程施工企业安全费用应当按照以下范围使用:

(一)完善、改造和维护安全防护设施设备支出(不含'三同时'要求初期投入的安全设施),包括施工现场临时用电系统、洞口、临边、机械设备、高处作业防护、交叉作业防护、防火、防爆、防尘、防毒、防雷、防台风、防地质灾害、地下工程有害气体监测、通风、临时安全防护等设施设备支出;

(二)配备、维护、保养应急救援器材、设备支出和应急演练支出;

(三)开展重大危险源和事故隐患评估、监控和整改支出;

(四)安全生产检查、评价(不包括新建、改建、扩建项目安全评价)、咨询和标准化建设支出;

(五)配备和更新现场作业人员安全防护用品支出;

(六)安全生产宣传、教育、培训支出;

(七)安全生产适用的新技术、新标准、新工艺、新装备的推广应用支出;

(八)安全设施及特种设备检测检验支出;

(九)其他与安全生产直接相关的支出。"

由于工程建设项目因专业及施工阶段的不同,对安全文明施工措施的要求也不一致,因此"13工程计量规范"针对不同的专业工程特点,规定了安全文明施工的内容和包含的范围。在实际执行过程中,安全文明施工费包括的内容及使用范围,既应符合国家现行有关文件的规定,也应符合"13工程计量规范"中的规定。

(2)发包人应在工程开工后的28天内预付不低于当年施工进度计划的安全文明施工费总额的60%,其余部分应按照提前安排的原则进行分解,并应与进度款同期支付。

(3)发包人没有按时支付安全文明施工费的,承包人可催告发包人支付;发包人在付款期满后的7天内仍未支付的,若发生安全事故,发包人应承担相应责任。

(4)承包人对安全文明施工费应专款专用,在财务账目中应单独列项备查,不得挪作他用,否则发包人有权要求其限期改正;逾期未改正的,造成的损失和延误的工期应由承包人承担。

六、工程造价鉴定

1. 一般规定

(1)在工程合同价款纠纷案件处理中,需做工程造价司法鉴定的,应根据《工程造价咨询企业管理办法》(建设部令第149号)第20条的规定,委托具有相应资质的工程造价咨询人进行。

(2)工程造价咨询人接受委托时提供工程造价司法鉴定服务的,不仅应符合建设工程造价方面的规定,还应按仲裁、诉讼程序和要求进行,并应符合国家关于司法鉴定的规定。

(3)按照《注册造价工程师管理办法》(建设部令第150号)的规定,工程计价活动应由造价工程师担任。《建设部关于对工程造价司法鉴定有关问题的复函》(建办标函[2005]155号)第2条规定:"从事工程造价司法鉴定的人员,必须具备注册造价工程师执业资格,并只得在其注册的机构从事工程造价司法鉴定工作,否则不具有在该机构的工程造价成果文件上签字的权力"。鉴于进入司法程序的工程造价鉴定的难度一般较大,因此,工程造价咨询人进行工程造价司法鉴定时,应指派专业对口、经验丰富的注册造价工程师承担鉴定工作。

(4)工程造价咨询人应在收到工程造价司法鉴定资料后10天内,根据自身专业能力和证据资料判断能否胜任该项委托,如不能,应辞去该项委托。工程造价咨询人不得在鉴定期满后以上述理由不做出鉴定结论,影响案件处理。

(5)为保证工程造价司法鉴定的公正进行,接受工程造价司法鉴定委托的工程造价咨询人或造价工程师如是鉴定项目一方当事人的近亲属或代理人、咨询人以及其他关系可能影响鉴定公正的,应当自行回避;未自行回避,鉴定项目委托人以该理由要求其回避的,必须回避。

(6)《最高人民法院关于民事诉讼证据的若干规定》(法释[2001]33号)第59条规定:"鉴定人应当出庭接受当事人质询",因此,工程造价咨询人应当依法出庭接受鉴定项目当事人对工程造价司法鉴定意见书的质询。如确因特殊原因无法出庭的,经审理该鉴定项目的仲裁机关或人民法院准许,可以书面形式答复当事人的质询。

2. 取证

(1)工程造价的确定与当时的法律法规、标准定额以及各种要素价格具有密切关系,为做好一些基础资料不完备的工程鉴定,工程造价咨询人进行工程造价鉴定工作时,应自行收集以下(但不限于)鉴定资料:

1)适用于鉴定项目的法律、法规、规章、规范性文件以及规范、标准、定额。

2)鉴定项目同时期同类型工程的技术经济指标及其各类要素价格等。

(2)真实、完整、合法的鉴定依据是做好鉴定项目工程造价司法工作鉴定的前提。工程造价咨询人收集鉴定项目的鉴定依据时,应向鉴定项目委托人提出具体书面要求,其内容包括:

1)与鉴定项目相关的合同、协议及其附件。

2)相应的施工图纸等技术经济文件。

3)施工过程中的施工组织、质量、工期和造价等工程资料。

4)存在争议的事实及各方当事人的理由。

5)其他有关资料。

(3)根据最高人民法院规定"证据应当在法庭上出示,由当事人质证。未经质证的证据,不能作为认定案件事实的依据(法释[2001]33号)",工程造价咨询人在鉴定过程中要求鉴定项目当事人对缺陷资料进行补充的,应征得鉴定项目委托人同意,或者协调鉴定项目各方当事人共同签认。

(4)根据鉴定工作需要现场勘验的,工程造价咨询人应提请鉴定项目委托人组织各方当事人对被鉴定项目所涉及的实物标的进行现场勘验。

(5)勘验现场应制作勘验记录、笔录或勘验图表,记录勘验的时间、地点、勘验人、在场人、勘验经过、结果,由勘验人、在场人签名或者盖章确认。绘制的现场图应注明绘制的时间、测绘人姓名、身份等内容。必要时应采取拍照或摄像取证,留下影像资料。

(6)鉴定项目当事人未对现场勘验图表或勘验笔录等签字确认的,工程造价咨询人应提请鉴定项目委托人决定处理意见,并在鉴定意见书中做出表述。

3. 鉴定

(1)《最高人民法院关于审理建设工程施工合同纠纷案件适用法律问题的解释》(法释[2004]14号)第16条一款规定:"当事人对建设工程的计价标准或者计价方法有约定的,按照约定结算工程价款",因此,如鉴定项目委托人明确告之合同有效,工程造价咨询人就必须依据合同约定进行鉴定,不得随意改变发承包双方合法的合意,不能以专业技术方面的惯例来否定合同的约定。

(2)工程造价咨询人在鉴定项目合同无效或合同条款约定不明确的情况下应根据法律法规、相关国家标准和"13计价规范"的规定,选择相应专业工程的计价依据和方法进行鉴定。

(3)为保证工程造价鉴定的质量,尽可能将当事人之间的分歧缩小直至化解,为司法调解、裁决或判决提供科学合理的依据,工程造价咨询人出具正式鉴定意见书之前,可报请鉴定项目委托人向鉴定项目各方当事人发出鉴定意见书征求意见稿,并指明应书面答复的期限及其不答复的相应法律责任。

(4)工程造价咨询人收到鉴定项目各方当事人对鉴定意见书征求意见稿的书面复函后,应对不同意见认真复核,修改完善后再出具正式鉴定意见书。

(5)工程造价咨询人出具的工程造价鉴定书应包括下列内容:

1)鉴定项目委托人名称、委托鉴定的内容。

2)委托鉴定的证据材料。

3)鉴定的依据及使用的专业技术手段。

4)对鉴定过程的说明。

5)明确的鉴定结论。

6)其他需说明的事宜。

7)工程造价咨询人盖章及注册造价工程师签名盖执业专用章。

(6)进入仲裁或诉讼的施工合同纠纷案件,一般都有明确的结案时限,为避免影响案件的处理,工程造价咨询人应在委托鉴定项目的鉴定期限内完成鉴定工作,如确因特殊原因不能在原定期限内完成鉴定工作时,应按照相应法规提前向鉴定项目委托人申请延长鉴定期限,并应在此期限内完成鉴定工作。

经鉴定项目委托人同意等待鉴定项目当事人提交、补充证据的,质证所用的时间不应计入鉴定期限。

(7)对于已经出具的正式鉴定意见书中有部分缺陷的鉴定结论,工程造价咨询人应通过补充鉴定做出补充结论。

七、工程计价资料与档案

1. 工程计价资料

为有效减少甚至杜绝工程合同价款争议,发承包双方应认真履行合同义务,认真处理双方往来的信函,并共同管理好合同工程履约过程中双方之间的往来文件。

(1)发承包双方应当在合同中约定各自在合同工程中现场管理人员的职责范围,双方现场管理人员在职责范围内签字确认的书面文件是工程计价的有效凭证,但如有其他有效证据或经实证证明其是虚假的除外。

1)发承包双方现场管理人员的职责范围。首先是要明确发承包双方的现场管理人员,包括受其委托的第三方人员,如发包人委托的监理人、工程造价咨询人,仍然属于发包人现场管理人员的范畴;其次是明确管理人员的职责范围,也就是业务分工,并应明确在合同中约定,施工过程中如发生人员变动,应及时以书面形式通知对方,涉及合同中约定的主要人员变动需经对方同意的,应事先征求对方的意见,同意后才能更换。

2)现场管理人员签署的书面文件的效力。首先,双方现场管理人员在合同约定的职责范围签署的书面文件必定是工程计价的有效凭证;其次,双方现场管理人员签署的书面文件如有错误的应予纠正,这方面的错误主要有两方面的原因,一是无意识失误,属工作中偶发性错误,只要双方认真核对就可有效减少此类错误;二是有意致错,双方现场管理人员以利益交换,有意犯错,如工程计量有意多计等。对于现场管理人员签署的书面文件,如有其他有效证据或经实证证明其是虚假的,则应更正。

(2)发承包双方不论在何种场合对与工程计价有关的事项所给予的批准、证明、同意、指令、商定、确定、确认、通知和请求,或表示同意、否定、提出要求和意见等,均应采用书面形式,口头指令不得作为计价凭证。

(3)任何书面文件送达时,应由对方签收,通过邮寄应采用挂号、特快专递传送,或以发承包双方商定的电子传输方式发送,交付、传送或传输至指定的接收人的地址。如接收人通知了另外地址时,随后通信信息应按新地址发送。

(4)发承包双方分别向对方发出的任何书面文件,均应将其抄送现场管理人员,如是复印件应加盖合同工程管理机构印章,证明与原件相同。双方现场管理人员向对方所发任何书面文件,也应将其复印件发送给发承包双方,复印件应加盖合同工程管理机构印章,证明与原件相同。

(5)发承包双方均应当及时签收另一方送达其指定接收地点的来往信函,拒不签收的,送达信函的一方可以采用特快专递或者公证方式送达,所造成的费用增加(包括被迫采用特殊送达方式所发生的费用)和延误的工期由拒绝签收一方承担。

(6)书面文件和通知不得扣压,一方能够提供证据证明另一方拒绝签收或已送达的,应视为对方已签收并应承担相应责任。

2. 计价档案

(1)发承包双方以及工程造价咨询人对具有保存价值的各种载体的计价文件,均应收集齐全,整理立卷后归档。

(2)发承包双方和工程造价咨询人应建立完善的工程计价档案管理制度,并应符合国家和有关部门发布的档案管理相关规定。

(3)工程造价咨询人归档的计价文件,保存期不宜少于五年。

(4)归档的工程计价成果文件应包括纸质原件和电子文件,其他归档文件及依据可为纸质原件、复印件或电子文件。

(5)归档文件应经过分类整理,并应组成符合要求的案卷。

(6)归档可以分阶段进行,也可以在项目竣工结算完成后进行。

(7)向接受单位移交档案时,应编制移交清单,双方签字、盖章后方可交接。

第四节　工程量清单计价基本表格

一、工程计价表格的形式及填写要求

(一)工程计价文件封面

1. 招标工程量清单封面(封-1)

招标工程量清单应填写招标工程项目的具体名称,招标人应盖单位公章,如委托工程造价咨询人编制,还应加盖工程造价咨询人所在单位公章。

招标工程量清单封面见表2-1。

表 2-1　　　　　　　　　　　　　　招标工程量清单封面

＿＿＿＿＿＿＿＿＿工程

招标工程量清单

招　标　人:＿＿＿＿＿＿＿
　　　　　　(单位盖章)

造价咨询人:＿＿＿＿＿＿＿
　　　　　　(单位盖章)

年　月　日

封-1

2. 招标控制价封面(封-2)

招标控制价封面应填写招标工程项目的具体名称,招标人应盖单位公章,如委托工程造价咨询人编制,还应加盖工程造价咨询人所在单位公章。

招标控制价封面见表 2-2。

表 2-2　　　　　　　　　　　　　　招标控制价封面

_____**工程**

招标控制价

招　标　人:_____

(单位盖章)

造价咨询人:_____

(单位盖章)

年　月　日

3. 投标总价封面(封-3)

投标总价封面应填写投标工程项目的具体名称,投标人应盖单位公章。

投标总价封面见表 2-3。

表 2-3　　　　　　　　　　　　投标总价封面

_____工程

投标总价

投　标　人:_____

（单位盖章）

年　　月　　日

封-3

4. 竣工结算书封面(封-4)

竣工结算书封面应填写竣工工程的具体内容名称,发承包双方应盖单位公章,如委托工程造价咨询人办理的,还应加盖工程造价咨询人所在单位公章。

竣工结算书封面见表 2-4。

表 2-4　　　　　　　　　　　　　竣工结算书封面

_____**工程**

竣工结算书

发　包　人：_____

（单位盖章）

承　包　人：_____

（单位盖章）

造价咨询人：_____

（单位盖章）

年　　月　　日

封-4

5. 工程造价鉴定意见书封面（封-5）

　　工程造价鉴定意见书封面应填写鉴定工程项目的具体名称，填写意见书文号，工程造价自选人盖所在单位公章。

工程造价鉴定意见书封面见表2-5。

表 2-5　　　　　　　　　　　　　　　工程造价鉴定意见书封面

_____工程

编号:×××[2×××]××号

工程造价鉴定意见书

造价咨询人:_____

(单位盖章)

年　月　日

封-5

(二)工程计价文件扉页

1. 招标工程量清单扉页(扉-1)

招标工程量清单扉页由招标人或招标人委托的工程造价咨询人编制招标工程量清单时填写。

招标人自行编制工程量清单的,编制人员必须是在招标人单位注册的造价人员,由招标人盖单位公章,法定代表人或其授权人签字或盖章;当编制人是注册造价工程师时,由其签字盖执业专用章;当编制人是造价员时,由其在编制人栏签字盖专用章,并应由注册造价工程师复核,在复核人栏签字盖执业专用章。

招标人委托工程造价咨询人编制工程量清单的,编制人必须是在工程造价咨询人单位注册的造价人员,由工程造价咨询人盖单位资质专用章,法定代表人或其授权人签字或盖章;当编制人是注册造价工程师时,由其签字盖执业专用章;当编制人是造价员时,由其在编制人栏签字盖专用章,并应由注册造价师复核,在复核人栏签字盖执业专用章。

招标工程量清单扉页见表 2-6。

表 2-6　　　　　　　　　　　　招标工程量清单扉页

_____工程

<h1 align="center">招标工程量清单</h1>

招 标 人:_____　　　　　　造价咨询人:_____
　　　　　　(单位盖章)　　　　　　　　　　　　(单位资质专用章)

法定代表人　　　　　　　　　　　　　法定代表人
或其授权人:_____　　　　或其授权人:_____
　　　　　(签字或盖章)　　　　　　　　　　(签字或盖章)

编制人:_____　　　　　　复核人:_____
　　(造价人员签字盖专用章)　　　　　　(造价工程师签字盖专用章)

编制时间:　年　月　日　　　　　复核时间:　年　月　日

扉-1

2. 招标控制价扉页(扉-2)

招标控制价扉页的封面由招标人或招标人委托的工程造价自选人编制招标控制价时填写。

招标人自行编制招标控制价的,编制人员必须是在招标人单位注册的造价人员,由招标人盖单位公章,法定代表人或其授权人签字或盖章;当编制人是注册造价工程师时,由其签字盖执业专用章;当编制人是造价员时,由其在编制人栏签字盖专用章,并应由注册造价工程师复核,在复核人栏签字盖执行专用章。

招标人委托工程造价咨询人编制招标控制价时,编制人员必须是在工程造价咨询人单位注册的造价人员。由工程造价咨询人盖单位资质专用章,法定代表人或其授权人签字或盖章;当编制人是注册造价工程师时,由其签字盖执业专用章;当编制人是造价员时,由其在编制人栏签字盖专用章,并应由注册造价工程师复核,在复核人栏签字盖执业专用章。

招标控制价扉页见表2-7。

表2-7　　　　　　　　　　　　　招标控制价扉页

_____工程

招标控制价

招标控制价(小写)：_____

　　　　　(大写)：_____

招　标　人：_____　　　造价咨询人：_____
　　　　　　(单位盖章)　　　　　　　　　　　　(单位资质专用章)

法定代表人　　　　　　　　　　　　法定代表人
或其授权人：_____　　　或其授权人：_____
　　　　　(签字或盖章)　　　　　　　　　　　(签字或盖章)

编　制　人：_____　　　复　核　人：_____
　　(造价人员签字盖专用章)　　　　　　　(造价工程师签字盖专用章)

编制时间：　　年　　月　　日　　　复核时间：　　年　　月　　日

扉-2

3. 投标总价扉页(扉-3)

投标总价扉页由投标人编制投标报价时填写。

投标人编制投标报价时,编制人员必须是在投标人单位注册的造价人员。由投标人盖单位公章,法定代表人或其授权签字或盖章;编制的造价人员(造价工程师或造价员)签字盖执业专用章。

投标总价扉页见表2-8。

表 2-8　　　　　　　　　　　投标总价扉页

投 标 总 价

招 标 人:＿＿＿＿＿＿＿＿＿＿＿＿＿＿＿＿＿＿

工程名称:＿＿＿＿＿＿＿＿＿＿＿＿＿＿＿＿＿＿

投标总价(小写):＿＿＿＿＿＿＿＿＿＿＿＿＿＿＿

　　　(大写):＿＿＿＿＿＿＿＿＿＿＿＿＿＿＿

投 标 人:＿＿＿＿＿＿＿＿＿＿＿＿＿＿＿＿＿
　　　　　　　　(单位盖章)

法定代表人
或其授权人:＿＿＿＿＿＿＿＿＿＿＿＿＿＿＿＿
　　　　　　　　(签字或盖章)

编 制 人:＿＿＿＿＿＿＿＿＿＿＿＿＿＿＿＿＿
　　　　　　　(造价人员签字盖专用章)

时 间: 年 月 日

扉-3

4. 竣工结算总价扉页(扉-4)

承包人自行编制竣工结算总价,编制人员必须是承包人单位注册的造价人员。由承包人盖单位公章,法定代表人或其授权人签字或盖章;编制的造价人员(造价工程师或造价员)签字盖执业专用章。

发包人自行核对竣工结算时,核对人员必须是在发包人单位注册的造价工程师。由发包人盖单位公章,法定代表人或其授权人签字或盖章,核对的造价工程师签字盖执业专用章。

发包人委托工程造价咨询人核对竣工结算时,核对人员必须是在工程造价咨询人单位注册的造价工程师。由发包人盖单位公章,法定代表人或其授权人签字盖章;工程造价咨询人盖单位资质专用章,法定代表人或其授权人签字或盖章;核对的造价工程师签字盖执业专用章。

除非出现发包人拒绝或不答复承包人竣工结算书的特殊情况,竣工结算办理完毕后,竣工结算总价封面发承包双方的签字、盖章应当齐全。

竣工结算总价扉页见表2-9。

表2-9 竣工结算总价扉页

_____ 工程

竣工结算总价

签约合同价(小写):_____ (大写):_____

竣工结算价(小写):_____ (大写):_____

发 包 人:_____ 承 包 人:_____ 造价咨询人:_____
　　(单位盖章) 　　(单位盖章) 　　　　(单位资质专用章)

法定代表人 法定代表人 法定代表人
或其授权人:_____ 或其授权人:_____ 或其授权人:_____
　　(签字或盖章) 　　(签字或盖章) 　　　　(签字或盖章)

编 制 人:_____ 核 对 人:_____
　　(造价人员签字盖专用章) 　　　　(造价工程师签字盖专用章)

编制时间: 年 月 日 核对时间: 年 月 日

5. 工程造价鉴定意见书扉页(扉-5)

工程造价鉴定意见书扉页应填写工程造价鉴定项目的具体名称,工程造价咨询人应盖单位资质专用章,法定代表人或其授权人签字或盖章,造价工程师签字盖执业专用章。

工程造价鉴定意见书扉页见表 2-10。

表 2-10 工程造价鉴定意见书扉页

```
┌──────────────────────────────────────────────────────┐
│                                                        │
│              _____ 工程             │
│                                                        │
│              工程造价鉴定意见书                          │
│                                                        │
│                                                        │
│                                                        │
│   鉴定结论:                                             │
│                                                        │
│   造价咨询人:_____           │
│                      (盖单位章及资质专用章)              │
│                                                        │
│                                                        │
│                                                        │
│   法定代表人:_____           │
│                          (签字或盖章)                   │
│                                                        │
│                                                        │
│                                                        │
│   造价工程师:_____           │
│                          (签字盖专用章)                 │
│                                                        │
│                                                        │
│                     年    月    日                      │
│                                                        │
└──────────────────────────────────────────────────────┘
                                                    扉-5
```

(三)工程计价总说明(表-01)

工程计价总说明表适用于工程计价的各个阶段。对工程计价的不同阶段,总说明表中说明的内容是有差别的,要求也有所不同。

(1)工程量清单编制阶段。工程量清单中总说明应包括的内容有:①工程概况:如建设地址、建设规模、工程特征、交通状况、环保要求等;②工程招标和专业工程发包范围;③工程量清单编制依据;④工程质量、材料、施工等的特殊要求;⑤其他需要说明的问题。

(2)招标控制价编制阶段。招标控制价中总说明应包括的内容有:①采用的计价依据;②采用的施工组织设计;③采用的材料价格来源;④综合单价中风险因素、风险范围(幅度);⑤其他等。

(3)投标报价编制阶段。投标报价总说明应包括的内容有:①采用的计价依据;②采用的施工组织设计;③综合单价中包含的风险因素,风险范围(幅度);④措施项目的依据;⑤其他有关内容的说明等。

(4)竣工结算编制阶段。竣工结算中总说明应包括的内容有:①工程概况;②编制依据;③工程变更;④工程价款调整;⑤索赔;⑥其他等。

(5)工程造价鉴定阶段。工程造价鉴定书总说明应包括的内容有:①鉴定项目委托人名称、委托鉴定的内容;②委托鉴定的证据材料;③鉴定的依据及使用的专业技术手段;④对鉴定过程的说明;⑤明确的鉴定结论;⑥其他需说明的事宜等。

工程计价总说明表见表 2-11。

表 2-11   **总说明**

工程名称: 第 页共 页

表-01

(四)工程计价汇总表

1. 建设项目招标控制价/投标报价汇总表(表-02)

由于招标控制价和投标报价包含的内容相同,只是对价格的处理不同,因此,招标控制价和投标报价汇总表使用统一表格。实践中,对招标控制价或投标报价可分别印制建设项目招标控制价和投标报价汇总表。

建设项目招标控制价/投标报价汇总表见表 2-12。

表 2-12   **建设项目招标控制价/投标报价汇总表**

工程名称：   第 页共 页

序号	单项工程名称	金额/元	其中:/元		
			暂估价	安全文明施工费	规费
	合计				

注:本表适用于建设项目招标控制价或投标报价的汇总。

表-02

2. 单项工程招标控制价/投标报价汇总表(表-03)

单项工程招标控制价/投标报价汇总表见表 2-13。

表 2-13   **单项工程招标控制价/投标报价汇总表**

工程名称：   第 页共 页

序号	单位工程名称	金额/元	其中:/元		
			暂估价	安全文明施工费	规费
	合 计				

注:本表适用于单项工程招标控制价或投标报价的汇总。暂估价包括分部分项工程中的暂估价和专业工程暂估价。

表-03

3. 单位工程招标控制价/投标报价汇总表(表-04)

单位工程招标控制价/投标报价汇总表见表2-14。

表 2-14　　　　　　　**单位工程招标控制价/投标报价汇总表**

工程名称：　　　　　　　　　　　　　标段：　　　　　　　　　　　　　第　页 共　页

序号	汇总内容	金额/元	其中:暂估价/元
1	分部分项工程		
1.1			
1.2			
1.3			
1.4			
1.5			
2	措施项目		
2.1	其中:安全文明施工费		
3	其他项目		
3.1	其中:暂列金额		
3.2	其中:专业工程暂估价		
3.3	其中:计日工		
3.4	其中:总承包服务费		
4	规费		
5	税金		
招标控制价合计=1+2+3+4+5			

注:本表适用于单位工程招标控制价或投标报价的汇总,如无单位工程划分,单项工程也使用本表汇总。

表-04

4. 建设项目竣工结算汇总表(表-05)

建设项目竣工结算汇总表见表2-15。

表 2-15　　　　　　　　　　**建设项目竣工结算汇总表**

工程名称：　　　　　　　　　　　　　　　　　　　　　　　　第　页 共　页

序号	单项工程名称	金额/元	其　中:/元	
			安全文明施工费	规费
	合　计			

表-05

5. 单项工程竣工结算汇总表(表-06)

单项工程竣工结算汇总表的样式见表2-16。

表 2-16　　　　　　　　　　　　单项工程竣工结算汇总表

工程名称：　　　　　　　　　　　　　　　　　　　　　　　　　　第　页共　页

序号	单位工程名称	金额/元	其　中:/元	
			安全文明施工费	规费
合　计				

表-06

6. 单位工程竣工结算汇总表(表-07)

单位工程竣工结算汇总表(表-07)见表2-17。

表 2-17　　　　　　　　　　　　单位工程竣工结算汇总表

工程名称：　　　　　　　　　标段：　　　　　　　　　　　第　页共　页

序号	汇总内容	金额/元
1	分部分项工程	
1.1		
1.2		
1.3		
1.4		
1.5		
2	措施项目	
2.1	其中:安全文明施工费	
3	其他项目	
3.1	其中:专业工程结算价	
3.2	其中:计日工	
3.3	其中:总承包服务费	
3.4	其中:索赔与现场签证	
4	规费	
5	税金	
竣工结算总价合计=1+2+3+4+5		

注:如无单位工程划分,单项工程也使用本表汇总。

表-07

（五）分部分项工程和措施项目计价表

1. 分部分项工程和单价措施项目清单与计价表（表-08）

分部分项工程和单价措施项目清单与计价表是依据"08 计价规范"中《分部分项工程量清单与计价表》和《措施项目清单与计价表（二）》合并而来。单价措施项目和分部分项工程项目清单编制与计价均使用本表。

分部分项工程和单价措施项目清单与计价表不只是编制招标工程量清单的表式，也是编制招标控制价、投标报价和竣工结算的最基本用表。在编制工程量清单时，在"工程名称"栏应填写详细具体的工程称谓，对于房屋建筑而言，习惯上并无标段划分，可不填写"标段"栏，但相对于管道敷设、道路施工，则往往以标段划分，此时，应填写"标段"栏，其他各表涉及此类设置，道理相同。

由于各省、自治区、直辖市以及行业建设主管部门对规费计取基础的不同设置，为了计取规费等的使用，使用分部分项工程和单价措施项目清单与计价表可在表中增设其中："定额人工费"。编制招标控制价时，使用"综合单价"、"合计"以及"其中：暂估价"按"13 计价规范"的规定填写。编制投标报价时，投标人对表中的"项目编码"、"项目名称"、"项目特征"、"计量单位"、"工程量"均不应做改动。"综合单价"、"合价"自主决定填写，对其中的"暂估价"栏，投标人应将招标文件中提供了暂估材料单价的暂估价计入综合单价，并应计算出暂估单价的材料在"综合单价"及其"合价"中的具体数额，因此，为更详细反映暂估价情况，也可在表中增设一栏"综合单价"其中的"暂估价"。

编制竣工结算时，使用分部分项工程和单价措施项目清单与计价表可取消"暂估价"。

分部分项工程和单价措施项目清单与计价表见表 2-18。

表 2-18　　　　　**分部分项工程和单价措施项目清单与计价表**

工程名称：　　　　　　　　　标段：　　　　　　　　　　　　第　页共　页

序号	项目编码	项目名称	项目特征描述	计量单位	工程量	金　额/元		
						综合单价	合价	其中
								暂估价
本页小计								
合　计								

注：为计取规费等的使用，可在表中增设"其中：定额人工费"。

表-08

2. 综合单价分析表（表-09）

工程量清单综合单价分析表是评标委员会评审和判别综合单价组成和价格完整性、合理性的主要基础，对因工程变更、工程量偏差等原因调整综合单价也是必不可少的基础单价数据来源。采用经评审的最低投标法评标时，综合单价分析表的重要性更为突出。

综合单价分析表反映了构成每一个清单项目综合单价的各个价格要素的价格及主要的"工、料、机"消耗量。投标人在投标报价时，需对每一个清单项目进行组价，为了使组价工作具有可追溯性(回复评标置疑时尤其需要),需要表明每一个数据的来源。

综合单价分析表一般随投标文件一同提交,作为竞标价的工程量清单的组成部分,以便中标后,作为合同文件的附属文件。投标人须知中需要就分析表提交的方式做出规定,该规定需要考虑是否有必要对分析表的合同地位给予定义。

编制综合单价分析表时,对辅助性材料不必细列,可归并到其他材料费中以金额表示。

编制招标控制价时,使用综合单价分析表应填写使用的省级或行业建设主管部门发布的计价定额名称。编制投标报价时,使用综合单价分析表可填写使用的企业定额名称,也可填写省级或行业建设主管部门发布的计价定额,如不使用则不填写。

编制工程结算时,应在已标价工程量清单中的综合单价分析表中将确定的调整过后人工单价、材料单价等进行置换,形成调整后的综合单价。

综合单价分析表见表 2-19。

表 2-19　　　　　　　　　　　　　　**综合单价分析表**

工程名称:　　　　　　　　　　标段:　　　　　　　　　　　第　页共　页

项目编码		项目名称		计量单位		工程量	
清单综合单价组成明细							
定额编号	定额项目名称	定额单位	数量	单价				合价			
				人工费	材料费	机械费	管理费和利润	人工费	材料费	机械费	管理费和利润
人工单价			小　计								
元/工日			未计价材料费								
清单项目综合单价											
材料费明细	主要材料名称、规格、型号				单位	数量	单价/元	合价/元	暂估单价/元	暂估合价/元	
	其他材料费						—		—		
	材料费小计						—		—		

注:1. 如不使用省级或行业建设主管部门发布的计价依据,可不填定额编号、名称等。

2. 招标文件提供了暂估单价的材料,按暂估的单价填入表内"暂估单价"栏及"暂估合价"栏。

表-09

3. 综合单价调整表(表-10)

综合单价调整表适用于各种合同约定调整因素出现时调整综合单价,各种调整依据应依附于表后。填写时应注意,项目编码和项目名称必须与已标价工程量清单保持一致,不得发生错漏,以免发生争议。

综合单价调整表见表 2-20。

表 2-20 综合单价调整表

工程名称： 标段： 第 页共 页

序号	项目编码	项目名称	已标价清单综合单价/元					调整后综合单价/元				
			综合单价	其中				综合单价	其中			
				人工费	材料费	机械费	管理费和利润		人工费	材料费	机械费	管理费和利润

造价工程师(签章)： 发包人代表(签章)： 造价人员(签章)： 承包人代表(签章)：

日期： 日期：

注:综合单价调整应附调整依据。

表-10

编制招标工程量清单时,表中的项目可根据工程实际情况进行增减。编制招标控制价时,计费基础、费率应按省级或行业建设主管部门的规定计取外,其他措施项目均可根据投标施工组织设计自主报价。

4. 总价措施项目清单与计价表(表-11)

在编制招标工程量清单时,总价措施项目清单与计价表中的项目可根据工程实际情况进行增减。在编制招标控制价时,计费基础、费率应按省级或行业建设主管部门的规定计取。编制投标报价时,除"安全文明施工费"必须按"13 计价规范"的强制性规定,按省级、行业建设主管部门的规定计取外,其他措施项目均可根据投标施工组织设计自主报价。

总价措施项目清单与计价表见表 2-21。

表 2-21 总价措施项目清单与计价表

工程名称： 标段： 第 页共 页

序号	项目编码	项目名称	计算基础	费率(%)	金额/元	调整费率(%)	调整后金额/元	备注
		安全文明施工费						
		夜间施工增加费						
		二次搬运费						
		冬雨季施工增加费						
		已完工程及设备保护费						
	合 计							

编制人(造价人员)： 复核人(造价工程师)：

表-11

(六)其他项目计价表

1. 其他项目清单与计价汇总表(表-12)

编制招标工程量清单时,应汇总"暂列金额"和"专业工程暂估价",以提供给投标人报价。

编制招标控制价时,应按有关计价规定估算"计日工"和"总承包服务费"。如招标工程量清单中未列"暂列金额",应按有关规定编列。编制投标报价时,应按招标文件工程量提供的"暂列金额"和"专业工程暂估价"填写金额,不得变动。"计日工"、"总承包服务费"自主确定报价。编制或核对竣工结算时,"专业工程暂估价"按实际分包结算价填写,"计日工"、"总承包服务费"按双方认可的费用填写,如发生"索赔"或"现场签证"费用,按双方认可的金额计入本表。

其他项目清单与计价汇总表见表 2-22。

表 2-22   **其他项目清单与计价汇总表**

工程名称: 标段: 第 页 共 页

序号	项目名称	金额/元	结算金额/元	备注
1	暂列金额			明细详见表-12-1
2	暂估价			
2.1	材料(工程设备)暂估价/结算价	—		明细详见表-12-2
2.2	专业工程暂估价/结算价			明细详见表-12-3
3	计日工			明细详见表-12-4
4	总承包服务费			明细详见表-12-5
5	索赔与现场签证			明细详见表-12-6
	合 计		—	

注:材料(工程设备)暂估单价计入清单项目综合单价,此处不汇总。

表-12

2. 暂列金额明细表(表-12-1)

暂列金额在实际履约过程中可能发生,也可能不发生。表中要求招标人能将暂列金额与拟用项目列出明细,但如确实不能详列也可只列暂定金额总额,投标人应将上述暂列金额计入投标总价中。

暂列金额明细表见表 2-23。

表 2-23　　　　　　　　　　　　暂列金额明细表

工程名称：　　　　　　　　　　　　　标段：　　　　　　　　　　　　第　页　共　页

序号	项 目 名 称	计量单位	暂定金额/元	备　注
1				
2				
3				
4				
5				
6				
7				
8				
9				
10				
11				
	合　计			—

注：此表由招标人填写，如不能详列，也可只列暂定金额总额，投标人应将上述暂列金额计入投标总价中。

表-12-1

3. 材料(工程设备)暂估单价及调整表(表-12-2)

暂估价是在招标阶段预见肯定要发生，只是因为标准不明确或者需要由专业承包人完成，暂时无法确定材料、工程设备的具体价格而采用的一种临时性计价方式。暂估价的材料、工程设备数量应在表内填写，拟用项目应在备注栏给予补充说明。

"13 计价规范"要求招标人针对每一类暂估价给出相应的拟用项目，即按照材料、工程设备的名称分别给出，这样的材料、工程设备暂估价能够纳入到清单项目的综合单价中。

材料(工程设备)暂估单价及调整表见表 2-24。

表 2-24　　　　　　　　　材料(工程设备)暂估单价及调整表

工程名称：　　　　　　　　　　　　　标段：　　　　　　　　　　　　第　页　共　页

序号	材料(工程设备)名称、规格、型号	计量单位	数量		暂估/元		确认/元		差额±/元		备注
			暂估	确认	单价	合价	单价	合价	单价	合价	
	合　计										

注：此表由招标人填写"暂估单价"，并在备注栏说明暂估单价的材料、工程设备拟用在哪些清单项目上，投标人应将上述材料、工程设备暂估单价计入工程量清单综合单价报价中。

表-12-2

4. 专业工程暂估价及结算价表(表-12-3)

专业工程暂估价应在表内填写工程名称、工作内容、暂估金额,投标人应将上述金额计入投标总价中。专业工程暂估价项目及其表中列明的专业工程暂估价,是指分包人实施专业工程的含税金后的完整价,除了合同约定的发包人应承担的总包管理、协调、配合和服务责任所对应的总承包服务费以外,承包人为履行其总包管理、配合、协调和服务所需产生的费用应包括在投标报价中。

专业工程暂估价及结算价表见表 2-25。

表 2-25　　　　　　　　　　专业工程暂估价及结算价表

工程名称:　　　　　　　　　标段:　　　　　　　　第　页共　页

序号	工程名称	工程内容	暂估金额/元	结算金额/元	差额±/元	备注
	合　计					

注:此表"暂估金额"由招标人填写,投标人应将"暂估金额"计入投标总价中。结算时按合同约定结算金额填写。

表-12-3

5. 计日工表(表-12-4)

编制工程量清单时,"项目名称"、"单位"、"暂定数量"由招标人填写。编制招标控制价时,人工、材料、机械台班单价由招标人按有关计价规定填写并计算合价。编制投标报价时,人工、材料、机械台班单价由投标人自主确定,按已给暂定数量计算合价计入投标总价中。

计日工表见表 2-26。

表 2-26　　　　　　　　　　　　　　**计日工表**

工程名称：　　　　　　　　　　标段：　　　　　　　　　　　第 页共 页

编号	项目名称	单位	暂定数量	实际数量	综合单价/元	合价/元	
						暂定	实际
一	人工						
1							
2							
3							
4							
	人工小计						
二	材料						
1							
2							
3							
4							
5							
	材料小计						
三	施工机械						
1							
2							
3							
4							
	施工机械小计						
四、企业管理费和利润							
	总　　计						

注：此表"项目名称"、"暂定数量"由招标人填写,编制招标控制价时,单价由招标人按有关计价规定确定;投标时,单价由投标人自主报价,按暂定数量计算合价计入投标总价中;结算时,按发承包双方确定的实际数量计算合价。

表-12-4

6. 总承包服务费计价表(表-12-5)

编制招标工程量清单时,招标人应将拟定进行专业分包的专业工程、自行采购的材料设备等决定清楚,填写项目名称、服务内容,以使投标人决定报价。编制招标控制价时,招标人按有关计价规定计价。编制投标报价时,由投标人根据工程量清单中的总承包服务内容自主决定报价。办理竣工结算时,发承包双方应按承包人已标价工程量清单中的报价计算,如有发承包双方确定调整的,按调整后的金额计算。

总承包服务费计价表见表 2-27。

表 2-27 总承包服务费计价表

工程名称： 标段： 第 页 共 页

序号	项目名称	项目价值/元	服务内容	计算基础	费率/(%)	金额/元
1	发包人发包专业工程					
2	发包人提供材料					
	合　计		—	—	—	

注：此表"项目名称"、"服务内容"由招标人填写，编制招标控制价时，费率及金额由招标人按有关计价规定确定；投标时，费率及金额由投标人自主报价，计入投标总价中。

表-12-5

7. 索赔与现场签证计价汇总表（表-12-6）

索赔与现场签证计价汇总表是对发承包双方签证双方认可的"费用索赔申请（核准）表"和"现场签证表"的汇总。

索赔与现场签证计价汇总表见表 2-28。

表 2-28 索赔与现场签证计价汇总表

工程名称： 标段： 第 页 共 页

序号	签证及索赔项目名称	计量单位	数量	单价/元	合价/元	索赔及签证依据
—	本页小计	—	—	—	—	
—	合计	—	—	—	—	

注："签证及索赔依据"是指经双方认可的签证单和索赔依据的编号。

表-12-6

8. 费用索赔申请(核准)表(表-12-7)

填写费用索赔申请(核准)表时,承包人代表应按合同条款的约定,阐述原因,附上索赔证据、费用计算报发包人,经监理工程师复核(按发包人的授权不论是监理工程师或发包人现场代表均可),经造价工程师(此处造价工程师可以是发包人现场管理人员,也可以是发包人委托的工程造价咨询企业的人员)复核具体费用,并经发包人审核后生效,该表以在选择栏中的"□"内做标识"√"表示。

费用索赔申请(核准)表见表2-29。

表2-29   **费用索赔申请(核准)表**

工程名称: 标段: 编号:

致: _____ (发包人全称)
 	
    根据施工合同条款___条的约定,由于_____原因,我方要求索赔金额(大写)_____(小写_____),请予核准。
 	
附:1. 费用索赔的详细理由和依据:
    2. 索赔金额的计算:
    3. 证明材料:
 	
                                              承包人(章)
    造价人员_____   承包人代表_____   日   期_____

复核意见:
 	
    根据施工合同条款___条的约定,你方提出的费用索赔申请经复核:
 	
□不同意此项索赔,具体意见见附件。
 	
□同意此项索赔,索赔金额的计算,由造价工程师复核。
 	
             监理工程师_____
             日   期_____
	复核意见:
	
	    根据施工合同条款___条的约定,你方提出的费用索赔申请经复核,索赔金额为(大写)___(小写___)。
	
	             造价工程师_____
	             日 期_____

审核意见:
 	
□不同意此项索赔。
 	
□同意此项索赔,与本期进度款同期支付。
 	
                                             发包人(章)
                                             发包人代表_____
                                             日   期_____

注:1. 在选择栏中的"□"内做标识"√"。

    2. 本表一式四份,由承包人填报,发包人、监理人、造价咨询人、承包人各存一份。

表-12-7

9. 现场签证表(表-12-8)

现场签证表是对"计日工"的具体化,考虑到招标时,招标人对计日工项目的预估难免会有遗漏,带来实际施工发生后,无相应的计日工单价时,现场签证只能包括单价一并处理。因此,在汇总时,有计日工单价的,可归并于计日工,如无计日工单价的,归并于现场签证,以示区别。

现场签证表见表2-30。

表 2-30　　　　　　　　　　　　　　　**现场签证表**

工程名称:　　　　　　　　　　标段:　　　　　　　　　　编号:

施工部位		日期	

致:_____(发包人全称)

　　根据_____(指令人姓名)　年 月 日的口头指令或你方_____(或监理人)　年 月 日的书面通知,我方要求完成此项工作应支付价款金额为(大写)_____(小写_____),请予核准。

附:1. 签证事由及原因:

　　2. 附图及计算式:

　　　　　　　　　　　　　　　　　　　　　　　　　　承包人(章)

　造价人员_____　　　　　承包人代表_____　　　日　　期_____

复核意见:	复核意见:
你方提出的此项签证申请经复核: □不同意此项签证,具体意见见附件。 □同意此项签证,签证金额的计算,由造价工程师复核。 　　　　　　　　　监理工程师_____ 　　　　　　　　　日　　期_____	□此项签证按承包人中标的计日工单价计算,金额为(大写)____,(小写____)。 　　□此项签证因无计日工单价,金额为(大写)____,(小写____)。 　　　　　　　　　造价工程师_____ 　　　　　　　　　日　　期_____
审核意见: 　　□不同意此项签证。 　　□同意此项签证,价款与本期进度款同期支付。 　　　　　　　　　　　　　　　　　　　　　发包人(章) 　　　　　　　　　　　　　　　　　　　　　发包人代表_____ 　　　　　　　　　　　　　　　　　　　　　日　　期_____	

注:1. 在选择栏中的"□"内做标识"√"。

　　2. 本表一式四份,由承包人在收到发包人(监理人)的口头或书面通知后填写,发包人、监理人、造价咨询人、承包人各存一份。

表-12-8

(七)规费、税金项目计价表(表-13)

规费、税金项目计价表按住房和城乡建设部、财政部印发的《建筑安装工程费用项目组成》(建标[2013]44号)列举的规费项目列项,在施工实践中,有的规费项目,如工程排污费,并非每个工程所在地都要征收,实践中可作为按实计算的费用处理。

规费、税金项目计价表见表2-31。

表 2-31 　　　　　　　　　　　规费、税金项目计价表

工程名称: 　　　　　　　　　　　　　　标段: 　　　　　　　　　　　第 页共 页

序号	项目名称	计算基础	计算基数	计算费率/(%)	金额/元
1	规费	定额人工费			
1.1	社会保险费	定额人工费			
(1)	养老保险费	定额人工费			
(2)	失业保险费	定额人工费			
(3)	医疗保险费	定额人工费			
(4)	工伤保险费	定额人工费			
(5)	生育保险费	定额人工费			
1.2	住房公积金	定额人工费			
1.3	工程排污费	按工程所在地环境保护部门收取标准,按实计入			
2	税金	分部分项工程费+措施项目费+其他项目费+规费-按规定不计税的工程设备金额			
合　计					

编制人(造价人员): 　　　　　　　　　　　　　复核人(造价工程师):

表-13

(八)工程计量申请(核准)表(表-14)

工程计量申请(核准)表填写的"项目编码"、"项目名称"、"计量单位"应与已标价工程量清单中一致,承包人应在合同约定的计量周期结束时,将申报数量填写在申报数量栏,发包人核对后如与承包人填写的数量不一致,则在核实数量栏填上核实数量,经发承包双方共同核对确认的计量结果填在确认数量栏。

工程计量申请(核准)表见表 2-32。

表 2-32   工程计量申请(核准)表

工程名称: 标段: 第 页共 页

序号	项目编码	项目名称	计量单位	承包人申请数量	发包人核实数量	发承包人确认数量	备注

承包人代表:	监理工程师:	造价工程师:	发包人代表:
日期:	日期:	日期:	日期:

表-14

(九)合同价款支付申请(核准)表

合同价款支付申请(复核)表是合同履行、价款支付的重要凭证。"13 计价规范"对此类表格共设计了 5 种,包括专用于预付款支付的《预付款支付申请(核准)表》(表-15)、用于施工过程中无法计量的总价项目及总价合同进度款支付的《总价项目进度款支付分解表》(表-16)、专用于进度款支付的《进度款支付申请(核准)表》(表-17)、专用于竣工结算价款支付的《竣工结算款申请(核准)表》(表-18)和用于缺陷责任期到期,承包人履行了工程缺陷修复责任后,对其预留的质量保证金最终结算的《最终结清支付申请(核准)表》(表-19)。

合同价款支付申请(复核)表包括的 5 种表格,均由承包人代表在每个计量周期结束后向发包人提出,由发包人授权的现场代表复核工程量,由发包人授权的造价工程师复核应付款项,经发包人批准实施。

1. 预付款支付申请(核准)表(表-15)

预付款支付申请(核准)表见表 2-33。

表 2-33　　　　　　　　　　　　　　　　预付款支付申请(核准)表

工程名称:　　　　　　　　　　　　　　标段:　　　　　　　　　　　　编号:

致:＿＿＿＿＿＿＿＿＿＿＿＿＿＿＿＿＿＿＿＿＿＿＿＿＿＿＿＿＿(发包人全称)

我方根据施工合同的约定,现申请支付工程预付款额为(大写)＿＿＿＿＿＿(小写＿＿＿＿＿＿),请予核准。

序号	名　称	申请金额/元	复核金额/元	备　注
1	已签约合同价款金额			
2	其中:安全文明施工费			
3	应支付的预付款			
4	应支付的安全文明施工费			
5	合计应支付的预付款			

　　　　　　　　　　　　　　　　　　　　　　　　　承包人(章)

造价人员＿＿＿＿＿　　　承包人代表＿＿＿＿＿　　　日　期＿＿＿＿＿

复核意见:
□与合同约定不相符,修改意见见附件。
□与合同约定相符,具体金额由造价工程师复核。

　　　　　　　　　监理工程师＿＿＿＿＿
　　　　　　　　　日　期＿＿＿＿＿

复核意见:
　你方提出的支付申请经复核,应支付预付款金额为(大写)＿＿＿＿＿＿(小写＿＿＿＿＿＿)。

　　　　　　　　　造价工程师＿＿＿＿＿
　　　　　　　　　日　期＿＿＿＿＿

审核意见:
□不同意。
□同意,支付时间为本表签发后的 15 天内。

　　　　　　　　　　　　　　　　　　　　　发包人(章)
　　　　　　　　　　　　　　　　　　　　　发包人代表＿＿＿＿＿
　　　　　　　　　　　　　　　　　　　　　日　期＿＿＿＿＿

注:1. 在选择栏上的"□"内做标识"√"。

　　2. 本表一式四份,由承包人填报,发包人、监理人、造价咨询人、承包人各存一份。

表-15

2. 总价项目进度款支付分解表(表-16)

总价项目进度款支付分解表见表2-34。

表 2-34 **总价项目进度款支付分解表**

工程名称:　　　　　　　　　　　　标段:　　　　　　　　　　单位:元

序号	项目名称	总价金额	首次支付	二次支付	三次支付	四次支付	五次支付	
	安全文明施工费							
	夜间施工增加费							
	二次搬运费							
	社会保险费							
	住房公积金							
	合　计							

编制人(造价人员):　　　　　　　　　　　复核人(造价工程师):

注:1. 本表应由承包人在投标报价时根据发包人在招标文件明确的进度款支付周期与报价填写,签订合同时,发承
　　　包双方可就支付分解协商调整后作为合同附件。

　　2. 单价合同使用本表,"支付"栏时间应与单价项目进度款支付周期相同。

　　3. 总价合同使用本表,"支付"栏时间应与约定的工程计量周期相同。

表-16

3. 进度款支付申请(核准)表(表-17)

进度款支付申请(核准)表见表 2-35。

表 2-35 进度款支付申请(核准)表

工程名称: 标段: 编号:

致:＿＿＿＿＿＿＿＿＿＿＿＿＿＿＿＿＿＿＿＿＿＿＿＿＿＿＿＿＿＿＿＿＿
（发包人全称）

我方于＿＿＿＿＿至＿＿＿＿＿期间已完成了＿＿＿＿工作,根据施工合同的约定,现申请支付本周期的合同款额为(大写)＿＿＿＿＿(小写＿＿＿＿＿),请予核准。

序号	名　　称	实际金额/元	申请金额/元	复核金额/元	备　注
1	累计已完成的合同价款		—		
2	累计已实际支付的合同价款		—		
3	本周期合计完成的合同价款				
3.1	本周期已完成单价项目的金额				
3.2	本周期应支付的总价项目的金额				
3.3	本周期已完成的计日工价款				
3.4	本周期应支付的安全文明施工费				
3.5	本周期应增加的合同价款				
4	本周期合计应扣减的金额				
4.1	本周期应抵扣的预付款				
4.2	本周期应扣减的金额				
5	本周期应支付的合同价款				

附:上述 3、4 详见附件清单。

造价人员＿＿＿＿＿　　　承包人代表＿＿＿＿＿

承包人(章)
日　期＿＿＿＿＿

复核意见:
　□与实际施工情况不相符,修改意见见附件。
　□与实际施工情况相符,具体金额由造价工程师复核。

　　　　监理工程师＿＿＿＿＿
　　　　日　期＿＿＿＿＿

复核意见:
　你方提出的支付申请经复核,本周期已完成合同款额为(大写)＿＿＿＿＿(小写＿＿＿＿＿),本周期应支付金额为(大写)＿＿＿＿＿(小写)＿＿＿＿＿。

　　　　造价工程师＿＿＿＿＿
　　　　日　期＿＿＿＿＿

审核意见:
　□不同意。
　□同意,支付时间为本表签发后的 15 天内。

　　　　发包人(章)
　　　　发包人代表＿＿＿＿＿
　　　　日　期＿＿＿＿＿

注:1. 在选择栏中的"□"内做标识"√"。

　2. 本表一式四份,由承包人填报,发包人、监理人、造价咨询人、承包人各存一份。

表-17

4. 竣工结算款支付申请(核准)表(表-18)

竣工结算款支付申请(核准)表见表 2-36。

表 2-36　　　　　　　　　　　　**竣工结算款支付申请(核准)表**

工程名称：　　　　　　　　　　标段：　　　　　　　　　　编号：

致：_____(发包人全称)

　　我于_____至_____期间已完成合同约定的工作,工程已经完工,根据施工合同的约定,现申请支付竣工结算合同款额为(大写)_____(小写_____),请予核准。

序号	名　　称	申请金额 /元	复核金额 /元	备　注
1	竣工结算合同价款总额			
2	累计已实际支付的合同价款			
3	应预留的质量保证金			
4	应支付的竣工结算款金额			

　　　　　　　　　　　　　　　　　　　　　　　　　　　　　承包人(章)

造价人员_____　　　　承包人代表_____　　　　日　期_____

复核意见： 　　□与实际施工情况不相符,修改意见见附件。 　　□与实际施工情况相符,具体金额由造价工程师复核。 　　　　　　监理工程师_____ 　　　　　　日　期_____	复核意见： 　　你方提出的竣工结算款支付申请经复核,竣工结算款总额为(大写)_____(小写_____),扣除前期支付以及质量保证金后应支付金额为(大写)_____(小写_____)。 　　　　　　造价工程师_____ 　　　　　　日　期_____

审核意见：
　　□不同意。
　　□同意,支付时间为本表签发后的 15 天内。

　　　　　　　　　　　　　　　　　　　　　　　　发包人(章)
　　　　　　　　　　　　　　　　　　　　　　　　发包人代表_____
　　　　　　　　　　　　　　　　　　　　　　　　日　期_____

注:1. 在选择栏中的"□"内做标识"√"。

　　2. 本表一式四份,由承包人填报,发包人、监理人、造价咨询人、承包人各存一份。

表-18

5. 最终结清支付申请（核准）表（表-19）

最终结清支付申请（核准）表见表2-37。

表 2-37   **最终结清支付申请（核准）表**

工程名称：   标段：   编号：

致：_____（发包人全称）

    我方于_____至_____期间已完成了缺陷修复工作，根据施工合同的约定，现申请支付最终结清合同款额为（大写）_____（小写_____），请予核准。

序号	名　称	申请金额/元	复核金额/元	备　注
1	已预留的质量保证金			
2	应增加因发包人原因造成缺陷的修复金额			
3	应扣减承包人不修复缺陷、发包人组织修复的金额			
4	最终应支付的合同价款			

上述3、4详见附件清单。

                                                              承包人（章）

造价人员_____   承包人代表_____   日   期_____

复核意见：

    □与实际施工情况不相符，修改意见见附件。

    □与实际施工情况相符，具体金额由造价工程师复核。

                监理工程师_____

                日   期_____

复核意见：

    你方提出的支付申请经复核，最终应支付金额为（大写）_____（小写_____）。

                 造价工程师_____

                日   期_____

审核意见：

    □不同意。

    □同意，支付时间为本表签发后的15天内。

                                      发包人（章）

                                  发包人代表_____

                                    日   期_____

注：1. 在选择栏中的"□"内做标识"√"。如监理人已退场，监理工程师栏可空缺。

    2. 本表一式四份，由承包人填报，发包人、监理人、造价咨询人、承包人各存一份。

表-19

（十）主要材料、工程设备一览表

1. 发包人提供主要材料和工程设备一览表（表-20）

表 2-38　　　　　　　　发包人提供材料和工程设备一览表

工程名称：　　　　　　　　　　　标段：　　　　　　　　　　　第 页 共 页

序号	材料(工程设备)名称、规格、型号	单位	数量	单价/元	交货方式	送达地点	备注

注：此表由招标人填写，供投标人在投标报价、确定总承包服务费时参考。

表-20

2. 承包人提供主要材料和工程设备一览表（适用于造价信息差额调整法）（表-21）

表 2-39　　　　　　　承包人提供主要材料和工程设备一览表

（适用于造价信息差额调整法）

工程名称：　　　　　　　　　　　标段：　　　　　　　　　　　第 页 共 页

序号	名称、规格、型号	单位	数量	风险系数/(%)	基准单价/元	投标单价/元	发承包人确认单价/元	备注

注：1. 此表由招标人填写除"投标单价"栏的内容，投标人在投标时自主确定投标单价。

　　2. 招标人应优先采用工程造价管理机构发布的单价作为基准单价，未发布的，通过市场调查确定其基准单价。

表-21

3. 承包人提供主要材料和工程设备一览表(适用于价格指数差额调整法)(表-22)

表 2-40　　　　　　　承包人提供主要材料和工程设备一览表

(适用于价格指数差额调整法)

工程名称:　　　　　　　　标段:　　　　　　　　　　第　页共　页

序号	名称、规格、型号	变值权重 B	基本价格指数 F_0	现行价格指数 F_t	备注
	定值权重 A		—	—	
	合　　计	1			

注:1. "名称、规格、型号"、"基本价格指数"栏由招标人填写,基本价格指数应首先采用工程造价管理机构发布的价格指数,没有时,可采用发布的价格代替。如人工、机械费也采用本法调整,由招标人在"名称"栏填写。

2. "变值权重"栏由投标人根据该项人工、机械费和材料、工程设备价值在投标总报价中所占比例填写,1减去其比例为定值权重。

3. "现行价格指数"按约定付款证书相关周期最后一天的前42天的各项价格指数填写,该指数应首先采用工程造价管理机构发布的价格指数,没有时,可采用发布的价格代替。

表-22

二、工程计价表格的使用范围

1. 工程量清单编制

(1)工程量清单编制使用表格包括:封-1、扉-1、表-01、表-08、表-11、表-12(不含表 12-6～表12-8)、表-13、表-20、表-21 或表-22。

(2)扉页应按规定的内容填写、签字、盖章,由造价员编制的工程量清单应有负责审核的造价工程师签字、盖章,受委托编制的工程量清单,应有造价工程师签字、盖章以及工程造价咨询人盖章。

2. 招标控制价、投标报价、竣工结算编制

(1)招标控制价使用表格包括:封-2、扉-2、表-01、表-02、表-03、表-04、表-08、表-09、表-11、表-12(不含表-12-6～表-12-8)、表-13、表-20、表-21 或表-22。

(2)投标报价使用的表格包括:封-3、扉-3、表-01、表-02、表-03、表-04、表-08、表-09、表-11、表-12(不含表-12-6～表-12-8)、表-13、表-16、招标文件提供的表-20、表-21 或表-22。

(3)竣工结算使用的表格包括:封-4、扉-4、表-01、表-05、表-06、表-07、表-08、表-09、表-10、表-11、表-12、表-13、表-14、表-15、表-16、表-17、表-18、表-19、表-20、表-21 或表-22。

(4)扉页应按规定的内容填写、签字、盖章,除承包人自行编制的投标报价和竣工结算外,受委托编制的招标控制价、投标报价、竣工结算,由造价员编制的应有负责审核的造价工程师签字、盖章以及工程造价咨询人盖章。

3. 工程造价鉴定

(1)工程造价鉴定使用表格包括:封-5、扉-5、表-01、表-05～表-20、表-21 或表-22。

(2)扉页应按规定内容填写、签字、盖章,应有承担鉴定和负责审核注册造价工程师签字、盖执业专用章。

第三章 清单计价模式下的成本要素

第一节 建筑安装工程费用组成与计算

一、建筑安装工程费用项目组成(按费用构成要素划分)

建筑安装工程费按费用构成要素划分,由人工费、材料(包含工程设备,下同)费、施工机具使用费、企业管理费、利润、规费和税金组成。其中人工费、材料费、施工机具使用费、企业管理费和利润包含在分部分项工程费、措施项目费、其他项目费中,如图 3-1 所示。

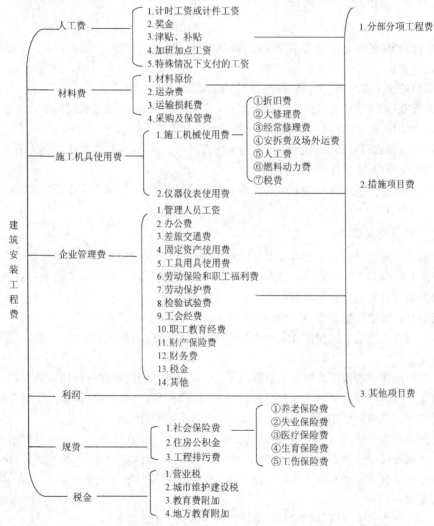

图 3-1 建筑安装工程费用项目组成(按费用构成要素划分)

1. 人工费

人工费是指按工资总额构成规定,支付给从事建筑安装工程施工的生产工人和附属生产单

位工人的各项费用。内容包括:

(1)计时工资或计件工资。指按计时工资标准和工作时间或对已做工作按计件单价支付给个人的劳动报酬。

(2)奖金。指对超额劳动和增收节支支付给个人的劳动报酬。如节约奖、劳动竞赛奖等。

(3)津贴补贴。指为了补偿职工特殊或额外的劳动消耗和因其他特殊原因支付给个人的津贴,以及为了保证职工工资水平不受物价影响支付给个人的物价补贴。如流动施工津贴、特殊地区施工津贴、高温(寒)作业临时津贴、高空津贴等。

(4)加班加点工资。指按规定支付的在法定节假日工作的加班工资和在法定日工作时间外延时工作的加点工资。

(5)特殊情况下支付的工资。指根据国家法律、法规和政策规定,因病、工伤、产假、计划生育假、婚丧假、事假、探亲假、定期休假、停工学习、执行国家或社会义务等原因按计时工资标准或计时工资标准的一定比例支付的工资。

2. 材料费

材料费是指施工过程中耗费的原材料、辅助材料、构配件、零件、半成品或成品、工程设备的费用。内容包括:

(1)材料原价。指材料、工程设备的出厂价格或商家供应价格。

(2)运杂费。指材料、工程设备自来源地运至工地仓库或指定堆放地点所发生的全部费用。

(3)运输损耗费。指材料在运输装卸过程中不可避免的损耗。

(4)采购及保管费。指为组织采购、供应和保管材料、工程设备的过程中所需要的各项费用。包括采购费、仓储费、工地保管费、仓储损耗。

工程设备是指构成或计划构成永久工程一部分的机电设备、金属结构设备、仪器装置及其他类似的设备和装置。

3. 施工机具使用费

施工机具使用费是指施工作业所发生的施工机械、仪器仪表使用费或其租赁费。

(1)施工机械使用费。施工机械使用费以施工机械台班耗用量乘以施工机械台班单价表示,施工机械台班单价应由下列七项费用组成:

1)折旧费。指施工机械在规定的使用年限内,陆续收回其原值的费用。

2)大修理费。指施工机械按规定的大修理间隔台班进行必要的大修理,以恢复其正常功能所需的费用。

3)经常修理费。指施工机械除大修理以外的各级保养和临时故障排除所需的费用。包括为保障机械正常运转所需替换设备与随机配备工具附具的摊销和维护费用,机械运转中日常保养所需润滑与擦拭的材料费用及机械停滞期间的维护和保养费用等。

4)安拆费及场外运费。安拆费指施工机械(大型机械除外)在现场进行安装与拆卸所需的人工、材料、机械和试运转费用以及机械辅助设施的折旧、搭设、拆除等费用;场外运费指施工机械整体或分体自停放地点运至施工现场或由一施工地点运至另一施工地点的运输、装卸、辅助材料及架线等费用。

5)人工费。指机上司机(司炉)和其他操作人员的人工费。

6)燃料动力费。指施工机械在运转作业中所消耗的各种燃料及水、电等。

7)税费。指施工机械按照国家规定应缴纳的车船使用税、保险费及年检费等。

(2)仪器仪表使用费。仪器仪表使用费是指工程施工所需使用的仪器仪表的摊销及维修费用。

4. 企业管理费

企业管理费是指建筑安装企业组织施工生产和经营管理所需的费用。内容包括：

(1)管理人员工资。管理人员工资是指按规定支付给管理人员的计时工资、奖金、津贴补贴、加班加点工资及特殊情况下支付的工资等。

(2)办公费。指企业管理办公用的文具、纸张、账表、印刷、邮电、书报、办公软件、现场监控、会议、水电、烧水和集体取暖降温(包括现场临时宿舍取暖降温)等费用。

(3)差旅交通费。指职工因公出差、调动工作的差旅费、住勤补助费、市内交通费和误餐补助费，职工探亲路费，劳动力招募费，职工退休、退职一次性路费，工伤人员就医路费，工地转移费以及管理部门使用的交通工具的油料、燃料等费用。

(4)固定资产使用费。指管理和试验部门及附属生产单位使用的属于固定资产的房屋、设备、仪器等的折旧、大修、维修或租赁费。

(5)工具用具使用费。指企业施工生产和管理使用的不属于固定资产的工具、器具、家具、交通工具和检验、试验、测绘、消防用具等的购置、维修和摊销费。

(6)劳动保险和职工福利费。指由企业支付的职工退职金、按规定支付给离休干部的经费，集体福利费、夏季防暑降温、冬季取暖补贴、上下班交通补贴等。

(7)劳动保护费。企业按规定发放的劳动保护用品的支出。如工作服、手套、防暑降温饮料以及在有碍身体健康的环境中施工的保健费用等。

(8)检验试验费。指施工企业按照有关标准规定，对建筑以及材料、构件和建筑安装物进行一般鉴定、检查所发生的费用，包括自设试验室进行试验所耗用的材料等费用。不包括新结构、新材料的试验费，对构件做破坏性试验及其他特殊要求检验试验的费用和建设单位委托检测机构进行检测的费用，对此类检测发生的费用，由建设单位在工程建设其他费用中列支。但对施工企业提供的具有合格证明的材料进行检测不合格的，该检测费用由施工企业支付。

(9)工会经费。指企业按《工会法》规定的全部职工工资总额比例计提的工会经费。

(10)职工教育经费。指按职工工资总额的规定比例计提，企业为职工进行专业技术和职业技能培训，专业技术人员继续教育、职工职业技能鉴定、职业资格认定以及根据需要对职工进行各类文化教育所发生的费用。

(11)财产保险费。指施工管理用财产、车辆等的保险费用。

(12)财务费。指企业为施工生产筹集资金或提供预付款担保、履约担保、职工工资支付担保等所发生的各种费用。

(13)税金。指企业按规定缴纳的房产税、车船使用税、土地使用税、印花税等。

(14)其他。包括技术转让费、技术开发费、投标费、业务招待费、绿化费、广告费、公证费、法律顾问费、审计费、咨询费、保险费等。

5. 利润

利润是指施工企业完成所承包工程获得的盈利。

6. 规费

规费是指按国家法律、法规规定，由省级政府和省级有关权力部门规定必须缴纳或计取的费用。内容包括：

(1)社会保险费。

1)养老保险费。指企业按照规定标准为职工缴纳的基本养老保险费。

2)失业保险费。指企业按照规定标准为职工缴纳的失业保险费。

3)医疗保险费。指企业按照规定标准为职工缴纳的基本医疗保险费。

4)生育保险费。指企业按照规定标准为职工缴纳的生育保险费。

5)工伤保险费。指企业按照规定标准为职工缴纳的工伤保险费。

(2)住房公积金。指企业按规定标准为职工缴纳的住房公积金。

(3)工程排污费。指按规定缴纳的施工现场工程排污费。

其他应列而未列入的规费,按实际发生计取。

7. 税金

税金是指国家税法规定的应计入建筑安装工程造价内的营业税、城市维护建设税、教育费附加以及地方教育附加。

二、建筑安装工程费用项目组成(按工程造价形成划分)

建筑安装工程费按照工程造价形成划分,由分部分项工程费、措施项目费、其他项目费、规费、税金组成,分部分项工程费、措施项目费、其他项目费包含人工费、材料费、施工机具使用费、企业管理费和利润,如图3-2所示。

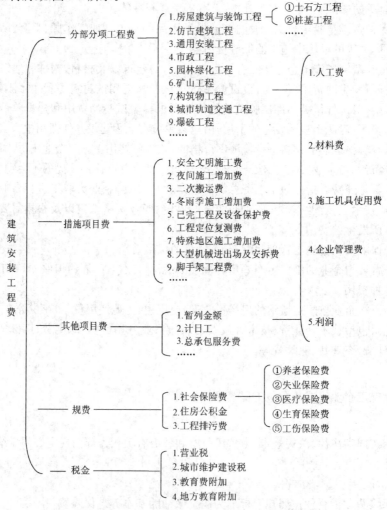

图 3-2　建筑安装工程费用项目组成(按工程造价形成划分)

1.分部分项工程费

分部分项工程费是指各专业工程的分部分项工程应予列支的各项费用。

(1)专业工程。指按现行国家计量规范划分的房屋建筑与装饰工程、仿古建筑工程、通用安装工程、市政工程、园林绿化工程、矿山工程、构筑物工程、城市轨道交通工程、爆破工程等各类工程。

(2)分部分项工程。指按现行国家计量规范对各专业工程划分的项目。如房屋建筑与装饰工程划分的土石方工程、地基处理与桩基工程、砌筑工程、钢筋及钢筋混凝土工程等。

各类专业工程的分部分项工程划分见现行国家或行业计量规范。

2.措施项目费

措施项目费是指为完成建设工程施工,发生于该工程施工前和施工过程中的技术、生活、安全、环境保护等方面的费用。内容包括:

(1)安全文明施工费。

1)环境保护费。指施工现场为达到环保部门要求所需要的各项费用。

2)文明施工费。指施工现场文明施工所需要的各项费用。

3)安全施工费。指施工现场安全施工所需要的各项费用。

4)临时设施费。指施工企业为进行建设工程施工所必须搭设的生活和生产用的临时建筑物、构筑物和其他临时设施费用。包括临时设施的搭设、维修、拆除、清理费或摊销费等。

(2)夜间施工增加费。指因夜间施工所发生的夜班补助费、夜间施工降效、夜间施工照明设备摊销及照明用电等费用。

(3)二次搬运费。指因施工场地条件限制而发生的材料、构配件、半成品等一次运输不能到达堆放地点,必须进行二次或多次搬运所发生的费用。

(4)冬雨季施工增加费。指在冬季或雨季施工需增加的临时设施、防滑、排除雨雪,人工及施工机械效率降低等费用。

(5)已完工程及设备保护费。指竣工验收前,对已完工程及设备采取的必要保护措施所发生的费用。

(6)工程定位复测费。指工程施工过程中进行全部施工测量放线和复测工作的费用。

(7)特殊地区施工增加费。指工程在沙漠或其边缘地区、高海拔、高寒、原始森林等特殊地区施工增加的费用。

(8)大型机械设备进出场及安拆费。指机械整体或分体自停放场地运至施工现场或由一个施工地点运至另一个施工地点,所发生的机械进出场运输及转移费用及机械在施工现场进行安装、拆卸所需的人工费、材料费、机械费、试运转费和安装所需的辅助设施的费用。

(9)脚手架工程费。指施工需要的各种脚手架搭、拆、运输费用以及脚手架购置费的摊销(或租赁)费用。

措施项目及其包含的内容详见各类专业工程的现行国家或行业计量规范。

3.其他项目费

(1)暂列金额。指建设单位在工程量清单中暂定并包括在工程合同价款中的一笔款项。用于施工合同签订时尚未确定或者不可预见的所需材料、工程设备、服务的采购,施工中可能发生的工程变更、合同约定调整因素出现时的工程价款调整以及发生的索赔、现场签证确认等的费用。

(2)计日工。指在施工过程中,施工企业完成建设单位提出的施工图纸以外的零星项目或工作所需的费用。

(3)总承包服务费。指总承包人为配合、协调建设单位进行的专业工程发包,对建设单位自行采购的材料、工程设备等进行保管以及施工现场管理、竣工资料汇总整理等服务所需的费用。

4. 规费。定义同本节"一"中的"6"。

5. 税金。定义同本节"一"中的"7"。

三、建筑安装工程费用计算方法

(一)各费用构成计算方法

1. 人工费

$$人工费 = \sum(工日消耗量 \times 日工资单价)$$

$$日工资单价 = \frac{生产工人平均月工资(计时计件) + 平均月(奖金 + 津贴补贴 + 特殊情况下支付的工资)}{年平均每月法定工作日}$$

注:上式主要适用于施工企业投标报价时自主确定人工费,也是工程造价管理机构编制计价定额确定定额人工单价或发布人工成本信息的参考依据。

$$人工费 = \sum(工程工日消耗量 \times 日工资单价)$$

注:上式适用于工程造价管理机构编制计价定额时确定定额人工费,是施工企业投标报价的参考依据。

上式中,日工资单价是指施工企业平均技术熟练程度的生产工人在每工作日(国家法定工作时间内)按规定从事施工作业应得的日工资总额。

工程造价管理机构确定日工资单价应通过市场调查,根据工程项目的技术要求,参考实物工程量人工单价综合分析确定,最低日工资单价不得低于工程所在地人力资源和社会保障部门所发布的最低工资标准的:普工1.3倍、一般技工2倍、高级技工3倍。

工程计价定额不可只列一个综合工日单价,应根据工程项目技术要求和工种差别适当划分多种日人工单价,确保各分部工程人工费的合理构成。

2. 材料费

(1)材料费。

$$材料费 = \sum(材料消耗量 \times 材料单价)$$

$$材料单价 = [(材料原价 + 运杂费) \times [1 + 运输损耗率(\%)]] \times [1 + 采购保管费率(\%)]$$

(2)工程设备费。

$$工程设备费 = \sum(工程设备量 \times 工程设备单价)$$

$$工程设备单价 = (设备原价 + 运杂费) \times [1 + 采购保管费率(\%)]$$

3. 施工机具使用费

(1)施工机械使用费。

$$施工机械使用费 = \sum(施工机械台班消耗量 \times 机械台班单价)$$

机械台班单价 = 台班折旧费 + 台班大修费 + 台班经常修理费 + 台班安拆费及场外运费 + 台班人工费 + 台班燃料动力费 + 台班车船税费

注:工程造价管理机构在确定计价定额中的施工机械使用费时,应根据《建筑施工机械台班

费用计算规则》结合市场调查编制施工机械台班单价。施工企业可以参考工程造价管理机构发布的台班单价,自主确定施工机械使用费的报价,如租赁施工机械,公式为:

$$施工机械使用费 = \sum(施工机械台班消耗量 \times 机械台班租赁单价)$$

(2)仪器仪表使用费。

$$仪器仪表使用费 = 工程使用的仪器仪表摊销费 + 维修费$$

4. 企业管理费费率

(1)以分部分项工程费为计算基础。

$$企业管理费费率(\%) = \frac{生产工人年平均管理费}{年有效施工天数 \times 人工单价} \times 人工费占分部分项工程费比例(\%)$$

(2)以人工费和机械费合计为计算基础。

$$企业管理费费率(\%) = \frac{生产工人年平均管理费}{年有效施工天数 \times (人工单价 + 每一工日机械使用费)} \times 100\%$$

(3) 以人工费为计算基础。

$$企业管理费费率(\%) = \frac{生产工人年平均管理费}{年有效施工天数 \times 人工单价} \times 100\%$$

注:上式适用于施工企业投标报价时自主确定管理费,是工程造价管理机构编制计价定额确定企业管理费的参考依据。

工程造价管理机构在确定计价定额中的企业管理费时,应以定额人工费或(定额人工费+定额机械费)作为计算基数,其费率根据历年工程造价积累的资料,辅以调查数据确定,列入分部分项工程和措施项目中。

5. 利润

(1)施工企业根据企业自身需求并结合建筑市场实际自主确定,列入报价中。

(2)工程造价管理机构在确定计价定额中的利润时,应以定额人工费或(定额人工费+定额机械费)作为计算基数,其费率根据历年工程造价积累的资料,并结合建筑市场实际确定,以单位(单项)工程测算,利润在税前建筑安装工程费的比重可按不低于5%且不高于7%的费率计算。利润应列入分部分项工程和措施项目中。

6. 规费

(1)社会保险费和住房公积金。社会保险费和住房公积金应以定额人工费为计算基础,根据工程所在地省、自治区、直辖市或行业建设主管部门规定费率计算。

$$社会保险费和住房公积金 = \sum(工程定额人工费 \times 社会保险费和住房公积金费率)$$

上式中,社会保险费和住房公积金费率可以每万元发承包价的生产工人人工费和管理人员工资含量与工程所在地规定的缴纳标准综合分析取定。

(2)工程排污费。工程排污费等其他应列而未列入的规费应按工程所在地环境保护等部门规定的标准缴纳,按实计取列入。

7. 税金

$$税金 = 税前造价 \times 综合税率(\%)$$

其中,综合税率的计算方法如下:

(1)纳税地点在市区的企业

$$综合税率(\%) = \frac{1}{1 - 3\% - (3\% \times 7\%) - (3\% \times 3\%) - (3\% \times 2\%)} - 1$$

(2)纳税地点在县城、镇的企业

$$综合税率(\%) = \frac{1}{1 - 3\% - (3\% \times 5\%) - (3\% \times 3\%) - (3\% \times 2\%)} - 1$$

(3)纳税地点不在市区、县城、镇的企业

$$综合税率(\%) = \frac{1}{1 - 3\% - (3\% \times 1\%) - (3\% \times 3\%) - (3\% \times 2\%)} - 1$$

(4)实行营业税改增值税的,按纳税地点现行税率计算。

(二)建筑安装工程计价参考公式

1. 分部分项工程费

$$分部分项工程费 = \sum(分部分项工程量 \times 综合单价)$$

上式中综合单价包括人工费、材料费、施工机具使用费、企业管理费和利润以及一定范围的风险费用(下同)。

2. 措施项目费

(1)国家计量规范规定应予计量的措施项目,其计算公式为:

$$措施项目费 = \sum(措施项目工程量 \times 综合单价)$$

(2)国家计量规范规定不宜计量的措施项目计算方法如下:

1)安全文明施工费。

$$安全文明施工费 = 计算基数 \times 安全文明施工费费率(\%)$$

计算基数应为定额基价(定额分部分项工程费+定额中可以计量的措施项目费)、定额人工费或(定额人工费+定额机械费),其费率由工程造价管理机构根据各专业工程的特点综合确定。

2)夜间施工增加费。

$$夜间施工增加费 = 计算基数 \times 夜间施工增加费费率(\%)$$

3)二次搬运费。

$$二次搬运费 = 计算基数 \times 二次搬运费费率(\%)$$

4)冬雨季施工增加费。

$$冬雨季施工增加费 = 计算基数 \times 冬雨季施工增加费费率(\%)$$

5)已完工程及设备保护费。

$$已完工程及设备保护费 = 计算基数 \times 已完工程及设备保护费费率(\%)$$

上述 2)~5)项措施项目的计费基数应为定额人工费或(定额人工费+定额机械费),其费率由工程造价管理机构根据各专业工程特点和调查资料综合分析后确定。

3. 其他项目费

(1)暂列金额由建设单位根据工程特点,按有关计价规定估算,施工过程中由建设单位掌握使用、扣除合同价款调整后如有余额,归建设单位。

(2)计日工由建设单位和施工企业按施工过程中的签证计价。

(3)总承包服务费由建设单位在招标控制价中根据总包服务范围和有关计价规定编制,施工企业投标时自主报价,施工过程中按签约合同价执行。

4. 规费和税金

建设单位和施工企业均应按照省、自治区、直辖市或行业建设主管部门发布标准计算规费和税金,不得作为竞争性费用。

四、工程计价程序

(一)建设单位工程招标控制价计价程序

建设单位工程招标控制价计价程序见表 3-1。

表 3-1　　　　　　　　　　建设单位工程招标控制价计价程序

工程名称:　　　　　　　　　　　　　　　标段:

序号	内　容	计算方法	金　额/元
1	分部分项工程费	按计价规定计算	
1.1			
1.2			
1.3			
1.4			
1.5			
2	措施项目费	按计价规定计算	
2.1	其中:安全文明施工费	按规定标准计算	
3	其他项目费		
3.1	其中:暂列金额	按计价规定估算	
3.2	其中:专业工程暂估价	按计价规定估算	
3.3	其中:计日工	按计价规定估算	
3.4	其中:总承包服务费	按计价规定估算	
4	规费	按规定标准计算	
5	税金(扣除不列入计税范围的工程设备金额)	(1+2+3+4)×规定税率	

招标控制价合计=1+2+3+4+5

(二)施工企业工程投标报价计价程序

施工企业工程投标报价计价程序见表 3-2。

表 3-2   施工企业工程投标报价计价程序

工程名称: 标段:

序号	内 容	计算方法	金 额/元
1	分部分项工程费	自主报价	
1.1			
1.2			
1.3			
1.4			
1.5			
2	措施项目费	自主报价	
2.1	其中:安全文明施工费	按规定标准计算	
3	其他项目费		
3.1	其中:暂列金额	按招标文件提供金额计列	
3.2	其中:专业工程暂估价	按招标文件提供金额计列	
3.3	其中:计日工	自主报价	
3.4	其中:总承包服务费	自主报价	
4	规费	按规定标准计算	
5	税金(扣除不列入计税范围的工程设备金额)	(1+2+3+4)×规定税率	

投标报价合计＝1+2+3+4+5

(三)竣工结算计价程序

竣工结算计价程序见表 3-3。

表 3-3   竣工结算计价程序

工程名称: 标段:

序号	汇总内容	计算方法	金 额/元
1	分部分项工程费	按合同约定计算	
1.1			
1.2			
1.3			
1.4			
1.5			

续表

序号	汇总内容	计算方法	金　额/元
2	措施项目	按合同约定计算	
2.1	其中:安全文明施工费	按规定标准计算	
3	其他项目		
3.1	其中:专业工程结算价	按合同约定计算	
3.2	其中:计日工	按计日工签证计算	
3.3	其中:总承包服务费	按合同约定计算	
3.4	索赔与现场签证	按发承包双方确认数额计算	
4	规费	按规定标准计算	
5	税金(扣除不列入计税范围的工程设备金额)	(1+2+3+4)×规定税率	

竣工结算总价合计=1+2+3+4+5

第二节　工程承包成本的构成要素

一、工程承包成本的概念

自实行工程量清单计价后,改变了过去报价依赖国家颁布的状况,而改为由承包企业根据市场和企业定额自主报价,从而实现合理确定投标报价。

工程承包成本是指承包企业以施工项目作为成本核算对象的施工过程中所耗费的生产资料转移价值和劳动者的必要劳动所创造的价值的货币形式,即某施工项目在施工中所发生的全部生产费用的总和,包括所消耗的主、辅材料,构配件,周转材料的摊销费或租赁费,施工机械的台班费或租赁费,支付给生产工人的工资、奖金以及项目经理部(或分公司、工程处)一级为组织和管理工程施工所发生的全部费用支出。这些成本可以分为两大类,即直接成本和间接成本。

二、工程承包成本分类

1. 直接成本

直接成本是指施工过程中直接消耗的构成工程实体或有助于工程实体形成的各项支出,包括人工费、材料费、机械使用费和部分措施费用。

2. 间接成本

间接成本是指承包企业的各项目经理部为施工准备、组织和管理施工生产所发生的全部管理费用及部分措施费用。

第三节　工程承包成本的测定

一、建筑工程定额

1. 定额的概念

定额就是进行生产经营活动时,在人力、物力、财力消耗方面所应遵守或达到的数量标准。在建筑生产中,为了完成建筑产品,必须消耗一定数量的劳动力、材料、机械台班以及相应的资金,在一定的生产条件下,用科学方法制定出的生产质量合格的单位建筑产品所需要的劳动力、材料和机械台班等的数量标准,就称为建筑工程定额。

不同的产品或工作成果有不同的质量要求,没有质量的规定也就没有数量的规定。因此,不能把定额看成是单纯的数量表现,而应看成是质和量的统一体。

工程定额除了规定有数量标准外,也要规定出它的工作内容,如质量标准、生产方法、安全要求和运用的范围等。

2. 定额的作用

(1)建筑工程定额具有促进节约社会劳动和提高生产效率的作用。企业用定额计算工料消耗、劳动效率、施工工期,并与实际水平对比,衡量自身的竞争能力,促使企业加强管理,厉行节约的合理分配和使用资源,以达到节约的目的。

(2)建筑工程定额提供的信息,为建筑市场供需双方的交易活动和竞争创造条件。

(3)建筑工程定额有助于完善建筑市场信息系统。定额本身是大量信息的集合,既是大量信息加工的结果,又向使用者提供信息。建筑工程造价就是依据定额提供的信息进行的。

二、企业定额的编制

(一)关于企业定额

企业定额是指建筑安装企业根据本企业的技术水平和管理水平,编制完成单位合格产品所必需的人工、材料和施工机械台班的消耗量,以及其他生产经营要素消耗的数量标准。企业定额反映企业的施工生产与生产消费之间的数量关系,是施工企业生产力水平的体现,每个企业均应拥有反映自己企业能力的企业定额。企业的技术和管理水平不同,企业定额的定额水平也就不同。因此,企业定额是施工企业进行施工管理和投标报价的基础和依据,从一定意义上讲,企业定额是企业的商业秘密,是企业参与市场竞争的核心竞争能力的具体表现。

目前大部分施工企业是以国家或行业制定的预算定额作为进行施工管理、工料分析和计算施工成本的依据。随着市场化改革的不断深入和发展,施工企业可以预算定额和基础定额为参照,逐步建立起反映企业自身施工管理水平和技术装备程度的企业定额。

1. 企业定额的特点

(1)其各项平均消耗要比社会平均水平低,体现其先进性。

(2)可以表现本企业在某些方面的技术优势。

(3)可以表现本企业局部或全面管理方面的优势。

(4)所有匹配的单价都是动态的,具有市场性。

(5)与施工方案能全面接轨。

2. 企业定额的作用

随着我国社会主义市场经济体制的不断完善,工程价格管理制度改革的不断深入,企业定额将日益成为施工企业进行管理的重要工具。

(1)企业定额是施工企业计算和确定工程施工成本的依据,是施工企业进行成本管理、经济核算的基础。

企业定额是根据本企业的人员技能、施工机械装备程度、现场管理和企业管理水平制定的,按企业定额计算得到的工程费用是企业进行施工生产所需的成本。在施工过程中,对实际施工成本的控制和管理,就应以企业定额作为控制的计划目标数,开展相应的工作。

(2)企业定额是施工企业进行工程投标、编制工程投标报价的基础和主要依据。

企业定额的定额水平反映出企业施工生产的技术水平和管理水平,在确定工程投标报价时,首先是依据企业定额计算出施工企业拟完成投标工程需发生的计划成本。在掌握工程成本的基础上,再根据所处的环境和条件,确定在该工程上拟获得的利润、预计的工程风险费用和其他应考虑的因素,从而确定投标报价。因此,企业定额是施工企业编制计算投标报价的根基。

(3)企业定额是施工企业编制施工组织设计、制定施工计划和作业计划的依据。

企业定额可以应用于工程的施工管理,用于签发施工任务单、签发限额领料单以及结算计件工资或计量奖励工资等。企业定额直接反映本企业的施工生产力水平,运用企业定额,可以更合理地组织施工生产,有效确定和控制施工中人力、物力消耗,节约成本开支。

(二)企业定额的构成及表现形式

企业定额的构成及表现形式因企业的性质、取得资料的详细程度、编制目的、编制方法等不同而不同,其构成及表现形式有以下几种:

(1)企业劳动定额。

(2)企业材料消耗定额。

(3)企业机械台班使用定额。

(4)企业施工定额。

(5)企业定额估价表。

(6)企业定额标准。

(三)企业定额的编制

1. 企业定额编制的原则

(1)平均先进性原则。平均先进是就定额的水平而言。定额水平是指规定消耗在单位产品上的劳动、机械和材料数量的多少。也可以说,它是按照一定施工程序和工艺条件下规定的施工生产中活劳动和物化劳动的消耗水平。平均先进水平,就是在正常的施工条件下,大多数施工队组和大多数生产者经过努力能够达到和超过的水平。

企业定额应以企业平均先进水平为基准,制定企业定额。使多数单位和员工经过努力,能够达到或超过企业平均先进水平,以保持定额的先进性和可行性。

(2)简明适用性原则。简明适用就企业定额的内容和形式而言,要方便于定额的贯彻和执行。制定企业定额的目的就在于适用于企业内部管理,具有可操作性。

定额的简明性和适用性,是既有联系,又有区别的两个方面。编制施工定额时应全面加以贯彻。当二者发生矛盾时,定额的简明性应服从适应性的要求。

贯彻定额的简明适用性原则,关键是做到定额项目设置完全,项目划分粗细适当。还应正确选择产品和材料的计量单位,适当利用系数,并辅以必要的说明和附注。总之,贯彻简明适用性原则,要努力使施工定额达到项目齐全、粗细恰当、步距合理的效果。

(3)以专家为主编制定额的原则。编制施工定额要以专家为主,这是实践经验的总结。企业定额的编制要求有一支经验丰富、技术与管理知识全面、有一定政策水平的稳定的专家队伍,同时也要注意必须走群众路线,尤其是在现场测时和组织新定额试点时,这一点非常重要。

(4)独立自主的原则。企业独立自主地制定定额,主要是自主地确定定额水平,自主地划分定额项目,自主地根据需要增加新的定额项目。但是,企业定额毕竟是一定时期企业生产力水平的反映,它不可能也不应该割断历史。因此,企业定额应是对原有国家、部门和地区性施工定额的继承和发展。

(5)时效性原则。企业定额是一定时期内技术发展和管理水平的反映,所以在一段时期内表现出稳定的状态。这种稳定性又是相对的,它还有显著的时效性。如果当企业定额不再适应市场竞争和成本监控的需要时,它就要重新编制和修订,否则就会挫伤群众的积极性,甚至产生负效应。

(6)保密原则。企业定额的指标体系及标准要严格保密。建筑市场强手林立,竞争激烈。就企业现行的定额水平,工程项目在投标中如被竞争对手获取,会使本企业陷入十分被动的境地,给企业带来不可估量的损失。所以,企业要有自我保护意识和相应的加密措施。

2. 企业定额的编制过程

(1)制定《企业定额编制计划书》。

《企业定额编制计划书》一般包括以下内容:

1)企业定额编制的目的。企业定额编制的目的一定要明确,因为编制目的决定了企业定额的适用性,同时也决定了企业定额的表现形式,例如,企业定额的编制目的如果是为了控制工耗和计算工人劳动报酬,应采取劳动定额的形式;如果是为了企业进行工程成本核算,以及为企业走向市场参与投标报价提供依据,则应采用施工定额或定额估价表的形式。

2)定额水平的确定原则。企业定额水平的确定,是企业定额能否实现编制目的的关键。定额水平过高,背离企业现有水平,使定额在实施工程中,企业内多数施工队、班组、工人通过努力仍然达不到定额水平,不仅不利于定额在本企业内推行,还会挫伤管理者和劳动者双方的积极性;定额水平过低,起不到鼓励先进和督促落后的作用,而且对项目成本核算和企业参与市场竞争不利。因此,在编制计划书中,必须对定额水平进行确定。

3)确定编制方法和定额形式。定额的编制方法很多,对不同形式的定额,其编制方法也不相同。例如:劳动定额的编制方法有技术测定法、统计分析法、类比推算法、经验估算法等;材料消耗定额的编制方法有观察法、试验法、统计法等。因此,定额编制究竟采取哪种方法应根据具体情况而定。企业定额编制通常采用的方法一般有两种:定额测算法和方案测算法。

4)拟成立企业定额编制机构,提交需参编人员名单。企业定额的编制工作是一个系统性的工程,它需要一批高素质的专业人才,在一个高效率的组织机构统一指挥下协调工作,因此,在定额编制工作开始时,必须设置一个专门的机构,配置一批专业人员。

5)明确应收集的数据和资料。定额在编制时要搜集大量的基础数据和各种法律、法规、标准、规程、规范文件、规定等,这些资料都是定额编制的依据。所以,在编制计划书中,要制定一份按门类划分的资料明细表。在明细表中,除一些必须采用的法律、法规、标准、规程、规范资料外,应根据企业自身的特点,选择一些能够取得适合本企业使用的基础性数据资料。

6)确定工期和编制进度。定额的编制是为了使用,具有时效性,所以,应确定一个合理的工期和进度计划表,这样,既有利于编制工作的开展,又能保证编制工作的效率和效益。

(2)搜集资料、调查、分析、测算和研究。搜集的资料包括以下内容:

1)现行定额,包括基础定额和预算定额;工程量计算规则。

2)国家现行的法律、法规、经济政策和劳动制度等与工程建设有关的各种文件。

3)有关建筑安装工程的设计规范、施工及验收规范、工程质量检验评定标准和安全操作规程。

4)现行的全国通用建筑标准设计图集、安装工程标准安装图集、定型设计图纸、具有代表性的设计图纸、地方建筑配件通用图集和地方结构构件通用图集,并根据上述资料计算工程量,作为编制定额的依据。

5)有关建筑安装工程的科学实验、技术测定和经济分析数据。

6)高新技术、新型结构、新研制的建筑材料和新的施工方法等。

7)现行人工工资标准和地方材料预算价格。

8)现行机械效率、寿命周期和价格;机械台班租赁价格行情。

9)本企业近几年各工程项目的财务报表、公司财务总报表,以及历年收集的各类经济数据。

10)本企业近几年各工程项目的施工组织设计、施工方案,以及工程结算资料。

11)本企业近几年所采用的主要施工方法。

12)本企业近几年发布的合理化建议和技术成果。

13)本企业目前拥有的机械设备状况和材料库存状况。

14)本企业目前工人技术素质、构成比例、家庭状况和收入水平。

资料收集后,要对上述资料进行分类整理、分析、对比、研究和综合测算,提取可供使用的各种技术数据。内容包括:企业整体水平与定额水平的差异;现行法律、法规,以及规程规范对定额的影响;新材料、新技术对定额水平的影响等。

(3)拟定编制企业定额的工作方案与计划。编制企业定额的工作方案与计划包括以下内容:

1)根据编制目的,确定企业定额的内容及专业划分。

2)确定企业定额的册、章、节的划分和内容的框架。

3)确定企业定额的结构形式及步距划分原则。

4)具体参编人员的工作内容、职责、要求。

(4)企业定额初稿的编制。

1)确定企业定额的定额项目及其内容。企业定额项目及其内容的编制,就是根据定额的编制目的及企业自身的特点,本着内容简明适用、形式结构合理、步距划分合理的原则,将一个单位工程,按工程性质划分为若干个分部工程,如土建专业的土石方工程、桩基础工程等。然后将分部工程划分为若干个分项工程,如土石方工程分为人工挖土方、淤泥、流砂,人工挖沟槽、基坑,人工挖桩孔、……分项工程。最后,确定分项工程的步距,并根据步距对分项工程进一步地详细划分为具体项目。步距参数的设定一定要合理,既不应过粗,也不宜过细。如可根据土质和挖掘深度作为步距参数,对人工挖土方进行划分。同时应对分项工程的工作内容做简明扼要的说明。

2)确定定额的计量单位。分项工程计量单位的确定一定要合理,设置时应根据分项工程的特点,本着准确、贴切、方便计量的原则设置。定额的计量单位包括自然计量单位如:台、套、个、件、组等,国际标准计量单位如:m、km、m²、m³、kg、t 等。一般说,当实物体的三个度量都会发生变化时,采用立方米为计量单位,如土方、混凝土、保温等;如果实物体的三个度量中有两个度量不固定,采用平方米为计量单位,如地面、抹灰、油漆等;如果实物体截面积形状大小固定,则采用延长米为计量单位,如管道、电缆、电线等;不规则形状的,难以度量的则采用自然单位或重量单位为计量单位。

3)确定企业定额指标。确定企业定额指标是企业定额编制的重点和难点,企业定额指标的编制,应根据企业采用的施工方法、新材料的替代以及机械装备的装配和管理模式,结合搜集整理的各类基础资料进行确定。确定企业定额指标包括确定人工消耗指标、确定材料消耗指标、确定机械台班消耗指标等。

4)编制企业定额项目表。分项工程的人工、材料和机械台班的消耗量确定以后,就可以编制企业定额项目表了。具体地说,就是编制企业定额表中的各项内容。

企业定额项目表是企业定额的主体部分,它由表头栏和人工栏、材料栏、机械栏组成。表头部分具以表述各分项工程的结构形式、材料做法和规格档次等;人工栏是以工种表示的消耗的工日数及合计,材料栏是按消耗的主要材料和消耗性材料依主次顺序分列出的消耗量。机械栏是按机械种类和规格型号分列出的机械台班使用量。

5)企业定额的项目编排。定额项目表,是按分部工程归类,按分项工程子目编排的一些项目表格。也就是说,按施工的程序,遵循章、节、项目和子目等顺序编排。

定额项目表中,大部分是以分部工程为章,把单位工程中性质相近,且材料大致相同的施工对象编排在一起。每章(分部工程)中,按工程内容施工方法和使用的材料类别的不同,分成若干个节(分项工程)。在每节(分项工程)中,可以分成若干项目,在项目下边,还可以根据施工要求、材料类别和机械设备型号的不同,细分成不同子目。

6)企业定额相关项目说明的编制。企业定额相关项目的说明包括前言、总说明、目录、分部(或分章)说明、建筑面积计算规则、工程量计算规则、分项工程工作内容等。

7)企业定额估价表的编制。企业根据投标报价工作的需要,可以编制企业定额估价表。企业定额估价表是在人工、材料、机械台班三项消耗量的企业定额的基础上,用货币形式表达每个分项工程及其子目的定额单位估价计算表格。

企业定额估价表的人工、材料、机械台班单价是通过市场调查,结合国家有关法律文件及规定,按照企业自身的特点来确定。

(5)评审及修改。

评审及修改主要是通过对比分析、专家论证等方法,对定额的水平、使用范围、结构及内容的合理性,以及存在的缺陷进行综合评估,并根据评审结果对定额进行修正。

(6)定稿、刊发及组织实施。

三、人工消耗量的测定

1. 分析基础资料,拟定编制方案

(1)影响工时消耗因素的确定。

1)技术因素:包括完成产品的类别;材料、构配件的种类和型号等级;机械和机具的种类、型号和尺寸;产品质量等。

2)组织因素:包括操作方法和施工的管理与组织;工作地点的组织;人员组成和分工;工资与奖励制度;原材料和构配件的质量及供应的组织;气候条件等。

以上各因素的具体情况利用因素确定表加以确定和分析,见表3-4。

(2)计时观察资料的整理。对每次计时观察的资料进行整理之后,要对整个施工过程的观察资料进行系统的分析研究和整理。

整理观察资料的方法大多是采用平均修正法。平均修正法是一个在对测时数列进行修正的基础上,求出平均值的方法。修正测时数列,就是剔除或修正那些偏高、偏低的可疑数值。目的是保证不受那些偶然性因素的影响。

表 3-4　　　　　　　　　　　　　**因素确定表**

施工过程名称	施工班组名称	工地名称	工程概况	观察时间	气温
砌三层里外混水墙	×公司×施工队	×厂宿舍楼	三层楼每层两单元,带壁橱、阁楼、浴室长27.6m,宽14m,高3.0m	2005年10月23日	15~17℃
施工队(组)人员组成		瓦工队共28人,其中:一级工10人,二级工12人,五级工4人,六级工2人;男24人,女4人;50岁以上6人;高中生2人,初中生18人,小学以下8人			
施工方法和机械装备		手工操作,里架子,配备2~5t塔式起重机一台,翻斗一辆			

续表

	定额项目	单位	完成产品数量	实际工时消耗/工时	定额工时消耗/工日		完成定额(%)
					单位	总计	
完成定额情况	瓦工砌 11/2 砖混水外墙	m³	96	64.20	0.45	43.20	67.29
	瓦工砌 1 砖混水内墙	m³	48	32.10	0.47	22.56	70.28
	瓦工砌 1/2 砖隔断墙	m³	16	10.70	0.72	11.52	107.66
	壮工运输和调制砂浆			105.00		63.04	60.04
	按定额加工					39.55	
	总计		160	212.00		179.87	84.84
影响工时消耗的组织和技术因素	(1)该宿舍楼是三层混水墙到顶,墙体厚度不一,建筑面积小,操作比较复杂。 (2)砖的质量不好,选砖比较费时。 (3)低级工比例过大,浪费工时现象比较普遍。 (4)高级工比例小,低级工做高级工活比较普遍,技壮工配合不好。 (5)工作台位置和砖的位置,不便于工人操作。 (6)瓦工损伤操作符合动作经济原则,取砖和砂浆动作幅度很大,极易疲劳。 (7)劳动纪律不太好,有些青年工人工作时间聊天、打闹						
填表人				填表日期			
备注							

如果测时数列受到产品数量的影响时,采用加权平均值则是比较适当的。因为采用加权平均值可在计算单位产品工时消耗时,考虑到每次观察中产品数量变化的影响,从而使我们也能获得可靠的值。

(3)日常积累资料的整理和分析。日常积累的资料主要有四类:第一类是现行定额的执行情况及存在问题的资料;第二类是企业和现场补充定额资料,如因现行定额漏项而编制的补充定额资料,因解决采用新技术、新结构、新材料和新机械而产生的定额缺项所编制的补充定额资料;第三类是已采用的新工艺和新的操作方法的资料;第四类是现行的施工技术规范、操作规程、安全规程和质量标准等。

(4)拟定定额的编制方案。编制方案的内容包括:

1)提出对拟编定额的定额水平总的设想。

2)拟定定额分章、分节、分项的目录。

3)选择产品和人工、材料、机械的计量单位。

4)设计定额表格的形式和内容。

2. 确定正常的施工条件

(1)拟定工作地点的组织。工作地点是工人施工活动场所。拟定工作地点的组织时,要特别注意使人在操作时不受妨碍,所使用的工具和材料应按使用顺序放置于工人最便于取用的地方,以减少疲劳和提高工作效率,工作地点应保持清洁和秩序井然。

(2)拟定工作组成。拟定工作组成就是将工作过程按照劳动分工的可能划分为若干工序,以达到合理使用技术工人。可以采用两种基本方法。一种是把工作过程中若干个简单的工序,划分给技术熟练程度较低的工人去完成;一种是分出若干个技术程度较低的工人,去帮助技术程度较高的工人工作。采用后一种方法就把个人完成的工作过程,变成小组完成的工作过程。

(3)拟定施工人员编制。拟定施工人员编制即确定小组人数、技术工人的配备,以及劳动的分工和协作。原则是使每个工人都能充分发挥作用,均衡地担负工作。

3. 确定人工定额消耗量的方法

时间定额是在拟定基本工作时间、辅助工作时间、不可避免中断时间、准备与结束的工作时间,以及休息时间的基础上制定的。

(1)拟定基本工作时间。基本工作时间在必需消耗的工作时间中占的比重最大。在确定基本工作时间时,必须细致、精确。基本工作时间消耗一般应根据计时观察资料来确定。其做法是,首先确定工作过程每一组成部分的工时消耗,然后再综合出工作过程的工时消耗。如果组成部分的产品计量单位和工作过程的产品计量单位不符,需先求出不同计量单位的换算系数,进行产品计量单位的换算,然后再相加,求得工作过程的工时消耗。

(2)拟定辅助工作时间和准备与结束工作时间。辅助工作和准备与结束工作时间的确定方法与基本工作时间相同。但是,如果这两项工作时间在整个工作班工作时间消耗中所占比重不超过5%~6%,则可归纳为一项,以工作过程的计量单位表示,确定出工作过程的工时消耗。

如果在计时观察时不能取得足够的资料,也可采用工时规范或经验数据来确定。如具有现行的工时规范,可以直接利用工时规范中规定的辅助和准备与结束工作时间的百分比来计算。例如,根据工时规范规定,各个工程的辅助和准备与结束工作、不可避免中断、休息时间等项,在工作日或作业时间中各占的百分比。

(3)拟定不可避免的中断时间。在确定不可避免中断时间的定额时,必须注意由工艺特点所引起的不可避免中断才可列入工作过程的时间定额。

不可避免中断时间需要根据测时资料通过整理分析获得,也可以根据经验数据或工时规范,以占工作日的百分比表示此项工时消耗的时间定额。

(4)拟定休息时间。休息时间应根据工作班作息制度、经验资料、计时观察资料,以及对工作的疲劳程度作全面分析来确定。同时,应考虑尽可能利用不可避免中断时间作为休息时间。

从事不同工种、不同工作的工人,疲劳程度有很大差别。为了合理确定休息时间,往往要对从事各种工作的工人进行观察、测定,以及进行生理和心理方面的测试,以便确定其疲劳程度。国内外往往按工作轻重和工作条件好坏,将各种工作划分为不同的级别。如我国某地区工时规范将体力劳动分为最沉重、沉重、较重、中等、较轻、轻便六类。

划分出疲劳程度的等级,就可以合理规定休息需要的时间。在上面引用的规范中,按六个等级划分的休息时间见表3-5。

表 3-5 休息时间占工作日的比重

疲劳程度	轻便	较轻	中等	较重	沉重	最沉重
等 级	1	2	3	4	5	6
占工作日比重/(%)	4.16	6.25	8.33	11.45	16.7	22.9

(5)拟定定额时间。确定的基本工作时间、辅助工作时间、准备与结束工作时间、不可避免中断时间和休息时间之和,就是劳动定额的时间定额。根据时间定额可计算出产量定额,时间定额和产量定额互成倒数。

利用工时规范,可以计算劳动定额的时间定额。计算公式为:

$$作业时间=基本工作时间+辅助工作时间$$

$$规范时间=准备与结束工作时间+不可避免的中断时间+休息时间$$

$$工序作业时间＝基本工作时间＋辅助工作时间$$
$$＝基本工作时间/[1－辅助工作时间(\%)]$$
$$定额时间＝\frac{作业时间}{1－规范时间(\%)}$$

时间定额和产量定额虽然是同一劳动定额的不同表现形式,但其用途却不同。前者是以产品的单位和工日来表示,便于计算完成某一分部(项)工程所需的总工日数,核算工资,编制施工进度计划和计算工期;后者是以单位时间内完成产品的数量表示的,便于小组分配施工任务,考核工人的劳动效益和签发施工任务单。

四、材料消耗量的测定

(一)材料消耗量的含义

材料消耗量是指在合理使用材料的条件下,完成单位合格施工作业过程的施工任务所需消耗一定品种、一定规格的建筑材料的数量标准。

材料各种类型的损耗量之和称为材料损耗量,除去损耗量之后净用于工程实体上的数量称为材料净用量,材料净用量与材料损耗量之和称为材料总消耗量,损耗量与总消耗量之比称为材料损耗率,它们的关系用公式表示为:

$$损耗率＝\frac{损耗量}{总消耗量}\times100\%$$
$$损耗量＝总消耗量－净用量$$
$$净用量＝总消耗量－损耗量$$
$$总消耗量＝\frac{净用量}{1－损耗率}$$
$$＝净用量＋损耗量$$

为了简便,通常将损耗量与净用量之比,作为损耗率。即:

$$损耗率＝\frac{损耗量}{净用量}\times100\%$$
$$总消耗量＝净用量\times(1＋损耗率)$$

(二)实体性材料消耗量测定

材料消耗定额是通过施工生产过程中对材料消耗进行观测、试验以及根据技术资料的统计与计算等方法制定的。

1. 观测法

观测法亦称现场测定法,是在合理使用材料的条件下,在施工现场按一定程序对完成合格产品的材料耗用量进行测定,通过分析、整理,最后得出一定的施工过程单位产品的材料消耗定额。

利用现场测定法主要是编制材料损耗定额,也可以提供编制材料净用量定额的数据。其优点是能通过现场观察、测定,取得产品产量和材料消耗的情况,为编制材料定额提供技术根据。

观测法的首要任务是选择典型的工程项目,其施工技术、组织及产品质量,均要符合技术规范的要求;材料的品种、型号、质量也应符合设计要求;产品检验合格,操作工人能合理使用材料和保证产品质量。

在观测前要充分做好准备工作,如选用标准的运输工具和衡量工具,采取减少材料损耗措施等。

观测的结果,要取得材料消耗的数量和产品数量的数据资料。

观测法是在现场实际施工中进行的。观测法的优点是真实可靠,能发现一些问题,也能消除一部分消耗材料不合理的浪费因素。但是,用这种方法制定材料消耗定额,由于受到一定的生产技术条件和观测人员的水平等限制,仍然不能把所消耗材料不合理的因素都揭露出来。同时,也有可能把生产和管理工作中的某些与消耗材料有关的缺点保存下来。

对观测取得的数据资料要进行分析研究,区分哪些是合理的,哪些是不合理的,哪些是不可避免的,以制定出在一般情况下都可以达到的材料消耗定额。

2. 试验法

试验法是指在材料试验室中进行试验和测定数据。例如:以各种原材料为变量因素,求得不同强度等级混凝土的配合比,从而计算出每 $1m^3$ 混凝土的各种材料耗用量。

利用试验法,主要是编制材料净用量定额。通过试验,能够对材料的结构、化学成分和物理性能以及按强度等级控制的混凝土、砂浆配比做出科学的结论,为编制材料消耗定额提供有技术根据的、比较精确的计算数据。

但是,试验法不能取得在施工现场实际条件下,由于各种客观因素对材料耗用量影响的实际数据,这是试验法的不足之处。

试验室试验必须符合国家有关标准规范,计量要使用标准容器和称量设备,质量要符合施工与验收规范要求,以保证获得可靠的定额编制依据。

3. 统计法

统计法是指通过对现场进料、用料的大量统计资料进行分析计算,获得材料消耗的数据。这种方法由于不能分清材料消耗的性质,因而不能作为确定材料净用量定额和材料损耗定额的精确依据。

对积累的各分部分项工程结算的产品所耗用材料的统计分析,是根据各分部分项工程拨付材料数量、剩余材料数量及总共完成产品数量来进行计算。

采用统计法,必须要保证统计和测算的耗用材料和相应产品一致。在施工现场中的某些材料,往往难以区分用在各个不同部位上的准确数量。因此,要有意识地加以区分,才能得到有效的统计数据。

用统计法制定材料消耗定额一般采取以下两种方法:

(1)经验估算法。指以有关人员的经验或以往同类产品的材料实耗统计资料为依据,通过研究分析并考虑有关影响因素的基础上制定材料消耗定额的方法。

(2)统计法。指对某一确定的单位工程拨付一定的材料,待工程完工后,根据已完产品数量和领退材料的数量,进行统计和计算的一种方法。这种方法的优点是不需要专门人员测定和实验。由统计得到的定额有一定的参考价值,但其准确程度较差,应对其分析研究后才能采用。

4. 理论计算法

理论计算法是根据施工图,运用一定的数学公式,直接计算材料耗用量。理论计算法只能计算出单位产品的材料净用量,材料的损耗量仍要在现场通过实测取得。采用这种方法必须对工程结构、图纸要求、材料特性和规格、施工验收规范、施工方法等先进行了解和研究。计算法适宜于不易产生损耗,且容易确定废料的材料,如木材、钢材、砖瓦、预制构件等。因为这些材料根据施工图纸和技术资料从理论上都可以计算出来,不可避免的损耗也有一定的规律可找。

理论计算法是材料消耗定额制定方法中比较先进的方法。但是,用这种方法制定材料消耗定额,要求掌握一定的技术资料和各方面的知识,以及有较丰富的现场施工经验。

(三)周转性材料消耗量的测定

在编制材料消耗定额时,某些工序定额、单项定额和综合定额中涉及周转材料的确定和计算。如劳动定额中的架子工程、模板工程等。

周转性材料在施工过程中不是属通常的一次性消耗材料,而是可多次周转使用,经过修理、补充才逐渐消耗尽的材料。如模板、钢板桩、脚手架等,实际上它亦是作为一种施工工具和措施。在编制材料消耗定额时,应按多次使用、分次摊销的办法确定。

周转性材料消耗的定额量是指每使用一次摊销的数量,其计算必须考虑一次使用量、周转使用量、回收价值和摊销量之间的关系。

(1)一次使用量是指周转性材料一次使用的基本量,即一次投入量。周转性材料的一次使用量根据施工图计算,其用量与各分部分项工程部位、施工工艺和施工方法有关。

(2)周转使用量是指周转性材料在周转使用和补损的条件下,每周转一次的平均需用量,根据一定的周转次数和每次周转使用的损耗量等因素来确定。

1)周转次数是指周转性材料从第一次使用起可重复使用的次数。它与不同的周转性材料、使用的工程部位、施工方法及操作技术有关。正确规定周转次数,对准确计算用料,加强周转性材料管理和经济核算起重要作用。

为了使周转材料的周转次数确定接近合理,应根据工程类型和使用条件,采用各种测定手段进行实地观察,结合有关的原始记录、经验数据加以综合取定。影响周转次数的主要因素有以下几方面:

①材质及功能对周转次数的影响,如金属制的周转材料比木制的周转次数多 10 倍,甚至百倍。

②使用条件的好坏,对周转材料使用次数的影响。

③施工速度的快慢,对周转材料使用次数的影响。

④对周转材料的保管、保养和维修的好坏,也对周转材料使用次数有影响等。

确定出最佳的周转次数,是十分不容易的。

2)损耗量是周转性材料使用一次后由于损坏而需补损的数量,故在周转性材料中又称"补损量",按一次使用量的百分数计算。该百分数即为损耗率。

(3)周转回收量是指周转性材料在周转使用后除去损耗部分的剩余数量,即尚可以回收的数量。

(4)周转性材料摊销量是指完成一定计量单位产品,一次消耗周转性材料的数量,其计算公式为:

$$材料的摊销量 = 一次使用量 \times 摊销系数$$

其中,

$$一次使用量 = 材料的净用量 \times (1 - 材料损耗率)$$

$$摊销系数 = \frac{周转使用系数 - [(1 - 损耗率) \times 回收价值率]}{周转次数 \times 100\%}$$

$$周转使用系数 = \frac{(周转次数 - 1) \times 损耗率}{周转次数 \times 100\%}$$

$$回收价值率 = \frac{一次使用量 \times (1 - 损耗率)}{周转次数 \times 100\%}$$

五、机械消耗量的测定

机械消耗量是指在正常的生产条件下,完成单位合格施工作业过程的施工任务所需机械消耗的数量标准。

1. 拟定施工机械工作的正常条件

拟定施工机械工作正常条件,主要是拟定工作地点的合理组织和合理的工人编制。

工作地点的合理组织,就是对施工地点机械和材料的放置位置、工人从事操作的场所,做出科学合理的平面布置和空间安排。它要求施工机械和操纵机械的工人在最小范围内移动,但又不阻碍机械运转和工人操作;应使机械的开关和操纵装置尽可能集中地装置在操纵工人的近旁,以节省工作时间和减轻劳动强度;应最大限度发挥机械的效能,减少工人的手工操作。

拟定合理的工人编制,就是根据施工机械的性能和设计能力,工人的专业分工和劳动工效,合理确定操纵机械的工人和直接参加机械化施工过程的工人的编制人数。

拟定合理的工人编制,应要求保持机械的正常生产率和工人正常的劳动工效。

2. 确定机械1小时纯工作正常生产率

确定机械正常生产率时,必须首先确定出机械纯工作1小时的正常生产率。

机械纯工作时间,就是指机械的必需消耗时间。机械1小时纯工作正常生产率,就是在正常施工组织条件下,具有必需的知识和技能的技术工人操纵机械1小时的生产率。

根据机械工作特点的不同,机械1小时纯工作正常生产率的确定方法也有所不同。对于循环动作机械,确定机械纯工作1小时正常生产率的计算公式如下:

$$\frac{机械一次循环的}{正常延续时间} = \sum \left(\frac{循环各组成部分}{正常延续时间} \right) - 交叠时间$$

$$\frac{机械纯工作1小时}{循环次数} = \frac{60 \times 60(s)}{一次循环的正常延续时间}$$

$$\frac{机械纯工作1小时}{正常生产率} = \frac{机械纯工作1小时}{正常循环次数} \times \frac{一次循环生产}{的产品数量}$$

从公式中可以看到,计算循环机械纯工作1小时正常生产率的步骤是:根据现场观察资料和机械说明书确定各循环组成部分的延续时间;将各循环组成部分的延续时间相加,减去各组成部分之间的交叠时间,求出循环过程的正常延续时间;计算机械纯工作1小时的正常循环次数;计算循环机械纯工作1小时的正常生产率。

对于连续动作机械,确定机械纯工作1小时正常生产率要根据机械的类型和结构特征,以及工作过程的特点来进行。计算公式如下:

$$\frac{连续动作机械纯工作}{1小时正常生产率} = \frac{工作时间内生产的产品数量}{工作时间(小时)}$$

工作时间内的产品数量和工作时间的消耗,要通过多次现场观察和机械说明书来取得数据。

对于同一机械进行不同作业的工作过程,如挖掘机所挖土壤的类别不同,碎石机所破碎的石块硬度和粒径不同,均需分别确定其纯工作1小时的正常生产率。

3. 确定施工机械的正常利用系数

确定施工机械的正常利用系数,是指机械在工作班内对工作时间的利用率。机械的利用系数和机械在工作班内的工作状况有着密切的关系。所以,要确定机械的正常利用系数,首先要拟定机械工作班的正常工作状况,保证合理利用工时。

确定机械正常利用系数,要计算工作班正常状况下准备与结束工作,机械启动、机械维护等工作所必需消耗的时间,以及机械有效工作的开始与结束时间。从而进一步计算出机械在工作班内的纯工作时间和机械正常利用系数。机械正常利用系数的计算公式如下:

$$\frac{机械正常}{利用系数} = \frac{机械在一个工作班内纯工作时间}{一个工作班延续时间(8 小时)}$$

4.计算施工机械台班定额

计算施工机械定额是编制机械定额工作的最后一步。在确定了机械工作正常条件、机械1 小时纯工作正常生产率和机械正常利用系数之后,采用下列公式计算施工机械的产量定额:

$$\frac{施工机械台班}{产量定额} = \frac{机械1 小时纯工作}{正常生产率} \times \frac{工作班纯工作}{时间}$$

或

$$\frac{施工机械台}{班产量定额} = \frac{机械1 小时纯工}{作正常生产率} \times \frac{工作班延}{续时间} \times \frac{机械正常}{利用系数}$$

$$施工机械时间定额 = \frac{1}{机械台班产量定额指标}$$

六、措施费用成本的测定

措施费用成本是通过对本企业在某类工程中所采用的措施项目及其实施效果进行对比分析,选择技术可行、经济效益好的措施方案,进行经济技术分析,确定其各类资源消耗量。

措施费用成本一般采用方案测算法,但要注意的是,措施费中临时设施费的测定,首先应根据工程的现场情况,施工组织设计方案,有关的规范标准定出所需临时设施的种类、数量,包括工地加工厂、工地仓库、工地运输、办公及福利设施、临时供水、供电等,然后根据工程的工期计划确定临时设施配置的方案标准、所用的时间,最后根据市场行情或建设标准定出对应的费用。

第四节　成本要素管理

一、成本要素管理的含义

价格是衡量产品竞争能力的一个标尺,一般由成本和利润两块组成,在由市场竞争决定产品最优价格的前提下,建筑企业要想实现利润最大化,最大限度地控制成本(在不损害质量、工期目标的前提下)是唯一的途径。因此,项目成本是项目产品竞争能力的经济表现。

成本要素管理是指在项目成本的形成过程中,对生产经营所消耗的人力资源、物质资源、管理费用等成本要素,进行指导、监督、调节和限制,及时纠正将要发生和已经发生的偏差,从而把各项费用控制在预测成本的范围内,以保证项目成本目标实现的过程。成本要素控制一般方法如下:

(1)坚持现场管理标准化,堵塞浪费漏洞。

(2)加强质量管理,控制质量成本。

(3)建立资源消耗台账,实行资源消耗的中间控制。

(4)应用成本核算与进度同步跟踪的方法控制分部分项工程成本。

(5)建立项目月度财务收支计划制度,以用款计划控制成本费用支出。

(6)建立项目成本审核签证制度,控制成本费用支出。

(7)定期开展"三同步"检查,防止项目成本盈亏异常。

(8)以投标报价控制成本支出。

(9)以计划成本控制人力资源和物质资源的消耗。

二、施工项目材料管理

影响材料价格变动的主要因素如下:

(1)市场供需变化。材料原价是材料价格中最基本的组成。市场供大于求价格就会下降;反之价格就会上升。从而也就会影响材料价格的涨落。

(2)材料生产成本的变动直接涉及材料价格的波动。

(3)流通环节的多少和材料供应体制也会影响材料价格。

(4)运输距离和运输方法的改变会影响材料运输费用的增减,从而也会影响材料价格。

(5)国际市场行情会对进口材料价格产生影响。

材料成本的管理主要应抓好以下三个环节:

(1)把好供应关,节约采购成本。

(2)抓好材料的现场管理。

(3)探索节约材料的新途径。

三、施工项目机械设备管理

施工过程中劳动者使用机械设备是提高劳动生产率的重要手段,主要指的是大、中、小型机械。机械设备管理主要应抓好以下几个环节:

(1)施工机械管理必须有明确的目标定位。

(2)施工机械管理要兼顾机械维修保养与使用。

(3)施工机械管理必须发挥人的积极性、主动性和创造性。

(4)施工机械管理必须培育机务人员的服务意识。

(5)施工机械管理必须把机械安全运行列入重中之重。

第四章 建筑工程清单项目设置 及工程量计算

第一节 土石方工程

一、土方工程(编码:010101)

(一)清单项目设置及工程量计算规则

土方工程工程量清单项目设置及工程量计算规则见表4-1。

表 4-1 土方工程(编码:010101)

项目编码	项目名称	项目特征	计量单位	工程量计算规则	工作内容
010101001	平整场地	1. 土壤类别 2. 弃土运距 3. 取土运距	m²	按设计图示尺寸以建筑物首层建筑面积计算	1. 土方挖填 2. 场地找平 3. 运输
010101002	挖一般土方	1. 土壤类别 2. 挖土深度 3. 弃土运距	m³	按设计图示尺寸以体积计算	1. 排地表水 2. 土方开挖 3. 围护(挡土板)及拆除 4. 基底钎探 5. 运输
010101003	挖沟槽土方			按设计图示尺寸以基础垫层底面积乘以挖土深度计算	
010101004	挖基坑土方				
010101005	冻土开挖	1. 冻土厚度 2. 弃土运距		按设计图示尺寸开挖面积乘厚度以体积计算	1. 爆破 2. 开挖 3. 清理 4. 运输
010101006	挖淤泥、流砂	1. 挖掘深度 2. 弃淤泥、流砂距离		按设计图示位置、界限以体积计算	1. 开挖 2. 运输
010101007	管沟土方	1. 土壤类别 2. 管外径 3. 挖沟深度 4. 回填要求	1. m 2. m³	1. 以米计量,按设计图示以管道中心线长度计算 2. 以立方米计量,按设计图示管底垫层面积乘以挖土深度计算;无管底垫层按管外径的水平投影面积乘以挖土深度计算。不扣除各类井的长度,井的土方并入	1. 排地表水 2. 土方开挖 3. 围护(挡土板)、支撑 4. 运输 5. 回填

(二)清单项目解释说明及应用

1. 平整场地

(1)建筑物场地厚度≤±300mm 的挖、填、运、找平,应按平整场地项目编码列项。厚度>±300mm的竖向布置挖土或山坡切土按挖一般土方项目编码列项。

(2)弃、取土运距可以不描述,但应注明由投标人根据施工现场实际情况自行考虑,决定报价。

(3)土壤的分类应按表4-2确定,如土壤类别能准确划分时,招标人可注明为综合,由投标人根据地勘报告决定报价。

表 4-2   土壤分类表

土壤分类	土壤名称	开挖方法
一、二类土	粉土、砂土(粉砂、细砂、中砂、粗砂、砾砂)、粉质黏土、弱中盐渍土、软土(淤泥质土、泥炭、泥炭质土)、软塑红黏土、冲填土	主要用锹,少许用镐、条锄开挖。机械能全部直接铲挖满载者
三类土	黏土、碎石土(圆砾、角砾)混合土、可塑红黏土、硬塑红黏土、强盐渍土、素填土、压实填土	主要用镐、条锄,少许用锹开挖。机械需部分刨松方能铲挖满载者或可直接铲挖但不能满载者
四类土	碎石土(卵石、碎石、漂石、块石)、坚硬红黏土、超盐渍土、杂填土	全部用镐、条锄挖掘,少许用撬棍挖掘。机械需普遍刨松方能铲挖满载者

2. 挖一般土方、挖沟槽土方、挖基坑土方

(1)挖土方平均厚度应按自然地面测量标高至设计地坪标高间的平均厚度确定。基础土方开挖深度应按基础垫层底表面标高至交付施工现场地标高确定,无交付施工场地标高时,应按自然地面标高确定。

(2)沟槽、基坑、一般土方的划分为:底宽≤7m 且底长>3 倍底宽为沟槽;底长≤3 倍底宽且底面积≤150m² 为基坑;超出上述范围则为一般土方。

(3)土方体积应按挖掘前的天然密实体积计算。非天然密实土方应按表4-3折算。

表 4-3   土方体积折算系数表

虚方体积	天然密实度体积	夯实后体积	松填体积
1.00	0.77	0.67	0.83
1.30	1.00	0.87	1.08
1.50	1.15	1.00	1.25
1.20	0.92	0.80	1.00

(4)挖土方如需截桩头时,应按桩基工程相关项目列项。

(5)桩间挖土不扣除桩的体积,并在项目特征中加以描述。

(6)挖沟槽、基坑、一般土方因工作面和放坡增加的工程量(管沟工作面增加的工程量)是否

并入各土方工程量中,应按各省、自治区、直辖市或行业建设主管部门的规定实施,如并入各土方工程量中,办理工程结算时,按经发包人认可的施工组织设计规定计算,编制工程量清单时,按表4-4～表4-6规定计算。

表4-4　　　　　　　　　　　　　　放坡系数表

土类别	放坡起点/m	人工挖土	机械挖土		
			在坑内作业	在坑上作业	顺沟槽在坑上作业
一、二类土	1.20	1：0.5	1：0.33	1：0.75	1：0.5
三类土	1.50	1：0.33	1：0.25	1：0.67	1：0.33
四类土	2.00	1：0.25	1：0.10	1：0.33	1：0.25

注:1. 沟槽、基坑中土类别不同时,分别按其放坡起点、放坡系数,依不同土类别厚度加权平均计算。
　　2. 计算放坡时,在交接处的重复工程量不予扣除,原槽、坑作基础垫层时,放坡自垫层上表面开始计算。

表4-5　　　　　　　　　　　基础施工所需工作面宽度计算表

基础材料	每边各增加工作面宽度/mm
砖基础	200
浆砌毛石、条石基础	150
混凝土基础垫层支模板	300
混凝土基础支模板	300
基础垂直面做防水层	1000(防水层面)

表4-6　　　　　　　　　　管沟施工每侧所需工作面宽度计算表

管道结构宽度/mm　　　　　　管沟材料	≤500	≤1000	≤2500	>2500
混凝土及钢筋混凝土管道/mm	400	500	600	700
其他材质管道/mm	300	400	500	600

注:1. 本表按《全国统一建筑工程预算工程量计算规则》(GJDGZ—101—95)整理。
　　2. 管道结构宽:有管座的按基础外缘,无管座的按管道外径。

(7)由于地形起伏变化大,不能提供平均挖土厚度时应提供方格网法或断面法施工的设计文件。

1)方格网计算法。

①根据需要平整区域的地形图(或直接测量地形)划分方格网。方格的大小视地形变化的复杂程度及计算要求的精度不同而不同,一般方格的大小为20m×20m(也可10m×10m)。然后按设计(总图或竖向布置图),在方格网上套画出方格角点的设计标高(即施工后需达到的高度)和自然标高(原地形高度)。设计标高与自然标高之差即为施工高度,"—"表示挖方,"+"表示填方。

②当方格内相邻两角一为填方、一为挖方时,则应按比例分配计算出两角之间不挖不填的"零"点位置,并标于方格边上。再将各"零"点用直线连起来,就可将建筑场地划分为填、挖方区。

③土石方工程量的计算公式可参照表4-7进行。如遇陡坡等突然变化起伏地段,由于高低悬殊,采用本方法也难准确时,视具体情况另行补充计算。

表 4-7　　　　　　　　　　　方格网点常用计算公式

序号	图　　示	计 算 公 式
1		方格内四角全为挖方或填方。 $V=\dfrac{a^2}{4}(h_1+h_2+h_3+h_4)$
2		三角锥体,三角锥体全为挖方或填方。 $F=\dfrac{a^2}{2}$　$V=\dfrac{a^2}{6}(h_1+h_2+h_3)$
3		方格网内,一对角线为零线,另两角点一为挖方一为填方。 $F_{挖}=F_{填}=\dfrac{a^2}{2}$ $V_{挖}=\dfrac{a^2}{6}h_1$　$V_{填}=\dfrac{a^2}{6}h_2$
4		方格网内,三角为挖(填)方,一角为填(挖)方。 $b=\dfrac{ah_4}{h_1+h_4}$;$c=\dfrac{ah_4}{h_3+h_4}$ $F_{填}=\dfrac{1}{2}bc$;$F_{挖}=a^2-\dfrac{1}{2}bc$ $V_{填}=\dfrac{h_4}{6}bc=\dfrac{a^2h_4^3}{6(h_1+h_4)(h_3+h_4)}$ $V_{挖}=\dfrac{a^2}{6}-(2h_1+h_2+2h_3-h_4)+V_{填}$
5		方格网内,两角为挖方,两角为填方。 $b=\dfrac{ah_1}{h_1+h_4}$ $c=\dfrac{ah_2}{h_2+h_3}$　$d=a-b$;$c=a-c$ $F_{挖}=\dfrac{1}{2}(b+c)a$ $F_{填}=\dfrac{1}{2}(d+e)a$ $V_{挖}=\dfrac{a}{4}(h_1+h_2)\dfrac{b+c}{2}$ $\qquad=\dfrac{a}{8}(b+c)(h_1+h_2)$ $V_{填}=\dfrac{a}{4}(h_3+h_4)\dfrac{d+e}{2}$ $\qquad=\dfrac{a}{8}(d+e)(h_3+h_4)$

④将挖方区、填方区所有方格计算出的工程量列表汇总,即得该建筑场地的土石方挖、填方工程总量。

2)横截面计算法。横截面计算法适用于地形起伏变化较大或形状狭长地带,其方法是:

首先,根据地形图及总平面图,将要计算的场地划分成若干个横截面,相邻两个横截面距离视地形变化而定。在起伏变化大的地段,布置密一些(即距离短一些),反之则可适当长一些。如线路横断面在平坦地区,可取 50m 一个,山坡地区可取 20m 一个,遇到变化大的地段再加测断面,然后,实测每个横截面特征点的标高,量出各点之间距离(如果测区已有比较精确的大比例尺地形图,也可在图上设置横截面,用比例尺直接量取距离,按等高线求算高程,方法简捷,就其精度来说,没有实测的高),按比例尺把每个横截面绘制到厘米方格纸上,并套上相应的设计断面,则自然地面和设计地面两轮廓线之间的部分,即为需要计算的施工部分。

具体计算步骤如下:

①划分横截面:根据地形图(或直接测量)及竖向布置图,将要计算的场地划分横截面 $A-A',B-B',C-C'$ ……划分原则为垂直等高线,或垂直主要建筑物边线,横截面之间的间距可不等,地形变化复杂的间距宜小,反之宜大一些,但最大不宜大于100m。

②划截面图形:按比例划制每个横截面的自然地面和设计地面的轮廓线。设计地面轮廓线之间的部分,即为填方和挖方的截面。

③按常用横截面计算公式计算每个截面的填方或挖方截面积。

④计算土方量:根据截面面积计算土方量:

$$V = \frac{1}{2}(F_1 + F_2) \times L$$

式中　V——相邻两截面间的土方量(m^3);

F_1、F_1——相邻两截面的挖(填)方截面积(m^2);

L——相邻截面间的间距(m)。

⑤按土方量汇总:如图 4-1 中 $A-A'$ 所示,设桩号 0+0.00 的填方横截面积为 $2.80m^2$,挖方横截面积为 $3.90m^2$;图 4-1$B-B'$中,桩号 0+0.20 的填方横断面积为 $2.35m^2$,挖方横截面积为 $6.75m^2$,两桩间的距离为20m(图 4-1),则其挖填方量各为(表 4-8):

$$V_{挖方} = \frac{1}{2} \times (3.90 + 6.75) \times 20 = 106.5(m^3)$$

$$V_{填方} = \frac{1}{2} \times (2.80 + 2.35) \times 20 = 51.5(m^3)$$

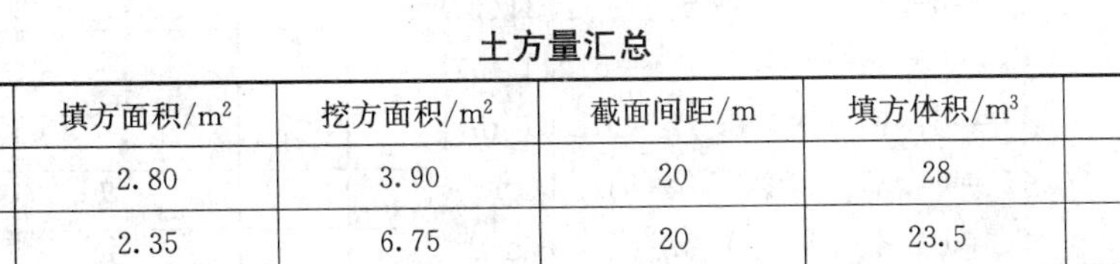

图 4-1　土方量汇总

表 4-8　　　　　　　　　　　　　　土方量汇总

断　面	填方面积/m^2	挖方面积/m^2	截面间距/m	填方体积/m^3	挖方体积/m^3
$A-A'$	2.80	3.90	20	28	39
$B-B'$	2.35	6.75	20	23.5	67.5
合　计				51.5	106.5

【例 4-1】　某建筑场地80m×60m,方格网的布置如图 4-2 所示,方格网 $a=20m$,土壤类别为三类土。设计泄水坡度 $i_x=1\%$,$i_y=0.5\%$,暂不考虑土的可松性对设计标高的影响,已知余土外运距离2000m。试确定场地各方格角点的设计标高,并计算挖、填土方数量(暂不考虑边坡土方量)。

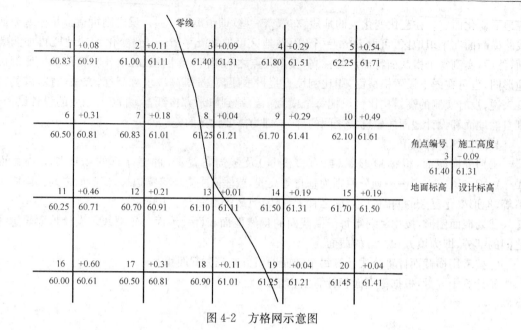

图 4-2 方格网示意图

【解】 (1)挖土方的工程数量计算公式:

$V=$设计图示尺寸的体积

(2)土方回填的工程数量计算公式:

$V=$设计图示尺寸的体积(或回填面积乘以平均回填厚度)

本例计算过程如下:

(1)计算场地设计标高 H_0(有时直接给出场地平均设计标高 H_0):

计算步骤如下:

$\sum H_1=60.83+62.25+61.45+60.00=244.53(\text{m})$

$2\sum H_2=2\times(61.00+61.40+61.80+62.10+61.70+61.25+60.90+60.50+60.25+60.50)=1222.80(\text{m})$

$4\sum H_4=4\times(60.83+61.25+61.70+60.70+61.10+61.50)=1468.32(\text{m})$

所以:$H_0=(244.53+1222.80+1468.32)\div(4\times12)=61.16(\text{m})$

(2)根据泄水坡度计算方格角点的设计标高:如图 4-3 所示,以场地中心点处为 H_0,各方格角点的设计标高为:

$H_8=H_0+10\times i_y=61.16+10\times0.5\%=61.21(\text{m})$

$H_3=H_0+30\times i_y=61.16+30\times0.5\%=61.31(\text{m})$

$H_{13}=H_0-10\times i_y=61.16-10\times0.5\%=61.11(\text{m})$

$H_{18}=H_0-30\times i_y=61.16-30\times0.5\%=61.01(\text{m})$

$H_2=H_3-20\times i_x=61.31-20\times1\%=61.11(\text{m})$

$H_1=H_3-40\times i_x=61.31-40\times1\%=60.91(\text{m})$

$H_4=H_3+20\times i_x=61.31+20\times1\%=61.51(\text{m})$

$H_5=H_3+40\times i_x=61.31+40\times1\%=61.71(\text{m})$

其余角点计算方法同上,结果如图 4-2 所示。

(3)计算各角点的施工高度:

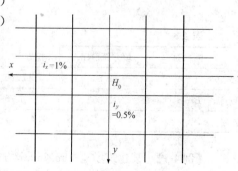

图 4-3 泄水坡度示意图

角点 1：h_1＝设计标高－地面标高＝$60.91-60.83=+0.08$(m)

角点 2：$h_2=61.11-61.00=+0.11$(m)

结果为"＋"时该点为填方，为"－"时该点为挖方。

其余各点计算方法同上，结果如图 4-2 所示。

(4)确定零线：首先求零点，零点在相邻两点为一挖一填的方格网边线上，按下式求得，并标在图上，各相邻零点的连线即为零线(挖、填方区的分界线)：

$$x=ah_1\div(h_1+h_2)$$

式中　h_1、h_2——相邻两角点填、挖方施工高度(以绝对值)代入(m)；

$\qquad a$——方格边长(m)；

$\qquad x$——零点距角点 A 的距离(m)。

本例各零点位置如图 4-2 所示。

(5)计算土方工程量：

1)方格 $1-3$、$1-4$、$2-4$、$3-4$ 四个角点全部为挖方，方格 $1-1$、$2-1$、$3-1$、$3-2$ 四个角点全部为填方。这四个角方格的土方量计算公式如下：

$$V_{挖(填)}=a^2(h_1+h_2+h_3+h_4)\div4$$

计算挖方工程量：$V_{挖}^{1-3}=400\times(0.09+0.29+0.29+0.04)\div4=71.00$(m³)

$\qquad\qquad V_{挖}^{1-4}=400\times(0.29+0.54+0.49+0.29)\div4=161.00$(m³)

$\qquad\qquad V_{挖}^{2-4}=400\times(0.29+0.49+0.19+0.19)\div4=116.00$)m³

$\qquad\qquad V_{挖}^{3-4}=400\times(0.19+0.19+0.04+0.04)\div4=46.00$(m³)

计算填方工程量：$V_{填}^{1-1}=400\times(0.08+0.11+0.18+0.31)\div4=68.00$(m³)

$\qquad\qquad V_{填}^{2-1}=400\times(0.31+0.18+0.21+0.46)\div4=116.00$(m³)

$\qquad\qquad V_{填}^{3-1}=400\times(0.46+0.21+0.31+0.61)\div4=159.00$(m³)

$\qquad\qquad V_{填}^{3-2}=400\times(0.21+0.01+0.11+0.31)\div4=64.00$(m³)

2)方格 $1-2$，$3-3$ 是两挖两填方格，计算公式如下：

$$V_{挖}=a^2[h_1^2\div(h_1+h_4)+h_2^2\div(h_2+h_3)]\div4$$

$$V_{填}=a^2[h_3^2\div(h_2+h_3)+h_4^2\div(h_1+h_4)]\div4$$

计算如下：

$V_{挖}^{1-2}=400\times[0.09^2\div(0.09+0.11)+0.04^2\div(0.04+0.18)]\div4=4.78$(m³)

$V_{填}^{1-2}=400\times[0.18^2\div(0.04+0.18)+0.11^2\div(0.09+0.11)]\div4=20.78$(m³)

$V_{挖}^{3-3}=400\times[0.19^2\div(0.19+0.01)+0.04^2\div(0.04+0.11)]\div4=19.12$(m³)

$V_{填}^{3-3}=400\times[0.11^2\div(0.04+0.11)+0.01^2\div(0.19+0.01)]\div4=8.12$(m³)

3)方格 $2-3$ 是三挖一填方格，计算公式如下：

$V_{填}=a^2h_4^3\div[(h_1+h_4)(h_3+h_4)]\div6$

$V_{挖}=a^2(2h_1+h_2+2h_3-h_4)\div6+V_{填}$

则　$V_{填}^{2-3}=400\times0.01^3\div[(0.04+0.01)\times(0.19+0.01)]\div6=0.01$(m³)

$\qquad V_{挖}^{2-3}=400\times(2\times0.04+0.29+2\times0.19-0.01)\div6+V_{填}^{2-3}=49.34$(m³)

4)方格 $2-2$ 是三填一挖方格：

$\qquad V_{挖}^{2-2}=400\times0.04^3\div[(0.18+0.04)\times(0.01+0.04)]\div6=0.39$(m³)

$\qquad V_{填}^{2-2}=400\times(2\times0.18+0.21+2\times0.01-0.04)\div6+V_{填}^{2-2}=37.06$(m³)

5)合计：

挖土方数量：$V_{挖}=71+161+116+46+4.78+19.12+49.34+0.39=467.63$(m³)

土方回填数量:$V_{填}=68+116+159+64+20.78+8.12+0.01+37.06=472.97(m^3)$

(6)计算挖(填)平均厚度:如图4-3所示,零线左侧为填方,右侧为挖方,计算挖方区面积约为2340m²,填方区面积约为2460m²,则平均挖土深度为467.63÷2340=0.20(m),平均填土深度为472.97÷2460=0.19(m)。

计算结果:

(1)项目编码010101002001,土壤类别为三类土,挖土平均厚度0.20m,弃土运距2000m,挖土方的工程数量=498.13m³(清单工程量数量)。

(2)项目编码010103001001,土壤类别为三类土,填土平均厚度0.19m,土方回填的工程数量=472.97m³(清单工程量数量)。

【例4-2】 某多层砖混住宅土方工程,土壤类别为三类土;基础为砖大放脚带形基础;垫层宽度为920mm;挖土深度为1.8m;弃土运距为4km。

【解】 (1)经业主根据基础施工图计算:

基础挖土截面积为:$0.92×1.8=1.656(m^2)$

基础总长度为:1590.6m

土方挖方总量为:2634m³

(2)经投标人根据地质资料和施工方案计算:

1)基础挖土截面为:$1.53×1.8=2.75(m^2)$(工作面宽度各边0.25m,放坡系数为0.2)

基础总长度为:1590.6m

土方挖方总量为:4380.5m³

2)人工挖土方量为4380.5m³,根据施工方案除沟边堆土外,现场堆土2170.5m³、运距60m,采用人工运输。装载机装,自卸汽车运,运距4km,土方量1210m³。

3)人工挖土、运土(60m内):

①人工费:4380.5×8.4+2170.5×7.38=52814.49(元)

②机械费:电动打夯机:8×0.0018×1463.35=21.07(元)

③合计:52835.56元

4)装载机装自卸汽车运土(4km):

①人工费:25×0.006×1210×2=363.0(元)

②材料费:水1.8×0.012×1210=26.14(元)

③机械费:装载机(轮胎式1m³):280×0.00398×1210

$$=1348.42(元)$$

自卸汽车(3.5t):340×0.04925×1210

$$=20261.45(元)$$

推土机(75kW):500×0.00296×1210=1790.80(元)

洒水车(400L):300×0.0006×1210=217.8(元)

小计:23618.47元

④合计:24007.61元

5)综合:

①人工费、材料费、机械费合计:76843.17元

②管理费:①×34%=26126.68(元)

③利润:①×8%=6147.45(元)

④总计:109117.3元

④综合单价:109117.3÷2634＝41.43(元/m³)

6)大型机械进出场费计算(列入工程量清单措施项目费):

①推土机进出场按平板拖车(15t)1个台班计算为:600元

②装载机(1m³)进出场按1个台班计算为:280元

③自卸汽车进出场费(3台)按1.5台班计算为:510元

④机械进出场费总计:1390元

分部分项工程单价措施项目清单与计价表

工程名称:某多层砖混住宅工程　　　　　　　　标段:　　　　　　　第　页　共　页

项目编码	项目名称	项目特征描述	计量单位	工程量	金额/元		
					综合单价	合价	其中
							暂估价
010101004001	挖基坑土方	土壤类别:三类土 挖土深度:1.8m 弃土运距:4km	m³	2634.000	41.43	109126.62	

综合单价分析表

工程名称:某多层砖混住宅工程　　　　　　　　标段:　　　　　　　第　页　共　页

| 项目编码 | 010101004001 | 项目名称 | 挖基坑土方 | 计量单位 | m³ | 工程量 | 2634.00 |

综合单价组成明细

定额编号	定额项目名称	定额单位	数量	单价				合价			
				人工费	材料费	机械费	管理费和利润	人工费	材料费	机械费	管理费和利润
1—8	人工挖土方 (三类土 2m 以内)	m³	1.663	8.40	—	0.0048	3.53	13.97	—	0.008	5.87
1—49	人工运土方 (60m)	m³	0.824	7.38	—	—	3.10	6.08	—	—	2.55
1—174	装卸机自卸汽车运土方 (4km)	m³	0.459	0.30	0.022	19.52	8.33	0.14	0.01	8.96	3.82
人工单价		小　计						20.19	0.01	8.97	12.24
25元/工日		未计价材料费						—			
清单项目综合单价								41.41			

材料费明细	主要材料名称、规格、型号	单位	数量	单价/元	合价/元	暂估单价/元	暂估合价/元
	其他材料费			—	0.01	—	
	材料费小计			—	0.01	—	

注:本书工程量清单计价编制实例中参考的定额除特殊注明者外,均指《全国统一建筑工程基础定额(土建)》。在实际工作中,各企业应根据自身的实际情况套用相应定额。

3.挖淤泥、流砂

挖方出现淤泥、流砂时,如设计未明确,在编制工程量清单时,其工程数量可为暂估量,结算时应根据实际情况由发包人与承包人双方现场签证确认工程量。

4. 管沟土方

管沟土方项目适用于管道(给排水、工业、电力、通信)、光(电)缆沟[包括人(手)孔、接口坑]及连接井(检查井)等。

(三)工程量计算规则对照详解

为与清单计价模式下的工程量计算规则进行对照,并进一步加深对清单工程量计算规则的理解,本书以《全国统一建筑工程基础定额(土建)》的定额说明与计算规则为例,进行对照详解。

1. 总说明

(1)土壤分类:详见"土壤及岩石(普氏)分类表"(表4-9)。表列Ⅰ、Ⅱ类为普通土;Ⅲ类为三类土壤坚土;Ⅳ类为四类土壤(砂砾坚土)。人工挖地槽、地坑深度最深为6m,超过6m时,可另作补充。

表 4-9   土壤及岩石(普氏)分类表

土石分类	普氏分类	土壤及岩石名称	天然湿度下平均容量 /(kg·m^{-3})	极限压碎强度 /(kg·cm^{-2})	用轻钻孔机钻进1m耗时/min	开挖方法及工具	紧固系数 f
一、二类土壤	Ⅰ	砂 砂壤土 腐殖土 泥炭	1500 1600 1200 600			用尖锹开挖	0.5～0.6
	Ⅱ	轻壤土和黄土类土	1600			用锹开挖并少数用镐开挖	0.6～0.8
		潮湿而松散的黄土,软的盐渍土和碱土	1600				
		平均15mm以内的松散而软的砾石	1700				
		含有草根的密实腐殖土	1400				
		含有直径在30mm以内根类的泥炭和腐殖土	1100				
		掺有卵石、碎石和石屑的砂和腐殖土	1650				
		含有卵石或碎石杂质的胶结成块的填土	1750				
		含有卵石、碎石和建筑料杂质的砂壤土	1900				
三类土壤	Ⅲ	肥黏土其中包括石炭纪、侏罗纪的黏土和冰黏土	1800			用尖锹并同时用镐开挖(30%)	0.8～1.0
		重壤土、粗砾石,粒径为15～40mm的碎石和卵石	1750				
		干黄土和掺有碎石或卵石的自然含水量黄土	1790				
		含有直径大于30mm根类的腐殖土或泥炭	1400				
		掺有碎石或卵石和建筑碎料的土壤	1900				

续一

土石分类	普氏分类	土壤及岩石名称	天然湿度下平均容量/(kg·m⁻³)	极限压碎强度/(kg·cm⁻²)	用轻钻孔机钻进1m耗时/min	开挖方法及工具	紧固系数 f
四类土壤	Ⅳ	土含碎石重黏土,其中包括侏罗纪和石英纪的硬黏土	1950			用尖锹并同时用镐和撬棍开挖(30%)	1.0～1.5
		含有碎石、卵石、建筑碎料和重达25kg的顽石(总体积10%以内)等杂质的肥黏土和重壤土	1950				
		冰渍黏土,含有重量在50kg以内的巨砾,其含量为总体积10%以内	2000				
		泥板岩	2000				
		不含或含有重量达10kg的顽石	1950				
松石	Ⅴ	含有重量在50kg以内的巨砾(占体积10%以上)的冰渍石	2100	小于200	小于3.5	部分用手凿工具,部分用爆破法开挖	1.5～2.0
		砂藻岩和软白垩岩	1800				
		胶结力弱的砾岩	1900				
		各种不坚实的片岩	2600				
		石膏	2200				
次坚石	Ⅵ	凝灰岩和浮石	1100	200～400	3.5	用风镐和爆破法开挖	2～4
		松软多孔和裂隙严重的石灰岩和介质石灰岩	1200				
		中等硬变的片岩	2700				
		中等硬变的泥灰岩	2300				
	Ⅶ	石灰石胶结的带有卵石和沉积岩的砾石	2200	400～600	6.0	用爆破法开挖	4～6
		风化的和有大裂缝的黏土质砂岩	2000				
		坚实的泥板岩	2800				
		坚实的泥灰岩	2500				
	Ⅷ	砾质花岗岩	2300	600～800	8.5	用爆破法开挖	6～8
		泥灰质石灰岩	2300				
		黏土质砂岩	2200				
		砂质云母片岩	2300				
		硬石膏	2900				
普坚石	Ⅸ	严重风化的软弱的花岗岩、片麻岩和正长岩	2500	800～1000	11.5	用爆破法开挖	8～10
		滑石化的蛇纹岩	2400				
		致密的石灰岩	2500				
		含有卵石、沉积岩的渣质胶结的砾岩	2500				
		砂岩	2500				
		砂质石灰质片岩	2500				
		菱镁矿	3000				
	Ⅹ	白云石	2700	1000～1200	15.0	用爆破法开挖	10～12
		坚固的石灰岩	2700				
		大理石	2700				
		石灰岩质胶结的致密砾石	2600				
		坚固砂质片岩	2600				

续二

土石分类	普氏分类	土壤及岩石名称	天然湿度下平均容量 /(kg·m⁻³)	极限压碎强度 /(kg·cm⁻²)	用轻钻孔机钻进1m耗时/min	开挖方法及工具	紧固系数 f
特坚石	XI	粗花岗岩 非常坚硬的白云岩 蛇纹岩 石灰质胶结的含有火成岩之卵石的砾石 石英胶结的坚固砂岩 粗粒正长岩	2800 2900 2600 2800 2700 2700	1200～1400	18.5	用爆破法开挖	12～14
	XII	具有风化痕迹的安山岩和玄武岩 片麻岩 非常坚固的石灰岩 硅质胶结的含有火成岩之卵石的砾岩 粗石岩	2700 2600 2900 2900 2600	1400～1600	22.0	用爆破法开挖	14～16
特坚石	XIII	中粒花岗岩 坚固的片麻岩 辉绿岩 玢岩 坚固的粗面岩 中粒正长岩	3100 2800 2700 2500 2800 2800	1600～1800	27.5	用爆破法开挖	16～18
	XIV	非常坚硬的细粒花岗岩 花岗岩麻岩 闪长岩 高硬度的石灰岩 坚固的玢岩	3300 2900 2900 3100 2700	1800～2000	32.5	用爆破法开挖	18～20
	XV	安山岩、玄武岩、坚固的角页岩 高硬度的辉绿岩和闪长岩 坚固的辉长岩和石英岩	3100 2900 2800	2000～2500	46.0	用爆破法开挖	20～25
	XVI	拉长玄武岩和橄榄玄武岩 特别坚固的辉长辉绿岩、石英石和玢岩	3300 3000	大于2500	大于60	用爆破法开挖	大于25

(2)挖湿土时,人工乘以系数1.18。干湿的划分,应根据地质勘测资料以地下常水位为准划分,地下常水位以上为干土,以下为湿土。

(3)人工挖孔桩,适用于在有安全防护措施的条件下施工。

(4)土方工程报价未包括地下水位以下施工的排水费用,发生时另行计算。挖土方时如有地表水需要排除,亦应另行计算。

(5)支挡土板项目分为密撑和疏撑,密撑是指满支挡土板,疏撑是指间隔支挡土板,实际间距不同时,不做调整。

(6)在有挡土板支撑下挖土方时,按实挖体积,人工乘以系数1.43。

(7)挖桩间土方时,按实挖体积(扣除桩体占用体积),人工乘以系数1.5。

(8)人工挖孔桩,桩内垂直运输方式按人工考虑。如深度超过12m,16m以内按12m项目人工用量乘以系数1.3;20m以内乘以系数1.5计算。同一孔内土壤类别不同时,按加权计算,如遇有流砂、流泥时,另行处理。

(9)场地竖向布置挖填土方时,不再计算平整场地的工程量。

(10)机械挖土方工程量,按机械挖土方90%,人工挖土方10%计算,人工挖土部分按相应人工乘以系数 2。

(11)土壤含水率按天然含水率为准制定:含水率大于 25% 时,人工、机械乘以系数 1.15,含水率大于 40% 时另行计算。

(12)推土机推土或铲运机铲土土层平均厚度小于 300mm 时,推土机台班用量乘以系数 1.25;铲运机台班用量乘以系数 1.17。

(13)挖掘机在垫板上进行作业时,人工、机械乘以系数 1.25,但不包括垫板铺设所需的工料、机械消耗。

(14)推土机、铲运机推、铲未经压实的积土时,按规定项目乘以系数 0.73。

(15)机械土方是按三类土编制的,如实际土壤类别不同时,机械台班量乘以表 4-10 系数。

表 4-10　　　　　　　　　　机械台班系数

项　　目	一、二类土壤	四类土壤
推土机推土方	0.84	1.18
铲运机铲运土方	0.84	1.26
自行铲运机铲运土方	0.86	1.09
挖掘机挖土方	0.84	1.14

(16)土方体积,均以挖掘前的天然密实体积为准计算。如遇有必须以天然密实体积折算时,可按表 4-3 所列数值换算。

(17)挖土一律以设计室外地坪标高为准计算。

(18)机械上下行驶坡道土方,合并在土方工程量内计算。

2. 平整场地及碾压工程量计算

(1)人工平整场地是指建筑场地挖、填土方厚度在 ±30cm 以内及找平。挖、填土方厚度超过 ±30cm 以外时,按场地土方平衡竖向布置图另行计算。

(2)建筑场地原土碾压以"m²"计算,填土碾压按图示填土厚度以"m³"计算。

3. 挖掘沟槽、基坑土方工程量计算

(1)沟槽、基坑划分:

凡图示沟槽底宽在 3m 以内,且沟槽长大于槽宽 3 倍以上的为沟槽。

凡图示基坑底面积在 20m² 以内的为基坑。

凡图示沟槽底宽 3m 以外,坑底面积 20m² 以外,平整场地挖土方厚度在 30cm 以外的,均按挖土方计算。

(2)计算挖沟槽、基坑、土方工程量需放坡时,放坡系数按表 4-11 规定计算。

表 4-11　　　　　　　　　　放坡系数表

土壤类别	放坡起点 /m	人工挖土	机　械　挖　土	
			在坑内作业	在坑上作业
一、二类土	1.20	1:0.50	1:0.33	1:0.75
三类土	1.50	1:0.33	1:0.25	1:0.67
四类土	2.00	1:0.25	1:0.10	1:0.33

注:1. 沟槽、基坑中土的类别不同时,分别按其放坡起点、放坡系数,依不同土的厚度加权平均计算。

2. 计算放坡时,在交接处的重复工程量不予扣除,原槽、坑作基础垫层时,放坡自垫层上表面开始计算。

(3)挖沟槽、基坑需支挡土板时,其宽度按图示沟槽、基坑底宽,单面加 10cm,双面加 20cm 计算。挡土板面积,按槽、坑垂直支撑面积计算,支挡土板后,不得再计算放坡。

(4)基础施工所需工作面,按表 4-12 规定计算。

表 4-12　　　　　　　　　**基础施工所需工作面宽度计算表**

基 础 材 料	每边各增加工作面宽度/mm
砖基础	200
浆砌毛石、条石基础	150
混凝土基础垫层支模板	300
混凝土基础支模板	300
基础垂直面做防水层	800(防水层面)

(5)挖沟槽长度,外墙按图示中心线长度计算;内墙按图示基础底面之间净长线长度计算;内外突出部分(垛、附墙烟囱等)体积并入沟槽土方工程量内计算。

(6)人工挖土方深度超过 1.5m 时,按表 4-13 增加工日。

表 4-13　　　　　　　　　**人工挖土方超深增加工日表**　　　　　100m³

深 2m 以内	深 4m 以内	深 6m 以内
5.55 工日	17.60 工日	26.16 工日

(7)挖管道沟槽按图示中心线长度计算,沟底宽度设计有规定的,按设计规定尺寸计算,设计无规定的,可按表 4-14 规定的宽度计算。

表 4-14　　　　　　　　　**管道地沟沟底宽度计算表**　　　　　m

管 径 /mm	铸铁管、钢管 石棉水泥管	混凝土、钢筋混凝土、 预应力混凝土管	陶土管
50～70	0.60	0.80	0.70
100～200	0.70	0.90	0.80
250～350	0.80	1.00	0.90
400～450	1.00	1.30	1.10
500～600	1.30	1.50	1.40
700～800	1.60	1.80	
900～1000	1.80	2.00	
1100～1200	2.00	2.30	
1300～1400	2.20	2.60	

注:1. 按上表计算管道沟土方工程量时,各种井类及管道(不含铸铁给排水管)接口等处需加宽增加的土方量不另行计算,底面积大于 20m² 的井类,其增加工程量并入管沟土方内计算。

　　2. 铺设铸铁给排水管道时其接口等处土方增加量,可按铸铁给排水管道地沟土方总量的 2.5% 计算。

(8)沟槽、基坑深度,按图示槽、坑底面至室外地坪深度计算;管道地沟按图示沟底至室外地坪深度计算。

4. 人工挖孔桩土方工程量计算

按图示桩断面积乘以设计桩孔中心线深度计算。

5. 井点降水工程量计算

井点降水区别轻型井点、喷射井点、大口径井点、电渗井点、水平井点,按不同井管深度的井管安装、拆除,以根为单位计算,使用按套、天计算。

井点套组成:

轻型井点:50 根为 1 套;喷射井点:30 根为 1 套;大口径井点:45 根为 1 套;电渗井点阳极:30 根为 1 套;水平井点:10 根为 1 套。

井管间距应根据地质条件和施工降水要求,依施工组织设计确定,施工组织设计没有规定时,可按轻型井点管距 0.8~1.6m,喷射井点管距 2~3m 确定。

使用天应以每昼夜 24 小时为一天,使用天数应按施工组织设计规定的使用天数计算。

二、石方工程(编码:010102)

(一)清单项目设置及工程量计算规则

石方工程工程量清单项目设置及工程量计算规则见表 4-15。

表 4-15   **石方工程(编码:010102)**

项目编码	项目名称	项目特征	计量单位	工程量计算规则	工作内容
010102001	挖一般石方	1. 岩石类别 2. 开凿深度 3. 弃碴运距	m³	按设计图示尺寸以体积计算	1. 排地表水 2. 凿石 3. 运输
010102002	挖沟槽石方			按设计图示尺寸沟槽底面积乘以挖石深度以体积计算	
010102003	挖基坑石方			按设计图示尺寸基坑底面积乘以挖石深度以体积计算	
010102004	挖管沟石方	1. 岩石类别 2. 管外径 3. 挖沟深度	1. m 2. m³	1. 以米计量,按设计图示以管道中心线长度计算 2. 以立方米计量,按设计图示截面积乘以长度计算	1. 排地表水 2. 凿石 3. 回填 4. 运输

(二)清单项目解释说明

(1)挖石应按自然地面测量标高至设计地坪标高的平均厚度确定。基础石方开挖深度应按基础垫层底表面标高至交付施工现场地标高确定,无交付施工场地标高时,应按自然地面标高确定。

(2)厚度>±300mm 的竖向布置挖石或山坡凿石应按表 4-15 中挖一般石方项目编码列项。

(3)沟槽、基坑、一般石方的划分为:底宽≤7m 且底长>3 倍底宽为沟槽;底长≤3 倍底宽且底面积≤150m² 为基坑;超出上述范围则为一般石方。

(4)弃碴运距可以不描述,但应注明由投标人根据施工现场实际情况自行考虑,决定报价。

(5)岩石的分类应按表 4-16 确定。

表 4-16   **岩石分类表**

岩石分类	代表性岩石	开挖方法
极软岩	1. 全风化的各种岩石 2. 各种半成岩	部分用手凿工具、部分用爆破法开挖

岩石分类		代表性岩石	开挖方法
软质岩	软岩	1. 强风化的坚硬岩或较硬岩 2. 中等风化—强风化的较软岩 3. 未风化—微风化的页岩、泥岩、泥质砂岩等	用风镐和爆破法开挖
	较软岩	1. 中等风化—强风化的坚硬岩或较硬岩 2. 未风化—微风化的凝灰岩、千枚岩、泥灰岩、砂质泥岩等	用爆破法开挖
硬质岩	较硬岩	1. 微风化的坚硬岩 2. 未风化—微风化的大理岩、板岩、石灰岩、白云岩、钙质砂岩等	用爆破法开挖
	坚硬岩	未风化—微风化的花岗岩、闪长岩、辉绿岩、玄武岩、安山岩、片麻岩、石英岩、石英砂岩、硅质砾岩、硅质石灰岩等	用爆破法开挖

(6)石方体积应按挖掘前的天然密实体积计算。非天然密实石方应按表 4-17 折算。

表 4-17 石方体积折算系数表

石方类别	天然密实度体积	虚方体积	松填体积	码方
石方	1.0	1.54	1.31	
块石	1.0	1.75	1.43	1.67
砂夹石	1.0	1.07	0.94	

(7)管沟石方项目适用于管道(给排水、工业、电力、通信)、光(电)缆沟[包括人(手)孔、接口坑]及连接井(检查井)等。

(三)工程量计算规则对照详解

(1)岩石分类,详见"土壤及岩石普氏分类表"(表 4-9)。表列 Ⅴ 类为松石,Ⅵ~Ⅷ类为次坚石;Ⅸ、Ⅹ 类为普坚石;Ⅺ~ⅩⅥ 类为特坚石。

(2)石方爆破定额是按炮眼法松动爆破编制的,不分明炮、闷炮,但闷炮的覆盖材料应另行计算。

(3)石方爆破定额是按电雷管导电起爆编制的,如采用火雷管爆破,雷管应换算,数量不变。扣除定额中的胶质导线,换为导火索,导火索的长度按每个雷管 2.12m 计算。

(4)定额中的爆破材料是按炮孔中无地下渗水、积水编制的,炮孔中若出现地下渗水、积水时,处理渗水或积水发生的费用另行计算。定额内未计爆破时所需覆盖的安全网、草袋、架设安全屏障等设施,发生时另行计算。

(5)岩石开凿及爆破工程量,区别石质按下列规定计算:

1)人工凿岩石,按图示尺寸以"m³"计算。

2)爆破岩石按图示尺寸以"m³"计算,其沟槽、基坑的深度、宽度允许超挖量:次坚石为200mm,特坚石为150mm,超挖部分岩石并入岩石挖方量之内计算。

三、回填(编码:010103)

(一)清单项目设置及工程量计算规则

回填清单项目设置及工程量计算规则见表 4-18。

表 4-18 回填(编码:010103)

项目编码	项目名称	项目特征	计量单位	工程量计算规则	工作内容
010103001	回填方	1. 密实度要求 2. 填方材料品种 3. 填方粒径要求 4. 填方来源、运距	m³	按设计图示尺寸以体积计算。 　1. 场地回填:回填面积乘以平均回填厚度 　2. 室内回填:主墙间面积乘以回填厚度,不扣除间隔墙 　3. 基础回填:按挖方清单项目工程量减去自然地坪以下埋设的基础体积(包括基础垫层及其他构筑物)	1. 运输 2. 回填 3. 压实
010103002	余方弃置	1. 废弃料品种 2. 运距		按挖方清单项目工程量减利用回填方体积(正数)计算	余方点装料运输至弃置点

(二)清单项目解释说明

(1)填方密实度要求,在无特殊要求情况下,项目特征可描述为满足设计和规范的要求。

(2)填方材料品种可以不描述,但应注明由投标人根据设计要求验方后方可填入,并符合相关工程的质量规范要求。

(3)填方粒径要求,在无特殊要求情况下,项目特征可以不描述。

(4)如需买土回填应在项目特征填方来源中描述,并注明买土方数量。

(三)工程量计算规则对照详解

(1)回填土区分夯填、松填,按图示回填体积并依下列规定,以"m³"计算。

1)沟槽、基坑回填土,沟槽、基坑回填体积以挖方体积减去设计室外地坪以下埋设砌筑物(包括基础垫层、基础等)体积计算。

2)管道沟槽回填,以挖方体积减去管径所占体积计算。管径在 500mm 以下的不扣除管道所占体积;管径超过 500mm 以上时,按表 4-19 规定扣除管道所占体积计算。

表 4-19 管道扣除土方体积表

管道名称	管道直径/mm					
	501~600	601~800	801~1000	1001~1200	1201~1400	1401~1600
钢　管	0.21	0.44	0.71			
铸铁管	0.24	0.49	0.77			
混凝土管	0.33	0.60	0.92	1.15	1.35	1.55

3)房心回填土,按主墙之间的面积乘以回填土厚度计算。

4)余土或取土工程量,可按下式计算:

$$余土外运体积 = 挖土总体积 - 回填土总体积$$

式中　计算结果为正值时,为余土外运体积,负值时为取土体积。

5)地基强夯按设计图示强夯面积,区分夯击能量,夯击遍数以"m²"计算。

(2)推土机推土运距:按挖方区重心至回填区重心之间的直线距离计算。

(3)铲运机运土运距:按挖方区重心至卸土区重心加转向距离 45m 计算。

(4)自卸汽车运土运距:按挖方区重心至填土区(或堆放地点)重心的最短距离计算。

(5)汽车运土运输道路是按一、二、三类道路综合确定的,已考虑了运输过程中,道路清理的人工,如需要铺筑材料,另行计算。

(6)推土机推土、推石碴,铲运机铲运土重车上坡时,如果坡度大于 5%,其运距按坡度区段斜长乘以表 4-20 系数计算。

表 4-20   坡度系数表

坡度(%)	5~10	15 以内	20 以内	25 以内
系数	1.75	2.0	2.25	2.50

第二节　地基处理与边坡支护工程

一、地基处理工程(编码:010201)

(一)清单项目设置及工程量计算规则

地基处理工程清单项目设计及工程量计算规则见表 4-21。

表 4-21   地基处理(编码:010201)

项目编码	项目名称	项目特征	计量单位	工程量计算规则	工作内容
010201001	换填垫层	1. 材料种类及配比 2. 压实系数 3. 掺加剂品种	m³	按设计图示尺寸以体积计算	1. 分层铺填 2. 碾压、振密或夯实 3. 材料运输
010201002	铺设土工合成材料	1. 部位 2. 品种 3. 规格		按设计图示尺寸以面积计算	1. 挖填锚固沟 2. 铺设 3. 固定 4. 运输
010201003	预压地基	1. 排水竖井种类、断面尺寸、排列方式、间距、深度 2. 预压方法 3. 预压荷载、时间 4. 砂垫层厚度	m²		1. 设置排水竖井、盲沟、滤水管 2. 铺设砂垫层、密封膜 3. 堆载、卸载或抽气设备安拆、抽真空 4. 材料运输
010201004	强夯地基	1. 夯击能量 2. 夯击遍数 3. 夯击点布置形式、间距 4. 地耐力要求 5. 夯填材料种类		按设计图示处理范围以面积计算	1. 铺设夯填材料 2. 强夯 3. 夯填材料运输
010201005	振冲密实(不填料)	1. 地层情况 2. 振密深度 3. 孔距			1. 振冲加密 2. 泥浆运输

续一

项目编码	项目名称	项目特征	计量单位	工程量计算规则	工作内容
010201006	振冲桩（填料）	1. 地层情况 2. 空桩长度、桩长 3. 桩径 4. 填充材料种类	1. m 2. m³	1. 以米计量，按设计图示尺寸以桩长计算 2. 以立方米计量，按设计桩截面乘以桩长以体积计算	1. 振冲成孔、填料、振实 2. 材料运输 3. 泥浆运输
010201007	砂石桩	1. 地层情况 2. 空桩长度、桩长 3. 桩径 4. 成孔方法 5. 材料种类、级配		1. 以米计量，按设计图示尺寸以桩长（包括桩尖)计算 2. 以立方米计量，按设计桩截面乘以桩长（包括桩尖)以体积计算	1. 成孔 2. 填充、振实 3. 材料运输
010201008	水泥粉煤灰碎石桩	1. 地层情况 2. 空桩长度、桩长 3. 桩径 4. 成孔方法 5. 混合料强度等级		按设计图示尺寸以桩长(包括桩尖)计算	1. 成孔 2. 混合料制作、灌注、养护 3. 材料运输
010201009	深层搅拌桩	1. 地层情况 2. 空桩长度、桩长 3. 桩截面尺寸 4. 水泥强度等级、掺量		按设计图示尺寸以桩长计算	1. 预搅下钻、水泥浆制作、喷浆搅拌提升成桩 2. 材料运输
010201010	粉喷桩	1. 地层情况 2. 空桩长度、桩长 3. 桩径 4. 粉体种类、掺量 5. 水泥强度等级、石灰粉要求	m		1. 预搅下钻、喷粉搅拌提升成桩 2. 材料运输
010201011	夯实水泥土桩	1. 地层情况 2. 空桩长度、桩长 3. 桩径 4. 成孔方法 5. 水泥强度等级 6. 混合料配比		按设计图示尺寸以桩长（包括桩尖)计算	1. 成孔、夯底 2. 水泥土拌和、填料、夯实 3. 材料运输
010201012	高压喷射注浆桩	1. 地层情况 2. 空桩长度、桩长 3. 桩截面 4. 注浆类型、方法 5. 水泥强度等级		按设计图示尺寸以桩长计算	1. 成孔 2. 水泥浆制作、高压喷射注浆 3. 材料运输

续二

项目编码	项目名称	项目特征	计量单位	工程量计算规则	工作内容
010201013	石灰桩	1. 地层情况 2. 空桩长度、桩长 3. 桩径 4. 成孔方法 5. 掺和料种类、配合比	m	按设计图示尺寸以桩长(包括桩尖)计算	1. 成孔 2. 混合料制作、运输、夯填
010201014	灰土(土)挤密桩	1. 地层情况 2. 空桩长度、桩长 3. 桩径 4. 成孔方法 5. 灰土级配			1. 成孔 2. 灰土拌和、运输、填充、夯实
010201015	柱锤冲扩桩	1. 地层情况 2. 空桩长度、桩长 3. 桩径 4. 成孔方法 5. 桩体材料种类、配合比		按设计图示尺寸以桩长计算	1. 安、拔套管 2. 冲孔、填料、夯实 3. 桩体材料制作、运输
010201016	注浆地基	1. 地层情况 2. 空钻深度、注浆深度 3. 注浆间距 4. 浆液种类及配比 5. 注浆方法 6. 水泥强度等级	1. m 2. m³	1. 以米计量,按设计图示尺寸以钻孔深度计算 2. 以立方米计量,按设计图示尺寸以加固体积计算	1. 成孔 2. 注浆导管制作、安装 3. 浆液制作、压浆 4. 材料运输
010201017	褥垫层	1. 厚度 2. 材料品种及比例	1. m² 2. m³	1. 以平方米计量,按设计图示尺寸以铺设面积计算 2. 以立方米计量,按设计图示尺寸以体积计算	材料拌和、运输、铺设、压实

(二)清单项目解释说明及应用

(1)地层情况按表 4-2 和表 4-16 的规定,并根据岩土工程勘察报告按单位工程各地层所占比例(包括范围值)进行描述。对无法准确描述的地层情况,可注明由投标人根据岩土工程勘察报告自行决定报价。

(2)项目特征中的桩长应包括桩尖,空桩长度＝孔深－桩长,孔深为自然地面至设计桩底的深度。

(3)高压喷射注浆类型包括旋喷、摆喷、定喷,高压喷射注浆方法包括单管法、双重管法、三重管法。

(4)如采用泥浆护壁成孔,工作内容包括土方、废泥浆外运,如采用沉管灌注成孔,工作内容包括桩尖制作、安装。

【例4-3】　如图4-4所示,实线范围为地基强夯范围。

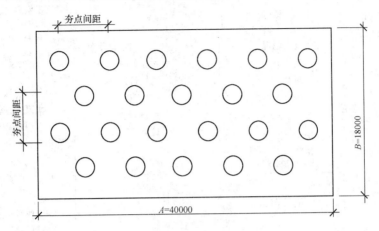

图4-4　强夯示意图

(1)设计要求:不间隔夯击,设计击数8击,夯击能量为500t·m,一遍夯击。试计算其工程量。

(2)设计要求:不间隔夯击,设计击数为10击,分两遍夯击,第一遍5击,第二遍5击,第二遍要求低锤满拍,设计夯击能量为400t·m。试计算其工程量。

【解】　地基强夯的工程数量计算如下:

计算公式:按设计图示尺寸以面积计算,则

(1)不间隔夯击,设计击数8击,夯击能量为500t·m,一遍夯击的强夯工程数量:

$$40 \times 18 = 720 (m^2)$$

(2)不间隔夯击,设计击数为10击,分两遍夯击,第一遍5击,第二遍5击,第二遍要求低锤满拍,设计夯击能量为400t·m的强夯工程数量:$40 \times 18 = 720 (m^2)$。

二、基坑与边坡支护工程(编码:010202)

(一)清单项目设置及工程量计算规则

基坑与边坡支护工程清单项目设置及工程量计算规则见表4-22。

表4-22　　　　　　　　　基坑与边坡支护(编码:010202)

项目编码	项目名称	项目特征	计量单位	工程量计算规则	工作内容
010202001	地下连续墙	1. 地层情况 2. 导墙类型、截面 3. 墙体厚度 4. 成槽深度 5. 混凝土种类、强度等级 6. 接头形式	m³	按设计图示墙中心线长乘以厚度乘以槽深以体积计算	1. 导墙挖填、制作、安装、拆除 2. 挖土成槽、固壁、清底置换 3. 混凝土制作、运输、灌注、养护 4. 接头处理 5. 土方、废泥浆外运 6. 打桩场地硬化及泥浆池、泥浆沟

续一

项目编码	项目名称	项目特征	计量单位	工程量计算规则	工作内容
010202002	咬合灌注桩	1. 地层情况 2. 桩长 3. 桩径 4. 混凝土种类、强度等级 5. 部位	1. m 2. 根	1. 以米计量，按设计图示尺寸以桩长计算 2. 以根计量，按设计图示数量计算	1. 成孔、固壁 2. 混凝土制作、运输、灌注、养护 3. 套管压拔 4. 土方、废泥浆外运 5. 打桩场地硬化及泥浆池、泥浆沟
010202003	圆木桩	1. 地层情况 2. 桩长 3. 材质 4. 尾径 5. 桩倾斜度	1. m 2. 根	1. 以米计量，按设计图示尺寸以桩长(包括桩尖)计算 2. 以根计量，按设计图示数量计算	1. 工作平台搭拆 2. 桩机移位 3. 桩靴安装 4. 沉桩
010202004	预制钢筋混凝土板桩	1. 地层情况 2. 送桩深度、桩长 3. 桩截面 4. 沉桩方法 5. 连接方式 6. 混凝土强度等级	1. m 2. 根	1. 以米计量，按设计图示尺寸以桩长(包括桩尖)计算 2. 以根计量，按设计图示数量计算	1. 工作平台搭拆 2. 桩机移位 3. 沉桩 4. 板桩连接
010202005	型钢桩	1. 地层情况或部位 2. 送桩深度、桩长 3. 规格型号 4. 桩倾斜度 5. 防护材料种类 6. 是否拔出	1. t 2. 根	1. 以吨计量，按设计图示尺寸以质量计算 2. 以根计量，按设计图示数量计算	1. 工作平台搭拆 2. 桩机移位 3. 打(拔)桩 4. 接桩 5. 刷防护材料
010202006	钢板桩	1. 地层情况 2. 桩长 3. 板桩厚度	1. t 2. m^2	1. 以吨计量，按设计图示尺寸以质量计算 2. 以平方米计量，按设计图示墙中心线长乘以桩长以面积计算	1. 工作平台搭拆 2. 桩机移位 3. 打拔钢板桩

续二

项目编码	项目名称	项目特征	计量单位	工程量计算规则	工作内容
010202007	锚杆(锚索)	1. 地层情况 2. 锚杆(索)类型、部位 3. 钻孔深度 4. 钻孔直径 5. 杆体材料品种、规格、数量 6. 预应力 7. 浆液种类、强度等级	1. m 2. 根	1. 以米计量，按设计图示尺寸以钻孔深度计算 2. 以根计量，按设计图示数量计算	1. 钻孔、浆液制作、运输、压浆 2. 锚杆(锚索)制作、安装 3. 张拉锚固 4. 锚杆(锚索)施工平台搭设、拆除
010202008	土钉	1. 地层情况 2. 钻孔深度 3. 钻孔直径 4. 置入方法 5. 杆体材料品种、规格、数量 6. 浆液种类、强度等级			1. 钻孔、浆液制作、运输、压浆 2. 土钉制作、安装 3. 土钉施工平台搭设、拆除
010202009	喷射混凝土、水泥砂浆	1. 部位 2. 厚度 3. 材料种类 4. 混凝土(砂浆)类别、强度等级	m²	按设计图示尺寸以面积计算	1. 修整边坡 2. 混凝土(砂浆)制作、运输、喷射、养护 3. 钻排水孔、安装排水管 4. 喷射施工平台搭设、拆除
010202010	钢筋混凝土支撑	1. 部位 2. 混凝土种类 3. 混凝土强度等级	m³	按设计图示尺寸以体积计算	1. 模板(支架或支撑)制作、安装、拆除、堆放、运输及清理模内杂物、刷隔离剂等 2. 混凝土制作、运输、浇筑、振捣、养护
010202011	钢支撑	1. 部位 2. 钢材品种、规格 3. 探伤要求	t	按设计图示尺寸以质量计算。不扣除孔眼质量，焊条、铆钉、螺栓等不另增加质量	1. 支撑、铁件制作(摊销、租赁) 2. 支撑、铁件安装 3. 探伤 4. 刷漆 5. 拆除 6. 运输

(二)清单项目解释说明

(1)地层情况按表 4-2 和表 4-16 的规定,并根据岩土工程勘察报告按单位工程各地层所占比例(包括范围值)进行描述。对无法准确描述的地层情况,可注明由投标人根据岩土工程勘察报告自行决定报价。

(2)土钉置入方法包括钻孔置入、打入或射入等。

(3)混凝土种类:指清水混凝土、彩色混凝土等,如在同一地区既使用预拌(商品)混凝土,又允许现场搅拌混凝土时,也应注明(下同)。

(4)地下连续墙和喷射混凝土(砂浆)的钢筋网、咬合灌注桩的钢筋笼及钢筋混凝土支撑的钢筋制作、安装,按混凝土及钢筋混凝土工程中相关项目列项。本部分未列的基坑与边坡支护的排桩按桩基工程中相关项目列项。水泥土墙、坑内加固按地基处理中相关项目列项。砖、石挡土墙、护坡按砌筑工程中相关项目列项。混凝土挡土墙按混凝土及钢筋混凝土工程中相关项目列项。

第三节　桩基工程

一、打桩(编码:010301)

(一)清单项目设置及工程量计算规则

打桩工程量清单项目设置及工程量计算规则见表4-23。

表 4-23　　　　　　　　　　打桩(编码:010301)

项目编码	项目名称	项目特征	计量单位	工程量计算规则	工作内容
010301001	预制钢筋混凝土方桩	1. 地层情况 2. 送桩深度、桩长 3. 桩截面 4. 桩倾斜度 5. 沉桩方法 6. 接桩方式 7. 混凝土强度等级	1. m 2. m³ 3. 根	1. 以米计量,按设计图示尺寸以桩长(包括桩尖)计算 2. 以立方米计量,按设计图示截面积乘以桩长(包括桩尖)以实体积计算 3. 以根计量,按设计图示数量计算	1. 工作平台搭拆 2. 桩机竖拆、移位 3. 沉桩 4. 接桩 5. 送桩
010301002	预制钢筋混凝土管桩	1. 地层情况 2. 送桩深度、桩长 3. 桩外径、壁厚 4. 桩倾斜度 5. 沉桩方法 6. 桩尖类型 7. 混凝土强度等级 8. 填充材料种类 9. 防护材料种类			1. 工作平台搭拆 2. 桩机竖拆、移位 3. 沉桩 4. 接桩 5. 送桩 6. 桩尖制作安装 7. 填充材料、刷防护材料
010301003	钢管桩	1. 地层情况 2. 送桩深度、桩长 3. 材质 4. 管径、壁厚 5. 桩倾斜度 6. 沉桩方法 7. 填充材料种类 8. 防护材料种类	1. t 2. 根	1. 以吨计量,按设计图示尺寸以质量计算 2. 以根计量,按设计图示数量计算	1. 工作平台搭拆 2. 桩机竖拆、移位 3. 沉桩 4. 接桩 5. 送桩 6. 切割钢管、精割盖帽 7. 管内取土 8. 填充材料、刷防护材料

续表

项目编码	项目名称	项目特征	计量单位	工程量计算规则	工作内容
010301004	截(凿)桩头	1. 桩类型 2. 桩头截面、高度 3. 混凝土强度等级 4. 有无钢筋	1. m³ 2. 根	1. 以立方米计量,按设计桩截面乘以桩头长度以体积计算 2. 以根计量,按设计图示数量计算	1. 截(切割)桩头 2. 凿平 3. 废料外运

(二)清单项目解释说明及应用

（1）地层情况按表 4-2 和表 4-16 的规定,并根据岩土工程勘察报告按单位工程各地层所占比例(包括范围值)进行描述。对无法准确描述的地层情况,可注明由投标人根据岩土工程勘察报告自行决定报价。

（2）项目特征中的桩截面、混凝土强度等级、桩类型等可直接用标准图代号或设计桩型进行描述。

（3）预制钢筋混凝土方桩、预制钢筋混凝土管桩项目以成品桩编制,应包括成品桩购置费,如果用现场预制,应包括现场预制桩的所有费用。

（4）打试验桩和打斜桩应按相应项目单独列项,并应在项目特征中注明试验桩或斜桩(斜率)。

（5）截(凿)桩头项目适用于土石方工程、地基处理与边防支护工程所列桩的桩头截(凿)。

（6）预制钢筋混凝土管桩桩顶与承台的连接构造按混凝土及钢筋混凝土工程相关项目列项。

【例 4-4】　某工程需用预制钢筋混凝土方桩(图 4-5)200 根,预制混凝土管桩(图 4-6)150 根,已知混凝土强度等级为 C40,土壤类别为四类土,试计算该工程打钢筋混凝土桩及管桩的工程数量。

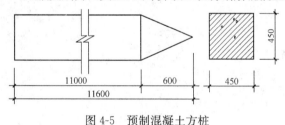

图 4-5　预制混凝土方桩

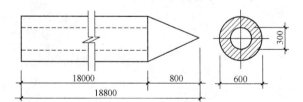

图 4-6　预制混凝土管桩

【解】　预制钢筋混凝土桩的工程数量计算如下:

计算公式:按设计图示尺寸以桩长(包括桩尖)或根数或按设计图示截面乘以桩长(包括)桩长以实体积计算,则

（1）土壤类别为四类土,打单桩长度 11.6m,断面 450mm×450mm,混凝土强度等级为 C40 的预制混凝土桩的工程数量为 200 根[或 $11.6×200=2320$(m)或 $11.6×2000×0.45×0.45=469.8$(m³)]。

(2)土壤类别为四类土,钢筋混凝土管桩单根长度 18.8m,外径 600mm,内径 300mm,管内灌注 C10 细石混凝土,混凝土强度等级为 C40 的预制混凝土管桩的工程数量为 150 根[工程量清单数量或 18.8×150＝2820(m)或 18.8×150×π×($0.6^2-0.3^2$)＝2390.80(m^3)]。

二、灌注桩(编码:010302)

(一)清单项目设置及工程量计算规则

灌注桩清单项目设置及工程量计算规则见表 4-24。

表 4-24　　　　　　　　　　　　　　灌注桩(编码:010302)

项目编码	项目名称	项目特征	计量单位	工程量计算规则	工作内容
010302001	泥浆护壁成孔灌注桩	1. 地层情况 2. 空桩长度、桩长 3. 桩径 4. 成孔方法 5. 护筒类型、长度 6. 混凝土种类、强度等级		1. 以米计量,按设计图示尺寸以桩长(包括桩尖)计算 2. 以立方米计量,按不同截面在桩上范围内以体积计算 3. 以根计量,按设计图示数量计算	1. 护筒埋设 2. 成孔、固壁 3. 混凝土制作、运输、灌注、养护 4. 土方、废泥浆外运 5. 打桩场地硬化及泥浆池、泥浆沟
010302002	沉管灌注桩	1. 地层情况 2. 空桩长度、桩长 3. 复打长度 4. 桩径 5. 沉管方法 6. 桩尖类型 7. 混凝土种类、强度等级	1. m 2. m^3 3. 根		1. 打(沉)拔钢管 2. 桩尖制作、安装 3. 混凝土制作、运输、灌注、养护
010302003	干作业成孔灌注桩	1. 地层情况 2. 空桩长度、桩长 3. 桩径 4. 扩孔直径、高度 5. 成孔方法 6. 混凝土种类、强度等级			1. 成孔、扩孔 2. 混凝土制作、运输、灌注、振捣、养护
010302004	挖孔桩土(石)方	1. 地层情况 2. 挖孔深度 3. 弃土(石)运距	m^3	按设计图示尺寸(含护壁)截面积乘以挖孔深度以立方米计算	1. 排地表水 2. 挖土、凿石 3. 基底钎探 4. 运输
010302005	人工挖孔灌注桩	1. 桩芯长度 2. 桩芯直径、扩底直径、扩底高度 3. 护壁厚度、高度 4. 护壁混凝土种类、强度等级 5. 桩芯混凝土种类、强度等级	1. m^3 2. 根	1. 以立方米计量,按桩芯混凝土体积计算 2. 以根计量,按设计图示数量计算	1. 护壁制作 2. 混凝土制作、运输、灌注、振捣、养护

续表

项目编码	项目名称	项目特征	计量单位	工程量计算规则	工作内容
010302006	钻孔压浆桩	1. 地层情况 2. 空钻长度、桩长 3. 钻孔直径 4. 水泥强度等级	1. m 2. 根	1. 以米计量，按设计图示尺寸以桩长计算 2. 以根计量，按设计图示数量计算	钻孔、下注浆管、投放骨料、浆液制作、运输、压浆
010302007	灌注桩后压浆	1. 注浆导管材料、规格 2. 注浆导管长度 3. 单孔注浆量 4. 水泥强度等级	孔	按设计图示以注浆孔数计算	1. 注浆导管制作、安装 2. 浆液制作、运输、压浆

(二)清单项目解释说明及应用

(1)地层情况根据表4-2和表4-16的规定，并根据岩土工程勘察报告按单位工程各地层所占比例(包括范围值)进行描述。对无法准确描述的地层情况，可注明由投标人根据岩土工程勘察报告自行决定报价。

(2)项目特征中的桩长应包括桩尖，空桩长度=孔深－桩长，孔深为自然地面至设计桩底的深度。

(3)项目特征中的桩截面(桩径)、混凝土强度等级、桩类型等可直接用标准图代号或设计桩型进行描述。

(4)泥浆护壁成孔灌注桩是指在泥浆护壁条件下成孔，采用水下灌注混凝土的桩。其成孔方法包括冲击钻成孔、冲抓锥成孔、回旋钻成孔、潜水钻成孔、泥浆护壁的旋挖成孔等。

(5)沉管灌注桩的沉管方法包括锤击沉管法、振动沉管法、振动冲击沉管法、内夯沉管法。

(6)干作业成孔灌注桩是指不用泥浆护壁和套管护壁的情况下，用钻机成孔后，下钢筋笼，灌注混凝土的桩，适用于地下水位以上的土层使用。其成孔方法包括螺旋钻成孔、螺旋钻成孔扩底、干作业的旋挖成孔等。

(7)混凝土种类：指清水混凝土、彩色混凝土、水下混凝土等，如在同一地区使用预拌(商品)混凝土，又允许现场搅拌混凝土时，也应注明(下同)。

(8)混凝土灌注桩的钢筋笼制作、安装，按混凝土及钢筋混凝土工程相关项目编码列项。

【例 4-5】某工程灌注桩，土壤类别为二类土，单根桩设计长度为8m，总根数127根，桩截面直径为800mm，灌注混凝土强度等级C30。

【解】　(1)经业主根据灌注桩基础施工图计算：

混凝土灌注桩总长为：$8 \times 127 = 1016$(m)

(2)经投标人根据地质资料和施工方案计算：

1)混凝土桩总体积为：$3.142 \times 0.4^2 \times 1016 = 510.7$($m^3$)

混凝土桩实际消耗总体积为：$510.7 \times (1 + 0.015 + 0.25) = 646.04$($m^3$)

(每$1m^3$实际消耗混凝土量为：$1.265m^3$)

2)钻孔灌注混凝土的计算:

①人工费:25 元/日×8.4 工日/m³×510.7m³＝107247(元)

②材料费:C30 混凝土:210 元/m³×1.265m³/m³×510.7m³＝135667.46(元)

  板桩材料:1200 元/m³×0.01m³/m³×510.7m³＝6128.4(元)

  黏土:340 元/m³×0.054m³/m³×510.7m³＝9376.45(元)

  电焊条:5 元/kg×0.145kg/m³×510.7m³＝370.26(元)

  水:1.8 元/m³×2.62m³/m³×510.7m³＝2408.46(元)

  铁钉:2.4 元/kg×0.039kg/m³×510.7m³＝47.80(元)

  其他材料费:153998.83×16.04％＝24701.41(元)

小计:178700.24 元

③机械费:潜水钻机(ϕ1250 内):290 元/台班×0.422 台班/m³×510.7m³＝62499.47(元)

  交流焊机(40kVA):59 元/台班×0.026 台班/m³×510.7m³＝783.41(元)

  空气压缩机(m³/min):11 元/台班×0.045 台班/m³×510.7m³＝252.80(元)

  混凝土搅拌机(400L):90 元/台班×0.076 台班/m³×510.7m³＝3493.19(元)

  其他机械:67028.87×11.57％＝7755.24(元)

小计:74784.11 元

④合计:360731.35 元

3)泥浆运输[泥浆总用量为:0.486m³/m³×510.7m³＝248.2(m³)]:

①人工费:25 元/日×0.744 工日/m³×248.2m³＝4616.52(元)

②机械费:泥浆运输车:330 元/台班×0.186 台班/m³×248.2m³＝15234.51(元)

  泥浆泵:100 元/台班×0.062 台班/m³×248.2m³＝1538.84(元)

小计:16773.35 元

③合计:21389.87 元

4)泥浆池挖土方(58m³):

人工费:12 元/m³×58m³＝696(元)

5)泥浆池垫层(2.96m³):

①人工费:30 元/m³×2.96m³＝88.8(元)

②材料费:154 元/m³×2.96m³＝455.84(元)

③机械费:16 元/m³×2.96m³＝47.36(元)

④合计:592.0 元

6)池壁砌砖(7.55m³):

①人工费:40.50 元/m³×7.55m³＝305.78(元)

②材料费:135.00 元/m³×7.55m³＝1019.25(元)

③机械费:4.5 元/m³×7.55m³＝33.98(元)

④合计:1359.01 元

7)池底砌砖(3.16m³):

①人工费:35.0 元/m³×3.16m³＝110.6(元)

②材料费:126 元/m³×3.16m³＝398.16(元)

③机械费:4.5 元/m³×3.16m³＝14.22(元)

④合计:522.98(元)

8)池底、池壁抹灰:

①人工费:3.3元/m²×25m²+5元/m²×30m³=232.50(元)

②材料费:7.75元/m²×25m²+5.5元/m²×30m²=358.75(元)

③机械费:0.5元/m²×55m²=27.5(元)

④合计:618.75元

9)拆除泥浆池:

人工费:600元

10)综合:

①人工费、材料费、机械费:386509.96元

②措施费:386509.96元×34%=131413.39(元)

③利润:386509.96元×8%=30920.80(元)

④总计:386509.96+131413.39+30920.80=548844.15(元)

⑤综合单价:548844.15元÷1016m=540.20(元/m)

分部分项工程单价措施项目清单与计价表

工程名称:某工程　　　　　　　　　　　　标段:　　　　　　　　　　　第 页 共 页

项目编码	项目名称	项目特征描述	计量单位	工程量	金额/元		其中
					综合单价	合价	暂估价
010302002001	沉管灌注桩	土壤类别:二类土 桩单根设计长度:8m 桩径:φ800 混凝土强度:C30	m	1016.000	540.20	548844.15	

综合单价分析表

工程名称:某工程　　　　　　　　　　　　标段:　　　　　　　　　　　第 页 共 页

项目编码	010302002001	项目名称	混凝土灌注桩	计量单位	m	工程量	1016.00

综合单价组成明细

定额编号	定额项目名称	定额单位	数量	单价				合价			
				人工费	材料费	机械费	管理费和利润	人工费	材料费	机械费	管理费和利润
2—88	钻孔灌注混凝土	m³	0.503	210.00	349.91	146.43	296.67	105.56	175.88	73.60	149.12
2—97	泥浆运输5km以内	m³	0.244	18.60	—	67.58	36.20	4.54	—	16.51	8.84
1—2	泥浆池挖土方(2m以内,三类土)	m³	0.057	12.00	—	—	5.04	0.69	—	—	0.29
8—15	泥浆垫层(石灰拌和)	m³	0.003	30.00	154.00	16.00	84.00	0.09	0.45	0.05	0.24

续表

定额编号	定额项目止名称	定额单位	数量	单价				合价			
				人工费	材料费	机械费	管理费和利润	人工费	材料费	机械费	管理费和利润
4—10	砖砌池壁(一砖厚)	m³	0.0074	40.50	135.00	4.50	75.60	0.30	1.00	0.03	0.56
8—105	砖砌池底(平铺)	m³	0.003	35.00	126.00	4.50	69.51	0.11	0.39	0.01	0.22
11—25	池壁、池底抹灰	m²	0.054	4.23	6.52	0.5	4.73	0.23	0.35	0.03	0.26
	拆除泥浆池	座	0.001	600.00			252.00	0.60			0.25
人工单价			小　计					112.10	178.07	90.23	159.78
42元/工日			未计价材料费								
			清单项目综合单价					540.20			

材料费明细	主要材料名称、规格、型号	单位	数　量	单价/元	合价/元	暂估单价/元	暂估合价/元
	C30混凝土	m³	0.636	210	133.56		
	板桩材	m³	0.005	1200	6.00		
	黏土	m³	0.027	340	9.18		
	电焊条	kg	0.073	5.00	0.37		
	其他材料费			—	28.96		
	材料费小计			—	178.07		

(三)工程量计算规则对照详解

(1)土的级别划分(表4-25)应根据工程地质资料中的土层构造和土的物理、化学性质的有关指标,参考纯沉桩时间确定。凡遇有砂夹层者,应首先按砂层情况确定土级。无砂层者,按土的物理化学性质指标并参考每m平均纯沉桩时间确定。用土的化学性质指标鉴别土的级别时,桩长在12m以内,相当于桩长的1/3的土层厚度应达到所规定的指标。12m以外,按5m厚度确定。

表4-25　　　　　　　　　　　　　　土质鉴别表

内　　容		土　壤　级　别	
		一　级　土	二　级　土
砂夹层	砂层连续厚度	<1m	>1m
	砂层中卵石含量	—	<15%
物理性质	压缩系数	>0.02	<0.02
	孔隙比	>0.7	<0.7
化学性质	静力触探值	<50	>50
	动力触探系数	<12	>12

续表

内　容	土　壤　级　别	
	一　级　土	二　级　土
每 m 纯沉桩时间平均值	<2min	>2min
说　明	桩经外力作用较易沉入的土,土壤中夹有较薄的砂层	桩经外力作用较难沉入的土,土壤中夹有不超过3m的连续厚度砂层

(2)单位工程打桩工程量在表 4-26 规定数量以内时,其人工、机械量按相应定额项目乘以 1.25 计算。

表 4-26　　　　　　　　　单位工程打桩工程量

项　　目	单位工程的工程量
钢筋混凝土方桩	150m³
钢筋混凝土管桩	50m³
钢筋混凝土板桩	50m³
钢板桩	50t

(3)焊接桩接头钢材用量,设计与定额用量不同时,可按设计用量换算。

(4)打试验桩按相应定额项目的人工、机械乘以系数 2 计算。

(5)打桩、打孔,桩间净距小于 4 倍桩径(桩边长)的,按相应项目中的人工、机械乘以系数 1.13 计算。

(6)以打直桩为准,如打斜桩斜度在 1∶6 以内者,按相应项目乘以系数 1.25,如斜度大于 1∶6 者,按相应项目人工、机械乘以系数 1.43 计算。

(7)以平地(坡度小于 15°)打桩为准,如在堤坡上(坡度大于 15°)打桩时,按相应项目人工、机械乘以系数 1.15 计算。如在基坑内(基坑深度大于 1.5m)打桩或在地坪上打坑槽内(坑槽深度大于 1m)桩时,按相应项目人工、机械乘以系数 1.11 计算。

(8)打送桩时可按相应打桩定额项目综合工日及机械台班乘以表 4-27 规定的系数计算。

表 4-27　　　　　　　　　送桩深度及系数表

送桩深度	系　　数
2m以内	1.25
4m以内	1.43
4m以上	1.67

(9)计算打桩工程量前应确定下列事项:

1)确定土质级别,依工程地质资料中的土层构造,土的物理、化学性质及每 m 沉桩时间鉴别适用定额的土质级别。

2)确定施工方法、工艺流程,采用机型,桩、土的泥浆运距。

(10)打预制钢筋混凝土桩的体积,按设计桩长(包括桩尖,不扣除桩尖虚体积)乘以桩截面面积计算。管桩的空心体积应扣除。管桩的空心部分按设计要求灌注混凝土或其他填充材料时,应另行计算。

(11)接桩:电焊接桩按设计接头,以个计算,硫磺胶泥接桩截面以"m^2"计算。

(12)送桩:按桩截面面积乘以送桩长度(即打桩架底至桩顶面高度或自桩顶面至自然地坪面另加 0.5m)计算。

(13)打拔钢板桩按钢板桩重量以"t"计算。

(14)计算灌注桩工程量前应确定下列事项:

1)确定土质级别:依工程地质资料中的土层构造,土的物理、化学性质及每 m 沉桩时间鉴别适用定额土质级别。

2)确定施工方法、工艺流程,采用机型、桩、土的泥浆运距。

(15)单位工程灌注桩工程量在表 4-28 规定数量以内时,其人工、机械量按相应项目乘以 1.25 计算。

表 4-28　　　　　　　　　　　　单位工程灌注桩工程量

项　　目	单位工程的工程量
打孔灌注混凝土桩	60m³
打孔灌注砂、石桩	60m³
钻孔灌注混凝土桩	100m³
潜水钻孔灌注混凝土桩	100m³

(16)定额各种灌注的材料用量中,均已包括表 4-29 规定的充盈系数和材料损耗;其中灌注砂石桩除上述充盈系数和损耗率外,还包括级配密实系数 1.334。

表 4-29　　　　　　　　　　定额各种灌注的材料用量表

项目名称	充盈系数	损耗率(%)
打孔灌注混凝土桩	1.25	1.5
钻孔灌注混凝土桩	1.30	1.5
打孔灌注砂桩	1.30	3
打孔灌注砂石桩	1.30	3

(17)打孔灌注桩。

1)混凝土桩、砂桩、碎石桩的体积,按设计规定的桩长(包括桩尖,不扣除桩尖虚体积)乘以钢管管箍外径截面面积计算。

2)扩大桩的体积按单桩体积乘以次数计算。

3)打孔后先埋入预制混凝土桩尖,再灌注混凝土者,桩尖按钢筋混凝土章节规定计算体积,灌注桩按设计长度(自桩尖顶面至桩顶面高度)乘以钢管管箍外径截面面积计算。

(18)钻孔灌注桩,按设计桩长(包括桩尖,不扣除桩尖虚体积)增加 0.25m 乘以设计断面面积计算。

(19)灌注混凝土桩的钢筋笼制作依设计规定,按钢筋混凝土章节相应项目以"t"计算。

第四节　砌筑工程

一、砖砌体（编码：010401）

（一）清单项目设置及工程量计算规则

砖砌体清单项目设置及工程量计算规则见表 4-30。

表 4-30　　　　　　　　　　　　　　砖砌体（编码：010401）

项目编码	项目名称	项目特征	计量单位	工程量计算规则	工作内容
010401001	砖基础	1. 砖品种、规格、强度等级 2. 基础类型 3. 砂浆强度等级 4. 防潮层材料种类	m³	按设计图示尺寸以体积计算 包括附墙垛基础宽出部分体积，扣除地梁（圈梁）、构造柱所占体积，不扣除基础大放脚 T 形接头处的重叠部分及嵌入基础内的钢筋、铁件、管道、基础砂浆防潮层和单个面积≤0.3m² 的孔洞所占体积，靠墙暖气沟的挑檐不增加 基础长度：外墙按外墙中心线，内墙按内墙净长线计算	1. 砂浆制作、运输 2. 砌砖 3. 防潮层铺设 4. 材料运输
010401002	砖砌挖孔桩护壁	1. 砖品种、规格、强度等级 2. 砂浆强度等级		按设计图示尺寸以立方米计算	1. 砂浆制作、运输 2. 砌砖 3. 材料运输
010401003	实心砖墙	1. 砖品种、规格、强度等级 2. 墙体类型 3. 砂浆强度等级、配合比		按设计图示尺寸以体积计算 扣除门窗、洞口、嵌入墙内的钢筋混凝土柱、梁、圈梁、挑梁、过梁及凹进墙内的壁龛、管槽、暖气槽、消火栓箱所占体积，不扣除梁头、板头、檩头、垫木、木楞头、沿椽木、木砖、门窗走头、砖墙内加固钢筋、木筋、铁件、钢管及单个面积≤0.3m² 的孔洞所占的体积。凸出墙面的腰线、挑檐、压顶、窗台线、虎头砖、门窗套的体积亦不增加。凸出墙面的砖垛并入墙体体积内计算。 1. 墙长度：外墙按中心线，内墙按净长计算 2. 墙高度： （1）外墙：斜（坡）屋面无檐口天棚者算至屋面板底；有屋架且室内外均有天棚者算至屋架下弦底另加 200mm；无天棚者算至屋架下弦底另加 300mm，出檐宽度超过 600mm 时按实砌高度计算；与钢筋混凝土楼板隔层者算至板顶。平屋顶算至钢筋混凝土板底	1. 砂浆制作、运输 2. 砌砖 3. 刮缝 4. 砖压顶砌筑 5. 材料运输
010401004	多孔砖墙				
010401005	空心砖墙				

续一

项目编码	项目名称	项目特征	计量单位	工程量计算规则	工作内容
010401003	实心砖墙	1. 砖品种、规格、强度等级 2. 墙体类型 3. 砂浆强度等级、配合比		(2)内墙:位于屋架下弦者,算至屋架下弦底;无屋架者算至天棚底另加 100mm;有钢筋混凝土楼板隔层者算至楼板顶;有框架梁时算至梁底 (3)女儿墙:从屋面板上表面算至女儿墙顶面(如有混凝土压顶时算至压顶下表面) (4)内、外山墙:按其平均高度计算 3.框架间墙:不分内外墙按墙体净尺寸以体积计算 4.围墙:高度算至压顶上表面(如有混凝土压顶时算至压顶下表面),围墙柱并入围墙体积内	1. 砂浆制作、运输 2. 砌砖 3. 刮缝 4. 砖压顶砌筑 5. 材料运输
010401004	多孔砖墙				
010401005	空心砖墙				
010401006	空斗墙	1. 砖品种、规格、强度等级 2. 墙体类型 3. 砂浆强度等级、配合比	m³	按设计图示尺寸以空斗墙外形体积计算。墙角、内外墙交接处、门窗洞口立边、窗台砖、屋檐处的实砌部分体积并入空斗墙体积内	1. 砂浆制作、运输 2. 砌砖 3. 装填充料 4. 刮缝 5. 材料运输
010401007	空花墙			按设计图示尺寸以空花部分外形体积计算,不扣除空洞部分体积	
010401008	填充墙	1. 砖品种、规格、强度等级 2. 墙体类型 3. 填充材料种类及厚度 4. 砂浆强度等级、配合比		按设计图示尺寸以填充墙外形体积计算	
010401009	实心砖柱	1. 砖品种、规格、强度等级 2. 柱类型 3. 砂浆强度等级、配合比		按设计图示尺寸以体积计算。扣除混凝土及钢筋混凝土梁垫、梁头、板头所占体积	1. 砂浆制作、运输 2. 砌砖 3. 刮缝 4. 材料运输
010401010	多孔砖柱				
010401011	砖检查井	1. 井截面、深度 2. 砖品种、规格、强度等级 3. 垫层材料种类、厚度 4. 底板厚度 5. 井盖安装 6. 混凝土强度等级 7. 砂浆强度等级 8. 防潮层材料种类	座	按设计图示数量计算	1. 砂浆制作、运输 2. 铺设垫层 3. 底板混凝土制作、运输、浇筑、振捣、养护 4. 砌砖 5. 刮缝 6. 井池底、壁抹灰 7. 抹防潮层 8. 材料运输

续二

项目编码	项目名称	项目特征	计量单位	工程量计算规则	工作内容
010401012	零星砌砖	1. 零星砌砖名称、部位 2. 砖品种、规格、强度等级 3. 砂浆强度等级、配合比	1. m³ 2. m² 3. m 4. 个	1. 以立方米计量,按设计图示尺寸截面积乘以长度计算 2. 以平方米计量,按设计图示尺寸水平投影面积计算 3. 以米计量,按设计图示尺寸长度计算 4. 以个计量,按设计图示数量计算	1. 砂浆制作、运输 2. 砌砖 3. 刮缝 4. 材料运输
010401013	砖散水、地坪	1. 砖品种、规格、强度等级 2. 垫层材料种类、厚度 3. 散水、地坪厚度 4. 面层种类、厚度 5. 砂浆强度等级	m²	按设计图示尺寸以面积计算	1. 土方挖、运、填 2. 地基找平、夯实 3. 铺设垫层 4. 砌砖散水、地坪 5. 抹砂浆面层
010401014	砖地沟、明沟	1. 砖品种、规格、强度等级 2. 沟截面尺寸 3. 垫层材料种类、厚度 4. 混凝土强度等级 5. 砂浆强度等级	m	以米计量,按设计图示以中心线长度计算	1. 土方挖、运、填 2. 铺设垫层 3. 底板混凝土制作、运输、浇筑、振捣、养护 4. 砌砖 5. 刮缝、抹灰 6. 材料运输

(二)清单项目解释说明及应用

(1)"砖基础"项目适用于各种类型的砖基础:柱基础、墙基础、管道基础等。

(2)基础与墙(柱)身使用同一种材料时,以设计室内地面为界(有地下室者,以地下室室内设计地面为界),以下为基础,以上为墙(柱)身。基础与墙身使用不同材料时,位于设计室内地面高度≤±300mm时,以不同材料为分界线,高度>±300mm时,以设计室内地面为分界线。

(3)砖围墙以设计室外地坪为界,以下为基础,以上为墙身。

(4)框架外表面的镶贴砖部分,按零星项目编码列项。

(5)附墙烟囱、通风道、垃圾道应按设计图示尺寸以体积(扣除孔洞所占体积)计算并入所依附的墙体体积内。当设计规定孔洞内需抹灰时,应按墙、柱面装饰与隔断、幕墙工程中零星抹灰项目编码列项。

(6)空斗墙的窗间墙、窗台下、楼板下、梁头下等的实砌部分,按零星砌砖项目编码列项。

(7)"空花墙"项目适用于各种类型的空花墙,使用混凝土花格砌筑的空花墙,实砌墙体与混凝土花格应分别计算,混凝土花格按混凝土及钢筋混凝土中预制构件相关项目编码列项。

(8)台阶、台阶挡墙、梯带、锅台、炉灶、蹲台、池槽、池槽腿、砖胎模、花台、花池、楼梯栏板、阳台栏板、地垄墙、≤0.3m² 的孔洞填塞等,应按零星砌砖项目编码列项。砖砌锅台与炉灶可按外形尺寸以个计算,砖砌台阶可按水平投影面积以"m²"计算,小便槽、地垄墙可按长度计算,其他工程以"m³"计算。

(9)砖砌体内钢筋加固,应按混凝土及钢筋混凝土中相关项目编码列项。

(10)砖砌体勾缝按墙、柱面装饰与隔断、幕墙工程中相关项目编码列项。

(11)检查井内的爬梯按混凝土及钢筋混凝土工程中相关项目编码列项;井内的混凝土构件按混凝土及钢筋混凝土工程中混凝土及钢筋混凝土预制构件编码列项。

(12)如施工图设计标注做法见标准图集时,应在项目特征描述中注明标注图集的编码、页号及节点大样。

(13)对于砖柱基础,如图 4-7 所示,可查表 4-31 及表 4-32 计算:$V_{柱基}=V_{柱基身}+V_{柱放脚}$。

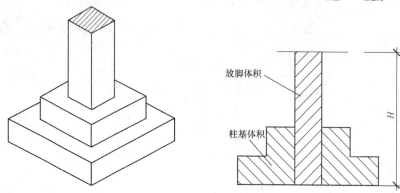

图 4-7 砖柱基础

表 4-31				等高式砖柱基础体积表					m³/个
放 脚 二 层									
砖基深度 /mm	柱断面尺寸/mm								
	240×240	365×365	490×490	615×615	240×365	365×490	490×615	615×740	365×615	490×740
300	0.0498	0.843	0.1282	0.1814	0.0647	0.1039	0.1525	0.2104	0.1235	0.1767
400	0.0556	0.0976	0.1522	0.2193	0.0735	0.1218	0.1826	0.2559	0.1459	0.2130
500	0.0613	0.1109	0.1762	0.2571	0.0822	0.1397	0.2127	0.3014	0.1684	0.2493
600	0.0671	0.1243	0.2002	0.2949	0.0910	0.1576	0.2429	0.3469	0.1908	0.2855
700	0.0728	0.1376	0.2242	0.3327	0.0997	0.1754	0.2730	0.3924	0.2133	0.3218
800	0.0786	0.1509	0.2482	0.3705	0.1085	0.1933	0.3031	0.4379	0.2357	0.3580
900	0.0844	0.1642	0.2722	0.4084	0.1173	0.2112	0.3333	0.4835	0.2582	0.3943
1000	0.0910	0.1776	0.2962	0.4462	0.1260	0.2291	0.3634	0.5290	0.2806	0.4306
1100	0.0959	0.1909	0.3203	0.4840	0.1348	0.2470	0.3935	0.5745	0.3031	0.4668
1200	0.1016	0.2042	0.3443	0.5218	0.1435	0.2649	0.4237	0.6200	0.3255	0.5031

续一

放 脚 三 层

砖基深度 /mm	柱断面尺寸/mm									
	240×240	365×365	490×490	615×615	240×365	365×490	490×615	615×740	365×615	490×740
400	0.0960	0.1498	0.2162	0.2951	0.1198	0.1790	0.2525	0.3377	0.2100	0.2883
500	0.1017	0.1632	0.2402	0.3329	0.1285	0.1978	0.2827	0.3832	0.2324	0.3245
600	0.1075	0.1765	0.2642	0.3707	0.1373	0.2157	0.3128	0.4287	0.2549	0.3608
700	0.1132	0.1898	0.2882	0.4086	0.1461	0.2336	0.3428	0.4742	0.2773	0.3971
800	0.1190	0.2031	0.3123	0.4464	0.1548	0.2514	0.3731	0.5197	0.2998	0.4333
900	0.1248	0.2165	0.3363	0.4842	0.1636	0.2693	0.4032	0.5652	0.3222	0.4696
1000	0.1305	0.2298	0.3603	0.5220	0.1723	0.2872	0.4333	0.6107	0.3446	0.5058
1100	0.1363	0.2431	0.3843	0.5598	0.1811	0.3051	0.4635	0.6562	0.3671	0.5421
1200	0.1420	0.2564	0.4083	0.5977	0.1899	0.3230	0.4936	0.7017	0.3895	0.5784
1300	0.1478	0.2697	0.4323	0.6355	0.1986	0.3409	0.5237	0.7472	0.4120	0.6146
1400	0.1536	0.2831	0.4563	0.6733	0.2074	0.3588	0.5539	0.7928	0.4344	0.6509

放 脚 四 层

砖基深度 /mm	柱断面尺寸/mm									
	240×240	365×365	490×490	615×615	240×365	365×490	490×615	615×740	365×615	490×740
600	0.1692	0.2540	0.3575	0.4797	0.2069	0.3010	0.4139	0.5455	0.3475	0.4698
700	0.1750	0.2673	0.3815	0.5175	0.2157	0.3189	0.4440	0.5910	0.3700	0.5060
800	0.1807	0.2806	0.4055	0.5554	0.2244	0.3368	0.4742	0.6366	0.3924	0.5423
900	0.1865	0.2939	0.4295	0.5932	0.2332	0.3547	0.5043	0.6821	0.4149	0.5786
1000	0.1923	0.3073	0.4535	0.6310	0.2420	0.3726	0.5345	0.7276	0.4373	0.6148
1100	0.1980	0.3206	0.4775	0.6688	0.2507	0.3905	0.5646	0.7731	0.4598	0.6511
1200	0.2038	0.3339	0.5015	0.7067	0.2595	0.4083	0.5947	0.8186	0.4822	0.6873
1300	0.2095	0.3472	0.5255	0.7445	0.2682	0.4262	0.6247	0.8641	0.5047	0.7236
1400	0.2153	0.3606	0.5496	0.7823	0.2770	0.4441	0.6550	0.9096	0.5271	0.7599
1500	0.2211	0.3739	0.5736	0.8201	0.2858	0.4620	0.6851	0.9551	0.5496	0.7961

放 脚 五 层

砖基深度 /mm	柱断面尺寸/mm									
	240×240	365×365	490×490	615×615	240×365	365×490	490×615	615×740	365×615	490×740
700	0.2620	0.374	0.5079	0.6636	0.3125	0.4354	0.5803	0.7470	0.4960	0.6521
800	0.2678	0.3837	0.5319	0.7014	0.3213	0.4534	0.6140	0.7925	0.5188	0.6884
900	0.2735	0.4006	0.5559	0.7393	0.3301	0.4712	0.6406	0.8380	0.5413	0.7246
1000	0.2793	0.4140	0.5799	0.7771	0.3388	0.4891	0.6707	0.8835	0.5637	0.7609
1100	0.2850	0.4273	0.6039	0.8149	0.3476	0.5070	0.7008	0.9290	0.5862	0.7972
1200	0.2908	0.4406	0.6279	0.8527	0.3563	0.5249	0.7310	0.9745	0.6086	0.8334
1300	0.2966	0.4539	0.6519	0.8706	0.3651	0.5428	0.7611	1.0200	0.6311	0.8697
1400	0.3023	0.4673	0.6759	0.9284	0.3739	0.5607	0.7912	1.0655	0.6535	0.9059
1500	0.3081	0.4806	0.7000	0.9662	0.3826	0.5786	0.8214	1.1111	0.6760	0.9422
1600	0.3138	0.4939	0.7240	1.0040	0.3914	0.5964	0.8515	1.1566	0.6984	0.9785

续二

放 脚 六 层

砖基深度 /mm	柱断面尺寸/mm									
	240×240	365×365	490×490	615×615	240×365	365×490	490×615	615×740	365×615	490×740
800	0.3840	0.5272	0.6954	0.8886	0.4493	0.6050	0.7857	0.9914	0.6823	0.8755
900	0.3989	0.5405	0.7194	0.9264	0.4581	0.6229	0.8159	1.0369	0.7048	0.9188
1000	0.3955	0.5538	0.7434	0.9642	0.4669	0.6408	0.8460	1.0824	0.7272	0.9480
1100	0.4013	0.5672	0.7674	1.0020	0.4756	0.6587	0.8761	1.1279	0.7497	0.9843
1200	0.4070	0.5805	0.7914	1.0398	0.4844	0.6766	0.9063	1.1734	0.7721	1.0205
1300	0.4128	0.5938	0.8154	1.0777	0.4931	0.6945	0.9364	1.2190	0.7945	1.0568
1400	0.4186	0.6071	0.8394	1.1155	0.5019	0.7123	0.9665	1.2645	0.8170	1.0931
1500	0.4243	0.6204	0.8634	1.5333	0.5107	0.7302	0.9667	1.3100	0.8394	1.1293
1600	0.4301	0.6338	0.8875	1.1911	0.5190	0.7481	1.0268	1.3555	0.8619	1.1656
1700	0.4358	0.6471	0.9115	1.2290	0.5282	0.7660	1.0569	1.4010	0.8843	1.2018

表 4-32　　　　　　　　　不等高式砖柱基础体积表　　　　　　　　m³/个

放 脚 二 层

砖基深度 /mm	柱断面尺寸/mm									
	240×240	365×365	490×490	615×615	240×365	365×490	490×615	615×740	365×615	490×740
300	0.0450	0.0776	0.1195	0.1708	0.0590	0.0962	0.1428	0.1987	0.1148	0.1661
400	0.0508	0.0909	0.1435	0.2086	0.0677	0.1141	0.1729	0.2443	0.1372	0.2023
500	0.0566	0.1042	0.1675	0.2464	0.0765	0.1320	0.2030	0.2898	0.1597	0.2386
600	0.0623	0.1175	0.1915	0.2842	0.0852	0.1498	0.2332	0.3353	0.1821	0.2749
700	0.0681	0.1309	0.2155	0.3220	0.0940	0.1677	0.2633	0.3808	0.2046	0.3111
800	0.0738	0.1442	0.2395	0.3599	0.1028	0.1856	0.2934	0.4263	0.2270	0.3474
900	0.0796	0.1575	0.2635	0.3977	0.1115	0.2035	0.3236	0.4718	0.2495	0.3836
1000	0.0854	0.1708	0.2875	0.4355	0.1203	0.2214	0.3537	0.5173	0.2719	0.4199
1100	0.0911	0.1841	0.3116	0.4733	0.1290	0.2393	0.3839	0.5628	0.2944	0.4562
1200	0.0969	0.1975	0.3356	0.5112	0.1378	0.2571	0.4140	0.6083	0.3168	0.4924

放 脚 三 层

砖基深度 /mm	柱断面尺寸/mm									
	240×240	365×365	490×490	615×615	240×365	365×490	490×615	615×740	365×615	490×740
500	0.0902	0.1477	0.2208	0.3096	0.1151	0.1804	0.2613	0.3579	0.3130	0.3012
600	0.0960	0.1610	0.2449	0.3474	0.1238	0.1983	0.2915	0.4034	0.2355	0.3467
700	0.1017	0.1744	0.2689	0.3852	0.1326	0.2162	0.3216	0.4489	0.2579	0.3922
800	0.1075	0.1877	0.2929	0.4231	0.1413	0.2340	0.3517	0.4944	0.2804	0.4378
900	0.1133	0.2010	0.3169	0.4609	0.1501	0.2519	0.3819	0.5399	0.3028	0.4833
1000	0.1190	0.2143	0.3409	0.4987	0.1589	0.2689	0.4120	0.5854	0.3253	0.5288
1100	0.1248	0.2277	0.3649	0.5365	0.1676	0.2877	0.4421	0.6309	0.3477	0.5743
1200	0.1305	0.2410	0.3889	0.5744	0.1764	0.3056	0.4723	0.6765	0.3702	0.6198
1300	0.1363	0.2543	0.4129	0.6122	0.1851	0.3235	0.5024	0.7220	0.3926	0.6653
1400	0.1421	0.2676	0.4369	0.6500	0.1939	0.3413	0.5325	0.7675	0.4151	0.6276

续一

<table>
<tr><td colspan="11" style="text-align:center">放 脚 四 层</td></tr>
<tr><td rowspan="2">砖基深度
/mm</td><td colspan="10" style="text-align:center">柱断面尺寸/mm</td></tr>
<tr><td>240×240</td><td>365×365</td><td>490×490</td><td>615×615</td><td>240×365</td><td>365×490</td><td>490×615</td><td>615×740</td><td>365×615</td><td>490×740</td></tr>
<tr><td>500</td><td>0.1385</td><td>0.2078</td><td>0.2927</td><td>0.3933</td><td>0.1692</td><td>0.2464</td><td>0.3391</td><td>0.4475</td><td>0.2844</td><td>0.3852</td></tr>
<tr><td>600</td><td>0.1443</td><td>0.2211</td><td>0.3168</td><td>0.4311</td><td>0.1780</td><td>0.2643</td><td>0.3693</td><td>0.4930</td><td>0.3068</td><td>0.4215</td></tr>
<tr><td>700</td><td>0.1500</td><td>0.2345</td><td>0.3408</td><td>0.4690</td><td>0.1868</td><td>0.2821</td><td>0.3994</td><td>0.5385</td><td>0.3293</td><td>0.4577</td></tr>
<tr><td>800</td><td>0.1558</td><td>0.2478</td><td>0.3648</td><td>0.5068</td><td>0.1955</td><td>0.3000</td><td>0.4295</td><td>0.5840</td><td>0.3517</td><td>0.4940</td></tr>
<tr><td>900</td><td>0.1615</td><td>0.2611</td><td>0.3888</td><td>0.5446</td><td>0.2043</td><td>0.3179</td><td>0.4597</td><td>0.6295</td><td>0.3742</td><td>0.5303</td></tr>
<tr><td>1000</td><td>0.1673</td><td>0.2744</td><td>0.4128</td><td>0.5824</td><td>0.2130</td><td>0.3358</td><td>0.4898</td><td>0.6750</td><td>0.3966</td><td>0.5665</td></tr>
<tr><td>1100</td><td>0.1731</td><td>0.2877</td><td>0.4368</td><td>0.6202</td><td>0.2218</td><td>0.3537</td><td>0.5199</td><td>0.7206</td><td>0.4191</td><td>0.6028</td></tr>
<tr><td>1200</td><td>0.1788</td><td>0.3011</td><td>0.4608</td><td>0.6581</td><td>0.2306</td><td>0.3716</td><td>0.5501</td><td>0.7661</td><td>0.4415</td><td>0.6390</td></tr>
<tr><td>1300</td><td>0.1846</td><td>0.3144</td><td>0.4848</td><td>0.6959</td><td>0.2393</td><td>0.3895</td><td>0.5802</td><td>0.8116</td><td>0.4640</td><td>0.6753</td></tr>
<tr><td>1400</td><td>0.1903</td><td>0.3277</td><td>0.5088</td><td>0.7337</td><td>0.2481</td><td>0.4073</td><td>0.6103</td><td>0.8571</td><td>0.4864</td><td>0.7116</td></tr>
<tr><td>1500</td><td>0.1961</td><td>0.3410</td><td>0.5328</td><td>0.7715</td><td>0.2568</td><td>0.4252</td><td>0.6405</td><td>0.9026</td><td>0.5088</td><td>0.7478</td></tr>
<tr><td colspan="11" style="text-align:center">放 脚 五 层</td></tr>
<tr><td rowspan="2">砖基深度
/mm</td><td colspan="10" style="text-align:center">柱断面尺寸/mm</td></tr>
<tr><td>240×240</td><td>365×365</td><td>490×490</td><td>615×615</td><td>240×365</td><td>365×490</td><td>490×615</td><td>615×740</td><td>365×615</td><td>490×740</td></tr>
<tr><td>600</td><td>0.2139</td><td>0.3065</td><td>0.4179</td><td>0.5480</td><td>0.2555</td><td>0.3575</td><td>0.4782</td><td>0.6177</td><td>0.4082</td><td>0.5381</td></tr>
<tr><td>700</td><td>0.2196</td><td>0.3198</td><td>0.4419</td><td>0.5858</td><td>0.2643</td><td>0.3754</td><td>0.5084</td><td>0.6633</td><td>0.4307</td><td>0.5743</td></tr>
<tr><td>800</td><td>0.2254</td><td>0.3331</td><td>0.4659</td><td>0.6236</td><td>0.2730</td><td>0.3933</td><td>0.5385</td><td>0.7088</td><td>0.4531</td><td>0.6106</td></tr>
<tr><td>900</td><td>0.2312</td><td>0.3465</td><td>0.4899</td><td>0.6615</td><td>0.2818</td><td>0.4112</td><td>0.5687</td><td>0.7543</td><td>0.4756</td><td>0.6468</td></tr>
<tr><td>1000</td><td>0.2369</td><td>0.3598</td><td>0.5139</td><td>0.6993</td><td>0.2905</td><td>0.4290</td><td>0.5988</td><td>0.7998</td><td>0.4980</td><td>0.6831</td></tr>
<tr><td>1100</td><td>0.2427</td><td>0.3731</td><td>0.5379</td><td>0.7371</td><td>0.2993</td><td>0.4469</td><td>0.6289</td><td>0.8453</td><td>0.5205</td><td>0.7194</td></tr>
<tr><td>1200</td><td>0.2484</td><td>0.3864</td><td>0.5619</td><td>0.7749</td><td>0.3081</td><td>0.4648</td><td>0.6591</td><td>0.8908</td><td>0.5429</td><td>0.7556</td></tr>
<tr><td>1300</td><td>0.2542</td><td>0.3998</td><td>0.5859</td><td>0.8128</td><td>0.3168</td><td>0.4827</td><td>0.6892</td><td>0.9363</td><td>0.5654</td><td>0.7919</td></tr>
<tr><td>1400</td><td>0.2600</td><td>0.4131</td><td>0.6100</td><td>0.8506</td><td>0.3256</td><td>0.5006</td><td>0.7193</td><td>0.9818</td><td>0.5878</td><td>0.8281</td></tr>
<tr><td>1500</td><td>0.2657</td><td>0.4264</td><td>0.6340</td><td>0.8884</td><td>0.3343</td><td>0.5185</td><td>0.7495</td><td>1.0273</td><td>0.6102</td><td>0.8644</td></tr>
<tr><td>1600</td><td>0.2715</td><td>0.4397</td><td>0.6580</td><td>0.9262</td><td>0.3431</td><td>0.5363</td><td>0.7796</td><td>1.0728</td><td>0.6327</td><td>0.9007</td></tr>
<tr><td colspan="11" style="text-align:center">放 脚 六 层</td></tr>
<tr><td rowspan="2">砖基深度
/mm</td><td colspan="10" style="text-align:center">柱断面尺寸/mm</td></tr>
<tr><td>240×240</td><td>365×365</td><td>490×490</td><td>615×615</td><td>240×365</td><td>365×490</td><td>490×615</td><td>615×740</td><td>365×615</td><td>490×740</td></tr>
<tr><td>600</td><td>0.3040</td><td>0.4143</td><td>0.5434</td><td>0.6913</td><td>0.3545</td><td>0.4742</td><td>0.6127</td><td>0.7699</td><td>0.5335</td><td>0.6816</td></tr>
<tr><td>700</td><td>0.3098</td><td>0.4277</td><td>0.5675</td><td>0.7291</td><td>0.3632</td><td>0.4921</td><td>0.6428</td><td>0.8154</td><td>0.5560</td><td>0.7179</td></tr>
<tr><td>800</td><td>0.3155</td><td>0.4410</td><td>0.5915</td><td>0.7669</td><td>0.3720</td><td>0.5100</td><td>0.6729</td><td>0.8609</td><td>0.5784</td><td>0.7541</td></tr>
<tr><td>900</td><td>0.3213</td><td>0.4543</td><td>0.6155</td><td>0.8048</td><td>0.3808</td><td>0.5279</td><td>0.7031</td><td>0.9064</td><td>0.6008</td><td>0.7904</td></tr>
<tr><td>1000</td><td>0.3270</td><td>0.4676</td><td>0.6395</td><td>0.8426</td><td>0.3895</td><td>0.5457</td><td>0.7332</td><td>0.9519</td><td>0.6233</td><td>0.8267</td></tr>
<tr><td>1100</td><td>0.3328</td><td>0.4810</td><td>0.6635</td><td>0.8804</td><td>0.3983</td><td>0.5636</td><td>0.7634</td><td>0.9974</td><td>0.6457</td><td>0.8629</td></tr>
<tr><td>1200</td><td>0.3386</td><td>0.4943</td><td>0.6875</td><td>0.9182</td><td>0.4070</td><td>0.5815</td><td>0.7935</td><td>1.0430</td><td>0.6682</td><td>0.8992</td></tr>
<tr><td>1300</td><td>0.3443</td><td>0.5076</td><td>0.7115</td><td>0.9560</td><td>0.4158</td><td>0.5994</td><td>0.8236</td><td>1.0885</td><td>0.6906</td><td>0.9354</td></tr>
<tr><td>1400</td><td>0.3501</td><td>0.5209</td><td>0.7355</td><td>0.9939</td><td>0.4246</td><td>0.6173</td><td>0.8538</td><td>1.1340</td><td>0.7131</td><td>0.9717</td></tr>
<tr><td>1500</td><td>0.3558</td><td>0.5342</td><td>0.7595</td><td>1.0317</td><td>0.4333</td><td>0.6352</td><td>0.8839</td><td>1.1795</td><td>0.7355</td><td>1.0080</td></tr>
<tr><td>1600</td><td>0.3616</td><td>0.5476</td><td>0.7835</td><td>1.0695</td><td>0.4421</td><td>0.6531</td><td>0.9140</td><td>1.2250</td><td>0.7580</td><td>1.0442</td></tr>
</table>

放　脚　七　层

砖基深度 /mm	柱断面尺寸/mm									
	240×240	365×365	490×490	615×615	240×365	365×490	490×615	615×740	365×615	490×740
800	0.4329	0.5800	0.7521	0.9493	0.5002	0.6598	0.8445	1.0541	0.7394	0.9362
900	0.4387	0.5933	0.7762	0.9871	0.5090	0.6777	0.8746	1.0996	0.7618	0.9725
1000	0.4444	0.6067	0.8002	1.0249	0.5177	0.6956	0.9047	1.1451	0.7843	1.0087
1100	0.4502	0.6200	0.8242	1.0627	0.5265	0.7135	0.9349	1.1906	0.8067	1.0450
1200	0.4559	0.6333	0.8482	1.1006	0.5353	0.7314	0.9650	1.2361	0.8292	1.0813
1300	0.4617	0.6466	0.8722	1.1384	0.5440	0.7493	0.9951	1.2816	0.8516	1.1175
1400	0.4675	0.6600	0.8962	1.1762	0.5528	0.7671	1.0253	1.3271	0.8741	1.1538
1500	0.4732	0.6733	0.9202	1.2140	0.5615	0.7850	1.0554	1.3727	0.8965	1.1900
1600	0.4790	0.6866	0.9442	1.2519	0.5703	0.8029	1.0855	1.4182	0.9189	1.2263
1700	0.4847	0.6999	0.9682	1.2897	0.5791	0.8208	1.1157	1.4637	0.9414	1.2626

(14)条形标准砖墙基大放脚的折加高度可按表 4-33 和表 4-34 计算。

表 4-33　　　　　　　　　标准砖等高式砖墙基大放脚折加高度表

放脚层数	折　加　高　度/m						增加断面积 /m²
	1/2 砖 (0.115)	1 砖 (0.24)	$1\frac{1}{2}$ 砖 (0.365)	2 砖 (0.49)	$2\frac{1}{2}$ 砖 (0.615)	3 砖 (0.74)	
一	0.137	0.066	0.043	0.032	0.026	0.021	0.01575
二	0.411	0.197	0.129	0.096	0.077	0.064	0.04725
三	0.822	0.394	0.259	0.193	0.154	0.128	0.0945
四	1.369	0.656	0.432	0.321	0.259	0.213	0.1575
五	2.054	0.984	0.647	0.482	0.384	0.319	0.2363
六	2.876	1.378	0.906	0.675	0.538	0.447	0.3308
七		1.838	1.208	0.900	0.717	0.596	0.4410
八		2.363	1.553	1.157	0.922	0.766	0.5670
九		2.953	1.942	1.447	1.153	0.958	0.7088
十		3.609	2.373	1.768	1.409	1.171	0.8663

注:1. 本表按标准砖双面放脚,每层等高 12.6cm(二皮砖,二灰缝)砌出 6.25cm 计算。

2. 本表折加墙基高度的计算,以 240mm×115mm×53mm 标准砖,1cm 灰缝及双面大放脚为准。

3. 折加高度(m)$=\dfrac{\text{放脚断面积}(\text{m}^2)}{\text{墙厚}(\text{m})}$。

4. 采用折加高度数字时,取两位小数,第三位以后四舍五入。采用增加断面数字时,取三位小数,第四位以后四舍五入。

表 4-34 标准砖墙基不等高式大放脚折加高度表

放脚层数	折 加 高 度/m						增加断面积/m²
	1/2砖 (0.115)	1砖 (0.24)	$1\frac{1}{2}$砖 (0.365)	2砖 (0.49)	$2\frac{1}{2}$砖 (0.615)	3砖 (0.74)	
一	0.137	0.066	0.043	0.032	0.026	0.021	0.0158
二	0.343	0.164	0.108	0.080	0.064	0.053	0.0394
三	0.685	0.320	0.216	0.161	0.128	0.106	0.0788
四	1.096	0.525	0.345	0.257	0.205	0.170	0.1260
五	1.643	0.788	0.518	0.386	0.307	0.255	0.1890
六	2.260	1.083	0.712	0.530	0.423	0.331	0.2597
七		1.444	0.949	0.707	0.563	0.468	0.3465
八			1.208	0.900	0.717	0.596	0.4410
九				1.125	0.896	0.745	0.5513
十					1.088	0.905	0.6694

注:1. 本表适用于间隔式砖墙基大放脚(即底层为二皮开始高 12.6cm,上层为一皮砖高 6.3cm,每边每层砌出 6.25cm)。

2. 本表折加墙基高度的计算,以 240mm×115mm×53mm 标准砖,1cm 灰缝及双面大放脚为准。

3. 本表折加高度计算公式与表 4-33(等高式砖墙基)同。

(15)砖墙体工程量可根据表 4-35 计算,其中砖墙用砖和砂浆可根据表 4-37 计算。

表 4-35 砖墙体工程量计算

项 目	计 算 公 式
外 墙	$V_外 = (H_外 \times L_中 - F_洞) \times b + V_{增减}$ 式中 $H_外$——外墙高度(m); $L_中$——外墙中心线长度(m); $F_洞$——门窗洞口、过人洞、空圈面积(m²); $V_{增减}$——相应的增减体积(m³),其中 $V_增$ 是指有墙垛时增加的墙垛体积; b——墙体厚度(mm)。 注:对于砖垛工程量的计算可查表 4-36
内 墙	$V_内 = (H_内 \times L_净 - F_洞) \times b + V_{增减}$ 式中 $H_内$——内墙高度(m); $L_净$——内墙净长度(m); $F_洞$——门窗洞口、过人洞、空圈面积(m²); $V_{增减}$——计算墙体时相应的增减体积(m³); b——墙体厚度(mm)
女儿墙	$V_女 = H_女 \times L_中 \times b + V_{增减}$ 式中 $H_女$——女儿墙高度(m); $L_中$——女儿墙中心线长度(m); b——女儿墙厚度(mm)
砖围墙	高度算至压顶上表面(如有混凝土压顶时算至压顶下表面),围墙柱并入围墙体积内计算

表 4-36　　　　　　　　标准砖附墙砖垛或附墙烟囱、通风道折算墙身面积系数

墙身厚度 D/cm　　突出断面$(a×b)$/cm	1/2 砖	3/4 砖	1 砖	$1\frac{1}{2}$ 砖	2 砖	$2\frac{1}{2}$ 砖
	11.5	18	24	36.5	49	61.5
12.25×24	0.2609	0.1685	0.1250	0.0822	0.0612	0.0488
12.5×36.5	0.3970	0.2562	0.1900	0.1249	0.0930	0.0741
12.5×49	0.5330	0.3444	0.2554	0.1680	0.1251	0.0997
12.5×61.5	0.6687	0.4320	0.3204	0.2107	0.1569	0.1250
25×24	0.5218	0.3371	0.2500	0.1644	0.1224	0.0976
25×36.5	0.7938	0.5129	0.3804	0.2500	0.1862	0.1485
25×49	1.0625	0.6882	0.5104	0.2356	0.2499	0.1992
25×61.5	1.3374	0.8641	0.6410	0.4214	0.3138	0.2501
37.5×24	0.7826	0.5056	0.3751	0.2466	0.1836	0.1463
37.5×36.5	1.1904	0.7691	0.5700	0.3751	0.2793	0.2226
37.5×49	1.5983	1.0326	0.7650	0.5036	0.3749	0.2989
37.5×61.5	2.0047	1.2955	0.9608	0.6318	0.4704	0.3750
50×24	1.0435	0.6742	0.5000	0.3288	0.2446	0.1951
50×36.5	1.5870	1.0253	0.7604	0.5000	0.3724	0.2967
50×49	2.1304	1.3764	1.0208	0.6712	0.5000	0.3980
50×61.5	2.6739	1.7273	1.2813	0.8425	0.6261	0.4997
62.5×36.5	1.9813	1.2821	0.9510	0.6249	0.4653	0.3709
62.5×49	2.6635	1.7208	1.3763	0.8390	0.6249	0.4980
62.5×61.5	3.3426	2.1600	1.6016	1.0532	0.7842	0.6250
74×36.5	2.3487	1.5174	1.1254	0.7400	0.5510	0.4392

注：表中 a 为突出墙面尺寸(cm)，b 为砖垛(或附墙烟囱、通风道)的宽度(cm)。

表 4-37　　　　　　　　　　砖墙用砖和砂浆计算公式

项　目	计　算　公　式
一斗一卧空斗墙用砖和砂浆	一斗一卧空斗墙用砖和砂浆理论计算公式： $$砖=\frac{一斗一卧一层砖的块数}{墙厚×一斗一卧砖高×墙长}$$ $$砂浆=\frac{(墙长×4×立砖净空×10+斗砖宽×20+卧砖长×12.52)×0.01×0.053}{墙厚×一斗一卧砖高×墙长}$$
各种不同厚度的墙用砖和砂浆	砖墙：每 $1m^3$ 砖砌体各种不同厚度的墙用砖和砂浆净用量的理论计算公式： (1)砖的净用量$=\dfrac{1}{墙厚×(砖长+灰缝)×(砖厚+灰缝)}×K$ 式中　K——墙厚的砖数×2(墙厚的砖数是指 0.5、1、1.5、2…)。 (2)砂浆净用量$=1-$砖数净用量×每块砖体积 标准砖规格为 240mm×115mm×53mm，每块砖的体积为 $0.0014628m^3$，灰缝横竖方向均为 1cm
方形砖柱用砖和砂浆	方形砖柱用砖和砂浆用量理论计算公式： $$砖=\frac{一层砖的块数}{长×宽×(一层砖厚+灰缝)}$$ 砂浆$=1-$砖数净用量×每块砖体积
圆形砖柱用砖和砂浆	圆形砖柱用砖和砂浆理论计算公式： $$砖=\frac{1}{\pi/4×0.49×0.49×(砖厚+灰缝)}$$ $$砂浆=1-每块砖体积×\frac{1}{(长×1/2灰缝)×(宽+灰缝)×(厚+灰缝)}$$

【例4-6】　设一砖墙基础,长120m,厚365mm,每隔10m设有附墙砖垛,墙垛断面尺寸为:突出墙面250mm,宽490mm,砖基础高度1.85m,墙基础等高放脚5层,最底层放脚高度为两皮砖,试计算砖墙基础工程量。

【解】　(1)条形墙基工程量。

查表4-34,大放脚增加断面面积为0.2363m²,则:

墙基体积=120×(0.365×1.85+0.2363)=109.386(m³)

(2)垛基工程量。

按题意,垛数n=13个,d=0.25,则:

垛基体积=(0.49×1.85+0.2363)×0.25×13=3.714(m³)

(3)砖墙基础工程量。

V=109.386+3.714=113.1(m³)

【例4-7】　某单层建筑物如图4-8、图4-9所示,墙身为M5.0混合砂浆砌筑MU10标准黏土砖,内外墙厚均为240mm,外墙瓷砖贴面,GZ从基础圈梁到女儿墙顶,门窗洞口上全部采用预制钢筋混凝土过梁。M1,1500mm×2700mm;M2,1000mm×2700mm;C1,1800mm×1800mm;C2,1500mm×1800mm。试计算该工程砖砌体的工程量。

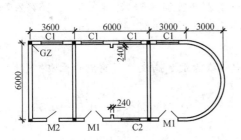

图4-8　单层建筑物(一)　　　　　图4-9　单层建筑物(二)

【解】　实心砖墙的工程数量计算公式:

(1)外墙:$V_外=(H_外×L_中-F_洞)×b+V_增减$

(2)内墙:$V_内=(H_内×L_净-F_洞)×b+V_增减$

(3)女儿墙:$V_女=H_女×L_中×b+V_增减$

(4)砖围墙:高度算至压顶上表面(如有混凝土压顶时算至压顶下表面),围墙柱并入围墙体积内计算。

实心砖墙的工程数量计算如下:

(1)240mm 厚,3.6m 高,M5.0 混合砂浆砌筑 MU10 标准黏土砖,原浆勾缝外墙工程数量:

$H_{外}=3.6(m)$

$L_{中}=6+(3.6+9)×2+π×3-0.24×6+0.24×2$
$\qquad =39.66(m)$

扣门窗洞口:

$\qquad F_{洞}=1.5×2.7×2+1×2.7×1+1.8×1.8×4+1.5×1.8×1=26.46(m^2)$

扣钢筋混凝土过梁体积:

$V=[(1.5+0.5)×2+(1.0+0.5)×1+(1.8+0.5)×4+(1.5+0.5)×1]$
$\qquad ×0.24×0.24=0.96(m^3)$

工程量: $\qquad V=(3.6×39.66-26.46)×0.24-0.96=26.96(m^3)$

其中弧形墙工程量: $\qquad 3.6×π×3×0.24=8.14(m^3)$

(2)240mm 厚,3.6m 高,M5.0 混合砂浆砌筑 MU10 标准黏土砖,原浆勾缝内墙工程数量:

$\qquad H_{内}=3.6m \qquad L_{净}=(6-0.24)×2=11.52m$

$\qquad V=3.6×11.52×0.24=9.95(m^3)$

(3)180mm 厚,0.5m 高,M5.0 混合砂浆砌筑 MU10 标准黏土砖,原浆勾缝女儿墙工程数量:

$\qquad H=0.5m \qquad L_{中}=6.06+(3.63+9)×2+π×3.03-0.24×6=39.40(m)$

$\qquad V=0.5×39.40×0.18=3.55(m^3)$

【例4-8】 某单层建筑物,框架结构、尺寸如图4-10所示,墙身用 M5.0 混合砂浆砌筑加气混凝土砌块,厚度为 240mm;女儿墙砌筑煤矸石空心砖,混凝土压顶断面 240mm×60mm,墙厚均为 240mm;隔墙为 120mm 厚实心砖墙。框架柱断面 240mm×240mm 到女儿墙顶,框架梁断面 240mm×500mm,门窗洞口上均采用现浇钢筋混凝土过梁,断面 240mm×180mm。M1,1560mm ×2700mm;M2,1000mm×2700mm;C1,1800mm×1800mm;C2,1560mm×1800mm。试计算墙体工程量。

【解】 (1)砌块墙工程量计算如下:

计算公式:砌块墙工程量=(砌块墙中心线长度×高度-门窗洞口面积)×墙厚-构件体积

砌块墙工程量=[(11.34-0.24+10.44-0.24-0.24×6)×2×3.6-1.56×2.7-1.8×1.8×6-1.56×1.8]×0.24-(1.56×2+2.3×6)×0.24×0.18=27.24(m^3)

(2)空心砖墙工程量计算如下:

计算公式:空心砖墙工程量=(空心砖墙中心线长度×高度-门窗洞口面积)×墙厚-构件体积

空心砖墙工程量=(11.34-0.24+10.44-0.24-0.24×6)×2×(0.50-0.06)×0.24
$\qquad =4.19(m^3)$

(3)实心砖墙工程量计算如下:

计算公式:实心砖墙工程量=(内墙净长×高度-门窗洞口面积)×墙厚-构件体积

实心砖墙工程量=[(11.34-0.24-0.24×3)×3.6-1.00×2.70×2]×0.12×2
$\qquad =7.67(m^3)$

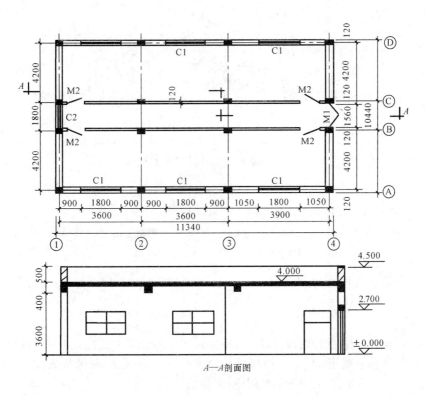

图 4-10 单层建筑物框架结构平面图

【例 4-9】 试计算图 4-11 所示一砖无眠空斗围墙的工程量。

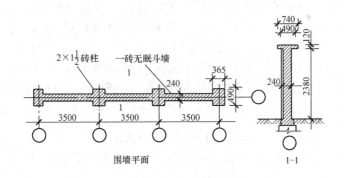

图 4-11 围墙平面图

【解】 一砖无眠空斗墙工程量＝墙身工程量＋砖压顶工程量

$$=(3.50-0.365)\times3\times2.38\times0.24+(3.5-0.365)\times3\times$$
$$0.12\times0.49=5.92(\text{m}^3)$$

$2\times1\frac{1}{2}$砖柱＝$0.49\times0.365\times2.38\times4+0.74\times0.615\times0.12\times4=1.92(\text{m}^3)$

【例 4-10】 如图 4-12 所示,已知混凝土漏空花格墙厚度为 120mm,用 M2.5 水泥砂浆砌筑 300mm×300mm×120mm 的混凝土漏空花格砌块,试计算其工程量。

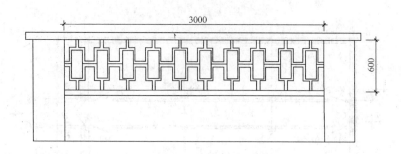

图 4-12　花格墙

【解】　花格墙的工程数量按设计图示尺寸以花格部分外形体积计算,不扣除空洞部分体积,则 M2.5 水泥砂浆砌筑 300mm×300mm×120mm 的混凝土漏空花格砌块墙工程量为:

$$V=0.6×3.0×0.12=0.22(m^3)$$

(三)工程量计算规则对照详解

1. 砖砌体工程量计算一般规定

(1)计算墙体时,应扣除门窗洞口、过人洞、空圈、嵌入墙身的钢筋混凝土柱、梁(包括过梁、圈梁、挑梁)、砖砌平拱和暖气包壁龛及内墙板头的体积,不扣除梁头、外墙板头、檩头、垫木、木楞头、沿椽木、木砖、门窗走头、砖墙内的加固钢筋、木筋、铁件、钢管及每个面积在 0.3m² 以下的孔洞等所占的体积,突出墙面的窗台虎头砖、压顶线、山墙泛水、烟囱根、门窗套及三皮以内的腰线和挑檐等体积亦不增加。

(2)附墙烟囱(包括附墙通风道、垃圾道)按其外形体积计算,并入所依附的墙体积内,不扣除每一个孔洞横截面在 0.1m² 以下的体积,但孔洞内的抹灰工程量亦不增加。

(3)女儿墙高度,自外墙顶面至图示女儿墙顶面高度,分别不同墙厚并入外墙计算。

(4)砖砌平拱、平砌砖过梁按图示尺寸以"m³"计算。如设计无规定时,砖砌平拱按门窗洞口宽度两端共加 100mm,再乘以高度(门窗洞口宽小于 1500mm 时,高度为 240mm,大于 1500mm 时,高度为 365mm)计算;平砌砖过梁按门窗洞口宽度两端共加 500mm,高度按 440mm 计算。

2. 砌体厚度计算

(1)标准砖以 240mm×115mm×53mm 为准,其砌体计算厚度见表 4-38。

(2)使用非标准砖时,其砌体厚度应按砖实际规格和设计厚度计算。

表 4-38　　　　　　　　　　　标准砖墙墙厚计算表

砖数(厚度)	1/4	1/2	3/4	1	1.5	2	2.5	3
计算厚度/mm	53	115	180	240	365	490	615	740

3. 墙的长度

外墙长度按外墙中心线长度计算,内墙长度按内墙净长线计算。

4. 墙身高度的计算

(1)外墙墙身高度:斜(坡)屋面无檐口天棚者算至屋面板底(图 4-13);有屋架,且室内外均有天棚者,算至屋架下弦底面另加200mm(图4-14);无天棚者算至屋架下弦底加300mm;出檐宽度超过600mm时,应按实砌高度计算;平屋面算至钢筋混凝土板底(图4-15)。

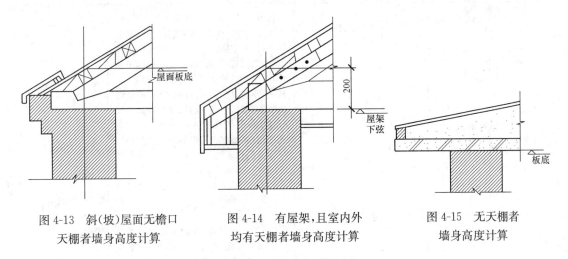

图4-13　斜(坡)屋面无檐口　　　图4-14　有屋架,且室内外　　　图4-15　无天棚者
天棚者墙身高度计算　　　均有天棚者墙身高度计算　　　墙身高度计算

(2)内墙墙身高度:位于屋架下弦者,其高度算至屋架底;无屋架者算至天棚底另加100mm;有钢筋混凝土楼板隔层者算至板底;有框架梁时算至梁底面。

(3)内、外山墙,墙身高度:按其平均高度计算。

5. 框架间砌体工程量计算

分别内外墙以框架间的净空面积乘以墙厚计算,框架外表镶贴砖部分亦并入框架间砌体工程量内计算。

6. 空斗墙工程量计算

空斗墙按外形尺寸以"m³"计算。

墙角、内外墙交接处,门窗洞口立边,窗台砖及屋檐处的实砌部分的体积另行计算,但窗间墙、窗台下、楼板下、梁头下等实砌部分,应另行计算,套零星砌体定额项目。

7. 空花墙计算

按空花部分外形体积以"m³"计算,空花部分不予扣除,其中实体部分以"m³"另行计算。

8. 其他砖砌体工程量计算

(1)砖砌台阶(不包括梯带)按水平投影面积以"m³"计算。

(2)厕所蹲台、水槽腿、灯箱、垃圾箱、台阶挡墙或梯带、花台、花池、地垄墙及支撑地楞的砖墩,房上烟囱、屋面架空隔热层砖墩及毛石墙的门窗立边,窗台虎头砖等实砌体积,以"m³"计算,套用零星砌体定额项目。

二、砌块砌体(编码:010402)

(一)清单项目设置及工程量计算规则

砌块砌体清单项目设置及工程量计算规则见表4-39。

表 4-39   砌块砌体(编码:010402)

项目编码	项目名称	项目特征	计量单位	工程量计算规则	工作内容
010402001	砌块墙	1. 砌块品种、规格、强度等级 2. 墙体类型 3. 砂浆强度等级	m³	按设计图示尺寸以体积计算 扣除门窗、洞口、嵌入墙内的钢筋混凝土柱、梁、圈梁、挑梁、过梁及凹进墙内的壁龛、管槽、暖气槽、消火栓箱所占体积,不扣除梁头、板头、檩头、垫木、木楞头、沿椽木、木砖、门窗走头、砌块墙内加固钢筋、木筋、铁件、钢管及单个面积≤0.3m² 的孔洞所占体积。凸出墙面的腰线、挑檐、压顶、窗台线、虎头砖、门窗套的体积亦不增加。凸出墙面的砖垛并入墙体体积内计算 1. 墙长度:外墙按中心线,内墙按净长计算 2. 墙高度: (1)外墙:斜(坡)屋面无檐口天棚者算至屋面板底;有屋架且室内外均有天棚者算至屋架下弦底另加 200mm;无天棚者算至屋架下弦底另加 300mm,出檐宽度超过 600mm 时按实砌高度计算;与钢筋混凝土楼板隔层者算至板顶;平屋面算至钢筋混凝土板底 (2)内墙:位于屋架下弦者,算至屋架下弦底;无屋架者算至天棚底另加 100mm;有钢筋混凝土楼板隔层者算至楼板顶;有框架梁时算至梁底 (3)女儿墙:从屋面板上表面算至女儿墙顶面(如有混凝土压顶时算至压顶下表面) (4)内、外山墙:按其平均高度计算 3. 框架间墙:不分内外墙按墙体净尺寸以体积计算 4. 围墙:高度算至压顶上表面(如有混凝土压顶时算至压顶下表面),围墙柱并入围墙体积内	1. 砂浆制作、运输 2. 砌砖、砌块 3. 勾缝 4. 材料运输
010402002	砌块柱			按设计图示尺寸以体积计算 扣除混凝土及钢筋混凝土梁垫、梁头、板头所占体积	

(二)清单项目解释说明

(1)砌体内加筋、墙体拉结的制作、安装,应按混凝土及钢筋混凝土中相关项目编码列项。

(2)砌体排列应上、下错缝搭砌,如果搭错缝长度满足不了规定的压搭要求,应采取压砌钢筋网片的措施,具体构造要求按设计规定,若设计无规定时,应注明由投标人根据工程实际情况自行考虑;钢筋网片按金属结构工程中相应编码列项。

(3)砌体垂直灰缝宽>30mm 时,采用 C20 细石混凝土灌实。灌注的混凝土应按混凝土及钢筋混凝土相关项目编码列项。

三、石砌体(编码:010403)

(一)清单项目设置及工程量计算规则

石砌体清单项目设置及工程量计算规则见表4-40。

表 4-40   **石砌体(编码:0101403)**

项目编码	项目名称	项目特征	计量单位	工程量计算规则	工作内容
010403001	石基础	1. 石料种类、规格 2. 基础类型 3. 砂浆强度等级		按设计图示尺寸以体积计算 包括附墙垛基础宽出部分体积,不扣除基础砂浆防潮层及单个面积≤0.3m² 的孔洞所占体积,靠墙暖气沟的挑檐不增加体积。 基础长度:外墙按中心线,内墙按净长计算	1. 砂浆制作、运输 2. 吊装 3. 砌石 4. 防潮层铺设 5. 材料运输
010403002	石勒脚			按设计图示尺寸以体积计算,扣除单个面积>0.3m² 的孔洞所占的体积	
010403003	石墙	1. 石料种类、规格 2. 石表面加工要求 3. 勾缝要求 4. 砂浆强度等级、配合比	m³	按设计图示尺寸以体积计算 扣除门窗、洞口、嵌入墙内的钢筋混凝土柱、梁、圈梁、挑梁、过梁及凹进墙内的壁龛、管槽、暖气槽、消火栓箱所占体积。不扣除梁头、板头、檩头、垫木、木楞头、沿椽木、木砖、门窗走头、石墙内加固钢筋、木筋、铁件、钢管及单个面积≤0.3m² 的孔洞所占体积。凸出墙面的腰线、挑檐、压顶、窗台线、虎头砖、门窗套的体积亦不增加。凸出墙面的砖垛并入墙体体积内计算 1. 墙长度:外墙按中心线,内墙按净长计算; 2. 墙高度: (1)外墙:斜(坡)屋面无檐口天棚者算至屋面板底;有屋架且室内外均有天棚者算至屋架下弦底另加 200mm;无天棚者算至屋架下弦底另加 300mm,出檐宽度超过600mm 时按实砌高度计算;有钢筋混凝土楼板隔层者算至板顶;平屋顶算至钢筋混凝土板底 (2)内墙:位于屋架下弦者,算至屋架下弦底;无屋架者算至天棚底另加 100mm;有钢筋混凝土楼板隔层者算至楼板顶;有框架梁时算至梁底 (3)女儿墙:从屋面板上表面算至女儿墙顶面(如有混凝土压顶时算至压顶下表面) (4)内、外山墙:按其平均高度计算 3. 围墙:高度算至压顶上表面(如有混凝土压顶时算至压顶下表面),围墙柱并入围墙体积内	1. 砂浆制作、运输 2. 吊装 3. 砌石 4. 石表面加工 5. 勾缝 6. 材料运输

续表

项目编码	项目名称	项目特征	计量单位	工程量计算规则	工作内容
010403004	石挡土墙	1. 石料种类、规格 2. 石表面加工要求 3. 勾缝要求 4. 砂浆强度等级、配合比	m³	按设计图示尺寸以体积计算	1. 砂浆制作、运输 2. 吊装 3. 砌石 4. 变形缝、泄水孔、压顶抹灰 5. 滤水层 6. 勾缝 7. 材料运输
010403005	石柱				1. 砂浆制作、运输 2. 吊装 3. 砌石 4. 石表面加工 5. 勾缝 6. 材料运输
010403006	石栏杆		m	按设计图示以长度计算	
010403007	石护坡	1. 垫层材料种类、厚度 2. 石料种类、规格 3. 护坡厚度、高度 4. 石表面加工要求 5. 勾缝要求 6. 砂浆强度等级、配合比	m³	按设计图示尺寸以体积计算	1. 铺设垫层 2. 石料加工 3. 砂浆制作、运输 4. 砌石 5. 石表面加工 6. 勾缝 7. 材料运输
010403008	石台阶				
010403009	石坡道		m²	按设计图示以水平投影面积计算	
010403010	石地沟、明沟	1. 沟截面尺寸 2. 土壤类别、运距 3. 垫层材料种类、厚度 4. 石料种类、规格 5. 石表面加工要求 6. 勾缝要求 7. 砂浆强度等级、配合比	m	按设计图示以中心线长度计算	1. 土方挖、运 2. 砂浆制作、运输 3. 铺设垫层 4. 砌石 5. 石表面加工 6. 勾缝 7. 回填 8. 材料运输

(二)清单项目解释说明及应用

1. 石基础、石勒脚、石墙

(1)石基础、石勒脚、石墙的划分:基础与勒脚应以设计室外地坪为界。勒脚与墙身应以设计室内地面为界。石围墙内外地坪标高不同时,应以较低地坪标高为界,以下为基础,内外标高之差为挡土墙时,挡土墙以上为墙身。

(2)石基础项目适用于各种规格(粗料石、细料石等)、各种材质(砂石、青石等)和各种类型(柱基、墙基、直形、弧形)等基础。

(3)石勒脚、石墙项目适用于各种规格(粗料石、细料石等)、各种材质(砂石、青石、大理石、花岗石等)和各种类型(直形、弧形等)勒脚和墙体。

2. 石挡土墙

石挡土墙项目适用于各种规格(粗料石、细料石、块石、毛石、卵石等)、各种材质(砂石、青石、石灰石等)和各种类型(直形、弧形、台阶形等)挡土墙。

3. 石柱

石柱项目适用于各种规格、各种石质、各种类型的石柱。

4. 石栏杆

石栏杆项目适用于无雕饰的一般石栏杆。

5. 石护坡

石护坡项目适用于各种石质和各种石料(粗料石、细料石、片石、块石、毛石、卵石等)。

6. 石台阶

石台阶项目包括石梯带(垂带),不包括石梯膀,石梯膀应按"13 计价规范"附录 C 石挡土墙项目编码列项。

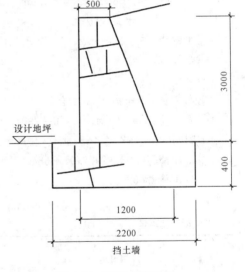

图 4-16　某挡土墙工程

【例 4-11】　如图 4-16 所示,某挡土墙工程用 M2.5 混合砂浆砌筑毛石,用原浆勾缝,长度 200m,试计算其工程量。

【解】　(1)石挡土墙的工程数量计算公式:

V＝按设计图示尺寸以体积计算

则 M2.5 混合砂浆砌筑毛石,原浆勾缝毛石挡土墙工程数量计算如下:

$V=(0.5+1.2)×3÷2×200=510.00(m^3)$

(2)挡土墙毛石基础的工程数量计算公式:

V＝按设计图示尺寸以体积计算

则 M2.5 混合砂浆砌筑毛石挡土墙基础工程数量计算如下:

$$V=0.4×2.2×200=176.00(m^3)$$

注意:挡土墙与基础的划分,以较低一侧的设计地坪为界,以下为基础,以上为墙身。

【例 4-12】　某工程石台阶。

【解】　(1)业主根据石台阶施工图计算:

1)灰土垫层(略)。

2)石台阶、石梯带工程量:0.4m×0.15m×316m+0.3m×0.3m×16m=20.4(m³)

3)石表面加工、勾缝面积:0.45m×316m+0.6m×16m=151.8(m²)

4)石梯膀(略)。

(2)投标人计算：

1)石料消耗体积：20.4m³×1.2＝24.48(m³)

2)石台阶、石梯带制作、安装：

①人工费：25元/工日×0.574工日/m×332m＝4764.2(元)

②材料费：石料：48.2元/m³×24.48m³＝1179.94(元)

水泥砂浆 M5：140元/m³×0.005m³/m×332m＝232.4(元)

水：1.8元/m³×0.003m³/m×332m＝1.79(元)

小计：1414.13元

③机械费：灰浆搅拌机200L：50元/台班×0.001台班/m×332＝16.6(元)

④合计：6194.93元

3)石表面加工：

①人工费：25元/工日×0.548工日/m²×151.8m²＝2079.66(元)

②合计：2079.66元

4)勾缝：

①人工费：25元/工日×0.0496工日/m²×151.8m²＝188.23(元)

②材料费：水泥砂浆 M10：180元/m³×0.0025m³/m²×151.8m²＝68.31(元)

水：1.8元/m³×0.058m³/m²×151.8m²＝15.85(元)

小计：84.16元

③机械费：灰浆搅拌机200L：50元/台班×0.0004台班/m²×151.8m²＝3.04(元)

④合计：275.43元

5)综合：

①人工费、材料费、机械费合计：8550.02元

②管理费：8550.02元×34％＝2907.01(元)

③利润：8550.02元×8％＝684.01(元)

④总计：8550.02＋2907.01＋684.01＝12141.03(元)

⑤综合单价：595.16元

分部分项工程和措施项目清单与计价表

工程名称：某工程　　　　　　　　　　标段：　　　　　　　　　　　第　页　共　页

序号	项目编码	项目名称	项目特征描述	计量单位	工程量	综合单价	合价	暂估价
						金额/元		其中
010403008001		石台阶	石料：青石(细) 规格：台阶 1000mm×400mm×200mm 石梯带：1000mm×300mm×300mm 石表面：钉麻石(细) 勾缝要求：勾平缝 砌筑砂浆：M5 勾缝砂浆：1∶3	m³	20.400	595.16	12141.26	—

单价分析表

工程名称:某工程　　　　　　　　　　标段:　　　　　　　第　页　共　页

项目编码	010403008001	项目名称	石台阶	计量单位	m³	工程量	20.400

综合单价组成明细

定额编号	定额项目名称	定额单位	数量	单价				合价			
				人工费	材料费	机械费	管理费和利润	人工费	材料费	机械费	管理费和利润
4—85	石台阶制作安装	m³	16.2745	14.35	4.26	0.05	7.84	233.54	69.33	0.81	127.59
4—87	石表面加工	m²	7.441	13.70	—	—	5.75	101.94	—	—	42.79
8—1	勾缝	m²	7.441	1.24	0.56	0.02	0.76	9.23	4.13	0.15	5.66
人工单价		小　计						344.71	73.46	0.96	176.04
25元/工日		未计价材料费									
清单项目综合单价								595.17			

材料费明细	主要材料名称、规格、型号	单位	数　量	单价/元	合价/元	暂估单价/元	暂估合价/元
	石料	m³	1.20	48.2	57.84		
	M5 水泥砂浆	m³	0.081	140.00	11.34		
	M10 水泥砂浆	m³	0.0190	180.00	3.42		
	水	m³	0.48	1.80	0.86		
	其他材料费			—	—		—
	材料费小计			—	73.46		—

第五节　混凝土及钢筋混凝土工程

一、现浇混凝土(编码:010501~010508)

(一)清单项目设置及工程量计算规则

1. 现浇混凝土基础(编码:010501)

现浇混凝土基础清单项目设置及工程量计算规则见表4-41。

表4-41　　　　　　　　　现浇混凝土基础(编码:010501)

项目编码	项目名称	项目特征	计量单位	工程量计算规则	工作内容
010501001	垫层	1. 混凝土种类 2. 混凝土强度等级	m³	按设计图示尺寸以体积计算。不扣除伸入承台基础的桩头所占体积	1. 模板及支撑制作、安装、拆除、堆放、运输及清理模内杂物、刷隔离剂等 2. 混凝土制作、运输、浇筑、振捣、养护
010501002	带形基础				
010501003	独立基础				
010501004	满堂基础				
010501005	桩承台基础				
010501006	设备基础	1. 混凝土种类 2. 混凝土强度等级 3. 灌浆材料及其强度等级			

2. 现浇混凝土柱(编码:010502)

现浇混凝土柱清单项目设置及工程量计算规则见表4-42。

表4-42　　　　　　　　　　　现浇混凝土柱(编码:010502)

项目编码	项目名称	项目特征	计量单位	工程量计算规则	工作内容
010502001	矩形柱	1. 混凝土种类 2. 混凝土强度等级	m³	按设计图示尺寸以体积计算 柱高: 　1. 有梁板的柱高,应自柱基上表面(或楼板上表面)至上一层楼板上表面之间的高度计算 　2. 无梁板的柱高,应自柱基上表面(或楼板上表面)至柱帽下表面之间的高度计算 　3. 框架柱的柱高:应自柱基上表面至柱顶高度计算 　4. 构造柱按全高计算,嵌接墙体部分(马牙槎)并入柱身体积 　5. 依附柱上的牛腿和升板的柱帽,并入柱身体积计算	1. 模板及支架(撑)制作、安装、拆除、堆放、运输及清理模内杂物、刷隔离剂等 2. 混凝土制作、运输、浇筑、振捣、养护
010502002	构造柱				
010502003	异形柱	1. 柱形状 2. 混凝土种类 3. 混凝土强度等级			

3. 现浇混凝土梁(编码:010503)

现浇混凝土梁清单项目设置及工程量计算规则见表4-43。

表4-43　　　　　　　　　　　现浇混凝土梁(编码:010503)

项目编码	项目名称	项目特征	计量单位	工程量计算规则	工作内容
010503001	基础梁	1. 混凝土种类 2. 混凝土强度等级	m³	按设计图示尺寸以体积计算。伸入墙内的梁头、梁垫并入梁体积内 梁长: 　1. 梁与柱连接时,梁长算至柱侧面 　2. 主梁与次梁连接时,次梁长算至主梁侧面	1. 模板及支架(撑)制作、安装、拆除、堆放、运输及清理模内杂物、刷隔离剂等 2. 混凝土制作、运输、浇筑、振捣、养护
010503002	矩形梁				
010503003	异形梁				
010503004	圈梁				
010503005	过梁				
010503006	弧形、拱形梁				

4. 现浇混凝土墙(编码:010504)

现浇混凝土墙清单项目设置及工程量计算规则见表4-44。

表4-44　　　　　　　　　　　现浇混凝土墙(编码:010504)

项目编码	项目名称	项目特征	计量单位	工程量计算规则	工作内容
010504001	直形墙	1. 混凝土种类 2. 混凝土强度等级	m³	按设计图示尺寸以体积计算 扣除门窗洞口及单个面积>0.3m² 的孔洞所占体积,墙垛及突出墙面部分并入墙体体积内计算	1. 模板及支架(撑)制作、安装、拆除、堆放、运输及清理模内杂物、刷隔离剂等 2. 混凝土制作、运输、浇筑、振捣、养护
010504002	弧形墙				
010504003	短肢剪力墙				
010504004	挡土墙				

5. 现浇混凝土板(编码:010505)

现浇混凝土板清单项目设置及工程量计算规则见表4-45。

表 4-45　　　　　　　　现浇混凝土板(编码:010505)

项目编码	项目名称	项目特征	计量单位	工程量计算规则	工作内容
010505001	有梁板	1. 混凝土种类 2. 混凝土强度等级	m³	按设计图示尺寸以体积计算,不扣除单个面积≤0.3m²的柱、垛以及孔洞所占体积。 压形钢板混凝土楼板扣除构件内压形钢板所占体积。 有梁板(包括主、次梁与板)按梁、板体积之和计算,无梁板按板和柱帽体积之和计算,各类板伸入墙内的板头并入板体积内,薄壳板的肋、基梁并入薄壳体积内计算	1. 模板及支架(撑)制作、安装、拆除、堆放、运输及清理模内杂物、刷隔离剂等 2. 混凝土制作、运输、浇筑、振捣、养护
010505002	无梁板				
010505003	平板				
010505004	拱板				
010505005	薄壳板				
010505006	栏板				
010505007	天沟(檐沟)、挑檐板			按设计图示尺寸以体积计算	
010505008	雨篷、悬挑板、阳台板			按设计图示尺寸以墙外部分体积计算。包括伸出墙外的牛腿和雨篷反挑檐的体积	
010505009	空心板			按设计图示尺寸以体积计算。空心板(GBF 高强薄壁蜂巢芯板等)应扣除空心部分体积	
010505010	其他板			按设计图示尺寸以体积计算	

6. 现浇混凝土楼梯(编码:010506)

现浇混凝土楼梯清单项目设置及工程量计算规则见表4-46。

表 4-46　　　　　　　　现浇混凝土楼梯(编码:010506)

项目编码	项目名称	项目特征	计量单位	工程量计算规则	工作内容
010506001	直形楼梯	1. 混凝土种类 2. 混凝土强度等级	1. m² 2. m³	1. 以平方米计量,按设计图示尺寸以水平投影面积计算。不扣除宽度≤500mm的楼梯井,伸入墙内部分不计算 2. 以立方米计量,按设计图示尺寸以体积计算	1. 模板及支架(撑)制作、安装、拆除、堆放、运输及清理模内杂物、刷隔离剂等 2. 混凝土制作、运输、浇筑、振捣、养护
010506002	弧形楼梯				

7. 现浇混凝土其他构件(编码:010507)

现浇混凝土其他构件清单项目设置及工程量计算规则见表4-47。

表 4-47 现浇混凝土其他构件(编码:010507)

项目编码	项目名称	项目特征	计量单位	工程量计算规则	工作内容
010507001	散水、坡道	1. 垫层材料种类、厚度 2. 面层厚度 3. 混凝土种类 4. 混凝土强度等级 5. 变形缝填塞材料种类	m²	按设计图示尺寸以水平投影面积计算。不扣除单个≤0.3m² 的孔洞所占面积	1. 地基夯实 2. 铺设垫层 3. 模板及支撑制作、安装、拆除、堆放、运输及清理模内杂物、刷隔离剂等 4. 混凝土制作、运输、浇筑、振捣、养护 5. 变形缝填塞
010507002	室外地坪	1. 地坪厚度 2. 混凝土强度等级			
010507003	电缆沟、地沟	1. 土壤类别 2. 沟截面净空尺寸 3. 垫层材料种类、厚度 4. 混凝土种类 5. 混凝土强度等级 6. 防护材料种类	m	按设计图示以中心线长度计算	1. 挖填、运土石方 2. 铺设垫层 3. 模板及支撑制作、安装、拆除、堆放、运输及清理模内杂物、刷隔离剂等 4. 混凝土制作、运输、浇筑、振捣、养护 5. 刷防护材料
010507004	台阶	1. 踏步高、宽 2. 混凝土种类 3. 混凝土强度等级	1. m² 2. m³	1. 以平方米计量,按设计图示尺寸水平投影面积计算 2. 以立方米计量,按设计图示尺寸以体积计算	1. 模板及支撑制作、安装、拆除、堆放、运输及清理模内杂物、刷隔离剂等 2. 混凝土制作、运输、浇筑、振捣、养护
010507005	扶手、压顶	1. 断面尺寸 2. 混凝土种类 3. 混凝土强度等级	1. m 2. m³	1. 以米计量,按设计图示的中心线延长米计算 2. 以立方米计量,按设计图示尺寸以体积计算	1. 模板及支架(撑)制作、安装、拆除、堆放、运输及清理模内杂物、刷隔离剂等 2. 混凝土制作、运输、浇筑、振捣、养护
010507006	化粪池、检查井	1. 部位 2. 混凝土强度等级 3. 防水、抗渗要求	1. m³ 2. 座	1. 按设计图示尺寸以体积计算 2. 以座计量,按设计图示数量计算	
010507007	其他构件	1. 构件的类型 2. 构件规格 3. 部位 4. 混凝土种类 5. 混凝土强度等级	m³		

8. 后浇带(编码:010508)

后浇带清单项目设置及工程量计算规则见表 4-48。

表 4-48 后浇带(编码:010508)

项目编码	项目名称	项目特征	计量单位	工程量计算规则	工作内容
010508001	后浇带	1. 混凝土种类 2. 混凝土强度等级	m³	按设计图示尺寸以体积计算	1. 模板及支架(撑)制作、安装、拆除、堆放、运输及清理模内杂物、刷隔离剂等 2. 混凝土制作、运输、浇筑、振捣、养护及混凝土交接面、钢筋等的清理

(二)清单项目解释说明及应用

1. 现浇混凝土基础

(1)有肋带形基础、无肋带形基础应按表 4-42 中相关项目列项,并注明肋高。

(2)箱式满堂基础中柱、梁、墙、板按表 4-43～表 4-46 相关项目分别编码列项,箱式满堂基础地板按表 4-42 的满堂基础项目列项。

(3)框架式设备基础中柱、梁、墙、板分别按表 4-43～表 4-46 相关项目编码列项,基础部分按表 4-42 相关项目编码列项。

(4)如为毛石混凝土基础,项目特征应描述毛石所占比例。

【例 4-13】 某现浇钢筋混凝土带形基础尺寸,如图 4-17 所示。试计算现浇钢筋混凝土带形基础工程量。

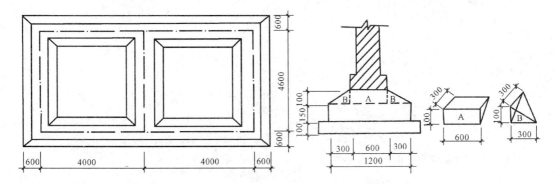

图 4-17 现浇钢筋混凝土带形基础

【解】 现浇钢筋混凝土带形基础工程量计算如下:

计算公式:带形基础工程量=设计外墙中心线长度×设计断面+设计内墙基础图示长度×设计断面。

现浇钢筋混凝土带形基础工程量=[(8.00+4.60)×2+4.60−1.20]×(1.20×0.15+0.90×0.10)+0.60×0.30×0.10(A 折合体积)+0.30×0.10÷2×0.30÷3×4(B 体积)=7.75(m³)

【例 4-14】 试图 4-18 所示现浇钢筋独立基础混凝土工程量。

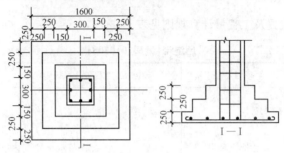

图 4-18   现浇钢筋混凝土独立基础

【解】 现浇钢筋混凝土独立基础工程量计算公式如下：

$$独立基础工程量＝设计图示体积$$

故:现浇钢筋混凝土独立基础混凝土工程量$＝(1.6×1.6＋1.1×1.1＋0.6×0.6)×0.25$
$$＝1.03(m^3)$$

【例 4-15】 试计算图 4-19 所示现浇钢筋混凝土满堂基础工程量。

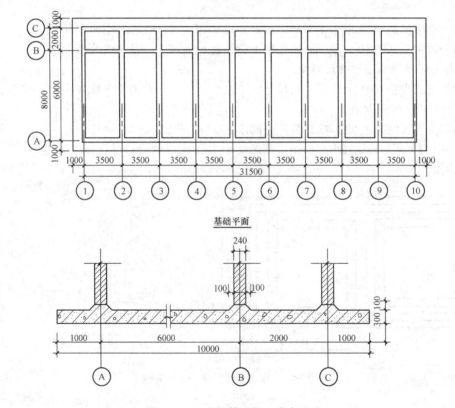

图 4-19   现浇钢筋混凝土满堂基础

【解】 混凝土工程量按底板体积＋墙下部凸出部分体积计算。

工程量$＝33.5×10×0.3＋[(31.5＋8)×2＋(6.0－0.24)×8＋(31.5－0.24)＋(2.0－0.24)×8]×(0.24＋0.44)×1/2×0.1＝106.29(m^3)$

【例 4-16】　有梁式满堂基础尺寸,如图 4-20 所示。试计算有梁式满堂基础混凝土工程量。

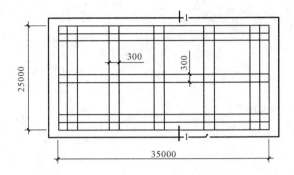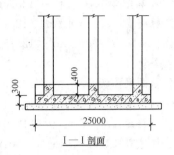

图 4-20　有梁式满堂基础

【解】　有梁式满堂基础工程量计算如下:

计算公式:有梁式满堂基础工程量＝图示长度×图示宽度×厚度×反梁体积

有梁式满堂基础(C20)混凝土工程量＝35×25×0.3＋0.3×0.4×[35×3＋(25－0.3×3)×5]

$$＝289.56(m^3)$$

【例 4-17】　某工厂现浇框架设备基础。

【解】　(1)业主根据设备基础(框架)施工图计算:

1)混凝土强度等级 C35。

2)柱基础为块体工程量 6.24m^3,墙基础为带形基础、工程量 4.16m^3,基础柱截面 450mm×450mm、工程量 12.75m^3,基础墙厚度 300mm、工程量 10.85m^3,基础梁截面 350mm×700mm、工程量 17.01m^3,基础板厚度 300mm、工程量 40.53m^3。

3)混凝土合计工程量:91.54m^3。

4)螺栓孔灌浆:细石混凝土 C35。

5)钢筋:ϕ10 以内,工程量 2.829t;ϕ10 以外,工程量 4.362t。

(2)投标人报价计算:

1)柱基础:

①人工费:22.5 元/m^3×6.24m^3＝140.4(元)

②材料费:237.05 元/m^3×6.24m^3＝1479.19(元)

③机械费:14.00 元/m^3×6.24m^3＝87.36(元)

④合计:1706.95 元

2)带形墙基:

①人工费:21.18 元/m^3×4.16m^3＝88.11(元)

②材料费:237.35 元/m^3×4.16m^3＝987.38(元)

③机械费:14.24 元/m^3×4.16m^3＝59.24(元)

④合计:1134.73 元

3)基础墙:

①人工费:25.65 元/m^3×10.85m^3＝278.30(元)

②材料费:237.05 元/m^3×10.85m^3＝2571.99(元)

③机械费:22 元/m^3×10.85m^3＝238.70(元)

④合计:3088.99 元

4)基础柱：

①人工费：36.10 元/m³×12.75m³＝460.28(元)

②材料费：237.15 元/m³×12.75m³＝3023.66(元)

③机械费：21.90 元/m³×12.75m³＝279.23(元)

④合计：3763.17 元

5)基础梁：

①人工费：30.10 元/m³×17.01m³＝529.01(元)

②材料费：237.75 元/m³×17.01m³＝4044.13(元)

③机械费：21.90 元/m³×17.01m³＝372.52(元)

④合计：4945.66 元

6)基础板：

①人工费：26.83 元/m³×40.53m³＝1087.42(元)

②材料费：237.13 元/m³×40.53m³＝9691.94(元)

③机械费：22 元/m³×40.53m³＝891.66(元)

④合计：11671.02 元

7) 锚栓孔灌浆：

①人工费：5.54 元/个×28 个＝155.12(元)

②材料费：13.86 元/个×28 个＝388.08(元)

③机械费：0.16 元/个×28 个＝4.48(元)

④合计：547.68 元

8)基础综合：

①人工费、材料费、机械费合计：26858.20(元)

②管理费：26858.20 元×34％＝9131.79(元)

③利润：26858.20 元×8％＝2148.66(元)

④总计：38138.65 元

⑤综合单价：38138.65÷91.54m³＝416.63(元)

9)钢筋：

①钢筋 ϕ10 以内：人工费：132.3 元/t×2.829t＝374.28(元)

材料费：2475.4 元/t×2.829t＝7002.91(元)

机械费：4 元/t×2.829t＝11.32(元)

合计：7388.51 元

②钢筋 ϕ10 以外：人工费：141.61 元/t×4.362t＝617.72(元)

材料费：2475.4 元/t×4.362t＝10797.69(元)

机械费：4 元/t×4.362t＝17.45(元)

合计：11432.86 元

10)钢筋综合：

①人工费、材料费、机械费合计：18821.37 元

②管理费：18821.37 元×34％＝6399.27(元)

③利润：18821.37 元×8％＝1505.71(元)

④总计：26726.35 元

⑤综合单价：26726.35 元÷7.191t＝3716.64(元)

4) 模板(计算略,计算后列入工程量清单措施项目)。

分部分项工程和措施项目清单与计价表

工程名称:某工厂 标段: 第 页 共 页

序号	项目编码	项目名称	项目特征描述	计量单位	工程量	综合单价	合价	暂估价
			混凝土及钢筋混凝土工程					
1	010501006001	设备基础	块体柱基础:6.24 带型墙基础:4.16m³ 基础柱:截面450mm×450mm 基础墙:厚度300mm 基础梁:截面350mm×700mm 基础板:厚度300mm 混凝土强度:C35 螺栓孔灌浆细石混凝土强度C35	t	91.54	416.63	38138.31	
2	010515001001	现浇构件钢筋	ϕ10以内:2.829t ϕ10以外:4.326t	t	7.191	3716.64	26726.36	
			(其他略)					
			分部小计					
			本页小计					
			合　计					

清单综合单价分析表

工程名称:某工程　　　　　　　　　标段:　　　　　　　　　第 页 共 页

项目编码	010501006001		项目名称	现浇设备基础(框架)	计量单位	m³	工程量	91.54

综合单价组成明细

定额编号	定额项目名称	定额单位	数量	单价				合价			
				人工费	材料费	机械费	管理费和利润	人工费	材料费	机械费	管理费和利润
5-396	块体柱基础:混凝土强度 C35	m³	0.068	22.50	237.05	14.00	114.89	1.53	16.12	0.95	7.81
5-394	带型墙基础:混凝土强度 C35	m³	0.045	21.18	237.35	14.24	114.56	0.95	10.68	0.64	5.16
5-401	基础柱:截面 450×450、混凝土强度 C35	m³	0.139	36.10	237.15	21.90	123.96	5.02	32.96	3.04	17.23
5-412	基础墙:厚度 300mm、混凝土强度 C35	m³	0.119	25.65	233.05	22.00	119.57	3.05	28.21	2.62	14.23
5-406	基础梁:截面 350×700、混凝土强度 C35	m³	0.186	31.10	237.75	21.90	122.12	5.78	44.22	4.07	21.71
5-419	基础板:厚度 300、混凝土强度 C35	m³	0.443	26.83	239.13	22.00	120.94	11.89	105.93	9.75	53.58
	螺栓孔灌浆细石混凝土强度 C35	m³	0.306	5.54	13.86	0.16	8.22	1.70	4.24	0.05	2.52
人工单价			小　计					29.92	242.36	21.12	123.24
25 元/工日			未计价材料费								
清单项目综合单价								416.64			

材料费明细	主要材料名称、规格、型号		单位	数　量		单价/元	合价/元	暂估单价/元	暂估合价/元
	其他材料费					—	242.36	—	
	材料费小计					—	242.36	—	

综合单价分析表

工程名称：某工厂　　　　　　　标段：　　　　　　　第　页共　页

项目编码	010515001001	项目名称	现浇构件钢筋	计量单位	t	工程量	7.191

综合单价组成明细

定额编号	定额项目名称	定额单位	数量	单价				合价			
				人工费	材料费	机械费	管理费和利润	人工费	材料费	机械费	管理费和利润
借北8—1	现浇混凝土钢筋φ10以内	t	0.393	132.30	2475.40	4.00	1096.91	51.99	972.83	1.57	431.09
借北8—2	现浇混凝土钢筋φ10以外	t	0.607	141.61	2475.40	4.00	1100.82	85.96	1502.57	2.43	668.20
人工单价			小　计					137.95	2475.40	4.00	1099.29
25元/工日			未计价材料费								
清单项目综合单价								3716.64			

材料费明细	主要材料名称、规格、型号	单位	数　量	单价/元	合价/元	暂估单价/元	暂估合价/元
	钢筋φ10以内	t	0.393	2475.40	972.83		
	钢筋φ10以外	t	0.607	2475.40	1502.57		
	其他材料费			—		—	
	材料费小计			—	2475.40	—	

注：1. 参考《全国统一建筑工程基础定额（土建）》。
　　2. 借北即北京市定额。

2. 现浇混凝土柱、梁、墙

现浇混凝土柱中的混凝土种类指清水混凝土、彩色混凝土等，如在同一地区既使用预拌（商品）混凝土，又允许现场搅拌混凝土时，也应注明。

短肢剪力墙是指截面厚度不大于300mm、各肢截面高度与厚度之比的最大值大于4但不大于8的剪力墙，各肢截面高度与厚度之比的最大值不大于4的剪力墙按柱项目编码列项。

【例4-18】 如图4-21所示构造柱，总高为24m，16根，混凝土为C25，试计算构造柱现浇混凝土工程量。

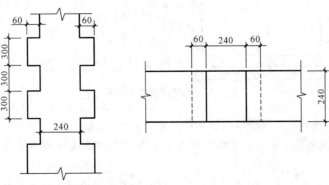

图4-21　构造柱

【解】 矩形柱工程量计算如下:

计算公式:构造柱工程量=(图示柱宽度+咬口宽度)×厚度×图示高度

构造柱(C25)混凝土工程量=(0.24+0.06)×0.24×24×16=27.65m³

【例4-19】 现浇混凝土花篮梁10根,混凝土强度等级C25,梁端有现浇梁垫,混凝土强度等级C25,尺寸如图4-22所示。商品混凝土,运距为3km(混凝土搅拌站为25m³/h),试计算现浇混凝土花篮梁工程量。

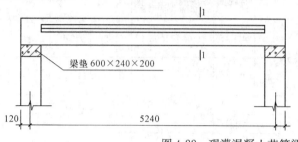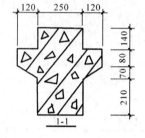

图4-22 现灌混凝土花篮梁

【解】 现浇混凝土花篮梁工程量计算如下:

计算公式:现浇混凝土花篮梁工程量=图示断面面积×梁长+梁垫体积

现浇混凝土花篮梁工程量=[0.25×0.5×5.48+(0.15+0.08)×0.12×5+0.6×0.24×0.2×2]×10=8.81(m³)

3. 现浇混凝土板

现浇挑檐、天沟板、雨篷、阳台与板(包括屋面板、楼板)连接时,以外墙外边线为分界线;与圈梁(包括其他梁)连接时,以梁外边线为分界线。外边线以外为挑檐、天沟、雨篷或阳台。

【例4-20】 某现浇钢筋混凝土有梁板,如图4-23所示,试计算有梁板的工程量。

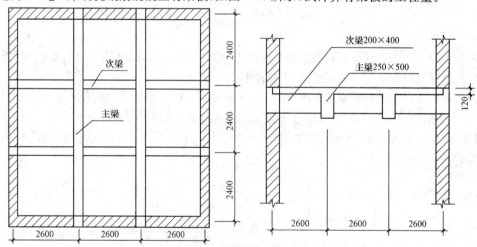

图4-23 现浇钢筋混凝土有梁板

【解】 现浇钢筋混凝土有梁板工程量计算如下:

计算公式:现浇钢筋混凝土有梁板混凝土工程量=图示长度×图示宽度×板厚+主梁及次梁体积

主梁及次梁体积=主梁长度×主梁宽度×肋高+次梁净长度×次梁宽度×肋高

现浇板工程量=2.6×3×2.4×3×0.12=6.74(m³)

板下梁工程量＝0.25×(0.5－0.12)×2.4×3×2＋0.2×(0.4－0.12)×(2.6×3－0.5)×2＋0.25×0.50×0.12×4＋0.20×0.40×0.12×4＝2.28(m³)

有梁板工程量＝6.74＋2.28＝9.02(m³)

【例 4-21】 某工程现浇钢筋混凝土无梁板尺寸如图 4-24 所示,试计算现浇钢筋混凝土无梁板混凝土工程量。

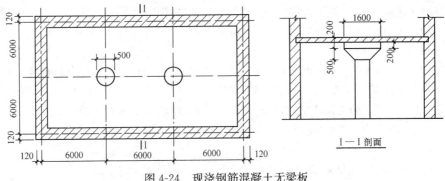

图 4-24　现浇钢筋混凝土无梁板

【解】 现浇钢筋混凝土无梁板混凝土工程量计算如下:

计算公式:现浇钢筋混凝土无梁板混凝土工程量＝图示长度×图示宽度×板厚＋柱帽体积

现浇钢筋混凝土无梁板混凝土工程量＝18×12×0.2＋3.14×0.8×0.8×0.2×2＋(0.25×0.25＋0.8×0.8＋0.25×0.8)×3.14×0.5÷3×2＝44.95(m³)

【例 4-22】 试计算图 4-25 所示现浇钢筋混凝土阳台板工程量。

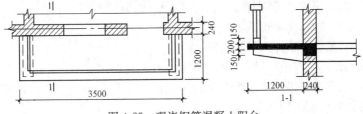

图 4-25　现浇钢筋混凝土阳台

【解】 现浇钢筋混凝土阳台板工程量计算如下:

计算公式:现浇钢筋混凝土阳台板工程量＝水平投影面积×板厚＋牛腿体积。

现浇钢筋混凝土阳台板工程量＝3.5×1.2×0.1＋1.2×0.24×(0.2＋0.35)/2×2(折合)
　　　　　　　　　　　　＝0.578(m³)

4. 现浇混凝土楼梯

整体楼梯(包括直形楼梯、弧形楼梯)水平投影面积包括休息平台、平台梁、斜梁和楼梯的连接梁。当整体楼梯与现浇楼板无梯梁连接时,以楼梯的最后一个踏步边缘加 300mm 为界。

5. 现浇混凝土其他构件

(1)现浇混凝土小型池槽、垫块、门框等,应按表 4-48 其他构件项目编码列项。

(2)架空式混凝土台阶,按现浇楼梯计算。

(三)工程量计算规则对照详解

(1)混凝土的工作内容包括:筛砂子、筛洗石子、后台运输、搅拌,前台运输、清理、润湿模板、浇灌、捣固、养护。

(2)毛石混凝土,是按毛石占混凝土体积20%计算的。如设计要求不同时,可以换算。

(3)小型混凝土构件,是指每件体积在0.05m³以内的未列出的构件。

(4)预制构件厂生产的构件,在混凝土项目中考虑了预制厂内构件运输、堆放、码垛、装车运出等的工作内容。

(5)混凝土工程量除另有规定者外,均按图示尺寸实体体积以"m³"计算。不扣除构件内钢筋、预埋铁件及墙、板中0.3m²内的孔洞所占体积。

(6)基础:

1)有肋带形混凝土基础,其肋高与肋宽之比在4:1以内的按有肋带形基础计算。超过4:1时,其基础底按板式基础计算,以上部分按墙计算。

2)箱式满堂基础应分别按无梁式满堂基础、柱、墙、梁、板有关规定计算。

3)设备基础除块体以外,其他类型设备基础分别按基础、梁、柱、板、墙等有关规定计算,套相应项目计算。

(7)柱:按图示断面尺寸乘以柱高以"m³"计算。柱高按下列规定确定:

1)有梁板的柱高,应自柱基上表面(或楼板上表面)至上一层楼板上表面之间的高度计算。

2)无梁板的柱高,应自柱基上表面(或楼板上表面)至柱帽下表面之间的高度计算。

3)框架柱的柱高应自柱基上表面至柱顶高度计算。

4)构造柱按全高计算,与砖墙嵌接部分的体积并入柱身体积内计算。

5)依附柱上的牛腿,并入柱身体积内计算。

(8)梁:按图示断面尺寸乘以梁长以"m³"计算,梁长按下列规定确定:

1)梁与柱连接时,梁长算至柱侧面。

2)主梁与次梁连接时,次梁长算至主梁侧面。

伸入墙内梁头,梁垫体积并入梁体积内计算。

(9)板:按图示面积乘以板厚以"m³"计算,其中:

1)有梁板按主、次梁与板,按梁、板体积之和计算。

2)无梁板按板和柱帽体积之和计算。

3)平板按板实体体积计算。

4)现浇挑檐天沟与板(包括屋面板、楼板)连接时,以外墙为分界线,与圈梁(包括其他梁)连接时,以梁外边线为分界线。外墙边线以外或梁外边线以外为挑檐天沟。

5)各类板伸入墙内的板头并入板体积内计算。

(10)墙:按图示中心线长度乘以墙高及厚度以"m³"计算,应扣除门窗洞口及0.3m²以外孔洞的体积,墙垛及突出部分并入墙体积内计算。

(11)整体楼梯(包括直形楼梯、弧形楼梯)水平投影面积包括休息平台、平台梁、斜梁和楼梯的连接梁。当整体楼梯与现浇楼板无梯梁连接时,以楼梯的最后一个踏步边缘加300mm为界。

(12)现浇钢筋混凝土墙、板上单孔面积在0.3m²以内的孔洞,不予扣除,洞侧壁模板亦不增加;单孔面积在0.3m²以外时,应予扣除,洞侧壁模板面积并入墙、板模板工程量之内计算。

(13)现浇钢筋混凝土框架分别按梁、板、柱、墙有关规定,附墙柱并入墙内工程量计算。

(14)柱与梁、柱与墙、梁与梁等连接的重叠部分以及伸入墙内的梁头、板头部分,均不计算模板面积。

(15)构造柱外露面均应按图示外露部分计算模板面积。构造柱与墙接触面不计算模板面积。

(16)现浇钢筋混凝土悬挑板(雨篷、阳台)按图示外挑部分尺寸的水平投影面积计算。挑出墙外的牛腿梁及板边模板不另计算。

(17)阳台、雨篷(悬挑板),按伸出外墙的水平投影面积计算,伸出外墙的牛腿不另计算。带反挑檐的雨篷按展开面积并入雨篷内计算。

(18)整体楼梯包括休息平台,平台梁、斜梁及楼梯的连接梁,按水平投影面积计算,不扣除宽度小于500mm的楼梯井,伸入墙内部分不另增加。

(19)现浇钢筋混凝土楼梯,以图示露明面尺寸的水平投影面积计算,不扣除小于500mm楼梯井所占面积。楼梯的踏步、踏步板、平台梁等侧面模板,不另计算。

(20)现浇构件模板一次用量见表4-49。

表4-49　　　　　　　　现浇构件模板一次用量表　　（单位:每100m² 模板接触面积）

项目			模板种类	支撑种类	混凝土体积	一次使用量							周转次数	周转补损率
						组合式钢模板	复合木模板		模板木材	钢支撑系统	零星卡具	木支撑系统		
							钢框肋	面板						
					m³	kg	kg	m²	m³	kg	kg	m³	次	%
带型基础	无筋混凝土		钢模	钢	27.28	3146.00	—		0.690	2250.00	582.00	1.858	50	
				木	27.28	3146.00	—		0.690		432.06	5.318	50	
			复模	钢	27.28	45.00	1397.07	98.00	0.690	2250.00	582.00	1.858	50	
				木	27.28	45.00	1397.07	98.00	0.690		432.06	5.318	50	
	钢筋	有梁式	钢模	钢	45.51	3655.00	—		0.065	5766.00	725.20	3.061	50	
				木	45.51	3655.00	—		0.065		443.40	7.640	50	
			复模	钢	45.51	49.50	1674.00	97.50	0.065	5766.00	725.20	3.061	50	
				木	45.51	49.50	1674.00	97.50	0.065		443.40	7.640	50	
		板式	钢	木	168.27	3500.00	—		1.300	—	224.00	1.862	50	
			复		168.27	—	2724.50	98.50	1.300		224.00	1.862	50	
独立基础	毛石混凝土		钢	木	49.14	3308.50	—		0.445		473.80	5.016	50	
			复		49.14	102.00	1451.00	99.50	0.445		473.80	5.016	50	
	无筋、钢筋混凝土		钢	木	47.45	3446.00	—		0.450		507.60	5.370	50	
			复		47.45	102.00	1511.00	99.50	0.450		507.60	5.370	50	
杯型基础			钢模	钢	54.47	3129.00	—		0.885	3538.40	657.00	0.292	50	
				木	54.47	3129.00	—		0.885		361.80	6.486	50	
			钢模	钢	54.47	98.50	1410.50	77.00	0.885	3530.40	657.00	0.292	50	
				木	54.47	98.50	1410.50	77.00	0.885		361.80	6.486	50	
高杯基础			钢模	钢	22.20	3435.00	—		0.480	3972.00	666.60	3.866	50	
				木	22.20	3435.00	—		0.480	—	430.20	6.834	50	
			钢模	钢	22.20	—	1572.50	94.50	0.480	3972.00	666.60	3.866	50	
				木	22.20	—	1572.50	94.50	0.480		430.20	6.834	50	

续一

项　目		模板种类	支撑种类	混凝土体积	一次使用量							周转次数	周转补损率
					组合式钢模板	复合木模板		模板木材	钢支撑系统	零星卡具	木支撑系统		
						钢框肋	面板						
				m³	kg	kg	m²	m³	kg		m³	次	％
满堂基础	无梁式	钢	木	217.37	3180.50	—	—	0.730	—	195.60	1.453	50	
		复		217.37	—	1463.00	88.00	0.730	—	195.60	1.453	50	
	有梁式	钢模	钢	77.23	3383.00	—	—	0.085	2108.28	627.00	0.385	50	
			木	77.23	3282.00	—	—	0.130	—	521.00	3.834	50	
		钢模	钢	77.23	119.00	1454.50	95.50	0.085	2108.28	627.00	0.385	50	
			木	77.23	119.00	1454.50	95.50	0.130	—	521.00	3.834	50	
独立桩承台		钢模	钢	50.15	4598.60	—	—	—0.295	1789.60①	506.20	1.194	50	
			木	50.15	4598.60	—	—	0.295	—	506.20	2.364	50	
		复模	钢	50.15	—	2068.00	123.50	0.295	1789.60①	506.20	1.194	50	
			木	50.15	—	2068.00	123.50	0.295	—	506.20	2.364	50	
混凝土基础垫层		木模	木	72.29	—	—	—	5.853	—	—	—	5	15
人工挖土方护井壁				13.07	—	—	—	3.205	—	—	0.367	4	15
设备基础	5m³ 以内	钢模	钢	31.16	3392.50	—	—	0.570	3324.00	842.00	1.035	50	
			木	31.16	3392.50	—	—	0.570	—	692.00	4.975	50	
		复模	钢	31.16	88.00	1536.00	93.50	0.570	3324.00	842.00	1.035	50	
			木	31.16	88.00	1536.00	93.50	0.570	—	692.80	4.975	50	
	20m³ 以内	钢模	钢	60.88	3368.00	—	—	0.425	3667.20	639.80	2.050	50	
			木	60.88	3368.00	—	—	0.425	—	540.60	3.290	50	
		复模	钢	60.88	75.00	1471.50	93.50	0.425	3667.20	639.80	2.050	50	
			木	60.88	75.00	1471.50	93.50	0.425	—	540.60	3.290	50	
	100m³ 以内	钢模	钢	76.16	3276.00	—	—	0.400	4202.40	786.00	0.195	50	
			木	76.16	3276.00	—	—	0.400	—	616.20	5.235	50	
		复模	钢	76.16	73.00	1275.50	93.50	0.400	4202.40	786.00	0.195	50	
			木	76.16	73.00	1275.50	93.50	0.400	—	616.20	5.235	50	
	100m³ 以外	钢模	钢	224	3290.50	—	—	0.250	2811.60	784.20	0.295	50	
			木	224	3290.50	—	—	0.250	—	640.40	5.335	50	
		复模	钢	224	12.50	1464.00	95.50	0.250	2811.60	784.20	0.295	50	
			木	224	12.50	1464.00	95.50	0.250	—	640.40	5.335	50	
设备螺栓套	0.5m 以内	木模 (10 个)	木	6.95	—	—	—	0.045	—	—	0.017	1	
	1m 以内			8.20	—	—	—	0.142	—	—	0.021	1	
	1m 以外			11.45	—	—	—	0.235	—	—	0.065	1	

续二

项　　目	模板种类	支撑种类	混凝土体积	一　次　使　用　量								周转次数	周转补损率
				组合式钢模板	复合木模板		模板木材	钢支撑系统	零星卡具	木支撑系统			
					钢框肋	面板							
			m³	kg	kg	m²	m³	kg		m³	次	%
矩 形 柱	钢模	钢	9.50	3866.00	—	—	0.305	5458.80	1308.60	1.73	50	
		木	9.50	3866.00	—	—	0.305	—	1106.20	5.050	50	
	复模	钢	9.50	512.00	1515.00	87.50	0.305	5458.80	1308.60	1.73	50	
		木	9.50	512.00	1515.00	87.50	0.305	—	1186.20	5.050	50	
异 形 柱	钢模	钢	10.73	3819.00	—	—	0.395	7072.80	547.80	—	50	
		木	10.73	3819.00	—	—	0.395	—	547.80	5.565	50	
	复模	钢	10.73	150.50	1644.009	99.50	0.395	7072.80	547.00	—	50	
		木	10.73	150.50	1644.00	99.50	0.395	—	547.00	5.565	50	
圆 型 柱	木	木	12.76	—	—	—	5.296	—	—	5.131	3	15
支撑高度超过3.6m 每超过1m		钢	—	—	—	—	—	400.80	—	0.200		
		木	—	—	—	—	—	—	—	0.520		
基 础 梁	钢模	钢	12.66	3795.50	—	—	0.205	849.00②	624.00	2.768	50	
		木	12.66	3795.50	—	—	0.205	—	624.00	5.503	50	
	复模	钢	12.66	264.00	1558.00	97.50	0.205	849.00②	624.00	2.768	50	
		木	12.66	264.00	1558.00	97.50	0.205	—	624.00	5.503	50	
单梁、连续梁	钢模	钢	10.41	3828.50	—	—	0.080	9535.700	806.00	0.290	50	
		木	10.41	3828.50	—	—	0.080	—	716.60	4.562	50	
	复模	钢	10.41	358.00	1541.50	98.00	0.080	9535.70③	806.00	0.290	50	
		木	10.41	358.00	1541.50	98.00	0.080	—	716.60	4.562	50	
异 形 梁	木	木	11.40	—	—	—	3.689	—	—	7.603	5	15
过 梁	钢	木	10.33	3653.50	—	—	0.920	—	235.60	6.062	50	
	复		10.33	—	1693.00	99.90	0.920	—	235.60	6.062	50	
拱 梁	木	木	13.12	—	—	—	6.500	—	—	5.769	3	15
弧 形 梁	木	木	11.45	—	—	—	9.685	—	—	22.178	3	15
圈 梁	钢	木	15.20	3787.00	—	—	0.065	—	—	1.040	50	
	复		15.20	—	1722.50	105.00	0.065	—	—	1.040	50	
弧 形 圈 梁	木	木	15.87	—	—	—	6.538	—	—	1.246	3	15
支撑高度超过3.6m 每超过1m		钢	—	—	—	—	—	1424.40	—	—		
		木	—	—	—	—	—	—	—	1.660		
直 形 墙	钢模	钢	13.44	3556.00	—	—	0.140	2920.80	863.40	0.155	50	
		木	13.44	3556.00	—	—	0.140	—	712.00	5.810	50	
	复模	钢	13.44	249.50	1498.00	96.50	0.140	2920.80	863.40	0.155	50	
		木	13.44	249.50	1498.00	96.50	0.140	—	712.00	5.810	50	

续三

项 目	模板种类	支撑种类	混凝土体积	一次使用量							周转次数	周转补损率
				组合式钢模板	复合木模板		模板木材	钢支撑系统	零星卡具	木支撑系统		
					钢框肋	面板						
			m³	kg	kg	m²	m³	kg	kg	m³	次	%
电梯井壁	钢模	钢	7.69	3255.50	—	—	0.705	2356.80	764.60	—	50	
		木	7.69	3255.50	—	—	0.705	—	599.40	2.835	50	
	复模	钢	7.69	—	1495.00	89.50	0.705	2356.80	764.60	—	50	
		木	7.69	—	1495.00	89.50	0.705	—	599.40	2.835	50	
弧形墙	木	木	14.20	—	—	—	5.357	—	806.00	2.748	5	25
大钢模板墙		钢	14.16	11481.11	—	—	0.113	308.40	90.69	0.104	200	
		木	14.16	11481.11	—	—	0.113	—	90.69	1.220	200	
支撑高度超过3.6m 每超过1m		钢	—	—	—	—	—	220.80	—	0.005		
		木	—	—	—	—	—	—	—	0.445		
有梁板	钢模	钢	14.49	3567.00	—	—	0.283	7163.90①	691.20	1.392	50	
		木	14.49	3567.00	—	—	0.283	—	691.20	8.051	50	
	复模	钢	14.49	729.50	1297.50	81.50	0.283	7163.90①	691.20	1.392	50	
		木	14.49	729.50	1297.50	81.50	0.283	—	691.20	8.051	50	
无梁板	钢模	钢	20.60	2807.50	—	—	0.822	4128.00	511.60	2.135	50	
		木	20.60	2807.50	—	—	0.822	—	511.60	6.970	50	
	复模	钢	20.60	—	1386.50	80.50	0.822	4128.00	511.60	2.135	50	
		木	20.60	—	1386.50	80.50	0.822	—	511.60	6.970	50	
平板	钢模	钢	13.44	3380.00	—	—	0.217	5704.80	542.40	1.448	50	
		木	13.44	3380.00	—	—	0.217	—	542.40	8.996	50	
	复模	钢	13.44	—	1482.50	96.50	0.217	5704.80	542.40	1.448	50	
		木	13.44	—	1482.50	96.50	0.217	—	542.40	8.996	50	
拱板	木	木	12.44	—	—	—	4.591	—	49.52	5.998	3	15
支撑高度超过3.6m 每超过1m		钢	—	—	—	—	—	1225.20	—	—		
		木	—	—	—	—	—	—	—	2.000		
直形楼梯	木	木	1.68	—	—	—	0.660	—	—	1.174	4	15
圆弧形楼梯	木	木	1.88	—	—	—	0.701	—	—	1.034	4	25
悬挑板	木	木	1.05	—	—	—	0.516	—	—	1.411	5	10
圆弧悬挑板	木	木	1.07	—	—	—	0.400	—	—	1.223	5	25
栏板	木	木	2.95	—	—	—	4.736	—	—	12.718	5	15
门框	木	木	7.07	—	—	—	4.000	—	—	5.781	5	10
框架柱接头	木	木	7.50	—	—	—	6.014	—	—	—		15
升板柱帽	木	木	19.74	—	—	—	3.762	—	—	16.527	5	15
台阶	木	木	1.64	—	—	—	0.212	—	—	0.069	3	15
暖气电缆沟	木	木	9.00	—	—	—	4.828	—	29.60	1.481	3	15

续四

项　目	模板种类	支撑种类	混凝土体积	一次使用量							周转次数	周转补损率
				组合式钢模板	复合木模板		模板木材	钢支撑系统	零星卡具	木支撑系统		
					钢框肋	面板						
			m³	kg	kg	m²	m³	kg		m³	次	%
天　沟　挑　檐	木	木	6.99	—	—	—	2.743	—	—	2.328	3	15
小　型　构　件	木	木	3.28	—	—	—	5.670	—	—	3.254	3	15
扶　　　　手	木	木	1.34	—	—	—	1.062	—	—	1.964	3	15
池　　　　槽	木	木	0.35	—	—	—	0.433	—	—	0.186	3	15

注:1. 复合木模板所列出的"钢框肋"定额项目中未示出,供参考用。

2. 表中所示周转次数、周转补损率是指模板,支撑材的周转次数详见编制说明。

3. 大钢模板墙项目中组合式钢模板栏数量,为大钢模板数量。

4. 直形楼梯～圆弧悬挑板项单位:每10m²投影面积;扶手单位:每100延长米;池槽单位:每m³外形体积。

5. 其他:

①栏内数量包括钢管支撑用量6896.40kg,梁卡具用量267.50kg。

②栏内数量包括梁卡具用量1072.00kg,钢管支撑用量717.60kg。

③栏内数量为梁卡具用量。

④栏内数量包括梁卡具1296.50kg,钢管支撑用量8239.20kg。

二、预制混凝土(编码:010509～010514)

(一)清单项目设置及工程量计算规则

1. 预制混凝土柱(编码:010509)

预制混凝土柱清单项目设置及工程量计算规则见表4-50。

表4-50　　　　　　　　　　预制混凝土柱(编码:010509)

项目编码	项目名称	项目特征	计量单位	工程量计算规则	工作内容
010509001	矩形柱	1. 图代号 2. 单件体积 3. 安装高度 4. 混凝土强度等级 5. 砂浆(细石混凝土)强度等级、配合比	1. m³ 2. 根	1. 以立方米计量,按设计图示尺寸以体积计算 2. 以根计量,按设计图示尺寸以数量计算	1. 模板制作、安装、拆除、堆放、运输及清理模内杂物、刷隔离剂等 2. 混凝土制作、运输、浇筑、振捣、养护 3. 构件运输、安装 4. 砂浆制作、运输 5. 接头灌缝、养护
010509002	异形柱				

2. 预制混凝土梁(编码:010510)

预制混凝土梁清单项目设置及工程量计算规则见表4-51。

表 4-51 预制混凝土梁(编码:010509)

项目编码	项目名称	项目特征	计量单位	工程量计算规则	工作内容
010510001	矩形梁	1. 图代号 2. 单件体积 3. 安装高度 4. 混凝土强度等级 5. 砂浆(细石混凝土)强度等级、配合比	1. m³ 2. 根	1. 以立方米计量,按设计图示尺寸以体积计算 2. 以根计量,按设计图示尺寸以数量计算	1. 模板制作、安装、拆除、堆放、运输及清理模内杂物、刷隔离剂等 2. 混凝土制作、运输、浇筑、振捣、养护 3. 构件运输、安装 4. 砂浆制作、运输 5. 接头灌缝、养护
010510002	异形梁				
010510003	过梁				
010510004	拱形梁				
010510005	鱼腹式吊车梁				
010510006	其他梁				

3. 预制混凝土屋架(编码:0105011)

预制混凝土屋架清单项目设置及工程量计算规则见表 4-52。

表 4-52 预制混凝土屋架(编码:0105011)

项目编码	项目名称	项目特征	计量单位	工程量计算规则	工作内容
010511001	折线型	1. 图代号 2. 单件体积 3. 安装高度 4. 混凝土强度等级 5. 砂浆(细石混凝土)强度等级、配合比	1. m³ 2. 榀	1. 以立方米计量,按设计图示尺寸以体积计算 2. 以榀计量,按设计图示尺寸以数量计算	1. 模板制作、安装、拆除、堆放、运输及清理模内杂物、刷隔离剂等 2. 混凝土制作、运输、浇筑、振捣、养护 3. 构件运输、安装 4. 砂浆制作、运输 5. 接头灌缝、养护
010511002	组合				
010511003	薄腹				
010511004	门式钢架				
010511005	天窗架				

4. 预制混凝土板(编码:010512)

预制混凝土板清单项目设置及工程量计算规则见表 4-53。

表 4-53 预制混凝土板(编码:010512)

项目编码	项目名称	项目特征	计量单位	工程量计算规则	工作内容
010512001	平板	1. 图代号 2. 单件体积 3. 安装高度 4. 混凝土强度等级 5. 砂浆(细石混凝土)强度等级、配合比	1. m³ 2. 块	1. 以立方米计量,按设计图示尺寸以体积计算。不扣除单个面积 ≤ 300mm × 300mm 的孔洞所占体积,扣除空心板空洞体积 2. 以块计量,按设计图示尺寸以数量计算	1. 模板制作、安装、拆除、堆放、运输及清理模内杂物、刷隔离剂等 2. 混凝土制作、运输、浇筑、振捣、养护 3. 构件运输、安装 4. 砂浆制作、运输 5. 接头灌缝、养护
010512002	空心板				
010512003	槽形板				
010512004	网架板				
010512005	折线板				
010512006	带肋板				
010512007	大型板				
010512008	沟盖板、井盖板、井圈	1. 单件体积 2. 安装高度 3. 混凝土强度等级 4. 砂浆强度等级、配合比	1. m³ 2. 块 (套)	1. 以立方米计量,按设计图示尺寸以体积计算。 2. 以块计量,按设计图示尺寸以数量计算	

5. 预制混凝土楼梯(编码:010513)

预制混凝土楼梯清单项目设置及工程量计算规则见表 4-54。

表 4-54　　　　　　　　　　预制混凝土楼梯(编码:010513)

项目编码	项目名称	项目特征	计量单位	工程量计算规则	工作内容
010513001	楼梯	1. 楼梯类型 2. 单件体积 3. 混凝土强度等级 4. 砂浆(细石混凝土)强度等级	1. m³ 2. 段	1. 以立方米计量,按设计图示尺寸以体积计算。扣除空心踏步板空洞体积 2. 以段计量,按设计图示数量计算	1. 模板制作、安装、拆除、堆放、运输及清理模内杂物、刷隔离剂等 2. 混凝土制作、运输、浇筑、振捣、养护 3. 构件运输、安装 4. 砂浆制作、运输 5. 接头灌缝、养护

6. 其他预制构件(编码:010514)

其他预制构件清单项目及工程量计算规则见表 4-55。

表 4-55　　　　　　　　　　其他预制构件(编码:010514)

项目编码	项目名称	项目特征	计量单位	工程量计算规则	工作内容
010514001	垃圾道、通风道、烟道	1. 单件体积 2. 混凝土强度等级 3. 砂浆强度等级	1. m³ 2. m² 3. 根(块、套)	1. 以立方米计量,按设计图示尺寸以体积计算。不扣除单个面积≤300mm×300mm 的孔洞所占体积,扣除烟道、垃圾道、通风道的孔洞所占体积 2. 以平方米计量,按设计图示尺寸以面积计算。不扣除单个面积≤300mm×300mm 的孔洞所占面积 3. 以根计量,按设计图示尺寸以数量计算	1. 模板制作、安装、拆除、堆放、运输及清理模内杂物、刷隔离剂等 2. 混凝土制作、运输、浇筑、振捣、养护 3. 构件运输、安装 4. 砂浆制作、运输 5. 接头灌缝、养护
010514002	其他构件	1. 单件体积 2. 构件的类型 3. 混凝土强度等级 4. 砂浆强度等级			

(二)清单项目解释说明

1. 预制混凝土柱、梁

以根计量,必须描述单件体积。

2. 预制混凝土屋架

(1)以榀计量,必须描述单件体积。

(2)三角形屋架按表 4-52 中折线型屋架项目编码列项。

3. 预制混凝土板

(1)以块、套计量,必须描述单件体积。

(2)不带肋的预制遮阳板、雨篷板、挑檐板、拦板等,应按表 4-53 中平板项目编码列项。

(3)预制 F 形板、双 T 形板、单肋板和带反挑檐的雨篷板、挑檐板、遮阳板等,应按表 4-53 中带肋板项目编码列项。

(4)预制大型墙板、大型楼板、大型屋面板等,按表 4-53 中大型板项目编码列项。

4. 预制混凝土楼梯

以块计量，必须描述单件体积。

5. 其他预制构件

(1)以块、根计量，必须描述单件体积。

(2)预制钢筋混凝土小型池槽、压顶、扶手、垫块、隔热板、花格等，按表4-55中其他构件项目编码列项。

(三)工程量计算规则对照详解

(1)预制钢筋混凝土模板工程量，除另有规定者外均按混凝土实体体积以"m³"计算。

(2)预制桩尖按虚体积(不扣除桩尖虚体积部分)计算。

(3)混凝土工程量均按图示尺寸实体体积以 m³ 计算，不扣除构件内钢筋、铁件及小于300mm×300mm 以内孔洞面积。

(4)预制桩按桩全长(包括桩尖)乘以桩断面(空心桩应扣除孔洞体积)以 m³ 计算。

(5)预制构件模板一次用量可参见表4-56。

表 4-56　　　　　　　　　　　　预制构件模板一次用量表

项目名称		定额单位	模板种类	模板接触面积	地模接触面积	组合式钢模	复合木模板 钢框肋	复合木模板 面板	模板木材	定型钢模	零星卡具	木支撑系统	钢支撑系统	橡胶管内膜	周转次数	周转补损率
				m²	m²	kg	kg	m²	m³	kg	kg	m³	kg	m	次	%
矩形桩	实心	10m³ 混凝土体积	组合式钢模	53.22	25.77	—	—	—	0.230	—	200.55	0.110	757.43	—	150	—
		10m³ 混凝土体积	复合	53.22	25.77	13.95	881.09	50.82	0.230	—	200.55	0.110	757.43	—	100	—
	空心	10m³ 混凝土体积	复合木模板	70.33	21.08	9.28	686.21	42.64	0.280	—	139.64	0.720	210.29	6.24	100	—
		10m³ 混凝土体积	组合式钢模	10.33	21.08	1542.91	—	—	0.280	—	139.64	0.720	210.27	6.24	150	—
桩尖		10m³ 混凝土体积	木模	49.30	—	—	—	—	10.52	—	—	—	—	—	20	
矩形柱		10m³ 混凝土体积	组合式钢模	50.46	29.43	1698.67	—	—	0.460	—	236.40	0.860	587.16	—	150	—
		10m³ 混凝土体积	复合木模板	50.46	29.43	141.82	683.01	44.24	0.460	—	236.40	0.860	587.16	—	100	—
工形柱		10m³ 混凝土体积	组合式钢模	71.23	44.36	1587.88	—	—	0.759	—	222.01	2.140	222.05	—	150	—
		10m³ 混凝土体积	复合木模板	71.23	44.36	61.01	670.60	45.36	0.759	—	222.01	2.40	222.05	—	100	—
双肢形柱		10m³ 混凝土体积	复合木模板	41.25	混凝土2.08 砖14.91	38.70	542.30	25.82	1.154	—	74.18	1.363	458.26	—	100	—
		10m³ 混凝土体积	组合式钢模	41.25	混凝土2.08 砖14.91	1265.47	—	—	1.154	—	74.18	1.363	458.26	—	150	—
空格柱		10m³ 混凝土体积	组合式钢模	66.68	22.34	1952.72	—	—	0.971	—	245.48	1.721	58.40	—	150	—
		10m³ 混凝土体积	复合木模板	66.68	22.34	145.85	796.02	53.55	0.971	—	245.48	1.721	58.40	—	100	—

续一

项目名称	定额单位	模板种类	模板面积		一　次　使　用　量									周转次数	周转补损率
			模板接触面积	地模接触面积	组合式钢模	复合木模板		模板木材	定型钢模	零星卡具	木支撑系统	钢支撑系统	橡胶管内膜		
						钢框肋	面板								
			m²		kg	kg	m²	m³	kg	kg	m³	kg	m	次	%
围墙柱	10m³ 混凝土体积	木模	117.60	55.51	—	—	—	10.172	—	—	—	—	—	30	—
矩形梁	10m³ 混凝土体积	钢模	122.60	—	4734.42	—	—	0.380	—	836.67	8.165	559.30	—	150	—
	10m³ 混凝土体积	复合模	122.60	—	739.18	1758.88	111.75	0.380	—	836.67	8.165	559.30	—	100	—
异形梁	10m³ 混凝土体积	木模	99.62	—	—	—	—	12.532	—	—	—	—	—	10	10
过梁	10m³ 混凝土体积	木模	124.50	51.67	—	—	—	4.382	—	—	—	—	—	10	10
托架梁	10m³ 混凝土体积	木模	115.97	—	—	—	—	11.725	—	—	—	—	—	10	10
鱼腹式吊车梁	10m³ 混凝土体积	木模	136.28	—	—	—	—	28.428	—	—	—	—	—	10	10
风道梁	10m³ 混凝土体积	钢模	19.88	49.38	527.62	—	—	0.412	—	52.46	1.743	—	—	150	—
	10m³ 混凝土体积	复合模	19.88	49.38	16.29	223.80	14.23	0.412	—	52.46	1.743	—	—	100	—
拱形梁	10m³ 混凝土体积	木模	61.60	34.24	—	—	—	12.536	—	—	—	—	—	10	10
折线形屋架	10m³ 混凝土体积	木模	134.60	12.15	—	—	—	17.04	—	—	—	—	—	10	10
三角形屋架	10m³ 混凝土体积	木模	162.35	—	—	—	—	18.979	—	—	—	—	—	10	10
组合屋架	10m³ 混凝土体积	木模	136.50	—	—	—	—	17.595	—	—	—	—	—	10	10
薄腹屋架	10m³ 混凝土体积	木模	157.40	—	—	—	—	15.529	—	—	—	—	—	10	10
门式刚架	10m³ 混凝土体积	木模	83.98	—	—	—	—	9.061	—	—	—	—	—	10	10
天窗架	10m³ 混凝土体积	木模	83.05	52.74	—	—	—	4.078	—	—	—	—	—	10	10
天窗端壁板	10m³ 混凝土体积	木模	276.63	—	—	—	—	30.080	—	—	—	—	—	15	—
	10m³ 混凝土体积	定型钢模	276.63	—	—	—	—	—	47717.84	—	—	—	—	2000	—
120mm 以内空心板	10m³ 混凝土体积	定型钢模	470.79	—	—	—	—	—	55912.15	—	—	—	—	2000	—
180mm 以内空心板	10m³ 混凝土体积	定型钢模	393.52	—	—	—	—	—	53163.27	—	—	—	—	2000	—
240mm 以内空心板	10m³ 混凝土体积	定型钢模	339.97	—	—	—	—	—	36658.86	—	—	—	—	2000	—
120mm 以内空心板	10m³ 混凝土体积	长线台钢拉模	323.34	106.94	—	—	—	—	24469.66	—	—	—	—	2000	—
180mm 以内空心板	10m³ 混凝土体积	长线台钢拉模	306.57	91.57	—	—	—	—	23449.42	—	—	—	—	2000	—
预应力 120mm 以内空心板（拉模）	10m³ 混凝土体积	长线台钢拉模	351.42	140.73	—	—	—	—	61816.44	—	—	—	—	2000	—
预应力 180mm 以内空心板（拉模）	10m³ 混凝土体积	长线台钢拉模	311.45	110.83	—	—	—	—	43253.34	—	—	—	—	2000	—

续二

项目名称	定额单位	模板种类	模板面积		一 次 使 用 量										周转次数	周转补损率
			模板接触面积	地模接触面积	组合式钢模	复合木模板		模板木材	定型钢模	零星卡具	木支撑系统	钢支撑系统	橡胶管内膜		
						钢框肋	面板								
			m²		kg	kg	m²	m³	kg	kg	m³	kg	m	次	%
预应力240mm以内空心板(拉模)	10m³ 混凝土体积	长线台钢拉模	113.13	98.00	—	—	—	—	40665.59	—	—	—	—	2000	—
平 板	10m³ 混凝土体积	木 模	48.30	123.55	—	—	—	0.145	—	—	—	—	—	40	—
	10m³ 混凝土体积	定型钢模	48.30	123.55		—	—	—	7833.96	—	—	—	—	2000	—
槽 形 板	10m³ 混凝土体积	定型钢模	250.02	—	—	—	—	—	55895.92	—	—	—	—	2000	—
F 形 板	10m³ 混凝土体积	定型钢模	259.58	—	—	—	—	—	44033.73	—	—	—	—	2000	—
大型屋面板	10m³ 混凝土体积	定型钢模	321.41	—	—	—	—	—	52084.76	—	—	—	—	2000	—
双 T 板	10m³ 混凝土体积	定型钢模	268.42	—	—	—	—	—	39693.15	—	—	—	—	2000	—
单 肋 板	10m³ 混凝土体积	定型钢模	351.49	—	—	—	—	—	60231.13	—	—	—	—	2000	—
天 沟 板	10m³ 混凝土体积	定型钢模	225.51	—	—	—	—	—	39257.34	—	—	—	—	2000	—
折 板	10m³ 混凝土体积	木 模	18.30	282.66	—	—	—	2.604	—	—	—	—	—	20	—
挑 檐 板	10m³ 混凝土体积	木 模	43.60	159.94	—	—	—	4.264	—	—	—	—	—	30	—
地沟盖板	10m³ 混凝土体积	木 模	66.20	92.58	—	—	—	5.687	—	—	—	—	—	40	—
窗 台 板	10m³ 混凝土体积	木 模	121.10	281.01	—	—	—	14.217	—	—	—	—	—	30	—
隔 板	10m³ 混凝土体积	木 模	70.80	370.36	—	—	—	10.344	—	—	—	—	—	30	—
架空隔热板	10m³ 混凝土体积	木 模	80.00	320.00	—	—	—	9.440	—	—	—	—	—	40	—
栏 板	10m³ 混凝土体积	木 模	78.90	178.68	—	—	—	9.460	—	—	—	—	—	30	—
遮 阳 板	10m³ 混凝土体积	木 模	165.10	179.89	—	—	—	4.936	—	—	—	—	—	15	—
网 架 板	10m³ 混凝土体积	定型钢模	318.68	—	—	—	—	—	47337.61	—	—	—	—	2000	—
大型多孔墙板	10m³ 混凝土体积	定型钢模	317.99	—	—	—	—	—	34392.07	—	—	—	—	2000	—
墙板20cm内	10m³ 混凝土体积	定型钢模	26.41	59.10	—	—	—	—	8281.80	—	—	—	—	2000	—
墙板20cm外	10m³ 混凝土体积	定型钢模	26.61	43.47	—	—	—	—	6590.87	—	—	—	—	2000	—
升 板	10m³ 混凝土体积	木 模	2.98	—	—	—	—	0.516	—	—	—	—	—	15	—
天窗侧板	10m³ 混凝土体积	定型钢模	291.01	—	—	—	—	—	56378.34	—	—	—	—	2000	—
	10m³ 混凝土体积	木 模	174.33	128.50	—	—	—	19.595	—	—	—	—	—	30	—
拱板(10m内)	10m³ 混凝土体积	木 模	286.84	11.39	—	—	—	36.629	—	—	—	—	—	10	10
拱板(10m外)	10m³ 混凝土体积	木 模	320.20	139.61	—	—	—	39.449	—	—	—	—	—	10	10
檩 条	10m³ 混凝土体积	木 模	440.40	—	—	—	—	53.465	—	—	—	—	—	20	—

续三

项目名称	定额单位	模板种类	模板面积		一次使用量									周转次数	周转补损率
			模板接触面积	地模接触面积	组合式钢模	复合木模板		模板木材	定型钢模	零星卡具	木支撑系统	钢支撑系统	橡胶管内膜		
						钢框肋	面板								
			m²		kg	kg	m²	m³	kg	kg	m³	kg	m	次	%
天窗上下档及封檐板	10m³混凝土体积	木模	293.60	150.68	—	—	—	27.540	—	—	—	—	—	30	
阳台	10m³混凝土体积	木模	56.42	69.73	—	—	—	5.3	—	—	—	—	—	30	
雨篷	10m³混凝土体积	木模	117.77	38.07	—	—	—	5.018	—	—	—	—	—	20	
烟囱、垃圾、通风道	10m³混凝土体积	木模	7.15	9.99	—	—	—	5.17	—	—	—	—	—	10	15
漏空花格	10m³混凝土体积	木模	1057.93	—	—	—	—	89.060	—	—	—	—	—	20	
门窗框	10m³混凝土体积	木模	151.30	门74.14 窗50.97	—	—	—	9.361	—	—	—	—	—		
小型构件	10m³混凝土体积	木模	210.60	284.77	—	—	—	12.425	—	—	—	—	—	10	10
空心楼梯段	10m³混凝土体积	钢模	305.62	—	—	—	—	—	41696.50	—	—	—	—	2000	
实心楼梯段	10m³混凝土体积	钢模	174.51		—	—	—	—	36476.16	—	—	—	—	2000	
楼梯斜梁	10m³混凝土体积	木模	200.30	52.94	—	—	—	24.57	—	—	—	—	—	30	
楼梯踏步	10m³混凝土体积	木模	237.02	188.81	—	—	—	15.96	—	—	—	—	—	40	
池槽(小型)②	10m³混凝土体积	木模	128.56	26.05	—	—	—	6.10	—	—	—	—	—	10	15
栏杆	10m³混凝土体积	木模	177.10	113.88	—	—	—	23.38	—	—	—	—	—	30	
扶手	10m³混凝土体积	木模	139.90	162.84	—	—	—	11.58	—	—	—	—	—	30	
井盖板	10m³混凝土体积	木模	48.17	382.40	—	—	—	15.74	—	—	—	—	—	20	
井圈	10m³混凝土体积	木模	177.56	84.11	—	—	—	30.30	—	—	—	—	—	20	
一般支撑	10m³混凝土体积	木模	100.80	60.08	—	—	—	8.43	—	—	—	—	—	30	
框架式支撑	10m³混凝土体积	复合模	33.63	26.30	46.14	2297.99	30.19	0.52	—	137.78	1.322	—	—	100	
	10m³混凝土体积	组合式钢模	33.63	26.30	1087.66	—	—	0.52	—	137.78	1.322	—	—	150	
支架	10m³混凝土体积	复合模	74.10	33.32	50.99	1167.83	54.08	1.600	—	136.03	1.578	735.29	—	100	
	10m³混凝土体积	组合模	74.10	33.32	2064.71	—	—	1.600	—	136.03	1.578	735.29	—	150	

三、钢筋工程(编码:010515~010516)

(一)清单项目设置及工程量计算规则

1. 钢筋工程(编码:010515)

钢筋工程清单项目设置及工程量计算规则见表4-57。

表 4-57　　　　　　　　　钢筋工程(编码:010515)

项目编码	项目名称	项目特征	计量单位	工程量计算规则	工作内容
010515001	现浇构件钢筋				1. 钢筋制作、运输 2. 钢筋安装 3. 焊接(绑扎)
010515002	预制构件钢筋				
010515003	钢筋网片	钢筋种类、规格		按设计图示钢筋(网)长度(面积)乘以单位理论质量计算	1. 钢筋网制作、运输 2. 钢筋网安装 3. 焊接(绑扎)
010515004	钢筋笼				1. 钢筋笼制作、运输 2. 钢筋笼安装 3. 焊接(绑扎)
010515005	先张法预应力钢筋	1. 钢筋种类、规格 2. 锚具种类	t	按设计图示钢筋长度乘以单位理论质量计算	1. 钢筋制作、运输 2. 钢筋张拉
010515006	后张法预应力钢筋	1. 钢筋种类、规格 2. 钢丝种类、规格 3. 钢绞线种类、规格 4. 锚具种类 5. 砂浆强度等级		按设计图示钢筋(丝束、绞线)长度乘单位理论质量计算 1. 低合金钢筋两端均采用螺杆锚具时,钢筋长度按孔道长度减 0.35m 计算,螺杆另行计算 2. 低合金钢筋一端采用镦头插片,另一端采用螺杆锚具时,钢筋长度按孔道长度计算,螺杆另行计算 3. 低合金钢筋一端采用镦头插片,另一端采用帮条锚具时,钢筋增加 0.15m 计算;两端均采用帮条锚具时,钢筋长度按孔道长度增加 0.3m 计算 4. 低合金钢筋采用后张混凝土自锚时,钢筋长度按孔道长度增加 0.35m 计算 5. 低合金钢筋(钢绞线)采用 JM、XM、QM 型锚具,孔道长度 ≤20m 时,钢筋长度增加 1m 计算,孔道长度 >20m 时,钢筋长度增加 1.8m 计算 6. 碳素钢丝采用锥形锚具,孔道长度 ≤20m 时,钢丝束长度按孔道长度增加 1m 计算,孔道长度 >20m 时,钢丝束长度按孔道长度增加 1.8m 计算 7. 碳素钢丝采用镦头锚具时,钢丝束长度按孔道长度增加 0.35m 计算	1. 钢筋、钢丝、钢绞线制作、运输 2. 钢筋、钢丝、钢绞线安装 3. 预埋管孔道铺设 4. 锚具安装 5. 砂浆制作、运输 6. 孔道压浆、养护
010515007	预应力钢丝				
010515008	预应力钢绞线				
010515009	支撑钢筋(铁马)	1. 钢筋种类 2. 规格		按钢筋长度乘以单位理论质量计算	钢筋制作、焊接、安装
010515010	声测管	1. 材质 2. 规格型号		按设计图示尺寸以质量计算	1. 检测管截断、封头 2. 套管制作、焊接 3. 定位、固定

2.螺栓、铁件(编码:010516)

螺栓、铁件清单项目设置及工程量计算规则见表4-58。

表 4-58 螺栓、铁件(编码:010516)

项目编码	项目名称	项目特征	计量单位	工程量计算规则	工作内容
010516001	螺栓	1. 螺栓种类 2. 规格	t	按设计图示尺寸以质量计算	1. 螺栓、铁件制作、运输 2. 螺栓、铁件安装
010516002	预埋铁件	1. 钢材种类 2. 规格 3. 铁件尺寸			
010516003	机械连接	1. 连接方式 2. 螺纹套筒种类 3. 规格	个	按数量计算	1. 钢筋套丝 2. 套筒连接

(二)清单项目解释说明及应用

1. 钢筋工程

(1)现浇构件中伸出构件的锚固钢筋应并入钢筋工程量内。除设计(包括规范规定)标明的搭接外,其他施工搭接不计算工程量,在综合单价中综合考虑。

(2)现浇构件中固定位置的支撑钢筋、双层钢筋用的"铁马"在编制工程量清单时,如果设计未明确,其工程数量可为暂估量,结算时按现场签证数量计算。

2. 螺栓、铁件

编制工程量清单时,如果设计未明确,其工程数量可为暂估量,实际工程量按现场签证数量计算。

【例 4-23】　有梁式满堂基础尺寸如图4-20所示,梁板配筋如图4-26所示。试计算满堂基础的钢筋工程量。

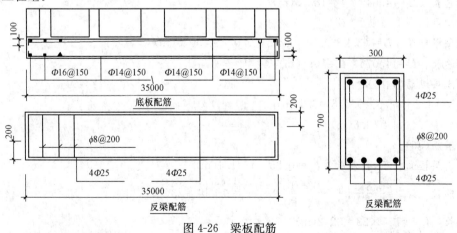

图 4-26　梁板配筋

【解】　现浇混凝土钢筋工程量计算如下:

计算公式:现浇混凝土钢筋工程量＝设计图示钢筋长度×单位理论质量

(1)满堂基础底板钢筋:

底板下部(ф16)钢筋根数＝(35－0.07)÷0.15＋1＝234(根)

(ф16)钢筋质量＝(25－0.07＋0.10×2)×234×1.578＝9279(kg)＝9.279(t)

底板下部(ф14)钢筋根数＝(25－0.07)÷0.15＋1＝168(根)

(ф14)钢筋质量＝(35－0.07＋0.10×2)×168×1.208＝7129(kg)＝7.129(t)

底板上部(ф14)钢筋质量＝(25－0.07＋0.10×2)×234×1.208＋7129＝14233(kg)＝
$$14.233(t)$$

现浇构件 HRB335 级钢筋(ф16)工程量＝9.279(t)

现浇构件 HRB335 级钢筋(ф14)工程量＝7.129＋14.233＝21.362(t)

(2)满堂基础反梁钢筋：

梁纵向受力钢筋(ф25)质量＝[(25－0.07＋0.4)×8×5＋(35－0.07＋0.4)×8×3]×
3.853＝7171(kg)＝7.171(t)

梁箍筋(ф8)根数＝[(25－0.07)÷0.2＋1]×5＋[(35－0.07)÷0.2＋1]×3
$$＝126×5＋176×3＝1158(根)$$

梁箍筋(ф8)质量＝[(0.3－0.07＋0.008＋0.7－0.07＋0.008)×2
$$＋4.9×0.008×2]×1158×0.395$$
$$＝837(kg)＝0.837(t)$$

现浇构件 HRB335 级钢筋(ф25)工程量＝7.171(t)

现浇构件 HPB235 级箍筋(ф8)工程量＝0.837(t)

【例 4-24】 试计算钢筋混凝土柱的钢筋工程量

如图 4-27 为某三层现浇框架柱立面和断面配筋图,底层柱断面尺寸为 350mm×350mm,纵向受力筋 4ф22,受力筋下端与柱基插筋搭接,搭接长度 800。与柱正交的是"＋"字形整体现浇梁,试计算该柱钢筋工程量。

【解】 (1)计算钢筋长度。

1)底层纵向受力筋(ф22)。

①每根筋长 $l_1＝(3.07＋0.5＋0.8)＋12.5×0.022＝4.645(m)$

②总长 $L_1＝4.645×4＝18.58(m)$

2)二层纵向受力筋(ф22)。

①每根筋长 $l_2＝(3.2＋0.6)＋12.5×0.022＝4.075(m)$

②总长 $L_2＝4.075×4＝16.3(m)$

3)三层纵筋(ф16)。

①$l_3＝3.2＋12.5×0.016＝3.4(m)$

②$L_3＝3.4×4＝13.6(m)$

4)箍筋(ф6)。

①二层楼面以下,箍筋长 $l_{g1}＝0.35×4＝1.4(m)$

箍筋数 $N_{g1}＝\dfrac{0.8}{0.1}＋1＋\dfrac{3.07－0.8＋0.5}{0.2}＝9＋14＝23(根)$

总长 $L_{g1}＝1.4×23＝32.2(m)$

②二层楼面至三层楼顶面,箍筋长 $l_{g2}＝0.25×4＝1.0(m)$

箍筋数 $N_{g2}＝\dfrac{0.8＋0.6}{0.1}＋\dfrac{3.2×2－0.8－0.6}{0.2}＝39(根)$

总长 $L_{g2}＝1×39＝39(m)$

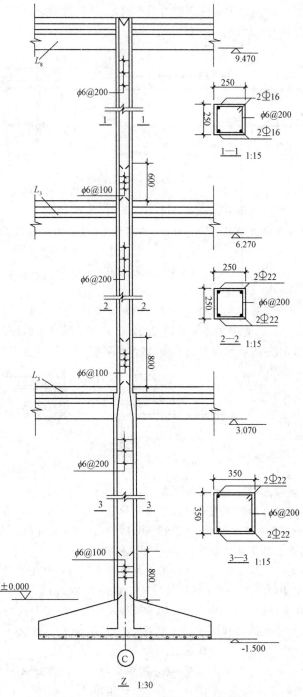

图 4-27　三层现浇架柱立面和断面配筋图

箍筋总长　$L_g=32.2+39=71.2(m)$

(2)钢筋图纸用量。

$\oplus 22$　$(18.58+16.3)\times 2.98=103.94(kg)$

$\oplus 16$　$13.6\times 1.58=21.49(kg)$

$\phi 6$　$71.2\times 0.222=15.81(kg)$

【例 4-25】 如图 4-28 所示为后张预应力吊车梁,下部后张预应力钢筋用 JM 型锚具,试计算后张预应力钢筋和混凝土工程量。

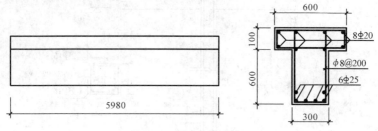

图 4-28 后张预应力吊车梁

【解】 (1)后张法预应力钢筋工程量计算如下:

计算公式:后张法预应力钢筋(JM 型锚具)工程量=(设计图示钢筋长度+增加长度)×单位理论质量

后张预应力钢筋(Φ 25)工程量=(5.98+1.00)×6×3.853=161(kg)=0.161(t)

(2)预制混凝土吊车梁工程量计算如下:

计算公式:预制混凝土吊车梁工程量=断面面积×设计图示长度

预制混凝土吊车梁工程量=(0.1×0.6+0.3×0.6)×5.98=1.44(m³)

【例 4-26】 如图 4-29 所示预应力空心板,试计算其混凝土和钢筋工程量。

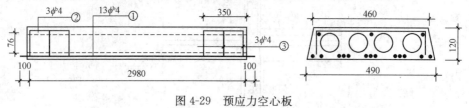

图 4-29 预应力空心板

【解】 (1)先张预应力钢筋工程量计算如下:

计算公式:先张预应力钢筋工程量=设计图示钢筋长度×单位理论质量

①号先张预应力纵向钢筋工程量=(2.98+0.1×2)×13×0.099=4.1(kg)

(2)预制构件钢筋工程量计算如下:

计算公式:预制构件钢筋工程量=设计图示钢筋长度×单位理论质量

②号纵向钢筋质量=(0.35-0.01)×3×2×0.099=0.2(kg)

③号纵向钢筋质量=(0.46-0.01×2+0.1×2)×3×2×0.099=0.38(kg)

构造筋(非预应力冷拔低碳钢丝 ϕ^b4)工程量=0.2+0.38=0.58(kg)

(3)预制混凝土空心板工程量计算如下:

计算公式:预制混凝土空心板工程量=(外围断面面积-空洞面积)×设计图示长度

预应力空心板混凝土工程量=[(0.49+0.46)÷2×0.12-π×0.038²×4]×2.98

$$=0.116(m³)$$

(三)工程量计算规则对照详解

(1)钢筋工程,应区别现浇、预制构件、不同钢种和规格,分别按设计长度乘以单位重量,以吨计算。

(2)计算钢筋工程量时,设计已规定钢筋搭接长度的,按规定搭接长度计算;设计未规定搭接长度的,已包括在钢筋的损耗率之内,不另计算搭接长度。钢筋电渣压力焊接、套筒挤压等接头,以"个"计算。

(3)先张法预应力钢筋,按构件外形尺寸计算长度,后张法预应力钢筋按设计图规定的预应力钢筋预留孔道长度,并区别不同的锚具类型,分别按下列规定计算。

(4)钢筋混凝土构件预埋铁件工程量按设计图示尺寸,以"t"计算。

(5)固定预埋螺栓、铁件的支架,固定双层钢筋的铁马凳、垫铁件,按审定的施工组织设计规定计算,套相应定额项目。

(6)现浇构件中固定位置的支撑钢筋、双层钢筋用的"铁马"、伸出构件的锚固钢筋、预制构件的吊钩等,应并入钢筋工程量内。

(7)每 $10m^3$ 现浇钢筋混凝土构件中钢筋含量可参见表 4-59。

表 4-59　　　　　　　　　　　　　　现浇钢筋混凝土构件

项　　目		单位	钢　　筋				
			低碳冷拔钢丝	HPB235 级钢		HRB335 级钢	HRB400 级钢
			$\phi5$ 以内	$\phi10$ 以内	$\phi10$ 以外	$\phi10$ 以外	$\phi10$ 以外
带型基础	有梁式	$t/10m^3$	—	0.12	0.41	0.30	—
	板　式	$t/10m^3$	—	0.09	0.623		
独立基础		$t/10m^3$	—	0.06	0.45		
杯型基础		$t/10m^3$	—	0.02	0.243		
高杯基础		$t/10m^3$	—	0.06	0.615		
满堂基础	无梁式	$t/10m^3$	—	0.043	0.982		
	有梁式	$t/10m^3$	—	0.446	0.604		
独立桩承台		$t/10m^3$	—	0.19	0.52		
设备基础	$5m^3$ 以内	$t/10m^3$	—	0.14	0.20		
	$20m^3$ 以内	$t/10m^3$	—	0.12	0.18		
	$100m^3$ 以内	$t/10m^3$	—	0.10	0.16		
	$100m^3$ 以外	$t/10m^3$	—	0.10	0.16		
柱	矩　型	$t/10m^3$		0.187	0.53	0.503	
	异　型	$t/10m^3$		0.22	0.64	0.465	
	圆　型	$t/10m^3$		0.22	0.65	0.515	
梁	基 础 梁	$t/10m^3$		0.103	1.106		
	单梁、连续梁	$t/10m^3$		0.244	0.876		
	异 型 梁	$t/10m^3$		0.268	0.52	0.585	
	过　梁	$t/10m^3$		0.347	0.672		
	拱弧型梁	$t/10m^3$		0.268	0.48	0.612	
	圈　梁	$t/10m^3$		0.263	0.99		
直 形 墙		$t/10m^3$		0.506	0.36		
电梯井壁		$t/10m^3$		0.232	0.784		
弧形墙		$t/10m^3$		0.46	0.49		

项　目		单位	钢　筋				
			低碳冷拔钢丝	HPB235 级钢		HRB335 级钢	HRB400 级钢
			φ5 以内	φ10 以内	φ10 以外	φ10 以外	φ10 以外
大钢模板墙		t/10m³	—	0.51	0.43	—	—
板	有梁板	t/10m³	—	0.575	0.628	—	—
	无梁板	t/10m³	—	0.509	0.154	—	—
	平　板	t/10m³	—	0.38	0.41	—	—
	拱　板	t/10m³	—	0.42	0.543	—	—
楼　梯		t/10m²	—	0.065	0.127	—	—
悬挑板		t/10m²	—	0.119	—	—	—
栏　板		t/10m³	—	0.071	—	—	—
暖气井		t/10m³	—	0.09	0.79	—	—
门　框		t/10m³	—	0.205	0.699	—	—
框架柱接头		t/10m³	—	0.34	—	—	—
无沟挑檐		t/10m³	—	0.574	—	—	—
池　槽		t/10m³	—	0.52	0.25	—	—
小型构件		t/10m³	—	0.92	—	—	—

(8)每 10m³ 预制钢筋混凝土构件中钢筋含量可参见表 4-60。

表 4-60　　　　　　　　　　　　　预制钢筋混凝土构件

项　目		单位	钢　筋				
			低碳冷拔钢丝	HPB235 级钢		HRB335 级钢	HRB400 级钢
			φ5 以内	φ10 以内	φ10 以外	φ10 以外	φ10 以外
矩形桩		t/10m³	—	0.279	0.474	0.415	—
桩　尖		t/10m³	0.17	0.203	1.772	—	—
柱	矩　形	t/10m³	—	0.117	—	0.889	—
	工　形	t/10m³	—	0.179	0.834	0.437	—
	双肢形	t/10m³	—	0.202	0.98	0.96	—
	空格形	t/10m³	—	0.202	0.98	0.96	—
	围墙柱	t/10m³	—	0.792	—	—	—
梁	矩　形	t/10m³	—	0.321	0.764	—	—
	异　形	t/10m³	—	0.655	0.251	0.443	—
	过　梁	t/10m³	0.21	0.364	0.108	—	—
	托架梁	t/10m³	—	0.35	0.95	1.50	—
	鱼腹式吊车梁	t/10m³	—	0.867	—	0.931	—
	风道梁	t/10m³	—	0.562	0.256	0.485	—
	拱形梁	t/10m³	—	0.46	0.46	0.52	—

续一

项　　目		单位	钢　　筋				
			低碳冷拔钢丝	HPB235级钢		HRB335级钢	HRB400级钢
			φ5以内	φ10以内	φ10以外	φ10以外	φ10以外
屋架	折线形	t/10m³	—	0.337	1.405	1.40	—
	三角形	t/10m³	—	0.556	0.46	0.887	—
	组合形	t/10m³	0.14	0.556	0.40	0.687	—
	薄腹形	t/10m³		0.03	1.491	1.10	
门式刚架		t/10m³		0.368	0.855	1.18	
天窗架		t/10m³	0.266	0.077	—	1.484	
天窗端板		t/10m³	—	0.129	—	0.729	
空心板	120mm以内	t/10m³	0.083	0.367	0.01	—	
	180mm以内	t/10m³	0.06	0.320	0.134	—	
	240mm以内	t/10m³	0.04	0.283	0.134	—	
平　板		t/10m³	0.082	0.272	0.03		
槽形板		t/10m³	0.341	0.301	—	0.305	
F形板		t/10m³	0.32	0.33	—	0.568	
大型屋面板		t/10m³	0.185	0.344		0.738	
双T板		t/10m³	0.185	0.344		0.738	
单肋板		t/10m³	0.341	0.301		0.305	
天沟板		t/10m³	—	0.325	0.121	—	
折　板		t/10m³	—	0.24	0.354	—	
挑檐板		t/10m³	0.021	0.593	0.221	—	
地沟盖板		t/10m³	0.024	0.220	—		
窗台板		t/10m³	0.113	1.234			
隔　板		t/10m³	0.381	0.563			
架空隔热板		t/10m³	0.337	0.17			
栏　板		t/10m³	0.342	0.244	—		
遮阳板		t/10m³	0.406	0.214			
网架板		t/10m³	0.460	0.245			
大型多孔墙板		t/10m³	—	0.268	0.566		
坪　板		t/10m³	—	0.268	0.488		
檩　条		t/10m³	0.107	1.248	0.458	—	
天窗上下档		t/10m³	0.107	1.248	0.458	—	
阳　台		t/10m³	0.021	0.593	0.221	—	
雨　篷		t/10m³	0.042	0.460	0.266	—	
门窗框		t/10m³	—	0.212	0.288	—	
小型构件		t/10m³	0.225	0.227	0.056		

续二

项　目	单位	钢　筋				
		低碳冷拔钢丝	HPB235 级钢		HRB335 级钢	HRB400 级钢
		φ5 以内	φ10 以内	φ10 以外	φ10 以外	φ10 以外
空心楼梯段	t/10m³	0.188	0.136	0.210	—	—
实心楼梯段	t/10m³	0.051	0.434	0.286	—	—
楼梯斜梁	t/10m³	—	0.629	0.388	—	—
楼梯踏步	t/10m³	0.186	0.363	—	—	—
框架式支架	t/10m³		0.179	2.809	—	—
支　架	t/10m³		0.101	0.808	—	—
栏　杆	t/10m³	0.212	0.304	0.224	—	—
一般支撑	t/10m³	—	0.254	0.464	—	—

第六节　门窗及木结构工程

一、门窗(010801~010810)

(一)清单项目设置及工程量计算规则

1. 木门(编码:010801)

木门清单项目设置及工程量计算规则见表 4-61。

表 4-61　　　　　　　　　　　木门(编码:010801)

项目编码	项目名称	项目特征	计量单位	工程量计算规则	工作内容
010801001	木质门	1. 门代号及洞口尺寸 2. 镶嵌玻璃品种、厚度	1. 樘 2. m²	1. 以樘计量,按设计图示数量计算 2. 以平方米计量,按设计图示洞口尺寸以面积计算	1. 门安装 2. 玻璃安装 3. 五金安装
010801002	木质门带套				
010801003	木质连窗门				
010801004	木质防火门				
010801005	木门框	1. 门代号及洞口尺寸 2. 框截面尺寸 3. 防护材料种类	1. 樘 2. m	1. 以樘计量,按设计图示数量计算 2. 以米计量,按设计图示框的中心线以延长米计算	1. 木门框制作、安装 2. 运输 3. 刷防护材料
010801006	门锁安装	1. 锁品种 2. 锁规格	个(套)	按设计图示数量计算	安装

2. 金属门(编码:010802)

金属门清单项目设置及工程量计算规则见表4-62。

表4-62　　　　　　　　　金属门(编码:010802)

项目编码	项目名称	项目特征	计量单位	工程量计算规则	工作内容
010802001	金属(塑钢)门	1. 门代号及洞口尺寸 2. 门框或扇外围尺寸 3. 门框、扇材质 4. 玻璃品种、厚度	1. 樘 2. m²	1. 以樘计量,按设计图示数量计算 2. 以平方米计量,按设计图示洞口尺寸以面积计算	1. 门安装 2. 五金安装 3. 玻璃安装
010802002	彩板门	1. 门代号及洞口尺寸 2. 门框或扇外围尺寸			
010802003	钢质防火门	1. 门代号及洞口尺寸 2. 门框或扇外围尺寸 3. 门框、扇材质			1. 门安装 2. 五金安装
010802004	防盗门				

3. 金属卷帘(闸)门(编码:010803)

金属卷帘(闸)门清单项目设置及工程量计算规则见表4-63。

表4-63　　　　　　　金属卷帘(闸)门(编码:010803)

项目编码	项目名称	项目特征	计量单位	工程量计算规则	工作内容
010803001	金属卷帘(闸)门	1. 门代号及洞口尺寸 2. 门材质 3. 启动装置品种、规格	1. 樘 2. m²	1. 以樘计量,按设计图示数量计算 2. 以平方米计量,按设计图示洞口尺寸以面积计算	1. 门运输、安装 2. 启动装置、活动小门、五金安装
010803002	防火卷帘(闸)门				

4. 厂库房大门、特种门(编码:010804)

厂库房大门、特种门清单项目设置及工程量计算规则见表4-64。

表4-64　　　　　　厂库房大门、特种门(编码:010804)

项目编码	项目名称	项目特征	计量单位	工程量计算规则	工作内容
010804001	木板大门	1. 门代号及洞口尺寸 2. 门框或扇外围尺寸 3. 门框、扇材质 4. 五金种类、规格 5. 防护材料种类	1. 樘 2. m²	1. 以樘计量,按设计图示数量计算 2. 以平方米计量,按设计图示洞口尺寸以面积计算	1. 门(骨架)制作、运输 2. 门、五金配件安装 3. 刷防护材料
010804002	钢木大门				
010804003	全钢板大门			1. 以樘计量,按设计图示数量计算 2. 以平方米计量,按设计图示门框或扇以面积计算	
010804004	防护铁丝门				

项目编码	项目名称	项目特征	计量单位	工程量计算规则	工作内容
010804005	金属格栅门	1. 门代号及洞口尺寸 2. 门框或扇外围尺寸 3. 门框、扇材质 4. 启动装置的品种、规格	1. 樘 2. m²	1. 以樘计量，按设计图示数量计算 2. 以平方米计量，按设计图示洞口尺寸以面积计算	1. 门安装 2. 启动装置、五金配件安装
010804006	钢制花饰大门	1. 门代号及洞口尺寸 2. 门框或扇外围尺寸 3. 门框、扇材质		1. 以樘计量，按设计图示数量计算 2. 以平方米计量，按设计图示门框或扇以面积计算	1. 门安装 2. 五金配件安装
010804007	特种门			1. 以樘计量，按设计图示数量计算 2. 以平方米计量，按设计图示洞口尺寸以面积计算	

5. 其他门（编码：010805）

其他门清单项目设置及工程量计算规则见表 4-65。

表 4-65　　　　　　　　　　　其他门（编码：010805）

项目编码	项目名称	项目特征	计量单位	工程量计算规则	工作内容
010805001	电子感应门	1. 门代号及洞口尺寸 2. 门框或扇外围尺寸 3. 门框、扇材质 4. 玻璃品种、厚度 5. 启动装置的品种、规格 6. 电子配件品种、规格	1. 樘 2. m²	1. 以樘计量，按设计图示数量计算 2. 以平方米计量，按设计图示洞口尺寸以面积计算	1. 门安装 2. 启动装置、五金、电子配件安装
010805002	旋转门				
010805003	电子对讲门	1. 门代号及洞口尺寸 2. 门框或扇外围尺寸 3. 门材质			
010805004	电动伸缩门	4. 玻璃品种、厚度 5. 启动装置的品种、规格 6. 电子配件品种、规格			
010805005	全玻自由门	1. 门代号及洞口尺寸 2. 门框或扇外围尺寸 3. 框材质 4. 玻璃品种、厚度			1. 门安装 2. 五金安装
010805006	镜面不锈钢饰面门	1. 门代号及洞口尺寸 2. 门框或扇外围尺寸 3. 框、扇材质 4. 玻璃品种、厚度			
010805007	复合材料门				

6. 木窗(编码:010806)

木窗清单项目设置及工程量计算规则 见表 4-66。

表 4-66　　　　　　　　　　木窗(编码:**010806**)

项目编码	项目名称	项目特征	计量单位	工程量计算规则	工作内容
010806001	木质窗	1. 窗代号及洞口尺寸 2. 玻璃品种、厚度	1. 樘 2. m²	1. 以樘计量,按设计图示数量计算 2. 以平方米计量,按设计图示洞口尺寸以面积计算	1. 窗安装 2. 五金、玻璃安装
010806002	木飘(凸)窗				
010806003	木橱窗	1. 窗代号 2. 框截面及外围展开面积 3. 玻璃品种、厚度 4. 防护材料种类		1. 以樘计量,按设计图示数量计算 2. 以平方米计量,按设计图示尺寸以框外围展开面积计算	1. 窗制作、运输、安装 2. 五金、玻璃安装 3. 刷防护材料
010806004	木纱窗	1. 窗代号及框的外围尺寸 2. 窗纱材料品种、规格		1. 以樘计量,按设计图示数量计算 2. 以平方米计量,按框的外围尺寸以面积计算	1. 窗安装 2. 五金安装

7. 金属窗(编码:010807)

金属窗清单项目设置及工程量计算规则见表 4-67。

表 4-67　　　　　　　　　　金属窗(编码:**010807**)

项目编码	项目名称	项目特征	计量单位	工程量计算规则	工作内容
010807001	金属(塑钢、断桥)窗	1. 窗代号及洞口尺寸 2. 框、扇材质 3. 玻璃品种、厚度	1. 樘 2. m²	1. 以樘计量,按设计图示数量计算 2. 以平方米计量,按设计图示洞口尺寸以面积计算	1. 窗安装 2. 五金、玻璃安装
010807002	金属防火窗				
010807003	金属百叶窗	1. 窗代号及洞口尺寸 2. 框、扇材质 3. 玻璃品种、厚度		1. 以樘计量,按设计图示数量计算 2. 以平方米计量,按设计图示洞口尺寸以面积计算	
010807004	金属纱窗	1. 窗代号及框的外围尺寸 2. 框材质 3. 窗纱材料品种、规格		1. 以樘计量,按设计图示数量计算 2. 以平方米计量,按框的外围尺寸以面积计算	1. 窗安装 2. 五金安装
010807005	金属格栅窗	1. 窗代号及洞口尺寸 2. 框外围尺寸 3. 框、扇材质		1. 以樘计量,按设计图示数量计算 2. 以平方米计量,按设计图示洞口尺寸以面积计算	

续表

项目编码	项目名称	项目特征	计量单位	工程量计算规则	工作内容
010807006	金属（塑钢、断桥）橱窗	1. 窗代号 2. 框外围展开面积 3. 框、扇材质 4. 玻璃品种、厚度 5. 防护材料种类	1. 樘 2. m²	1. 以樘计量，按设计图示数量计算 2. 以平方米计量，按设计图示尺寸以框外围展开面积计算	1. 窗制作、运输、安装 2. 五金、玻璃安装 3. 刷防护材料
010807007	金属（塑钢、断桥）飘（凸）窗	1. 窗代号 2. 框外围展开面积 3. 框、扇材质 4. 玻璃品种、厚度			1. 窗安装 2. 五金、玻璃安装
010807008	彩板窗	1. 窗代号及洞口尺寸 2. 框外围尺寸 3. 框、扇材质 4. 玻璃品种、厚度		1. 以樘计量，按设计图示数量计算 2. 以平方米计量，按设计图示洞口尺寸或框外围以面积计算	
010807009	复合材料窗				

8. 门窗套（编码：010808）

门窗套清单项目设置及工程量计算规则见表 4-68。

表 4-68　　　　　　　　　　门窗套（编码：010808）

项目编码	项目名称	项目特征	计量单位	工程量计算规则	工作内容
010808001	木门窗套	1. 窗代号及洞口尺寸 2. 门窗套展开宽度 3. 基层材料种类 4. 面层材料品种、规格 5. 线条品种、规格 6. 防护材料种类	1. 樘 2. m² 3. m	1. 以樘计量，按设计图示数量计算 2. 以平方米计量，按设计图示尺寸以展开面积计算 3. 以米计量，按设计图示中心以延长米计算	1. 清理基层 2. 立筋制作、安装 3. 基层板安装 4. 面层铺贴 5. 线条安装 6. 刷防护材料
010808002	木筒子板	1. 筒子板宽度 2. 基层材料种类 3. 面层材料品种、规格 4. 线条品种、规格 5. 防护材料种类			
010808003	饰面夹板筒子板				
010808004	金属门窗套	1. 窗代号及洞口尺寸 2. 门窗套展开宽度 3. 基层材料种类 4. 面层材料品种、规格 5. 防护材料种类			1. 清理基层 2. 立筋制作、安装 3. 基层板安装 4. 面层铺贴 5. 刷防护材料
010808005	石材门窗套	1. 窗代号及洞口尺寸 2. 门窗套展开宽度 3. 粘结层厚度、砂浆配合比 4. 面层材料品种、规格 5. 线条品种、规格			1. 清理基层 2. 立筋制作、安装 3. 基层抹灰 4. 面层铺贴 5. 线条安装

续表

项目编码	项目名称	项目特征	计量单位	工程量计算规则	工作内容
010808006	门窗木贴脸	1. 门窗代号及洞口尺寸 2. 贴脸板宽度 3. 防护材料种类	1. 樘 2. m	1. 以樘计量，按设计图示数量计算 2. 以米计量，按设计图示尺寸以延长米计算	安装
010808007	成品木门窗套	1. 门窗代号及洞口尺寸 2. 门窗套展开宽度 3. 门窗套材料品种、规格	1. 樘 2. m² 3. m	1. 以樘计量，按设计图示数量计算 2. 以平方米计量，按设计图示尺寸以展开面积计算 3. 以米计量，按设计图示中心以延长米计算	1. 清理基层 2. 立筋制作、安装 3. 板安装

9. 窗台板(010809)

窗台板工程量清单项目设置及工程量计算规范见表 4-69。

表 4-69　窗台板(编号:010809)

项目编码	项目名称	项目特征	计量单位	工程量计算规则	工作内容
010809001	木窗台板	1. 基层材料种类 2. 窗台面板材质、规格、颜色 3. 防护材料种类	m²	按设计图示尺寸以展开面积计算	1. 基层清理 2. 基层制作、安装 3. 窗台板制作、安装 4. 刷防护材料
010809002	铝塑窗台板				
010809003	金属窗台板				
010809004	石材窗台板	1. 粘结层厚度、砂浆配合比 2. 窗台板材质、规格、颜色			1. 基层清理 2. 抹找平层 3. 窗台板制作、安装

10. 窗帘、窗帘盒、轨(编码:010810)

窗帘、窗帘盒、轨工程量清单项目设置及工程量计算规范见表 4-70。

表 4-70　窗帘、窗帘盒、轨(编码:010810)

项目编码	项目名称	项目特征	计量单位	工程量计算规则	工作内容
010810001	窗帘	1. 窗帘材质 2. 窗帘高度、宽度 3. 窗帘层数 4. 带幔要求	1. m 2. m²	1. 以米计量，按设计图示尺寸以成活后长度计算 2. 以平方米计量，按图示尺寸以成活后展开面积计算	1. 制作、运输 2. 安装
010810002	木窗帘盒	1. 窗帘盒材质、规格 2. 防护材料种类	m	按设计图示尺寸以长度计算	1. 制作、运输、安装 2. 刷防护材料
010810003	饰面夹板、塑料窗帘盒				
010810004	铝合金窗帘盒				
010810005	窗帘轨	1. 窗帘轨材质、规格 2. 轨的数量 3. 防护材料种类			

(二)清单项目解释说明及应用

1. 木门

1)木质门应区分镶板木门、企口木板门、实木装饰门、胶合板门、夹板装饰门、木纱门、全玻门(带木质扇框)、木质半玻门(带木质扇框),分别编码列项。

(2)木门五金应包括折页、插销、门碰珠、弓背拉手、搭机、木螺丝、弹簧折页(自动门)、管子拉手(自由门、地弹门)、地弹簧(地弹门)、角铁、门轧头(地弹头、自由门)等。

(3)木质门带套计量按洞口尺寸以面积计算,不包括门套的面积,但门套应计算在综合单价中。

(4)以樘计量,项目特征必须描述洞口尺寸;以平方米计量,项目特征可不描述洞口尺寸。

(5)单独制作安装木门框按木门框项目编码列项。

2. 金属门

(1)金属门应区分金属平开门、金属推拉门、金属地弹门、全玻门(带金属扇框)、金属半玻门(带扇框)等项目,分别编码列项。

(2)铝合金门五金包括地弹簧、门锁、拉手、门插、门铰、螺丝等。

(3)金属门五金包括 L 型执手插锁(双舌)、执手锁(单舌)、门轧头、地锁、防盗门机、门眼(猫眼)、门碰珠、电子锁(磁卡锁)、闭门器、装饰拉手等。

(4)以樘计量,项目特征必须描述洞口尺寸,没有洞口尺寸的必须描述门框或扇外围尺寸,以平方米计量,项目特征可不描述洞口尺寸及框、扇的外围尺寸。

(5)以平方米计量,无设计图示洞口尺寸的,按门框、扇外围以面积计算。

3. 金属卷帘(闸)门

以樘计量,项目特征必须描述洞口尺寸;以平方米计量,项目特征可不描述洞口尺寸。

4. 厂库房大门、特种门

(1)特种门应区分冷藏门、冷冻间门、保温门、变电室门、隔音门、防射线门、人防门、金库门等项目,分别编码列项。

(2)以樘计量,项目特征必须描述洞口尺寸,没有洞口尺寸的必须描述门框或扇外围尺寸;以平方米计量,项目特征可不描述洞口尺寸及框、扇的外围尺寸。

(3)以平方米计量,无设计图示洞口尺寸的,按门框、扇外围以面积计算。

5. 其他门

(1)以樘计量,项目特征必须描述洞口尺寸,没有洞口尺寸的必须描述门框或扇外围尺寸,以平方米计量,项目特征可不描述洞口尺寸及框、扇的外围尺寸。

(2)以平方米计量,无设计图示洞口尺寸的,按门框、扇外围以面积计算。

6. 木窗

(1)木质窗应区分木百叶窗、木组合窗、木天窗、木固定窗、木装饰空花窗等项目,分别编码列项。

(2)以樘计量,项目特征必须描述洞口尺寸,没有洞口尺寸的必须描述窗框外围尺寸;以平方米计量,项目特征可不描述洞口尺寸及框的外围尺寸。

(3)以平方米计量,无设计图示洞口尺寸的,按窗框外围面积计算。

(4)木橱窗、木飘(凸)窗以樘计量,项目特征必须描述框截面及外围展开面积。

(5)木窗五金包括折页、插销、风钩、木螺丝、滑轮滑轨(推拉窗)等。

7. 金属窗

(1)金属窗应区分金属组合窗、防盗窗等项目,分别编码列项。

(2)以樘计量,项目特征必须描述洞口尺寸,没有洞口尺寸的必须描述窗框外围尺寸;以平方米计量,项目特征可不描述洞口尺寸及框的外围尺寸。

(3)以平方米计量,无设计图示洞口尺寸的,按窗框外围以面积计算。

(4)金属橱窗、飘(凸)窗以樘计量,项目特征必须描述框外围展开面积。

(5)金属窗五金包括折页、螺丝、执手、卡锁、铰拉、风撑、滑轮、滑轨、拉把、拉手、角码、牛角制等。

8. 门窗套

(1)以樘计量,项目特征必须描述洞口尺寸、门窗套展开宽度。

(2)以平方米计量,项目特征可不描述洞口尺寸、门窗套展开宽度。

(3)以米计量,项目特征必须描述门窗套展开宽度、筒子板及贴脸宽度。

(4)木门窗套适用于单独门窗套的制作、安装。

9. 窗帘盒、窗帘轨

(1)窗帘若是双层,项目特征必须描述每层材质。

(2)窗帘以米计量,项目特征必须描述窗帘高度和宽度。

(三)工程量计算规则对照详解

(1)厂房大门、钢木大门及其他特种门的五金铁件用量均按标准图计算列出,仅作备料参考,见表4-71。

表4-71　　　　　　　厂房大门、特种门五金铁件用量参考表

项　　目	单位	木板大门		平开钢木大门	推拉钢木大门	变电室门	防火门	折叠门	保温隔声门
		平开	推拉						
		100m² 门扇面积							100m² 框外围面积
铁　　件	kg	600	1080	590	1087	1595	1002	400	—
滑　　轮	个	—	48	—	48	—	—	—	—
单列圆锥子轴承7360号	套	—	—	2	—	—	—	—	—
单列向心球轴承(230号)	套	—	48	—	40	—	—	—	—
单列向心球轴承(205号)	套	—	—	—	9	—	—	—	—
折页(150mm)	个	—	—	—	—	—	—	—	110
折页(100mm)	个	24	24	—	22	58	—	—	—
拉手(125mm)	个	24	24	—	11	58	—	—	—
暗插销(300mm)	个	—	—	—	—	—	—	—	8
暗插销(150mm)	个	—	—	—	—	—	—	—	8
木螺栓	百个	3.60	3.60	—	0.22	2.70	6.99	—	7.58

注:厂库房平开大门五金数量内不包括地轨及滑轮。

(2)厂库房大门及特种门的钢骨架制作,以钢材重量表示,已包括在定额项目中,不再另列项目计算,但不包括固定铁件的混凝土垫块及门樘或梁柱内的预埋铁件。

二、木结构(编码:010701~010702)

(一)清单项目设置及工程量计算规则

1. 木屋架(编码:010701)

木屋架清单项目设置及工程量计算规则见表4-72。

表4-72　　　　　　　　　　　木屋架(编码:010701)

项目编码	项目名称	项目特征	计量单位	工程量计算规则	工作内容
010701001	木屋架	1. 跨度 2. 材料品种、规格 3. 刨光要求 4. 拉杆及夹板种类 5. 防护材料种类	1. 榀 2. m³	1. 以榀计量,按设计图示数量计算 2. 以立方米计量,按设计图示的规格尺寸以体积计算	1. 制作 2. 运输 3. 安装 4. 刷防护材料
010701002	钢木屋架	1. 跨度 2. 木材品种、规格 3. 刨光要求 4. 钢材品种、规格 5. 防护材料种类	榀	以榀计量,按设计图示数量计算	

2. 木构件(编码:010702)

木构件清单项目设置及工程量计算规则见表4-73。

表4-73　　　　　　　　　　　木构件(编码:010702)

项目编码	项目名称	项目特征	计量单位	工程量计算规则	工作内容
010702001	木柱	1. 构件规格尺寸 2. 木材种类 3. 刨光要求 4. 防护材料种类	m³	按设计图示尺寸以体积计算	1. 制作 2. 运输 3. 安装 4. 刷防护材料
010702002	木梁		m³	按设计图示尺寸以体积计算	
010702003	木檩		1. m³ 2. m	1. 以立方米计量,按设计图示尺寸以体积计算 2. 以米计量,按设计图示尺寸以长度计算	
010702004	木楼梯	1. 楼梯形式 2. 木材种类 3. 刨光要求 4. 防护材料种类	m²	按设计图示尺寸以水平投影面积计算。不扣除宽度≤300mm 的楼梯井,伸入墙内部分不计算	
010702005	其他木构件	1. 构件名称 2. 构件规格尺寸 3. 木材种类 4. 刨光要求 5. 防护材料种类	1. m³ 2. m	1. 以立方米计量,按设计图示尺寸以体积计算 2. 以米计量,按设计图示尺寸以长度计算	

3. 屋面木基层(编码:010703)

屋面木基层清单项目设置及工程量计算规则见表 4-74。

表 4-74 屋面木基层(编码:010703)

项目编码	项目名称	项目特征	计量单位	工程量计算规则	工作内容
010703001	屋面木基层	1. 椽子断面尺寸及椽距 2. 望板材料种类、厚度 3. 防护材料种类	m²	按设计图示尺寸以斜面积计算。 不扣除房上烟囱、风帽底座、风道、小气窗、斜沟等所占面积。小气窗的出檐部分不增加面积	1. 椽子制作、安装 2. 望板制作、安装 3. 顺水条和挂瓦条制作、安装 4. 刷防护材料

(二)清单项目解释说明及应用

1. 木屋架

(1)屋架的跨度应以上、下弦中心线两交点之间的距离计算。

(2)带气楼的屋架和马尾、折角以及正交部分的半屋架,按相关屋架项目编码列项。

(3)以榀计量,按标准图设计的应注明标准图代号,按非标准图设计的项目特征必须按表 4-72 要求予以描述。

2. 木构件

(1)木楼梯的栏杆(栏板)、扶手,应按《房屋建筑与装饰工程工程量计算规范》(GB 50854—2013)附录 Q 中的相关项目编码列项。

(2)以米计量,项目特征必须描述构件规格尺寸。

【例 4-27】 有一原料仓库,采用圆木木屋架,计 8 榀,如图 4-30 所示,屋架跨度为 8m,坡度为 1/2,四节间,试计算该仓库屋架工程量。

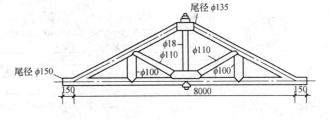

图 4-30 木屋架

【解】 木屋架工程量计算如下:

(1)按设计图示数量计算以榀计算,则

木屋架工程量=8 榀

(2)若按设计图示的规格尺寸以体积计算,则

1)屋架杆件长度(m)=屋架跨度(m)×长度系数

①杆件 1 下弦杆 8+0.15×2=8.3(m)

②杆件 2 上弦杆 2 根 8×0.559×2=4.47(m)×2(根)

③杆件 4 斜杆 2 根 8×0.28×2=2.24(m)×2(根)

④杆件 5 竖杆 2 根 8×0.125×2=1(m)×2(根)

2)计算材积:

①杆件 1,下弦材积,以尾径 φ150,长 8.3m 代入公式计算 V_1:

$$V_1 = 7.854 \times 10^{-5} \times [(0.026 \times 8.3 + 1) \times 15^2 + (0.37 \times 8.3 + 1) \times 15 + 10 \times (8.3 - 3)] \times 8.3$$
$$= 0.2527(m^3)$$

②杆件 2,上弦杆,以尾径 φ135 和 L=4.47m 代入,则杆件 2 材积:

$V_2 = 7.854 \times 10^{-5} \times 4.47 \times [(0.026 \times 4.47 + 1) \times 13.5^2 + (0.37 \times 4.47 + 1) \times 13.5 + 10 \times (4.47 - 3)] \times 2 = 0.1783(\text{m}^3)$

③杆件 4,斜杆 2 根,以尾径 $\phi110$ 和 2.24m 代入,则:

$V_4 = 7.854 \times 10^{-5} \times 2.24 \times [(0.026 \times 2.24 + 1) \times 11^2 + (0.37 \times 2.24 + 1) \times 11 + 10 \times (2.24 - 3)] \times 2 = 0.0494(\text{m}^3)$

④杆件 5,竖杆 2 根,以尾径 $\phi100$ 及 $L = 1\text{m}$ 代入,则竖杆材积为:

$V_5 = 7.854 \times 10^{-5} \times 1 \times 1 \times [(0.026 \times 1 + 1) \times 100 + (0.37 \times 1 + 1) \times 10 + 10 \times (1 - 3)] \times 2 = 0.0151(\text{m}^3)$

一榀屋架的工程量为上述各杆件材积之和,即

$V = V_1 + V_2 + V_4 + V_5 = 0.2527 + 0.1783 + 0.0494 + 0.0151 = 0.4955(\text{m}^3)$

原料仓库屋架工程量 $= 0.4955 \times 8 = 3.96(\text{m}^3)$

【例 4-28】 试计算图 4-31 木屋架工程量。

木屋架工程量计算见表 4-75。

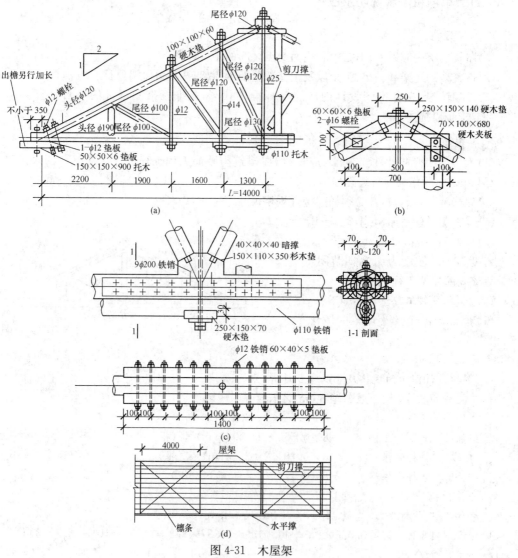

图 4-31 木屋架

(a)屋架详图;(b)顶节点详图;(c)下弦接头详图;(d)平面

表 4-75 木材计算表

杆件名称	尾径/cm	长度/m	单根材积/根	杆件根数(根)	材积/m³	备注
下弦	$\phi 13$	$7+0.35=7.35$	0.184	2	0.368	
上弦	$\phi 12$	$7\times 1.118=7.826$	0.151	2	0.302	
竖杆	$\phi 10$	$7\times 0.13=0.91$	0.008	2	0.016	按最低长度计算
斜杆 1	$\phi 12$	$7\times 0.45=3.15$	0.043	2	0.086	
斜杆 2	$\phi 12$	$7\times 0.36=2.52$	0.035	2	0.070	
斜杆 3	$\phi 11$	$7\times 0.28=1.96$	0.027	2	0.054	
水平撑	$\phi 11$	4.2	0.065	2	0.130	
剪刀撑	$\phi 11$	$\sqrt{4^2+3.5^2}=5.315$	0.086	2	0.172	
托木	$\phi 11$	3.0	0.043	1	0.043	
方托木		$0.9\times 0.15\times 0.15\times 2\times 1.7$			0.069	
合计					1.31	

注:杉原木材积按国家标准 GB 4814 计算。如有新的材积规定,按新材积标准调整,下同。

【解】 (1)计算屋架的工程量比较复杂,应按设计图纸将各杆件的长度计算出来,然后按照它的大小和长度逐一计算出每一杆件的材积,并折算成原木材积。铁件按照图示尺寸逐一计算,如与定额用量相比,差距较大,就要调增或调减。

木屋架工程量=竣工木材用量(材积)=1.31(m²)。

1)木材计算(出水为五分水)。

2)铁件实际用量与定额用量比较。

①按图计算实际用量:

吊线螺栓 $\phi 25$　$L=7\times 0.5+0.45$(垫木、螺帽等)$=3.95$(m)

质量$=3.95\times 3.85+2.846$(垫板)$\times 2+0.12$(螺帽)$\times 2=21.14$(kg)

吊线螺栓 $\phi 14$　$L=7\times 0.38+0.45=3.11$(m)

质量$=(1.21\times 3.11+0.298\times 2+0.044\times 2)\times 2=8.89$(kg)

吊线螺栓 $\phi 12$　$L=7\times 0.25+0.35=2.1$(m)

质量$=(0.888\times 2.1+0.191\times 2+0.031\times 2)\times 2=4.62$(kg)

顶节点保险栓 $\phi 16$　$L=0.4$(m)

质量$=[0.756+0.058$(螺帽)$+0.163$(垫板)$\times 2]\times 2=2.28$(kg)

下弦节点保险栓 $\phi 12$　$L=0.4$m

质量$=(0.421+0.031+0.095\times 2)\times 24=15.41$(kg)

剪刀撑曲尺铁件—$6\times 60\times 250$

质量$=2\times 2.83\times 0.25=1.42$(kg)

剪刀撑螺栓 $\phi 12$　$L=0.15$(m)

质量$=2\times(0.888\times 0.15+0.191\times 2+0.031\times 2)=1.15$(kg)

剪刀撑螺栓 $\phi 12$　$L=0.25$m

质量$=0.5\times(0.888\times 0.25+0.191\times 2+0.031\times 2)=0.33$(kg)

水平撑螺栓 $\phi 12$　$L=0.3$m

质量$=2\times(0.888\times 0.3+0.191\times 2+0.031\times 2)=1.42$(kg)

端节点保险栓 $\phi 12$　$L=0.5$m

质量$=(0.509+0.031+0.114\times 2)\times 2=1.54$(kg)

端节点保险栓 $\phi12$　$L=0.65m$

质量$=(0.643+0.031+0.191\times2)\times4=4.22(kg)$

蚂蟥钉36个　$0.32\times36=11.52(kg)$

铁件实际用量(加损耗1%)$=73.94\times1.01=74.68(kg)$

②按定额计算铁件含量$=1.31\times144.43$(每$1m^3$竣工木料定额中铁件含量,见定额$7-328$)
$=189.2(kg)$。

③$189.2-74.68=114.52(kg)$(即每榀屋架少于定额用量的数值)。

在定额中每$1m^3$竣工木料的铁件含量为144.43kg。而实际铁件用量只有57.01kg,因此每$1m^3$的木屋架竣工木料应调减铁件87.42kg,乘以相应的单价,即得应调减的工程费用。

(2)工程量清单。

分部分项工程和单价措施项目清单与计价表

工程名称:某工程　　　　　　　　　　标段:　　　　　　　　　　第　页共　页

| 项目编码 | 项目名称 | 项目特征描述 | 计量单位 | 工程量 | 金额/元 | | 其中 |
					综合单价	合价	暂估价
010701001001	圆木屋架	普通圆木(衫)人字屋架	m³	1.310	2744.52	3595.32	—

(3)工程量清单综合单价分析。

综合单价分析表

工程名称:某住宅　　　　　　　　　　标段:　　　　　　　　　　第　页共　页

项目编码	010701001001		项目名称	圆木屋架	计量单位	m³	工程量	1.31

综合单价组成明细

| 定额编号 | 定额项目名称 | 定额单位 | 数量 | 单价 | | | | 合价 | | | |
				人工费	材料费	机械费	管理费和利润	人工费	材料费	机械费	管理费和利润
7-328	圆木屋架	m³	1.000	138.60	1794.16	—	811.76	138.60	1794.16	—	811.76
人工单价			小计					138.60	1794.16	—	811.76
56元/工日			未计价材料费								
清单项目综合单价								2744.52			

	主要材料名称、规格、型号	单位	数量	单价/元	合价/元	暂估单价/元	暂估合价/元
材料费明细	圆木(衫)	m³	1.050	530.00	556.5		
	螺栓	kg	15.830	7.00	110.81		
	钢拉杆	kg	22.330	7.00	156.31		
	钢垫板夹板	kg	94.290	7.00	660.03		
	其他材料费			—	310.51		
	材料费小计			—	1794.16	—	

【例 4-29】　某住宅室内木楼梯,共 21 套,楼梯斜梁截面:80mm×150mm,踏步板 900mm×300mm×25mm,踢脚板 900mm×150mm×20mm,楼梯栏杆 ϕ50,硬木扶手为圆形 ϕ60,除扶手材质为桦木外,其余材质为杉木。

【解】　(1)业主根据木楼梯施工图计算。

1)木楼梯斜梁体积为 0.256m³。

2)楼梯面积为 6.21m²(水平投影面积)。

3)楼梯栏杆为 8.67m(垂直投影面积为 7.31m²)。

4)硬木扶手 8.89m。

(2)投标人投标报价计算。

1)木斜梁制作、安装:

①人工费:75.08 元/m³×0.256m³＝19.22(元)

②材料费:1068.73 元/m³×0.256m³＝273.59(元)

③合计:292.81 元

2)楼梯制作、安装:

①人工费:51.56 元/m²×6.21m²＝320.19(元)

②材料费:184.6 元/m²×6.21m²＝1146.37(元)

③合计:1466.56 元

3)楼梯刷防火漆两遍:

①人工费:1.33 元/m²×22m²＝29.26(元)

②材料费:3.03 元/m²×22m²＝66.66(元)

③机械费:0.13 元/m²×22m²＝2.86(元)

④合计:98.78 元

4)楼梯刷地板清漆三遍:

①人工费:9.83 元/m²×6.21m²＝61.04(元)

②材料费:5.72 元/m²×6.21m²＝35.52(元)

③机械费:0.48 元/m²×6.21m²＝2.98(元)

④合计:99.54 元

5)楼梯综合:

①人工费、材料费、机械费合计:1957.69(元)

②管理费:①×34%＝665.61(元)

③利润:①×8%＝156.62(元)

④总计:2779.92 元

⑤综合单价:447.65(元)

6)栏杆制作、安装:

①人工费:14.98 元/m²×7.31m²＝108.85(元)

②材料费:50.46 元/m²×7.31m²＝368.86(元)

③机械费:2 元/m²×7.31m²＝14.62(元)

④合计:492.33 元

7)栏杆防火漆两遍:

①人工费:1.33 元/m²×1.56m²＝2.07(元)

②材料费:3.03 元/m²×1.56m²＝4.73(元)

③机械费：0.13 元/m²×1.56m²＝0.20(元)

④合计：7.00 元

8)栏杆刷聚氨酯清漆两遍：

①人工费：11.86 元/m²×7.31m²＝86.70(元)

②材料费：11.08 元/m²×7.31m²＝80.99(元)

③机械费：0.7 元/m²×7.31m²＝5.12(元)

④合计：172.81 元

9)栏杆扶手制作、安装：

①人工费：7.04 元/m²×8.89m²＝62.59(元)

②材料费：129.83 元/m²×8.89m²＝1154.19(元)

③机械费：4.18 元/m²×8.89m²＝37.16(元)

④合计：1253.94 元

10)扶手刷防火漆两遍：

①人工费：1.33 元/m²×1.76m²＝2.34(元)

②材料费：3.03 元/m²×1.76m²＝5.33(元)

③机械费：0.13 元/m²×1.76m²＝0.23(元)

④合计：7.90 元

11)扶手刷清漆三遍：

①人工费：5.63 元/m²×8.87m²＝49.94(元)

②材料费：2.21 元/m²×8.87m²＝19.60(元)

③机械费：0.24 元/m²×8.87m²＝2.13(元)

④合计：71.67 元

12)栏杆、扶手综合：

①人工费、材料费、机械费合计：2005.65(元)

②管理费：①×34％＝681.92(元)

③利润：①×8％＝160.45(元)

④总计：2848.02 元

⑤综合单价：328.49 元

分部分项工程单价措施项目量清单与计价表

工程名称：某住宅　　　　　　　　　标段：　　　　　　　　　　第　页　共　页

序号	项目编码	项目名称	项目特征描述	计量单位	工程量	金额/元		
						综合单价	合价	其中
								暂估价
1	010702004001	木楼梯	木材种类：杉木 刨光要求：露面部分刨光 踏步板：900×300×25 踢脚板：900×150×20 斜梁截面：80×150 刷防火漆两遍 刷地板清漆两遍	m²	6.21	447.65	2779.91	—

续表

序号	项目编码	项目名称	项目特征描述	计量单位	工程量	综合单价	合价	其中 暂估价
2	010702005001	其他木构件	木材种类:栏杆杉木 　　　　扶手桦木 刨光要求:刨光 栏杆截面:φ50 扶手截面:φ60 刷防火漆两遍 栏杆刷聚酯清漆两遍 扶手刷聚酯氨酯清漆两遍	m	8.67	328.49	2848.01	—
			(其他略)					
			分部小计					
			本页小计					
			合　计					

综合单价分析表

工程名称:某住宅　　　　　　标段:　　　　　　第　页 共　页

项目编码	010702004001	项目名称	木楼梯	计量单位	m²	工程量	6.21

综合单价组成明细

定额编号	定额项目名称	定额单位	数量	单价				合价			
				人工费	材料费	机械费	管理费和利润	人工费	材料费	机械费	管理费和利润
借北 10—18(土)	木斜梁制作、安装	m²	0.041	75.08	1068.73	—	480.40	3.08	43.82		19.70
借北 10—19(土)	木楼梯制作、安装	m²	1.000	51.56	184.60	—	99.19	51.56	184.60	—	99.19
11—230(装)	刷防火漆两遍	m²	3.543	1.33	3.03	0.13	1.89	4.71	10.74	0.46	6.70
11—251、11—253	刷聚氨酯清漆三遍	m²	1.000	9.83	5.72	0.48	6.73	9.83	5.72	0.48	6.73
人工单价		小　计						69.18	244.88	0.94	132.32
42元/工日		未计价材料费									
		清单项目综合单价						447.32			

材料费明细	主要材料名称、规格、型号	单位	数量	单价/元	合价/元	暂估单价/元	暂估合价/元
	其他材料费			—	244.88	—	
	材料费小计			—	244.88	—	

综合单价分析表

工程名称:某住宅　　　　　　　　　　标段:　　　　　　　　　　第 页 共 页

| 项目编码 | 010702005001 | 项目名称 | 其他木构件 | 计量单位 | m | 工程量 | 8.67 |

综合单价组成明细

定额编号	定额项目名称	定额单位	数量	单价				合价			
				人工费	材料费	机械费	管理费和利润	人工费	材料费	机械费	管理费和利润
借北 7—21 (装)	木栏杆制作、安装	m²	0.843	14.89	50.46	2.00	28.29	12.55	42.54	1.69	23.85
11—230	栏杆刷防火漆两遍	m²	0.180	1.33	3.03	0.13	1.79	0.24	0.55	0.02	0.34
11—201	栏杆刷聚氨酯清漆两遍	m²	0.843	11.86	11.08	0.70	9.93	10.00	9.34	0.59	8.37
借北 7—53 (装)	硬木扶手制作、安装	m	1.025	7.04	129.83	4.18	59.24	7.22	133.08	4.28	60.72
11—230	硬木扶手刷防火漆两遍	m²	0.203	1.33	3.03	0.13	1.89	0.27	0.62	0.03	0.38
11—251、11—253	扶手刷聚氨酯清漆三遍	m²	1.023	5.63	2.21	0.24	3.39	5.76	2.26	0.25	3.47
人工单价			小 计					36.04	188.39	6.86	97.13
42 元/工日			未计价材料费								
清单项目综合单价								328.42			

材料费明细	主要材料名称、规格、型号	单位	数 量	单价/元	合价/元	暂估单价/元	暂估合价/元
	其他材料费			—	188.39	—	
	材料费小计			—	188.39	—	

(三)工程量计算规则对照详解

(1)木屋架的制作安装工程量,按以下规定计算:

1)木屋架制作(表 4-76)安装均按设计断面竣工木料以"m³"计算,其后备长度及配制损耗均不另外计算。

表 4-76　　　　三角形钢木屋架每榀材料用量参考

类别	屋架跨度 /m	屋架间距 /m	屋面荷载 /(N/m²)	每榀用料		每榀屋架平均用支撑木材用量/m³
				木材/m³	钢材/kg	
方木	9.0	3.0 3.3	1510 2960 1510 2960	0.235 0.285 0.235 0.297	63.6 83.8 72.6 96.3	0.032 0.082 0.090 0.090
	10.0	3.0 3.3	1510 2960 1510 2960	0.390 0.503 0.405 0.524	80.2 130.9 85.7 130.9	0.085 0.085 0.093 0.093
	12.0	3.0 3.3	1510 2960 1510 2960	0.390 0.503 0.405 0.524	80.2 130.0 85.7 130	0.085 0.085 0.093 0.093
	15.0	3.0 3.3 4.0	1510 1510 1510	0.602 0.628 0.690	105.0 105.0 118.7	0.091 0.099 0.116
	18.0	3.0 3.3 4.0	1510 1510 1510	0.709 0.738 0.898	160.6 163.04 248.36	0.087 0.095 0.112
圆木	9.0	3.0 3.3	1510 2960 1510 2960	0.259 0.269 0.259 0.272	63.6 83.8 72.6 96.3	0.080 0.080 0.089 0.089
	10.0	3.0 3.3	1510 2960 1510 2960	0.290 0.304 0.290 0.304	70.5 101.7 74.5 101.7	0.081 0.081 0.090 0.090
	12.0	3.0 3.3	1510 2960 1510 2960	0.463 0.416 0.463 0.447	80.2 130.9 85.7 130.9	0.083 0.083 0.092 0.092
	15.0	3.0 3.3	1510 1510	0.766 0.776	105.0 105.0	0.089 0.097

2)方木屋架一面刨光时增加 3mm,两面刨光时增加 5mm,圆木屋架按屋架刨光时木材体积每立方米增加 0.05m³ 计算。附属于屋架的夹板、垫木等已并入相应的屋架制作项目中,不另计算;与屋架连接的挑檐木、支撑等,其工程量并入屋架竣工木料体积(表 4-77)内计算。

表 4-77　　　　　普通人字木屋架每榀木材体积(概预算用)　　　　(单位:m³/榀)

跨度/m	木屋架接头夹板铁拉杆													
	屋架每一延长米的荷载(kg/每延长米)													
	400		500		600		700		800		900		1000	
	方木	圆木	方木	圆木	方木	圆木	方木	圆木	方木	圆木	方木	圆木	方木	圆木
7	0.31	0.41	0.35	0.47	0.40	0.53	0.46	0.61	0.53	0.70	0.54	0.72	0.55	0.74
8	0.36	0.48	0.41	0.54	0.46	0.61	0.50	0.67	0.57	0.74	0.59	0.80	0.64	0.86
9	0.43	0.58	0.49	0.66	0.55	0.74	0.61	0.82	0.68	0.90	0.74	0.99	0.81	1.08
10	0.50	0.66	0.58	0.77	0.66	0.88	0.73	0.98	0.81	1.08	0.89	1.13	0.97	1.28
11	0.57	0.76	0.67	0.89	0.77	1.03	0.86	1.14	0.96	1.27	1.05	1.40	1.15	1.54
12	0.66	0.88	0.78	1.04	0.90	1.20	1.01	1.35	1.12	1.50	1.23	1.65	1.35	1.80
13	0.77	1.02	0.90	1.02	1.04	1.38	1.17	1.56	1.30	1.74	1.44	1.92	1.58	2.11
14	0.88	1.17	1.03	1.38	1.19	1.60	1.35	1.81	1.52	2.02	1.67	2.22	1.82	2.43
15	1.01	1.33	1.19	1.57	1.33	1.82	1.55	2.06	1.73	2.30	1.90	2.52	2.07	2.75
16	1.17	1.52	1.36	1.80	1.56	2.08	1.85	2.32	1.94	2.57	2.14	2.85	2.35	3.13
17	1.32	1.73	1.55	2.05	1.79	2.38	2.01	2.68	2.24	2.98	2.48	3.29	2.72	3.61
18	1.52	2.02	1.78	2.36	2.04	2.71	2.31	3.07	2.58	3.44	2.84	3.79	3.11	4.14

注:木半屋架每榀木材体积概算用量可按整屋架的 60% 计算。例如 4.5m 跨半屋架可按 9m 跨屋架的木材体积乘以 60%。

3)屋架的制作安装应区别不同跨度,其跨度应以屋架上下弦杆的中心线交点之间的长度为准。带气楼的屋架并入所依附屋架的体积内计算。

4)屋架的马尾、折角和正交部分半屋架,应并入相连接屋架的体积内计算。

5)钢木屋架区分圆、方木,按竣工木料以“m³”计算(表 4-78)。

表 4-78　　　　　　　木、钢木屋架竣工木料及铁件参考表

屋架类别			跨度/m	每榀屋架主要材料量		
				竣工木料/m³	铁件/kg	钢材/kg
普通人字屋架	圆木		6	0.38	13	
			8	0.59	20	
			11	0.774	40	
			14	1.08	58	
	方木		6	0.25	11	
			8	0.42	22	
			11	0.71	42	
			14	0.95	55	
	带天窗架	圆木	7	0.65	26	
			9	0.85	45	
			12	1.35	60	
		方木	7	0.61	26	
			9	0.82	45	
			12	1.23	60	

续表

屋架类别		跨度/m	每榀屋架主要材料量		
			竣工木料/m³	铁件/kg	钢材/kg
钢木屋架	圆木	12	0.47	12	94
		15	0.73	14	130
		18	0.95	16	175
		21	1.40	16	215
	方木	12	0.42	14	92
		15	0.67	14	125
		18	0.87	16	165
		21	1.10	16	210

注:1. 左侧屋架适用于屋面构造为机瓦、屋面板。

　2. 支撑可并入屋架工程内,一般垂直风撑每组为 0.07m³,水平拉杆每根为 0.04m³。

　3. 钢木屋架的钢材按圆钢计算。铁杆是指扒钉、暗梢等。

（2）圆木屋架连接的挑檐木、支撑等如为方木时,其方木部分应乘以系数 1.7,折合成圆木并入屋架竣工木料内,单独的方木挑檐,按矩形檩木计算。

（3）檩木按竣工木料以"m³"计算。简支檩条长度按设计规定计算,如设计无规定者,按屋架或山墙中距增加 200mm 计算,如两端出山,檩条长度算至博风板;连续檩条的长度按设计长度计算,其接头长度按全部连续檩木总体积的 5% 计算。檩条托木已计入相应的檩木制作项目中,不另计算。

第七节　金属结构工程

一、清单项目设置及工程量计算规则

1. 钢网架（编码:010601）

钢网架清单项目设置及工程量计算规则见表 4-79。

表 4-79　　　　　　　　　　**钢网架（编码:010601）**

项目编码	项目名称	项目特征	计量单位	工程量计算规则	工作内容
010601001	钢网架	1. 钢材品种、规格 2. 网架节点形式、连接方式 3. 网架跨度、安装高度 4. 探伤要求 5. 防火要求	t	按设计图示尺寸以质量计算。不扣除孔眼的质量,焊条、铆钉等不另增加质量	1. 拼装 2. 安装 3. 探伤 4. 补刷油漆

2. 钢屋架、钢托架、钢桁架、钢架桥（编码:010602）

钢屋架、钢托架、钢桁架、钢架桥清单项目设置及工程量计算规则见表 4-80。

表 4-80　　　　　　　　钢屋架、钢托架、钢桁架、钢架桥(编码:010602)

项目编码	项目名称	项目特征	计量单位	工程量计算规则	工作内容
010602001	钢屋架	1. 钢材品种、规格 2. 单榀质量 3. 屋架跨度、安装高度 4. 螺栓种类 5. 探伤要求 6. 防火要求	1. 榀 2. t	1. 以榀计量,按设计图示数量计算 2. 以吨计量,按设计图示尺寸以质量计算。不扣除孔眼的质量,焊条、铆钉、螺栓等不另增加质量	1. 拼装 2. 安装 3. 探伤 4. 补刷油漆
010602002	钢托架	1. 钢材品种、规格 2. 单榀质量 3. 安装高度 4. 螺栓种类 5. 探伤要求 6. 防火要求	t	按设计图示尺寸以质量计算。不扣除孔眼的质量,焊条、铆钉、螺栓等不另增加质量	
010602003	钢桁架				
010602004	钢架桥	1. 桥类型 2. 钢材品种、规格 3. 单榀质量 4. 安装高度 5. 螺栓种类 6. 探伤要求			

3. 钢柱(编码:010603)

钢柱清单项目设置及工程量计算规则见表 4-81。

表 4-81　　　　　　　　　　　钢柱(编码:010603)

项目编码	项目名称	项目特征	计量单位	工程量计算规则	工作内容
010603001	实腹钢柱	1. 柱类型 2. 钢材品种、规格 3. 单根柱质量 4. 螺栓种类 5. 探伤要求 6. 防火要求	t	按设计图示尺寸以质量计算。不扣除孔眼的质量,焊条、铆钉、螺栓等不另增加质量,依附在钢柱上的牛腿及悬臂梁等并入钢柱工程量内	1. 拼装 2. 安装 3. 探伤 4. 补刷油漆
010603002	空腹钢柱				
010603003	钢管柱	1. 钢材品种、规格 2. 单根柱质量 3. 螺栓种类 4. 探伤要求 5. 防火要求		按设计图示尺寸以质量计算。不扣除孔眼的质量,焊条、铆钉、螺栓等不另增加质量,钢管柱上的节点板、加强环、内衬管、牛腿等并入钢管柱工程量内	

4. 钢梁(编码:010604)

钢梁清单项目设置及工程量计算规则见表4-82。

表4-82　钢梁(编码:010604)

项目编码	项目名称	项目特征	计量单位	工程量计算规则	工作内容
010604001	钢梁	1. 梁类型 2. 钢材品种、规格 3. 单根质量 4. 螺栓种类 5. 安装高度 6. 探伤要求 7. 防火要求	t	按设计图示尺寸以质量计算。不扣除孔眼的质量,焊条、铆钉、螺栓等不另增加质量,制动梁、制动板、制动桁架、车挡并入钢吊车梁工程量内	1. 拼装 2. 安装 3. 探伤 4. 补刷油漆
010604002	钢吊车梁	1. 钢材品种、规格 2. 单根质量 3. 螺栓种类 4. 安装高度 5. 探伤要求 6. 防火要求			

5. 钢板楼板、墙板(编码:010605)

钢板楼板、墙板清单项目设置及工程量计算规则见表4-83。

表4-83　钢板楼板、墙板(编码:010605)

项目编码	项目名称	项目特征	计量单位	工程量计算规则	工作内容
010605001	钢板楼板	1. 钢材品种、规格 2. 钢板厚度 3. 螺栓种类 4. 防火要求	m²	按设计图示尺寸以铺设水平投影面积计算。不扣除单个面积≤0.3m² 柱、垛及孔洞所占面积	1. 拼装 2. 安装 3. 探伤 4. 补刷油漆
010605002	钢板墙板	1. 钢材品种、规格 2. 钢板厚度、复合板厚度 3. 螺栓种类 4. 复合板夹芯材料种类、层数、型号、规格 5. 防火要求		按设计图示尺寸以铺挂展开面积计算。不扣除单个面积≤0.3m² 的梁、孔洞所占面积,包角、包边、窗台泛水等不另加面积	

6. 钢构件(编码:010606)

钢构件清单项目设置及工程量计算规则见表4-84。

表 4-84   钢构件(编码:010606)

项目编码	项目名称	项目特征	计量单位	工程量计算规则	工作内容
010606001	钢支撑、钢拉条	1. 钢材品种、规格 2. 构件类型 3. 安装高度 4. 螺栓种类 5. 探伤要求 6. 防火要求			
010606002	钢檩条	1. 钢材品种、规格 2. 构件类型 3. 单根质量 4. 安装高度 5. 螺栓种类 6. 探伤要求 7. 防火要求			
010606003	钢天窗架	1. 钢材品种、规格 2. 单榀质量 3. 安装高度 4. 螺栓种类 5. 探伤要求 6. 防火要求		按设计图示尺寸以质量计算,不扣除孔眼的质量,焊条、铆钉、螺栓等不另增加质量	
010606004	钢挡风架	1. 钢材品种、规格 2. 单榀质量 3. 螺栓种类 4. 探伤要求 5. 防火要求			
010606005	钢墙架				1. 拼装 2. 安装 3. 探伤 4. 补刷油漆
010606006	钢平台	1. 钢材品种、规格 2. 螺栓种类 3. 防火要求	t		
010606007	钢走道				
010606008	钢梯	1. 钢材品种、规格 2. 钢梯形式 3. 螺栓种类 4. 防火要求			
010606009	钢护栏	1. 钢材品种、规格 2. 防火要求			
010606010	钢漏斗	1. 钢材品种、规格 2. 漏斗、天沟形式 3. 安装高度 4. 探伤要求		按设计图示尺寸以质量计算,不扣除孔眼的质量,焊条、铆钉、螺栓等不另增加质量,依附漏斗或天沟的型钢并入漏斗或天沟工程量内	
010606011	钢板天沟				
010606012	钢支架	1. 钢材品种、规格 2. 安装高度 3. 防火要求		按设计图示尺寸以质量计算,不扣除孔眼的质量,焊条、铆钉、螺栓等不另增加质量	
010606013	零星钢构件	1. 构件名称 2. 钢材品种、规格			

7. 金属制品(编码:010607)

金属制品清单项目设置及工程量计算规则见表4-85。

表 4-85   金属制品(编码:010607)

项目编码	项目名称	项目特征	计量单位	工程量计算规则	工作内容
010607001	成品空调金属百页护栏	1. 材料品种、规格 2. 边框材质	m²	按设计图示尺寸以框外围展开面积计算	1. 安装 2. 校正 3. 预埋铁件及安螺栓
010607002	成品栅栏	1. 材料品种、规格 2. 边框及立柱型钢品种、规格			1. 安装 2. 校正 3. 预埋铁件 4. 安螺栓及金属立柱
010607003	成品雨篷	1. 材料品种、规格 2. 雨篷宽度 3. 凉衣杆品种、规格	1. m 2. m²	1. 以米计量,按设计图示接触边以米计算 2. 以平方米计量,按设计图示尺寸以展开面积计算	1. 安装 2. 校正 3. 预埋铁件及安螺栓
010607004	金属网栏	1. 材料品种、规格 2. 边框及立柱型钢品种、规格		按设计图示尺寸以框外围展开面积计算	1. 安装 2. 校正 3. 安螺栓及金属立柱
010607005	砌块墙钢丝网加固	1. 材料品种、规格 2. 加固方式	m²	按设计图示尺寸以面积计算	1. 铺贴 2. 铆固
010607006	后浇带金属网				

二、清单项目解释说明及应用

1. 钢屋架、钢托架、钢桁架、钢架桥

以榀计量,按标准图设计的应注明标准图代号,按非标准图设计的项目特征必须描述单榀屋架的质量。

【例 4-30】 某工程钢屋架如图 4-32 所示,试计算钢屋架工程量。

【解】 钢屋架工程量计算如下:

计算公式:杆件质量＝杆件设计图示长度×单位理论质量

多边形钢板质量＝最大对角线长度×最大宽度×面密度

上弦质量＝3.40×2×2×7.398＝100.61(kg)

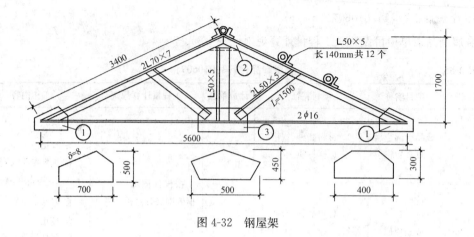

图 4-32　钢屋架

下弦质量＝5.60×2×1.58＝17.70(kg)

立杆质量＝1.70×3.77＝6.41(kg)

斜撑质量＝1.50×2×2×3.77＝22.62(kg)

①号连接板质量＝0.7×0.5×2×62.80＝43.96(kg)

②号连接板质量＝0.5×0.45×62.80＝14.13(kg)

③号连接板质量＝0.4×0.3×62.80＝7.54(kg)

檩托质量＝0.14×12×3.77＝6.33(kg)

钢屋架工程量＝100.61＋17.70＋6.41＋22.62＋43.96＋14.13＋7.54＋6.33

　　　　　　＝219.30(kg)＝0.219(t)

【例 4-31】　某厂房三角形钢屋架及连接钢板如图 4-33 所示,试计算 10 榀屋架的工程量。

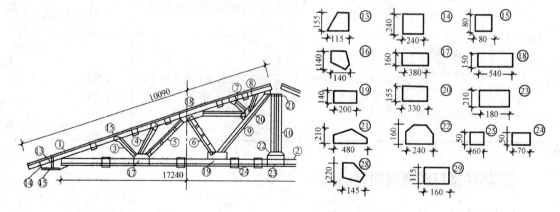

图 4-33　三角形钢屋架结构图

【解】　屋架工程量按公式分别计算型钢和连接钢板重量(表 4-86)相加即得,各钢杆件和钢板计算结果列于表 4-87 中,屋架工程量为:

511.16(角钢)＋92.06(钢板)＝603.22(kg)＝0.603(t)

10 榀屋架的工程量为:0.603×10＝6.03(t)

表 4-86　　　　　　　　　　　钢板理论质量

厚度/mm	理论质量/kg	厚度/mm	理论质量/kg	厚度/mm	理论质量/kg
0.20	1.570	2.8	21.98	22	172.70
0.25	1.963	3.0	23.55	23	180.60
0.27	2.120	3.2	25.12	24	188.40
0.30	2.355	3.5	27.48	25	196.30
0.35	2.748	3.8	29.83	26	204.10
0.40	3.140	4.0	31.40	27	212.00
0.45	3.533	4.5	35.33	28	219.80
0.50	3.925	5.0	39.25	29	227.70
0.55	4.318	5.5	43.18	30	235.50
0.60	4.710	6.0	47.10	32	251.20
0.70	5.495	7.0	54.95	34	266.90
0.75	5.888	8.0	62.80	36	282.60
0.80	6.280	9.0	70.65	38	298.30
0.90	7.065	10.0	78.50	40	314.00
1.00	7.850	11	86.35	42	329.70
1.10	8.635	12	94.20	44	345.40
1.20	9.420	13	102.10	46	361.10
1.25	9.813	14	109.90	48	376.80
1.40	10.99	15	117.80	50	392.50
1.50	11.78	16	125.60	52	408.20
1.60	12.56	17	133.50	54	423.90
1.80	14.13	18	141.30	56	439.60
2.00	15.70	19	149.20	58	455.30
2.20	17.27	20	157.00	60	471.00
2.50	19.63	21	164.90		

表 4-87　　　　　　　　　　　三角形钢屋架工程计算表

构件编号	截面/mm	长度/mm	每个构件质量/kg	数量	质量/kg
1	∟70×6	10090	6.406×10.09=64.64	4	258.56
2	∟56×4	17240	3.446×17.24=59.41	2	118.82
3	∟36×4	810	2.163×0.81=1.75	2	3.50
4	∟36×4	920	2.163×0.92=1.99	2	3.98
5	∟30×4	2090	1.786×2.09=3.73	8	29.84
6	∟30×4	1420	1.786×1.42=2.54	4	10.16
7	∟36×4	950	2.163×0.93=2.05	2	4.10
8	∟36×4	870	2.163×2.87=1.88	2	3.76
9	∟30×4	4600	1.786×4.6=8.22	4	32.88
10	∟36×4	2810	2.163×2.81=6.08	2	12.16
11	∟90×56×6	300	6.717×0.3=2.02	2	4.04
12	—185×8	520	62.8×0.185×0.52=6.04	2	12.08
13	—115×8	115	62.8×0.115×0.115=0.83	4	3.32
14	—240×12	240	94.2×0.24×0.24=5.43	2	10.86
15	—80×14	80	109.9×0.08×0.08=0.7	4	2.80

续表

构件编号	截面/mm	长　度/mm	每个构件质量/kg	数量	质量/kg
16	−140×6	140	47.1×0.14×0.14=0.92	8	7.36
17	−150×6	380	47.1×0.15×0.38=2.68	2	5.36
18	−125×6	540	47.1×0.125×0.54=3.18	2	6.36
19	−140×6	200	47.1×0.14×0.2=1.32	2	2.64
20	−155×6	330	47.1×0.155×0.33=2.41	2	4.82
21	−210×6	480	47.1×0.21×0.48=4.75	1	4.75
22	−160×6	240	47.1×0.16×0.24=1.81	1	1.81
23	−200×6	75	47.1×0.20×0.32=3.01	1	3.01
24	−50×6	75	47.1×0.05×0.075=0.18	22	3.96
25	−50×6	60	47.1×0.05×0.06=0.14	29	4.06
26	110×70×6	120	8.35×0.12=1.00	28	28.00
27	75×50×6	60	5.699×0.06=0.34	4	1.36
28	−145×6	220	47.1×0.145×0.22=1.50	12	18.00
29	−115×6	160	47.1×0.115×0.16=0.87	1	0.87
合计					603.22

2. 钢柱

(1)实腹钢柱型类型是指十字、T、L、H形,箱型,格构式等。

(2)型钢混凝土柱浇筑钢筋混凝土,其混凝土和钢筋应按混凝土及钢筋混凝土工程中相关项目编码列项。

【例4-32】　如图4-34为钢柱结构图,试计算20根钢柱的工程量。

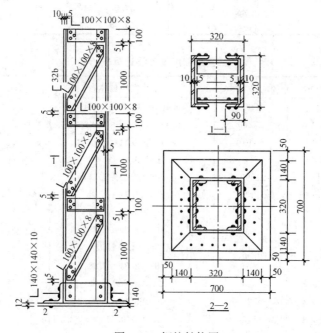

图4-34　钢柱结构图

【解】 钢柱制作工程量按图示尺寸以吨为单位计算。

(1)该柱主体钢材采用[32b,单位长度重量 43.25kg/m,柱高:0.14＋(1＋0.1)×3＝3.44 (m),2 根,则槽钢重 43.25×3.44×2＝297.56(kg)

(2)水平杆角钢　∟100×8,单位质量 12.276(kg/m)

角钢长 0.32－0.015×2＝0.29(m),6 块

12.276×0.29×6＝21.36(kg)

(3)斜杆角钢　∟100×8,6 块

角钢长 $\sqrt{(1-0.01)^2+(0.32-0.015\times2)^2}=1.032$(m)

12.276×1.032×6＝76.013(kg)

(4)底座角钢　∟140×10,单位质量 21.488kg/m

21.488×0.32×4＝27.505(kg)

(5)底座钢板—12,单位质量 94.20kg/m²

94.20×0.7×0.7＝46.158(kg)

一根钢柱的工程量:297.56＋21.36＋76.013＋27.505＋46.158＝468.596(kg)

20 根钢柱的总工程量:468.596×20＝9371.92(kg)＝9.372(t)

【例 4-33】 某工程空腹钢柱如图 4-35 所示,共 20 根,试计算空腹钢柱工程量。

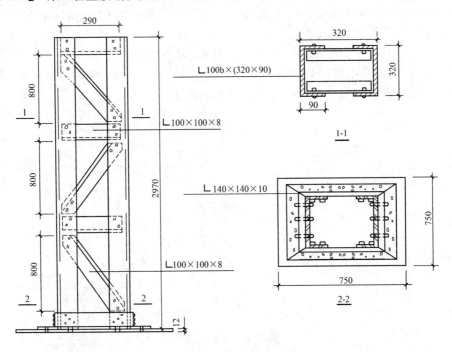

图 4-35　空腹钢柱

【解】 空腹钢柱工程量计算如下:

计算公式:杆件质量＝杆件设计图示长度×单位理论质量

多边形钢板质量＝最大对角线长度×最大宽度×面密度

[32b 槽钢立柱质量＝2.97×2×43.25＝256.91(kg)

∟100×100×8 角钢横撑质量＝0.29×6×12.276＝21.36(kg)

∟100×100×8 角钢斜撑工程量 $\sqrt{0.8^2+0.29^2}×6×12.276=62.68(\text{kg})$

∟140×140×10 角钢底座质量 $=(0.32+0.14×2)×4×21.488=51.57(\text{kg})$

—12 钢板底座质量 $=0.75×0.75×94.20=52.99(\text{kg})$

空腹钢柱工程量 $=(256.91+21.36+62.68+51.57+52.99)×20$

$\qquad\qquad =8910.20(\text{kg})=8.91(\text{t})$

4. 钢梁

(1) 梁类型是指 H、L、T 形,箱形,格构式等。

(2) 型钢混凝土梁浇筑钢筋混凝土,其混凝土和钢筋应按混凝土及钢筋混凝土工程中相关项目编码列项。

5. 钢板楼板、墙板

(1)钢板楼板上浇筑钢筋混凝土,其混凝土和钢筋应按混凝土及钢筋混凝土工程中相关项目编码列项。

(2)压型钢楼板按表4-83中钢板楼板项目编码列项。

6. 钢构件

(1)钢墙架项目包括墙架住、墙架梁和连接杆件。

(2) 钢支撑、钢拉条类型有单式、复式;钢檩条类型有型钢式、格构式;钢漏斗形式有方形、圆形;天沟形式有矩形沟或半圆形沟。

(3)加工铁件等小型构件,按表4-84中零星钢构件项目编码列项。

【例 4-34】 某厂房上柱间支撑尺寸如图 4-36 所示,共 4 组,∟63×6 的线密度为 5.72kg/m,—8钢板的面密度为62.8kg/m²。试计算柱间支撑工程量。

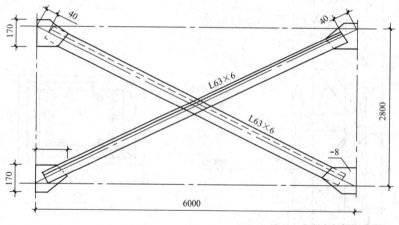

图 4-36 上柱间支撑

【解】 柱间支撑工程量计算如下:

计算公式:杆件质量=杆件设计图示长度×单位理论质量

多边形钢板质量=最大对角线长度×最大宽度×面密度

∟63×6 角钢质量 $=(\sqrt{6^2+2.8^2}-0.04×2)×5.72×2=74.83(\text{kg})$

—8 钢板质量 $=0.17×0.15×62.8×4=6.41(\text{kg})$

柱间支撑工程量 $=(74.83+6.41)×4=324.96(\text{kg})=0.325(\text{t})$

【例 4-35】 某工业厂房工程钢檩条清单计价实例。

【解】 (1)业主根据施工图计算出钢檩条工程量为 2.3t,分部分项工程量清单见下表。

分部分项工程量清单与计价表

工程名称:某工业厂房工程　　　　　　　　标段:　　　　　　　　第 页 共 页

序号	项目编码	项目名称	项目特征描述	计量单位	工程量	综合单价	合价	其中:暂估价
						金额/元		
1	010606002000	钢檩条	∟70×6	t	2.300	6473.95	14890.09	

(2)工程量清单综合单价分析表。

工程量清单综合单价分析表

工程名称:某工业厂房工程　　　　　　　　标段:　　　　　　　　第 页 共 页

项目编码 010606002001　项目名称 钢檩条　计量单位 t　工程量 2.300

综合单价组成明细

定额编号	定额项目名称	定额单位	数量	单价 人工费	材料费	机械费	管理费和利润	合价 人工费	材料费	机械费	管理费和利润
12—31	钢檩条	t	1.000	262.24	3253.12	635.49	1143.36	262.24	3253.12	635.49	1743.36
6—449	檩条安装	t	1.000	42.68	180.09	71.88	123.75	42.68	180.09	71.88	123.75
11—575	钢檩条刷油漆	t	1.000	39.60	75.64		46.10	39.60	75.64		46.10
人工单价			小　计					344.52	3508.85	707.37	1913.21
42元/工日			未计价材料费								
	清单项目综合单价						5108.00				

材料费明细	主要材料名称、规格、型号	单位	数　量	单价/元	合价/元	暂估单价/元	暂估合价/元
	角钢∟70×6	kg	914.00	2.7	2467.80		
	螺栓综合	kg	1.74	7.00	12.18		
	钢板	kg	146.00	3.13	456.98		
	电焊条	kg	51.22	6.14	314.49		
	调和漆	kg	6.32	11.01	69.58		
	防锈漆	kg	11.60	9.70	112.52		
	乙炔气	m³	2.68	7.50	20.10		
	氧气	m³	6.16	3.50	21.56		
	其他材料费			—	33.64	—	
	材料费小计			—	3508.85	—	

【例4-36】　试计算如图4-37所示踏步式钢梯工程量和人工钢材用量。

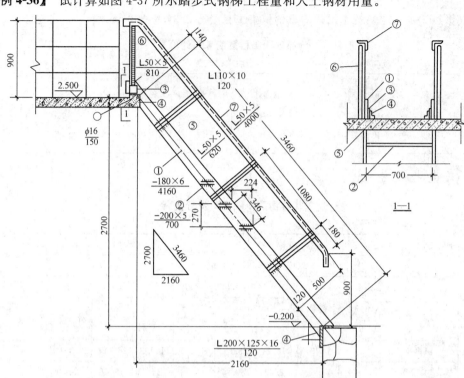

图4-37　踏步式钢梯

【解】　钢梯制作工程量按图示尺寸计算出长度,再按钢材单位长度质量计算钢梯钢材质量,以吨(t)为单位计算。工程量计算如下:

(1)钢梯边梁,扁钢－180×6,长度 $l=4.16$ m(2块);由钢材质量表得单位长度质量8.48kg/m

$8.48×4.16×2=70.554$ kg

(2)钢踏步,－200×5,$l=0.7$ m,9块,7.85kg/m

$7.85×0.7×9=49.455$ (kg)

(3)∟110×10,$l=0.12$ (m),2根,16.69kg/m

$16.69×0.12×2=4.006$ (kg)

(4)∟200×125×16,$l=0.12$,4根,39.045kg/m

$39.045×0.12×4=18.742$ (kg)

(5)∟50×5,$l=0.62$ m,6根,3.77kg/m

$3.77×0.62×6=14.024$ (kg)

(6)∟56×5,$l=0.81$ m,2根,4.251kg/m

$4.251×0.81×2=6.887$ (kg)

(7)∟50×5,$l=4.0$ m,2根,3.77kg/m

$3.77×4×2=30.16$ (kg)

总计:870.554＋49.455＋4.006＋18.742＋14.024＋6.887＋30.16＝193.828(kg)＝0.194(t)

7. 金属制品

抹灰钢丝网加固按砌块墙钢丝网加固项目编码列项。

三、工程量计算规则对照详解

1. 钢屋架

(1)钢屋架。钢屋架一般是采用等于或大于∟45×4和∟55×36×4的角钢或其他型钢焊接而成,杆件节点处采用钢板连接,双角钢中间夹以垫板焊成杆件,钢屋架每榀重量可参考表4-88。

表 4-88　　　　　　　　　　钢屋架每榀重量表

类别	荷重/(N/m²)	屋 架 跨 度/m											
		6	7	8	9	12	15	18	21	24	27	30	36
		角钢组成每榀重量/(t/榀)											
多边形	1000					0.418	0.648	0.918	1.260	1.656	2.122	2.682	
	2000					0.518	0.810	1.166	1.460	1.776	2.090	2.768	3.603
	3000					0.677	1.035	1.459	1.662	2.203	2.615	3.830	5.000
	4000					0.872	1.260	1.459	1.903	2.614	3.472	3.949	5.955
三角形	1000				0.217	0.367	0.522	0.619	0.920	1.195			
	2000				0.297	0.461	0.720	1.037	1.386	1.800			
	3000				0.324	0.598	0.936	1.307	1.840	2.390			
		轻型角钢组成每榀重量/(t/榀)											
	96	0.046	0.063	0.076									
	170					0.169	0.254	0.41					

(2)轻型钢屋架。轻型钢屋架是由小角钢(小于∟45×4或∟56×36×4)和小圆钢($\phi \geqslant$ 12mm)构成的钢屋架,杆件节点处一般不使用节点钢板,而是各杆直接连接,杆件也可采用单角钢,下弦杆及拉杆常用小圆钢制作。轻型钢屋架一般用于跨度较小(≤18m),起重量不大于5t的轻、中级工作制吊车和屋面荷载较轻的屋面结构中。轻型钢屋架每榀重量可参考表4-89。

表 4-89　　　　　　　　　　轻型钢屋架每榀重量表

类　别		屋 架 跨 度/m			
		8	9	12	15
		每 榀 重 量/t			
梭形	下弦 16Mn	0.135～0.187	0.17～0.22	0.286～0.42	0.49～0.581
	下弦 A₃	0.151～0.702	0.17～0.25	0.306～0.45	0.519～0.625

(3)薄壁型钢屋架。薄壁型钢屋架是指厚度在2～6cm的钢板或带钢经冷弯或冷拔等方式弯曲而成的型钢组成的屋架,常以薄壁型钢为主材,一般钢材为辅材制作而成。其主要特点是重量特轻,常用于做轻型屋面的支撑构件。

2. 钢柱

(1)钢管混凝土柱:是指将普通混凝土填入薄壁圆形钢管内形成的组合结构。

(2)型钢混凝土柱:是指由混凝土包裹型钢组成的柱。型钢混凝土桩应按混凝土及钢筋混凝土工程工程量清单项目设置中相关项目编码列项。

(3)工程量计算时不扣除孔眼、切边和切肢的质量。

(4)不规则或多边形钢板,以其外接矩形面积乘以厚度乘以单位理论质量计算。

(5)实腹柱按图示尺寸计算,其中腹板及翼板宽度按每边增加25mm计算。

3. 钢梁

(1)实腹柱、吊车梁、H型钢按图示尺寸计算,其中腹板及翼板宽度按每边增加25mm计算。

(2)制动梁的制作工程量包括制动梁、制动桁梁、制动板重量;墙架的制作工程量包括墙架柱、墙架梁及连接柱杆重量;钢柱制作工程量包括依附于柱上的牛腿及悬臂梁重量。

4. 压型钢板楼板、墙板

(1)压型钢板楼板上浇筑钢筋混凝土,应按混凝土及钢筋混凝土工程工程量清单项目设置中相关项目编码列项。

(2)钢墙架项目包括墙架柱、墙架梁和连接杆件。

5. 钢构件

(1)钢构件的除锈刷漆包括在报价内。

(2)钢构件的拼装台的搭拆和材料摊销应列入措施项目费。

(3)钢构件需探伤(包括射线探伤、超声波探伤、磁粉探伤、金相探伤、着色探伤、荧光探伤等)应包括在报价内。

(4)加工铁件等小型构件,应按钢构件工程量清单项目设置及工程量计算规则中零星钢构件项目编码列项。

第八节　屋面及防水工程

一、瓦、型材及其他屋面(编码:010901)

(一)清单项目设置及工程量计算规则

瓦、型材及其他屋面清单项目设置及工程量计算规则见表4-90。

表4-90　　　　　　　　　　瓦、型材及其他屋面(编码:010901)

项目编码	项目名称	项目特征	计量单位	工程量计算规则	工作内容
010901001	瓦屋面	1. 瓦品种、规格 2. 粘结层砂浆的配合比	m²	按设计图示尺寸以斜面积计算 不扣除房上烟囱、风帽底座、风道、小气窗、斜沟等所占面积。小气窗的出檐部分不增加面积	1. 砂浆制作、运输、摊铺、养护 2. 安瓦、作瓦脊
010901002	型材屋面	1. 型材品种、规格 2. 金属檩条材料品种、规格 3. 接缝、嵌缝材料种类			1. 檩条制作、运输、安装 2. 屋面型材安装 3. 接缝、嵌缝

续表

项目编码	项目名称	项目特征	计量单位	工程量计算规则	工作内容
010901003	阳光板屋面	1. 阳光板品种、规格 2. 骨架材料品种、规格 3. 接缝、嵌缝材料种类 4. 油漆品种、刷漆遍数	m²	按设计图示尺寸以斜面积计算 不扣除屋面面积≤0.3m² 孔洞所占面积	1. 骨架制作、运输、安装、刷防护材料、油漆 2. 阳光板安装 3. 接缝、嵌缝
010901004	玻璃钢屋面	1. 玻璃钢品种、规格 2. 骨架材料品种、规格 3. 玻璃钢固定方式 4. 接缝、嵌缝材料种类 5. 油漆品种、刷漆遍数			1. 骨架制作、运输、安装、刷防护材料、油漆 2. 玻璃钢制作、安装 3. 接缝、嵌缝
010901005	膜结构屋面	1. 膜布品种、规格 2. 支柱(网架)钢材品种、规格 3. 钢丝绳品种、规格 4. 锚固基座做法 5. 油漆品种、刷漆遍数		按设计图示尺寸以需要覆盖的水平投影面积计算	1. 膜布热压胶接 2. 支柱(网架)制作、安装 3. 膜布安装 4. 穿钢丝绳、锚头锚固 5. 锚固基座、挖土、回填 6. 刷防护材料,油漆

(二)清单项目解释说明及应用

(1)瓦屋面若是在木基层上铺瓦,项目特征不必描述粘结层砂浆的配合比,瓦屋面铺防水层,按表 4-90 中相关项目编码列项。

(2)型材屋面、阳光板屋面、玻璃钢屋面的柱、梁、屋架,按金属结构工程、木结构工程中相关项目编码列项。

【例 4-37】　有一带屋面小气窗的四坡水平瓦屋面,尺寸及坡度如图 4-38 所示。试计算屋面工程量和屋脊长度。

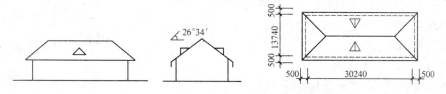

图 4-38　带屋面小气窗的四坡水平瓦屋面

【解】　屋面工程量:按图示尺寸乘以屋面坡度延尺系数,屋面小气窗不扣除,与屋面重叠部分面积不增加。由屋面坡度系数表得,$C=1.1180$。

$$S_w=(30.24+0.5\times2)\times(13.74+0.5\times2)\times1.1180=514.81(m^2)$$

【例 4-38】　某房屋建筑如图 4-39 所示,屋面板上铺水泥大瓦,试计算瓦屋面工程量。

【解】　瓦屋面工程量计算如下:

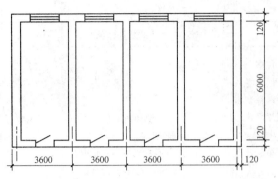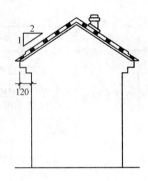

图 4-39 某房屋建筑

计算公式:瓦屋面工程量=(房屋总宽度+外檐宽度×2)×外檐总长度×延尺系数

瓦屋面工程量=(0.60+0.24+0.12×2)×(3.6×4+0.24)×1.118

$\qquad$ =106.06(m²)

【例 4-39】 某膜结构公共汽车等候车亭。

【解】 (1)业主要求每个公共汽车亭覆盖面积为:45m²,共 15 个候车亭,675m²,使用不锈钢支撑支架。

(2)投标人根据业主要求进行设计并报价:

1)加强型 PVC 膜布制作、安装:

①人工费:20.46 元/m²×675m²=13810.50(元)

②材料费:280.34 元/m²×675m²=189229.50(元)

③机械费:8.75 元/m²×675m²=5906.25(元)

④合 计:208946.25 元

2)不锈钢支架、支撑、拉杆、法兰制作、安装(每个候车亭不锈钢钢材 0.524t):

①人工费:962.14 元/t×7.86t=7562.42(元)

②材料费:43056.74 元/t×7.86t=338425.98(元)

③机械费:653.32 元/t×7.86t=5135.10(元)

④合 计:351123.50 元

3)钢丝绳(1.65t)制作、安装:

①人工费:491.18 元/t×1.65t=810.45(元)

②材料费:3245.61 元/t×1.65t=5355.26(元)

③机械费:284.21 元/t×1.65t=468.95(元)

④合 计:6634.66 元

4)综合:

①人工费、材料费、机械费合计:566704.41(元)

②管理费:①×12%=68004.53(元)

③利 润:①×5%=28335.22(元)

④总 计: 663044.16 元

⑤综合单价: 663044.16 元/675m²=982.29(元/m²)

5)现浇混凝土支架基础(每个候车亭基础 0.27m³):

①人工费: 24.34 元/个×15=365.10(元)(包括挖土方)

②材料费: 282.03 元/m³×4.05m³=1142.22(元)

③机械费： 21.33 元/m³×4.05m³＝86.40(元)

④合　计： 1593.72 元

⑤管理费： 1593.72 元×34％＝541.86(元)

⑥利　润： 1593.72 元×8％＝127.50(元)

⑦总　计： 2263.08 元

⑧综合单价：2263.08 元/4.05m³＝558.79(元/m³)

分部分项工程与单价措施项目清单与计价表

工程名称:膜结构屋面候车亭　　　　　标段:　　　　　　第 页 共 页

序号	项目编码	项目名称	项目特征描述	计量单位	工程量	综合单价	合价	暂估价
						金额/元		其中
1	010901005001	膜结构屋面	膜布:加强型 PVC 膜布、白色 支柱:不锈钢管支架支撑 钢丝绳:6 股 7 丝	m²	675.00	982.29	663044.16	
2	010501002001	现浇钢筋混凝土基础	混凝土强度 C15	m³	405.00	558.79	2263.08	
			(其他略)					
			本页小计					
			合　计					

综合单价分析表

工程名称:膜结构屋面候车亭　　　　　标段:　　　　　　第 页 共 页

项目编码	010901005001	项目名称	膜结构屋面	计量单位	m²	工程量	615.00

综合单价组成明细

定额编号	定额项目名称	定额单位	数量	单价				合价			
				人工费	材料费	机械费	管理费和利润	人工费	材料费	机械费	管理费和利润
	加强型 PVC 膜布制作、安装	m²	1.00	20.46	280.34	8.75	52.62	20.46	280.34	8.75	52.62
	不锈钢支架、支撑、拉杆、法兰制作、安装	t	0.01164	962.14	43056.74	653.32	7594.27	11.20	501.37	7.61	88.43
	钢丝绳制作、安装	t	0.0024	491.18	3245.61	284.21	683.57	1.20	7.93	0.69	1.67
人工单价		小　计						32.86	789.64	17.05	142.72
42 元/工日		未计价材料费									
		清单项目综合单价						982.28			

续表

	主要材料名称、规格、型号	单位	数　量	单价/元	合价/元	暂估单价/元	暂估合价/元
材料费明细	加强型 PVC 膜布	m²	1.00	280.34	280.34		
	不锈钢支架、支撑、拉杆、法兰	t	0.01164	43056.74	501.37		
	钢丝绳	t	0.0024	3245.61	6.49		
	其他材料费			—	1.44	—	
	材料费小计			—	789.64		

综合单价分析表

工程名称：膜结构屋面候车亭　　　　　标段：　　　　　　　　　第 页 共 页

项目编码	010501002001	项目名称	现浇钢筋混凝土基础	计量单位	m³	工程量	4.05

综合单价组成明细

定额编号	定额项目名称	定额单位	数量	单价				合价			
				人工费	材料费	机械费	管理费和利润	人工费	材料费	机械费	管理费和利润
	现浇钢筋混凝土块基础	m³	1.00	90.15	282.03	21.33	165.28	90.15	282.03	21.33	165.28
人工单价			小　计					90.15	282.03	21.33	165.28
42元/工日			未计价材料费								
清单项目综合单价								558.79			

	主要材料名称、规格、型号	单位	数　量	单价/元	合价/元	暂估单价/元	暂估合价/元
材料费明细	C35 混凝土	m³	1.00	282.03	282.03		
	其他材料费			—		—	
	材料费小计			—	282.03		

(三)工程量计算规则对照详解

(1)"瓦屋面"、"型材屋面"的木檩条、木橼子、木屋面板需刷防火涂料时，可按相关项目单独编码列项，也可包括在"瓦屋面"、"型材屋面"项目报价内。

(2)"瓦屋面"、"型材屋面"、"膜结构屋面"的钢檩条、钢支撑(柱、网架等)和拉结结构需刷防护材料时，可按相关项目单独编码列项，也可包括在"瓦屋面"、"型材屋面"、"膜结构屋面"项目报价内。

（3）瓦屋面、金属压型板（包括挑檐部分）均按图 4-40 中尺寸的水平投影面积乘以屋面坡度系数（表 4-91）以"m²"计算。不扣除房上烟囱、风帽底座、风道、屋面小气窗、斜沟等所占面积，屋面小气窗的出檐部分亦不增加。

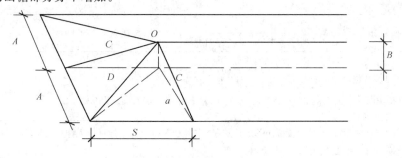

图 4-40 瓦屋面、金属压型板工程量计算示意图

表 4-91   **屋面坡度系数表**

	坡 度		延尺系数 C	隔延尺系数 D
$B/A(A=1)$	$B/2A$	角度 a		
1	1/2	45°	1.4142	1.7321
0.75	—	36°52′	1.2500	1.6008
0.70	—	35°	1.2207	1.5779
0.666	1/3	33°40′	1.2015	1.5620
0.65	—	33°01′	1.1926	1.5564
0.60	—	30°58′	1.1662	1.5362
0.577	—	30°	1.1547	1.5270
0.55	—	28°49′	1.1413	1.5170
0.50	1/4	26°34′	1.1180	1.5000
0.45	—	24°14′	1.0966	1.4839
0.40	1/5	21°48′	1.0770	1.4697
0.35	—	19°17′	1.0594	1.4569
0.30	—	16°42′	1.0440	1.4457
0.25	—	14°02′	1.0308	1.4362
0.20	1/10	11°19′	1.0198	1.4283
0.15	—	8°32′	1.0112	1.4221
0.125	—	7°8′	1.0078	1.4191
0.100	1/20	5°42′	1.0050	1.4177
0.083	—	4°45′	1.0035	1.4166
0.066	1/30	3°49′	1.0022	1.4157

注：1. $A=A'$，且 $S=0$ 时，为等两坡屋面；$A=A'=S$ 时，等四坡屋面。

2. 屋面斜铺面积＝屋面水平投影面积×C。

3. 等两坡屋面山墙泛水斜长：$A×C$。

4. 等四坡屋面斜脊长度：$A×D$。

(4)瓦屋面材料用量计算可参考表4-92。

表 4-92 　　　　　　　　　**各种瓦屋面的瓦及砂浆用量计算**

材　料	用　量　计　算
瓦	每100m²屋面瓦耗用量 $=\dfrac{100}{瓦有效长度×瓦有效宽度}×(1+损耗率)$
脊瓦	每100m²屋面脊瓦耗用量 $=\dfrac{11(9)}{脊瓦长度-搭接长度}×(1+损耗率)$ (每100m²屋面面积屋脊摊入长度:水泥瓦、黏土瓦为11m,石棉瓦为9m)
抹灰量	每100m²屋面瓦出线抹灰量(m³)=抹灰宽×抹灰厚×每100m²屋面摊入抹灰长度×(1+损耗率) (每100m²屋面面积摊入长度为4m)
脊瓦填缝砂浆	脊瓦填缝砂浆用量(m³)=$\dfrac{脊瓦内圆面积×70\%}{2}$×每100m²瓦屋面取定的屋脊长×(1-砂浆空隙率)× (1+损耗率) 脊瓦用的砂浆量按脊瓦半圆体积的70%计算;梢头抹灰宽度按120mm,砂浆厚度按30mm计算;铺瓦条间距300mm。 瓦的选用规格、搭接长度及综合脊瓦,梢头抹灰长度见表4-93

表 4-93 　　　　　　　**瓦的选用规格、搭接长度及综合脊瓦、梢头抹灰长度**

项　目	规　格/mm		搭　接/mm		有效尺寸/mm		每100m²屋面摊入	
	长	宽	长　向	宽　向	长	宽	脊　长	稍头长
黏 土 瓦	380	240	80	33	300	207	7690 5860	
小 青 瓦	200	145	133	182	67	190	11000	9600
小波石棉瓦	1820	720	150	62.5	1670	657.5	9000	
大波石棉瓦	2800	994	150	165.7	2650	828.3	9000	
黏土脊瓦	455	195	55		11000			
小波石棉脊瓦	780	180	200	1.5波			11000	
大波石棉脊瓦	850	460	200	1.5波			11000	

(5)涂膜屋面按图示尺寸的水平投影面积乘以规定的坡度系数(表4-91),以"m²"计算。但不扣除房上烟囱、风帽底座、风道、屋面小气窗和斜沟所占的面积,屋面的女儿墙、伸缩缝和天窗等处的弯起部分,按图示尺寸并入屋面工程量计算。如图纸无规定时,伸缩缝、女儿墙的弯起部分可按250mm计算,天窗弯起部分可按500mm计算。

(6)涂膜漏屋面的油膏嵌缝、玻璃布盖缝、屋面分格缝,以延长米计算。

二、屋面防水及其他(编号:010902)

(一)清单项目设置及工程量计算规则

屋面防水及其他清单项目设置及工程量计算规则见表4-94。

表 4-94 屋面防水及其他(编号:010902)

项目编码	项目名称	项目特征	计量单位	工程量计算规则	工作内容
0010902001	屋面卷材防水	1. 卷材品种、规格、厚度 2. 防水层数 3. 防水层做法	m²	按设计图示尺寸以面积计算 1. 斜屋顶(不包括平屋顶找坡)按斜面积计算,平屋顶按水平投影面积计算 2. 不扣除房上烟囱、风帽底座、风道、屋面小气窗和斜沟所占面积 3. 屋面的女儿墙、伸缩缝和天窗等处的弯起部分,并入屋面工程量内	1. 基层处理 2. 刷底油 3. 铺油毡卷材、接缝
010902002	屋面涂膜防水	1. 防水膜品种 2. 涂膜厚度、遍数 3. 增强材料种类			1. 基层处理 2. 刷基层处理剂 3. 铺布、喷涂防水层
010902003	屋面刚性层	1. 刚性层厚度 2. 混凝土种类 3. 混凝土强度等级 4. 嵌缝材料种类 5. 钢筋规格、型号		按设计图示尺寸以面积计算。不扣除房上烟囱、风帽底座、风道等所占面积	1. 基层处理 2. 混凝土制作、运输、铺筑、养护 3. 钢筋制安
010902004	屋面排水管	1. 排水管品种、规格 2. 雨水斗、山墙出水口品种、规格 3. 接缝、嵌缝材料种类 4. 油漆品种、刷漆遍数	m	按设计图示尺寸以长度计算。如设计未标注尺寸,以檐口至设计室外散水上表面垂直距离计算	1. 排水管及配件安装、固定 2. 雨水斗、山墙出水口、雨水算子安装 3. 接缝、嵌缝 4. 刷漆
010902005	屋面排(透)气管	1. 排(透)气管品种、规格 2. 接缝、嵌缝材料种类 3. 油漆品种、刷漆遍数		按设计图示尺寸以长度计算	1. 排(透)气管及配件安装、固定 2. 铁件制作、安装 3. 接缝、嵌缝 4. 刷漆
010902006	屋面(廊、阳台)泄(吐)水管	1. 吐水管品种、规格 2. 接缝、嵌缝材料种类 3. 吐水管长度 4. 油漆品种、刷漆遍数	根(个)	按设计图示数量计算	1. 水管及配件安装、固定 2. 接缝、嵌缝 3. 刷漆
010902007	屋面天沟、檐沟	1. 材料品种、规格 2. 接缝、嵌缝材料种类	m²	按设计图示尺寸以展开面积计算	1. 天沟材料铺设 2. 天沟配件安装 3. 接缝、嵌缝 4. 刷防护材料
010902008	屋面变形缝	1. 嵌缝材料种类 2. 止水带材料种类 3. 盖缝材料 4. 防护材料种类	m	按设计图示以长度计算	1. 清缝 2. 填塞防水材料 3. 止水带安装 4. 盖缝制作、安装 5. 刷防护材料

(二)清单项目解释说明及应用

(1)屋面刚性层无钢筋,其钢筋项目特征不必描述。

(2)屋面找平层按《房屋建筑与装饰工程工程量计算规范》(GB 50854—2013)附录 L 楼地面装饰工程"平面砂浆找平层"项目编码列项。

(3)屋面防水搭接及附加层用量不另行计算,在综合单价中考虑。

(4)屋面保温找坡层按《房屋建筑与装饰工程工程量计算规范》(GB 50854—2013)附录 K 保温、隔热、防腐工程"保温隔热屋面"项目编码列项。

【例4-40】 有一两坡水二毡三油卷材屋面,尺寸如图 4-41 所示。屋面防水层构造层次为:预制钢筋混凝土空心板、1:2 水泥砂浆找平层、冷底子油一道、二毡三油一砂防水层。试计算下列情况下的屋面工程量:(1)当有女儿墙,屋面坡度为 1:4 时,(2)当有女儿墙坡度为 3% 时,(3)无女儿墙有挑檐,坡度为 3% 时。

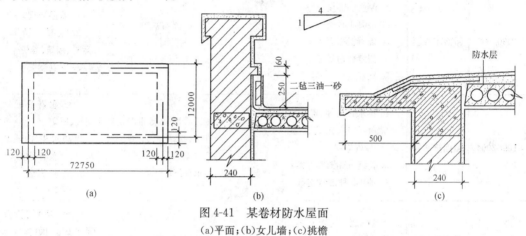

图 4-41 某卷材防水屋面
(a)平面;(b)女儿墙;(c)挑檐

【解】 (1)屋面坡度为 1:4 时,相应的角度为 14°02′,延尺系数 $C=1.0308$,则:

$$\begin{aligned}屋面工程量 &= (72.75 - 0.24) \times (12 - 0.24) \times 1.0308 \\ &\quad + 0.25 \times (72.75 - 0.24 + 12.0 - 0.24) \times 2 \\ &= 921.12(\text{m}^2)\end{aligned}$$

(2)有女儿墙,3% 的坡度,因坡度很小,按平屋面计算,则:

$$\begin{aligned}屋面工程量 &= (72.75 - 0.24) \times (12 - 0.24) + (72.75 + 12 - 0.48) \times 2 \times 0.25 \\ &= 894.86(\text{m}^2)\end{aligned}$$

或 $(72.75 + 0.24) \times (12 + 0.24) - (72.75 + 12) \times 2 \times 0.24 + (72.75 + 12 - 0.48) \times 2 \times 0.25 = 894.85(\text{m}^2)$

(3)无女儿墙有挑檐平屋面(坡度 3%),按图 4-57(a)、(c)及下式计算屋面工程量:

$$屋面工程量 = 外墙外围水平面积 + (L_{外} + 4 \times 檐宽) \times 檐宽$$

代入数据得:

$$\begin{aligned}屋面工程量 &= (72.75 + 0.24) \times (12 + 0.24) + [(72.75 + 12 + 0.48) \times 2 + 4 \times 0.5] \times 0.5 \\ &= 979.63(\text{m}^2)\end{aligned}$$

【例4-41】 某屋面设计有铸铁管雨水口 8 个,塑料水斗 8 个,配套的塑料水落管直径 100mm,每根长度 16m,试计算塑料水落管工程量。

【解】 计算公式:屋面排水管工程量=设计图示长度

水落管工程量＝16.00×8＝128(m)

【例 4-42】　假设某仓库屋面为铁皮排水天沟(图 4-42)12m 长，试计算天沟工程量。

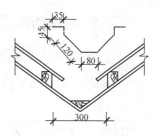

图 4-42　铁皮排水天沟

【解】　天沟工程量＝12×(0.035×2＋0.045×2＋0.12×2＋0.08)

$$=5.76(m^2)$$

(三)工程量计算规则详解

(1)卷材屋面按图示尺寸的水平投影面积乘以规定的坡度系数(表 4-91)，以"m^2"计算。但不扣除房上烟囱、风帽底座、风道、屋面小气窗和斜沟所占的面积，屋面的女儿墙、伸缩缝和天窗等处的弯起部分，按图示尺寸并入屋面工程量计算。如图纸无规定时，伸缩缝、女儿墙的弯起部分可按 250mm 计算，天窗弯起部分可按 500mm 计算。

(2)卷材屋面的附加层、接缝、收头、找平层的嵌缝、冷底子油并入屋面工程内，不另计算。

(3)铁皮排水按图示尺寸以展开面积计算，如图纸没有注明尺寸时，可按表 4-95 计算。咬口和搭接等已计入报价中，不另计算，其咬口长度及示意图见表 4-96 和图 4-43。

表 4-95　　　　　　　　　铁皮排水单体零件折算表

名　　称	单位	水落管/m	檐　沟/m	水斗/个	漏斗/个	下水口/个		
铁皮排水　水落管、檐沟、水斗、漏斗、下水口	m^2	0.32	0.30	0.40	0.16	0.45		
天沟、斜沟、天窗窗台泛水、天窗侧面泛水、烟囱泛水、通气管泛水、滴水檐头泛水、滴水		天沟/m	斜沟天窗窗台泛水/m	天窗侧面泛水/m	烟囱泛水/m	通气管泛水/m	滴水檐头泛水/m	滴水/m
		1.30	0.50	0.70	0.80	0.22	0.24	0.11

表 4-96　　　　　　　　　铁皮屋面的单双咬口长度

项　目	单　位	立　咬	平　咬	铁皮规格	每张铁皮有效面积
单咬口	mm	55	30	1800×900	1.496m^2
双咬口	mm	110	30	1800×900	1.382m^2

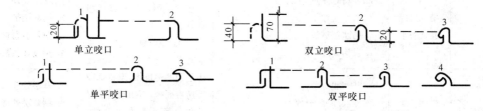

图 4-43　铁皮单立咬口、双立咬口、单平咬口、双平咬口示意图

注：瓦垄铁皮规格为 1800mm×600mm，上下搭接长度为 100mm，短向搭接按左右压 1.5 个波。

(4)铸铁、玻璃钢水落管区别不同直径按图示尺寸以延长米计算，雨水口、水斗、弯头、短管以"个"计算。

三、墙、地面防水、防潮(编码:010903~010904)

(一)清单项目设置及工程量计算规则

墙面防水、防潮清单项目设置及工程量计算规则见表4-97。

表4-97　　　　　　　　　　　墙面防水、防潮(编码:010903)

项目编码	项目名称	项目特征	计量单位	工程量计算规则	工作内容
010903001	墙面卷材防水	1. 卷材品种、规格、厚度 2. 防水层数 3. 防水层做法	m²	按设计图示尺寸以面积计算	1. 基层处理 2. 刷粘结剂 3. 铺防水卷材 4. 接缝、嵌缝
010903002	墙面涂膜防水	1. 防水膜品种 2. 涂膜厚度、遍数 3. 增强材料种类			1. 基层处理 2. 刷基层处理剂 3. 铺布、喷涂防水层
010903003	墙面砂浆防水(防潮)	1. 防水层做法 2. 砂浆厚度、配合比 3. 钢丝网规格			1. 基层处理 2. 挂钢丝网片 3. 设置分格缝 4. 砂浆制作、运输、摊铺、养护
010903004	墙面变形缝	1. 嵌缝材料种类 2. 止水带材料种类 3. 盖缝材料 4. 防护材料种类	m	按设计图示以长度计算	1. 清缝 2. 填塞防水材料 3. 止水带安装 4. 盖缝制作、安装 5. 刷防护材料

2. 楼(地)面防水、防潮(编码:010904)

楼(地)面防水、防潮清单项目设置及工程量计算规则见表4-98。

表4-98　　　　　　　　　　　楼(地)面防水、防潮

项目编码	项目名称	项目特征	计量单位	工程量计算规则	工作内容
010904001	楼(地)面卷材防水	1. 卷材品种、规格、厚度 2. 防水层数 3. 防水层做法 4. 反边高度	m²	按设计图示尺寸以面积计算 1. 楼(地)面防水:按主墙间净空面积计算,扣除凸出地面的构筑物、设备基础等所占面积,不扣除间壁墙及单个面积≤0.3m²柱、垛、烟囱和孔洞所占面积 2. 楼(地)面防水反边高度≤300mm算作地面防水,反边高度>300mm按墙面防水计算	1. 基层处理 2. 刷粘结剂 3. 铺防水卷材 4. 接缝、嵌缝
010904002	楼(地)面涂膜防水	1. 防水膜品种 2. 涂膜厚度、遍数 3. 增强材料种类 4. 反边高度			1. 基层处理 2. 刷基层处理剂 3. 铺布、喷涂防水层
010904003	楼(地)面砂浆防水(防潮)	1. 防水层做法 2. 砂浆厚度、配合比 3. 反边高度			1. 基层处理 2. 砂浆制作、运输、摊铺、养护

续表

项目编码	项目名称	项目特征	计量单位	工程量计算规则	工作内容
010904004	楼(地)面变形缝	1. 嵌缝材料种类 2. 止水带材料种类 3. 盖缝材料 4. 防护材料种类	m	按设计图示以长度计算	1. 清缝 2. 填塞防水材料 3. 止水带安装 4. 盖缝制作、安装 5. 刷防护材料

(二)清单项目解释说明及应用

1. 墙面防水、防潮

(1)墙面防水搭接及附加层用量不另行计算,在综合单价中考虑。

(2)墙面变形缝,若做双面,工程量乘以系数2。

(3)墙面找平层按《房屋建筑与装饰工程工程量计算规范》(GB 50854—2013)附录 M 墙、柱面装饰与隔断、幕墙工程"立面砂浆找平层"项目编码列项。

2. 楼(地面)防水、防潮

(1)楼(地)面防水找平层按《房屋建筑与装饰工程工程量计算规范》(GB 50854—2013)附录 L 楼地面装饰工程"平面砂浆找平层"项目编码列项。

(2)楼(地)面防水搭接及附加层用量不另行计算,在综合单价中考虑。

【例 4-43】 试计算如图 4-44 所示地面防潮层工程量,其防潮层做法如图 4-45 所示。

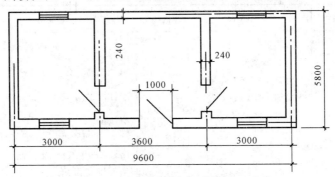

图 4-44　某建筑物平面示意图

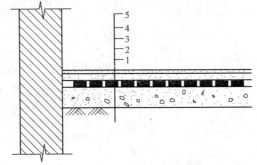

图 4-45　地面防潮层构造层次

1—素土夯实;2—100 厚 C20 混凝土;3—冷底子油一遍,玛琋脂玻璃布一布二油;

4—20 厚 1:3 水泥砂浆找平层;5—10 厚 1:2 水泥砂浆面层

【解】 工程量按主墙间净空面积计算,即:

地面防潮层工程量=(9.6-0.24×3)×(5.8-0.24)=49.37(m²)

(三)工程量计算规则对照详解

(1)建筑物地面防水、防潮层,按主墙间净空面积计算,扣除凸出地面的构筑物、设备基础等所占的面积,不扣除柱、垛、间壁墙、烟囱及 0.3m² 以内孔洞所占面积。与墙面连接处高度在 500mm 以内者按展开面积计算,并入平面工程量内,超过 500mm 时,按立面防水层计算。

(2)建筑物墙基防水、防潮层,外墙长度按中心线,内墙按净长乘以宽度以"m²"计算。

(3)构筑物及建筑物地下室防水层,按实铺面积计算,但不扣除 0.3m² 以内的孔洞面积。平面与立面交接处的防水层,其上卷高度超过 500mm 时,按立面防水层计算。

(4)变形缝按延长米计算。

第九节　防腐、保温、隔热工程

一、防腐面层(编码:011002)

(一)清单项目设置及工程量计算规则

防腐面层清单项目设置及工程量计算规则见表 4-99。

表 4-99　　　　　　　　　防腐面层(编码:011002)

项目编码	项目名称	项目特征	计量单位	工程量计算规则	工作内容
011002001	防腐混凝土面层	1. 防腐部位 2. 面层厚度 3. 混凝土种类 4. 胶泥种类、配合比	m²	按设计图示尺寸以面积计算 1. 平面防腐:扣除凸出地面的构筑物、设备基础等以及面积>0.3m²孔洞、柱、垛等所占面积。门洞、空圈、暖气包槽、壁龛的开口部分不增加面积 2. 立面防腐:扣除门、窗、洞口以及面积>0.3m²孔洞、梁所占面积,门、窗、洞口侧壁、垛突出部分按展开面积并入墙面积内	1. 基层清理 2. 基层刷稀胶泥 3. 混凝土制作、运输、摊铺、养护
011002002	防腐砂浆面层	1. 防腐部位 2. 面层厚度 3. 砂浆、胶泥种类、配合比			1. 基层清理 2. 基层刷稀胶泥 3. 砂浆制作、运输、摊铺、养护
011002003	防腐胶泥面层	1. 防腐部位 2. 面层厚度 3. 胶泥种类、配合比			1. 基层清理 2. 胶泥调制、摊铺

续表

项目编码	项目名称	项目特征	计量单位	工程量计算规则	工作内容
011002004	玻璃钢防腐面层	1. 防腐部位 2. 玻璃钢种类 3. 贴布材料的种类、层数 4. 面层材料品种	m²	按设计图示尺寸以面积计算 1. 平面防腐:扣除凸出地面的构筑物、设备基础等以及面积>0.3m²孔洞、柱、垛等所占面积。门洞、空圈、暖气包槽、壁龛的开口部分不增加面积 2. 立面防腐:扣除门、窗、洞口以及面积>0.3m²孔洞、梁所占面积,门、窗、洞口侧壁、垛突出部分按展开面积并入墙面积内	1. 基层清理 2. 刷底漆、刮腻子 3. 胶浆配制、涂刷 4. 粘布、涂刷面层
011002005	聚氯乙烯板面层	1. 防腐部位 2. 面层材料品种、厚度 3. 粘结材料种类			1. 基层清理 2. 配料、涂胶 3. 聚氯乙烯板铺设
011002006	块料防腐面层	1. 防腐部位 2. 块料品种、规格 3. 粘结材料种类 4. 勾缝材料种类			1. 基层清理 2. 铺贴块料 3. 胶泥调制、勾缝
011002007	池、槽块料防腐面层	1. 防腐池、槽名称、代号 2. 块料品种、规格 3. 粘结材料种类 4. 勾缝材料种类		按设计图示尺寸以展开面积计算	1. 基层清理 2. 铺贴块料 3. 胶泥调制、勾缝

(二)清单项目解释说明及应用

防腐踢脚线,应按《房屋建筑与装饰工程工程量计算规范》(GB 50954—2013)附录 L 楼地面装饰工程"踢脚线"项目编码列项。

【例 4-44】 某仓库防腐地面、踢脚线抹铁屑砂浆,厚度 20mm,尺寸如图 4-46 所示,试计算地面、踢脚线抹铁屑砂浆工程量。

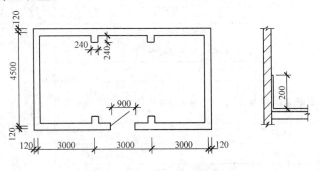

图 4-46 仓库防腐地面、踢脚线尺寸

【解】 (1)耐酸防腐地面工程量计算如下:

计算公式:耐酸防腐地面工程量=设计图示净长×净宽—应扣面积

耐酸防腐地面工程量=(9−0.24)×(4.5−0.24)=37.32(m²)

(2)耐酸防腐踢脚线工程量计算如下:

计算公式:耐酸防腐踢脚线工程量=(踢脚线净长+门、垛侧面宽度-门宽)×净高

耐酸防腐踢脚线工程量=[(9-0.24+0.24×4+4.5-0.24)×2-0.9+0.12×2]×0.2
$$=5.46(m^2)$$

【例4-45】 某玻璃钢防腐工程清单计价实例。

【解】 (1)业主根据施工图计算出玻璃钢防腐面层工程量清单如下表所示。

分部分项工程措施项目清单与计价表

工程名称:××楼装饰装修工程　　　　标段:　　　　　　　　第 页 共 页

序号	项目编码	项目名称	项目特征描述	计量单位	工程量	综合单价	合价	其中暂估价
1	011002004001	玻璃钢防腐面层		m²	25.300	35.72	903.72	

(2)工程量清单综合单价分析如下表所示。

综合单价分析表

工程名称:某玻璃钢防腐工程　　　　标段:　　　　　　　　第 页 共 页

项目编码	011002004001	项目名称	玻璃钢防腐面层	计量单位	m²	工程量	25.300

综合单价组成明细

定额编号	定额项目名称	定额单位	数量	单价 人工费	材料费	机械费	管理费和利润	合价 人工费	材料费	机械费	管理费和利润
10028	玻璃钢防腐面层	100	0.01	116.38	392.11	33.65	65.06	1.16	3.92	0.34	0.65
10029	玻璃钢面层刮腻子	100	0.01	72.82	148.05	53.84	32.97	0.73	1.48	0.54	0.33
10030	环氧玻璃钢贴布面层	100	0.01	968.00	766.82	168.25	228.37	9.68	7.67	1.68	2.28
10031	环氧玻璃钢面漆	100	0.01	75.02	361.42	33.65	56.41	0.75	3.61	0.34	0.56
人工单价		小计						12.32	16.68	2.90	3.82
42元/工日		未计价材料费									
清单项目综合单价								35.72			

材料费明细	主要材料名称、规格、型号	单位	数量	单价/元	合价/元	暂估单价/元	暂估合价/元
	丙酮	kg	0.2078	4.14	0.86		
	环氧树脂	kg	0.4545	27.72	12.60		
	砂布	张	0.600	0.90	0.54		
	玻璃丝布	m²	1.150	1.67	1.92		
	其他材料费			—	0.76	—	
	材料费小计			—	16.68		

(三)工程量计算规则对照详解

(1)整体面层适用于平面、立面的防腐耐酸工程,包括沟、坑、槽。

(2)块料面层以平面砌为准,砌立面者按平面砌相应项目,人工乘以系数 1.38,踢脚板人工乘以系数 1.56,其他不变。块料面层用料计算见表 4-100。

(3)防腐工程项目应区分不同防腐材料种类及其厚度,按设计实铺面积以 m^2 计算。应扣除凸出地面的构筑物、设备基础等所占的面积,砖垛等突出墙面部分按展开面积计算并入墙面防腐工程量之内。

(4)定额中各种面层,除软聚氯乙烯塑料地面外,均不包括踢脚板。

(5)花岗岩板以六面剁斧的板材为准。如底面为毛面者,水玻璃砂浆增加 $0.38m^3$;耐酸沥青砂浆增加 $0.44m^3$。

(6)踢脚板按实铺长度乘以高度以平方米计算,应扣除门洞所占面积并相应增加侧壁展开面积。

(7)平面砌筑双层耐酸块料时,按单层面积乘以系数 2 计算。

(8)防腐卷材接缝、附加层、收头等人工材料,已计入在定额中,不再另行计算。

(9)各种胶泥、防腐砂浆(混凝土)及玻璃钢的用量可参照表 4-101～表 4-103 进行计算。

表 4-100   块料面层用料计算

项 目	计 算 公 式
块料	每 $100m^2$ 块料用量 $=\dfrac{100}{(块料长+灰缝宽)\times(块料宽+灰缝宽)}=$ 块数(另加损耗)
胶料	各种胶泥或砂浆: 计算量=结合层数量+灰缝胶料计算量 $=m^3$(另加损耗) 其中:每 $100m^2$ 灰缝胶料计算量 $=(100-$ 块料长$\times$块料宽$\times$块数$)\times$灰缝深度
稀胶泥	水玻璃胶料基层涂稀胶泥用量为 $0.2m^3/100m^2$
丙酮	表面擦拭用的丙酮,按 $0.1kg/m^2$ 计算
其他材料	其他材料费按每 $100m^2$ 用棉纱 $2.4kg$ 计算

表 4-101   各种胶泥、砂浆、混凝土、玻璃钢用量计算

项 目	计算公式
用量计算	设甲、乙、丙三种材料密度分别为 A、B、C,配合比分别为 a、b、c,则单位用量 $G=\dfrac{1}{a+b+c}$。 甲材料用量(重量)$=G\times a$ 乙材料用量(重量) $\qquad\qquad =G\times b$ 丙材料用量(重量)$=G\times c$ 配合后 $1m^3$ 砂浆(胶泥)重量(kg) $=\dfrac{1}{\dfrac{G\times a}{A}+\dfrac{G\times b}{B}+\dfrac{G\times c}{C}}$ $1m^3$ 砂浆(胶泥)需要各种材料重量分别为: $\qquad$甲材料(kg)$=1m^3$ 砂浆(胶泥)重量$\times G\times a$ $\qquad$乙材料(kg)$=1m^3$ 砂浆(胶泥)重量$\times G\times b$ $\qquad$丙材料(kg)$=1m^3$ 砂浆(胶泥)重量$\times G\times c$

续表

项　　目	计算公式
举例	例如:耐酸沥青砂浆(铺设压实)用配合比(重量比)1.3:2.6:7.4 即沥青:石英粉:石英砂 单位用量 $G=\dfrac{1}{1.3+2.6+7.4}$ $\quad=0.0885$ 沥青 $=1.3\times0.0885$ $\quad=0.115$ 石英粉 $=2.6\times0.0885$ $\quad=0.23$ 石英砂 $=7.4\times0.0885$ $\quad=0.665$ $1m^3$ 砂浆重量 $=\dfrac{100}{\dfrac{0.115}{1.1}+\dfrac{0.23}{2.7}+\dfrac{0.655}{2.7}}=2326kg$ 　$1m^3$ 砂浆材料用量: 沥　青 $=2326\times0.115$ $\quad=267kg$(另加损耗) 石英粉 $=2326\times0.23$ $\quad=535kg$(另加损耗) 石英砂 $=2326\times0.655$ $\quad=1524kg$(另加损耗)

注:树脂胶泥中的稀释剂:如丙酮、乙醇、二甲苯等在配合比计算中未有比例成分,而是按取定值见表 4-102 直接算入的。

表 4-102　　　　　　　　　树脂胶泥中的稀释剂参考取定值

种　　类	环氧胶泥	酚醛胶泥	环氧酚醛胶泥	环氧呋喃胶泥	环氧煤焦油胶泥	环氧打底材料
丙　　　酮	0.1		0.06	0.06	0.04	1
乙　　　醇		0.06				
乙二胺苯磺酰氯	0.08		0.05	0.05	0.04	0.07
二　甲　苯		0.08			0.10	

表 4-103　　　　　　　　　玻璃钢类用量计算

项　　目	用量计算
底漆	各种玻璃钢底漆均用环氧树脂胶料,其用量为 $0.116kg/m^2$,另加 2.5% 的损耗量,石英粉的损耗量为 1.5%
腻子	各种玻璃钢腻子所用树脂与底漆相同,均为环氧树脂,其用量为底漆的 30%
贴布一层	各种玻璃钢,均为各该底漆一层耗用树脂量的 150%,玻璃布厚为 0.2mm
面漆一层	均与各该底漆一层所需用树脂量相同

二、其他防腐(011003)

(一)清单项目设置及工程量计算规则

其他防腐清单项目设置及工程量计算规则见表4-104。

表 4-104　　　　　　　　　　　其他防腐(011003)

项目编码	项目名称	项目特征	计量单位	工程量计算规则	工作内容
011003001	隔离层	1. 隔离层部位 2. 隔离层材料品种 3. 隔离层做法 4. 粘贴材料种类	m^2	按设计图示尺寸以面积计算 　1. 平面防腐:扣除凸出地面的构筑物、设备基础等以及面积>0.3m² 孔洞、柱、垛等所占面积,门洞、空圈、暖气包槽、壁龛的开口部分不增加面积 　2. 立面防腐:扣除门、窗、洞口以及面积>0.3m² 孔洞、梁所占面积,门、窗、洞口侧壁、垛突出部分按展开面积并入墙面积内	1. 基层清理、刷油 2. 煮沥青 3. 胶泥调制 4. 隔离层铺设
011003002	砌筑沥青浸渍砖	1. 砌筑部位 2. 浸渍砖规格 3. 胶泥种类 4. 浸渍砖砌法	m^3	按设计图示尺寸以体积计算	1. 基层清理 2. 胶泥调制 3. 浸渍砖铺砌
011003003	防腐涂料	1. 涂刷部位 2. 基层材料类型 3. 刮腻子的种类、遍数 4. 涂料品种、刷涂遍数	m^2	按设计图示尺寸以面积计算 　1. 平面防腐:扣除凸出地面的构筑物、设备基础等以及面积>0.3m² 孔洞、柱、垛等所占面积,门洞、空圈、暖气包槽、壁龛的开口部分不增加面积 　2. 立面防腐:扣除门、窗、洞口以及面积>0.3m² 孔洞、梁所占面积,门、窗、洞口侧壁、垛突出部分按展开面积并入墙面积内	1. 基层清理 2. 刮腻子 3. 刷涂料

(二)清单项目解释说明

浸渍砖砌法是指平砌、立砌。

(三)工程量计算规则对照详解

(1)隔离层适用于平面、立面的防腐耐酸工程,包括沟、坑、槽。

(2)平面防腐:扣除凸出地面的构筑物、设备基础等所占面积。

(3)立面防腐:砖垛等突出部分按展开面积并入墙面积内。

三、保温、隔热(011001)

(一)清单项目设置及工程量计算规则

保温、隔热清单项目设置及工程量计算规则见表4-105。

表4-105　　　　　　　　　　　　保温、隔热(011001)

项目编码	项目名称	项目特征	计量单位	工程量计算规则	工作内容
011001001	保温隔热屋面	1. 保温隔热材料品种、规格、厚度 2. 隔气层材料品种、厚度 3. 粘结材料种类、做法 4. 防护材料种类、做法		按设计图示尺寸以面积计算。扣除面积>0.3m²孔洞及占位面积	1. 基层清理 2. 刷粘结材料 3. 铺粘保温层 4. 铺、刷(喷)防护材料
011001002	保温隔热天棚	1. 保温隔热面层材料品种、规格、性能 2. 保温隔热材料品种、规格及厚度 3. 粘结材料种类及做法 4. 防护材料种类及做法		按设计图示尺寸以面积计算。扣除面积>0.3m²上柱、垛、孔洞所占面积,与天棚相连的梁按展开面积,并入天棚工程量内计算	
011001003	保温隔热墙面	1. 保温隔热部位 2. 保温隔热方式 3. 踢脚线、勒脚线保温做法 4. 龙骨材料品种、规格 5. 保温隔热面层材料品种、规格、性能 6. 保温隔热材料品种、规格及厚度 7. 增强网及抗裂防水砂浆种类 8. 粘结材料种类及做法 9. 防护材料种类及做法	m²	按设计图示尺寸以面积计算。扣除门窗洞口以及面积>0.3m²梁、孔洞所占面积;门窗洞口侧壁以及与墙相连的柱,并入保温墙体工程量内	1. 基层清理 2. 刷界面剂 3. 安装龙骨 4. 填贴保温材料 5. 保温板安装 6. 粘贴面层 7. 铺设增强格网、抹抗裂、防水砂浆面层 8. 嵌缝 9. 铺、刷(喷)防护材料
011001004	保温柱、梁			按设计图示尺寸以面积计算 1. 柱按设计图示柱断面保温层中心线展开长度乘保温层高度以面积计算,扣除面积>0.3m²梁所占面积 2. 梁按设计图示梁断面保温层中心线展开长度乘保温层长度以面积计算	
011001005	保温隔热楼地面	1. 保温隔热部位 2. 保温隔热材料品种、规格、厚度 3. 隔气层材料品种、厚度 4. 粘结材料种类、做法 5. 防护材料种类、做法		按设计图示尺寸以面积计算。扣除面积>0.3m²柱、垛、孔洞等所占面积。门洞、空圈、暖气包槽、壁龛的开口部分不增加面积	1. 基层清理 2. 刷粘结材料 3. 铺粘保温层 4. 铺、刷(喷)防护材料

续表

项目编码	项目名称	项目特征	计量单位	工程量计算规则	工作内容
011001006	其他保温隔热	1. 保温隔热部位 2. 保温隔热方式 3. 隔气层材料品种、厚度 4. 保温隔热面层材料品种、规格、性能 5. 保温隔热材料品种、规格及厚度 6. 粘结材料种类及做法 7. 增强网及抗裂防水砂浆种类 8. 防护材料种类及做法	m²	按设计图示尺寸以展开面积计算。扣除面积＞0.3m²孔洞及占位面积	1. 基层清理 2. 刷界面剂 3. 安装龙骨 4. 填贴保温材料 5. 保温板安装 6. 粘贴面层 7. 铺设增强格网、抹抗裂防水砂浆面层 8. 嵌缝 9. 铺、刷（喷）防护材料

(二)清单项目解释说明及应用

(1)保温隔热装饰面层,按《房屋建筑与装饰工程工程量计算规范》(GB 50854—2013)附录L、M、N、P、Q中相关项目编码列项;仅做找平层按《房屋建筑与装饰工程工程量计算规范》(GB 50854—2013)附录L楼地面装饰工程"平面砂浆找平层"或附录M墙、柱面装饰与隔断、幕墙工程"立面砂浆找平层"项目编码列项。

(2)柱帽保温隔热应并入天棚保温隔热工程量内。

(3)池槽保温隔热应按其他保温隔热项目编码列项。

(4)保温隔热方式,指内保温、外保温、夹芯保温。

(5)保温柱、梁适用于不与墙、天棚相连的独立柱、梁。

【例4-46】 保温平屋面,尺寸如图4-47所示,做法如下:空心板上1:3水泥砂浆找平20mm厚,刷冷底油两遍,沥青隔气层一遍,8mm厚水泥蛭石块保温层,1:10现浇水泥蛭石找坡,1:3水泥砂浆找平20mm厚,SBS改性沥青卷材满铺一层,点式支撑预制混凝土架空隔热板,板厚60mm,试计算水泥蛭石块保温层和预制混凝土架空隔热板工程量。

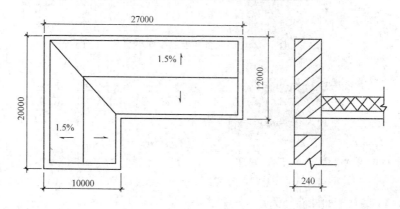

图 4-47 保温平屋面

【解】 (1)保温隔热屋面工程量计算如下:

计算公式:屋面保温层工程量=保温层设计长度×设计宽度

屋面保温层工程量=(27.00-0.24)×(12.00-0.24)+(10.00-0.24)×(20.00-12.00)

$$=392.78(\text{m}^2)$$

(2)其他构件工程量计算如下:

计算公式:预制混凝土板架空隔热板工程量=设计长度×设计宽度×厚度

预制混凝土板架空隔热层工程量=(27.00-0.24)×(12.00-0.24)+(10.00-0.24)×

(20.00-12.00)×0.06=23.57(m³)

【例4-47】 图4-48是冷库平面图,设计采用软木保温层,厚度0.01m,天棚做带木龙骨保温层,试计算该冷库室内软木保温隔热层工程量。

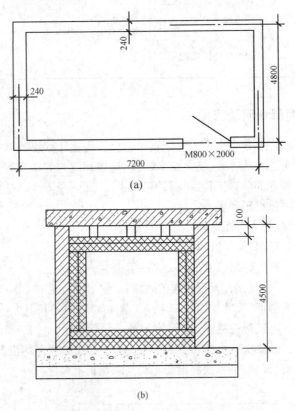

图4-48 软木保温隔热冷库示意图

【解】 (1)地面保温隔热层工程量为

$$[(7.2-0.24)\times(4.8-0.24)+0.8\times0.24]\times0.1=3.19(\text{m}^3)$$

(2)钢筋混凝土板下软木保温层工程量

$$(7.2-0.24)\times(4.8-0.24)\times0.1=3.17(\text{m}^3)$$

(3)墙体按附墙铺贴软木考虑,工程量为

$$[(7.2-0.24-0.1+4.8-0.24-0.1)\times2\times(4.5-0.3)-0.8\times2]\times0.1=9.43(\text{m}^3)$$

【例4-48】 某住宅的外墙外保温。

【解】 (1)业主根据设计施工图计算。

外墙外保温墙面面积:4650m²,采用粘贴聚苯颗粒板保温,厚度100mm。

外墙装饰,丙烯酸弹性高级涂料三遍,面积4650m²。

(2)投标人根据业主要求报价计算。

1)保温层部分(粘黏聚苯颗粒板):

①人工费:12.52元/m²

②材料费:44.62元/m²

③机械费:1.73元/m²

④人工费、材料费、机械费合计:58.87/m²

⑤管理费按合计的34%为:20.02元/m²

⑥利润按合计的8%为:4.71元/m²

⑦综合单价:83.60元/m²

2)外墙装饰(丙烯酸弹性高级涂料面层):

①人工费:1.75元/m²

②材料费:15.52元/m²

③机械费:0.53元/m²

④人工费、材料费、机械费合计:17.80元/m²

⑤管理费:$17.80 \times 34\% = 6.05(元/m²)$

⑥利润:$17.80 \times 8\% = 1.42(元/m²)$

⑦综合单价:25.27元/m²

分部分项工程与单价措施项目清单与计价表

工程名称:某工程　　　　　　　　　　　　　标段:　　　　　　　　　　第 页 共 页

序号	项目编码	项目名称	项目特征描述	计量单位	工程量	金额/元		
						综合单价	合价	其中 暂估价
1	011001003001	外墙保温隔热	外保温 聚苯颗粒板,厚100mm乳液型建筑胶粘剂	m²	4650.00	83.60	388740.00	
2	011407001001	外墙刷喷涂料	丙烯酸弹性高级涂料三遍	m²	4650.00	25.27	117505.50	
			(其他略)					
			本页小计					
			合　计					

综合单价分析表

工程名称:某工程　　　　　　　　标段:　　　　　　　　第 页 共 页

项目编码	011001003001	项目名称	保温外墙	计量单位	m²	工程量	4650.00

综合单价组成明细

定额编号	定额项目名称	定额单位	数量	单 价				合 价			
				人工费	材料费	机械费	管理费和利润	人工费	材料费	机械费	管理费和利润
借北 4—56	保温外墙聚苯颗粒板	m²	1.00	12.52	44.62	1.73	24.73	12.52	44.62	1.73	24.73
人工单价		小计						12.52	44.62	1.73	24.73
42元/工日		未计价材料费									
清单项目综合单价								83.14			

材料费明细	主要材料名称、规格、型号	单位	数 量	单价/元	合价/元	暂估单价/元	暂估合价/元
	保温外墙 聚苯颗粒板	m²	1	44.62	44.62		
	其他材料费			—	—		
	材料费小计			—	44.62		—

工程量清单综合单价分析表

工程名称:某工程　　　　　　　　标段:　　　　　　　　第 页 共 页

项目编码	011407001001	项目名称	外墙面刷喷涂料	计量单位	m²	工程量	4650.00

综合单价组成明细

定额编号	定额项目名称	定额单位	数量	单 价				合 价			
				人工费	材料费	机械费	管理费和利润	人工费	材料费	机械费	管理费和利润
借北 3—31	外墙刷涂料	m²	1.00	1.75	15.52	0.53	7.47	1.75	15.52	0.53	7.47
人工单价		小计						1.75	15.52	0.53	7.47
42元/工日		未计价材料费									
清单项目综合单价								25.27			

材料费明细	主要材料名称、规格、型号	单位	数 量	单价/元	合价/元	暂估单价/元	暂估合价/元
	涂料	m²	1.00	15.52	15.52		
	其他材料费			—	—		—
	材料费小计			—	15.52		—

(三)工程量计算规则对照详解

(1)常用保温材料性能见表 4-106,导热系数见表 4-107。

(2)保温隔热层的厚度按隔热材料(不包括胶结材料)净厚度计算。

(3)地面隔热层按围护结构墙体间净面积乘以设计厚度以"m³"计算,不扣除柱、垛所占的体积。

(4)墙体隔热层,外墙按隔热层中心线、内墙按隔热层净长乘以图示尺寸的高度及厚度以"m³"计算。应扣除冷藏门洞口和管道穿墙洞口所占的体积。

(5)柱包隔热层,按图示柱的隔热层中心线的展开长度乘以图示尺寸高度及厚度以"m³"计算。

(6)其他保温隔热:

1)池槽隔热层按图示池槽保温隔热层的长、宽及其厚度以"m³"计算。其中池壁按墙面计算,池底按地面计算。

2)门洞口侧壁周围的隔热部分,按图示隔热层尺寸以"m³"计算,并入墙面的保温隔热工程量内。

3)柱帽保温隔热层按图示保温隔热层体积并入天棚保温隔热层工程量内。

表 4-106　　　　　　　　　保温材料性能表

序号	材料名称	表观密度 /(kg/m³)	导热系数 /[W/(m·K)]	强度 /MPa	吸水率 /(%)	使用 温度/℃
1	松散膨胀珍珠岩	40~250	0.03~0.04		250	-200~800
2	水泥珍珠岩 1:8	510	0.073	0.5	120~220	
3	水泥珍珠岩 1:10	390	0.069	0.4	120~220	
4	水泥珍珠岩制品	300	0.08~0.12	0.3~0.8	120~220	650
5	水泥珍珠岩制品	500	0.063	0.3~0.8	120~220	650
6	憎水珍珠岩制品	200~250	0.056~0.08	0.5~0.7	憎水	-20~650
7	沥青珍珠岩	500	0.1~0.2	0.6~0.8		
8	松散膨胀蛭石	80~200	0.04~0.07		200	1000
9	水泥蛭石	400~600	0.08~0.12	0.3~0.6	120~220	650
10	微孔硅酸钙	250	0.06~0.068	0.5	87	650
11	矿棉保温板	130	0.035~0.047			600
12	加气混凝土	400~800	0.14~0.18	3	35~40	200
13	水泥聚苯板	240~350	0.04~0.1	0.3	30	
14	水泥泡沫混凝土	350~400	0.1~0.16			
15	模压聚苯 乙烯泡沫板	15~30	0.041	10%压缩后 0.06~0.15	2~6	-80~75
16	挤压聚氨 酯泡沫板	≥32	0.03	10%压缩 后 0.15	≤1.5	-80~75
17	硬质聚氨 酯泡沫塑料	≥30	0.027	10%压缩 后 0.15	≤3	-200~130
18	泡沫玻璃	≥150	0.062	≥0.4	≤0.5	-200~500

注:15~18 项是独立闭孔、低吸水率材料。

表 4-107　　　　　　　　　常用保温材料的导热系数

材料名称	干密度 /(kg/m³)	导热系数 /[W/(m·K)]	材料名称	干密度 /(kg/m³)	导热系数 /[W/(m·K)]
钢筋混凝土	2500	1.74	膨胀珍珠岩	120	0.07
碎石、卵石混凝土	2300	1.51	水泥膨胀珍珠岩	80	0.058
	2100	1.28		800	0.26
膨胀矿渣珠混凝土	2000	0.77	沥青、乳化沥青膨胀珍珠岩	600	0.21
	1800	0.63		400	0.16
	1600	0.53		400	0.12
自然煤矸石、炉渣混凝土	1700	1.00	水泥膨胀蛭石	300	0.093
	1500	0.76		350	0.14
	1300	0.56	矿棉、岩棉、玻璃棉板	80 以下	0.05
粉煤灰陶粒混凝土	1700	0.95		80~200	0.045
	1500	0.70	矿棉、岩棉、玻璃棉毡	70 以下	0.05
	1300	0.57		70~200	0.045
	1100	0.44	聚乙烯泡沫塑料	100	0.047
黏土陶粒混凝土	1600	0.84	聚苯乙烯泡沫塑料	30	0.042
	1400	0.70	聚氨酯硬泡沫塑料	30	0.033
	1200	0.53	聚氯乙烯硬泡沫塑料	130	0.048
加气混凝土、泡沫混凝土	700	0.22	钙塑	120	0.049
	500	0.19	泡沫玻璃	140	0.058
水泥砂浆	1800	0.93	泡沫石灰	300	0.116
水泥白灰砂浆	1700	0.87	炭化泡沫石灰	400	0.14
石灰砂浆	1600	0.81	木屑	250	0.093
保温砂浆	800	0.29	稻壳	120	0.06
重砂浆砌筑黏土砖砌体	1800	0.81	沥青油毡,油毡纸	600	0.17
轻砂浆砌筑黏土砖砌体	1700	0.76	沥青混凝土	2100	1.05
高炉炉渣	900	0.26	石油沥青	1400	0.27
浮石、凝灰岩	600	0.23		1050	0.17
膨胀蛭石	300	0.14	加草黏土	1600	0.76
	200	0.10		1400	0.58
硅藻土	200	0.076	轻质黏土	1200	0.47

第十节　拆除工程

一、清单项目设置及工程量计算规则

1. 砖砌体拆除(编码:011601)

砖砌体拆除清单项目设置及工程量计算规则见表4-108。

表4-108　　　　　　　　　　砖砌体拆除(编码:011601)

项目编码	项目名称	项目特征	计量单位	工程量计算规则	工作内容
011601001	砖砌体拆除	1. 砌体名称 2. 砌体材质 3. 拆除高度 4. 拆除砌体的截面尺寸 5. 砌体表面的附着物种类	1. m³ 2. m	1. 以立方米计量,按拆除的体积计算 2. 以米计量,按拆除的延长米计算	1. 拆除 2. 控制扬尘 3. 清理 4. 建渣场内、外运输

2. 混凝土及钢筋混凝土构件拆除(编码:011602)

混凝土及钢筋混凝土构件拆除清单项目设置及工程量计算规则见表4-109。

表4-109　　　　　混凝土及钢筋混凝土构件拆除(编码:011602)

项目编码	项目名称	项目特征	计量单位	工程量计算规则	工作内容
011602001	混凝土构件拆除	1. 构件名称 2. 拆除构件的厚度或规格尺寸 3. 构件表面的附着物种类	1. m³ 2. m² 3. m	1. 以立方米计量,按拆除构件的混凝土体积计算 2. 以平方米计量,按拆除部位的面积计算 3. 以米计量,按拆除部位的延长米计算	1. 拆除 2. 控制扬尘 3. 清理 4. 建渣场内、外运输
011602002	钢筋混凝土构件拆除				

3. 木构件拆除(011603)

木构件拆除清单项目设置及工程量计算规则见表4-110。

表4-110　　　　　　　　　　木构件拆除(011603)

项目编码	项目名称	项目特征	计量单位	工程量计算规则	工作内容
011603001	木构件拆除	1. 构件名称 2. 拆除构件的厚度或规格尺寸 3. 构件表面的附着物种类	1. m³ 2. m² 3. m	1. 以立方米计量,按拆除构件的体积计算 2. 以平方米计量,按拆除面积计算 3. 以米计量,按拆除延长米计算	1. 拆除 2. 控制扬尘 3. 清理 4. 建渣场内、外运输

4. 抹灰层拆除(编码:011604)

抹灰层拆除清单项目设置及工程量计算规则见表4-111。

表 4-111　　　　　　　　　　　　抹灰层拆除(编码:011604)

项目编码	项目名称	项目特征	计量单位	工程量计算规则	工作内容
011604001	平面抹灰层拆除	1. 拆除部位 2. 抹灰层种类	m²	按拆除部位的面积计算	1. 拆除 2. 控制扬尘 3. 清理 4. 建渣场内、外运输
011604002	立面抹灰层拆除				
011604003	天棚抹灰面拆除				

5. 块料面层拆除(编码:011605)

块料面层拆除清单项目设置及工程量计算规则见表4-112。

表 4-112　　　　　　　　　　　　块料面层拆除(编码:011605)

项目编码	项目名称	项目特征	计量单位	工程量计算规则	工作内容
011605001	平面块料拆除	1. 拆除的基层类型 2. 饰面材料种类	m²	按拆除面积计算	1. 拆除 2. 控制扬尘 3. 清理 4. 建渣场内、外运输
011605002	立面块料拆除				

6. 龙骨及饰面拆除(编码:011606)

龙骨及饰面拆除清单项目设置及工程量计算规则见表4-113。

表 4-113　　　　　　　　　　　　龙骨及饰面拆除(编码:011606)

项目编码	项目名称	项目特征	计量单位	工程量计算规则	工作内容
011606001	楼地面龙骨及饰面拆除	1. 拆除的基层类型 2. 龙骨及饰面种类	m²	按拆除面积计算	1. 拆除 2. 控制扬尘 3. 清理 4. 建渣场内、外运输
011606002	墙柱面龙骨及饰面拆除				
011606003	天棚面龙骨及饰面拆除				

7. 屋面拆除(编码:011607)

屋面拆除清单项目设置及工程量计算规则见表4-114。

表 4-114　　　　　　　　　　　　屋面拆除(编码:011607)

项目编码	项目名称	项目特征	计量单位	工程量计算规则	工作内容
011607001	刚性层拆除	刚性层厚度	m²	按铲除部位的面积计算	1. 铲除 2. 控制扬尘 3. 清理 4. 建渣场内、外运输
011607002	防水层拆除	防水层种类			

8. 铲除油漆涂料裱糊面(编码:011608)

铲除油漆涂料裱糊面工程工程量清单项目设置及工程量计算规则见表4-115。

表 4-115　　　　　　铲除油漆涂料裱糊面(编码:011608)

项目编码	项目名称	项目特征	计量单位	工程量计算规则	工作内容
011608001	铲除油漆面	1. 铲除部位名称 2. 铲除部位的截面尺寸	1. m² 2. m	1. 以平方米计量,按铲除部位的面积计算 2. 以米计量,按铲除部位的延长米计算	1. 铲除 2. 控制扬尘 3. 清理 4. 建渣场内、外运输
011608002	铲除涂料面				
011608003	铲除裱糊面				

9. 栏杆栏板、轻质隔断隔墙拆除(编码:011609)

栏杆栏板、轻质隔断隔墙拆除工程工程量清单项目设置及工程量计算规则见表4-116。

表 4-116　　　　　栏杆栏板、轻质隔断隔墙拆除(编码:011609)

项目编码	项目名称	项目特征	计量单位	工程量计算规则	工作内容
011609001	栏杆、栏板拆除	1. 栏杆(板)的高度 2. 栏杆、栏板种类	1. m² 2. m	1. 以平方米计量,按拆除部位的面积计算 2. 以米计量,按拆除的延长米计算	1. 拆除 2. 控制扬尘 3. 清理 4. 建渣场内、外运输
011609002	隔断隔墙拆除	1. 拆除隔墙的骨架种类 2. 拆除隔墙的饰面种类	m²	按拆除部位的面积计算	

10. 门窗拆除(编码:011610)

门窗拆除工程工程量清单项目设置及工程量计算规则见表4-117。

表 4-117　　　　　　　　　门窗拆除(编码:011610)

项目编码	项目名称	项目特征	计量单位	工程量计算规则	工作内容
011610001	木门窗拆除	1. 室内高度 2. 门窗洞口尺寸	1. m² 2. 樘	1. 以平方米计量,按拆除面积计算 2. 以樘计量,按拆除樘数计算	1. 拆除 2. 控制扬尘 3. 清理 4. 建渣场内、外运输
011610002	金属门窗拆除				

11. 金属构件拆除(编码:011611)

金属构件拆除工程工程量清单项目设置及工程量计算规则见表4-118。

表 4-118　　　　　　　　　　　金属构件拆除(编码:011611)

项目编码	项目名称	项目特征	计量单位	工程量计算规则	工作内容
011611001	钢梁拆除	1. 构件名称 2. 拆除构件的规格尺寸	1. t 2. m	1. 以吨计量,按拆除构件的质量计算 2. 以米计量,按拆除延长米计算	1. 拆除 2. 控制扬尘 3. 清理 4. 建渣场内、外运输
011611002	钢柱拆除				
011611003	钢网架拆除		t	按拆除构件的质量计算	
011611004	钢支撑、钢墙架拆除		1. t 2. m	1. 以吨计量,按拆除构件的质量计算 2. 以米计量,按拆除延长米计算	
011611005	其他金属构件拆除				

12. 管道及卫生洁具拆除(编码:011612)

管道及卫生洁具拆除工程工程量清单项目设置及工程量计算规则见表 4-119。

表 4-119　　　　　　　　管道及卫生洁具拆除(编码:011612)

项目编码	项目名称	项目特征	计量单位	工程量计算规则	工作内容
011612001	管道拆除	1. 管道种类、材质 2. 管道上的附着物种类	m	按拆除管道的延长米计算	1. 拆除 2. 控制扬尘 3. 清理 4. 建渣场内、外运输
011612002	卫生洁具拆除	卫生洁具种类	1. 套 2. 个	按拆除的数量计算	

13. 灯具、玻璃拆除(编码:011613)

灯具、玻璃拆除工程工程量清单项目设置及工程量计算规则见表 4-120。

表 4-120　　　　　　　　　　灯具、玻璃拆除(编码:011613)

项目编码	项目名称	项目特征	计量单位	工程量计算规则	工作内容
011613001	灯具拆除	1. 拆除灯具高度 2. 灯具种类	套	按拆除的数量计算	1. 拆除 2. 控制扬尘 3. 清理 4. 建渣场内、外运输
011613002	玻璃拆除	1. 玻璃厚度 2. 拆除部位	m²	按拆除的面积计算	

14. 其他构件拆除(编码:011614)

其他构件拆除工程工程量清单项目设置及工程量计算规则见表 4-121。

表 4-121 其他构件拆除(编码:011614)

项目编码	项目名称	项目特征	计量单位	工程量计算规则	工作内容
011614001	暖气罩拆除	暖气罩材质	1. 个 2. m	1. 以个为单位计量,按拆除个数计算 2. 以米为单位计量,按拆除延长米计算	1. 拆除 2. 控制扬尘 3. 清理 4. 建渣场内、外运输
011614002	柜体拆除	1. 柜体材质 2. 柜体尺寸:长、宽、高			
011614003	窗台板拆除	窗台板平面尺寸	1. 块 2. m	1. 以块计量,按拆除数量计算 2. 以米计量,按拆除的延长米计算	
011614004	筒子板拆除	筒子板的平面尺寸			
011614005	窗帘盒拆除	窗帘盒的平面尺寸	m	按拆除的延长米计算	
011614006	窗帘轨拆除	窗帘轨的材质			

15. 开孔(打洞)(编码:011615)

开孔(打洞)工程工程量清单项目设置及工程量计算规则见表 4-122。

表 4-122 开孔(打洞)(编码:011615)

项目编码	项目名称	项目特征	计量单位	工程量计算规则	工作内容
011615001	开孔 (打洞)	1. 部位 2. 打洞部位材质 3. 洞尺寸	个	按数量计算	1. 拆除 2. 控制扬尘 3. 清理 4. 建渣场内、外运输

二、清单项目解释说明

1. 砖砌体拆除

(1)砌体名称是指墙、柱、水池等。

(2)砌体表面的附着物种类是指抹灰层、块料层、龙骨及装饰面层等。

(3)以米计量,如砖地沟、砖明沟等必须描述拆除部位的截面尺寸;以立方米计量,截面尺寸则不必描述。

2. 混凝土及钢筋混凝土构件拆除

(1)以立方米作为计量单位时,可不描述构件的规格尺寸;以平方米作为计量单位时,则应描述构件的厚度;以米作为计量单位时,则必须描述构件的规格尺寸。

(2)构件表面的附着物种类指抹灰层、块料层、龙骨及装饰面层等。

3. 木构件拆除

(1)拆除木构件应按木梁、木柱、木楼梯、木屋架、承重木楼板等分别在构件名称中描述。

(2)以立方米作为计量单位时,可不描述构件的规格尺寸,以平方米作为计量单位时,则应描述构件的厚度,以米作为计量单位时,则必须描述构件的规格尺寸。

(3)构件表面的附着物种类是指抹灰层、块料层、龙骨及装饰面层等。

4. 抹灰层拆除

(1)单独拆除抹灰层应按表4-111中的项目编码列项。

(2)抹灰层种类可描述为一般抹灰或装饰抹灰。

5. 块料面层拆除

(1)如仅拆除块料层,拆除的基层类型不用描述。

(2)拆除的基层类型的描述是指砂浆层、防水层、干挂或挂贴所采用的钢骨架层等。

6. 龙骨及饰面拆除

(1)基层类型的描述是指砂浆层、防水层等。

(2)如仅拆除龙骨及饰面,拆除的基层类型不用描述。

(3)如只拆除饰面,不用描述龙骨材料种类。

7. 铲除油漆涂料裱糊面

(1)单独铲除油漆涂料裱糊面的工程按表4-115中的项目编码列项。

(2)铲除部位名称的描述是指墙面、柱面、天棚、门窗等。

(3)以米计量,必须描述铲除部位的截面尺寸;以平方米计量时,则不用描述铲除部位的截面尺寸。

8. 栏杆栏板、轻质隔断隔墙拆除

以平方米计量,不用描述栏杆(板)的高度。

9. 门窗拆除

门窗拆除以平方米计量,不用描述门窗的洞口尺寸。室内高度指室内楼地面至门窗的上边框。

10. 灯具、玻璃拆除

拆除部位的描述是指门窗玻璃、隔断玻璃、墙玻璃、家具玻璃等。

11. 其他构件拆除

双轨窗帘轨拆除按双轨长度分别计算工程量。

12. 开孔(打洞)

(1)部位可描述为墙面或楼板。

(2)打洞部位材质可描述为页岩砖或空心砖或钢筋混凝土等。

第十一节　措施项目

一、清单项目设置及工程量计算规则

1. 脚手架工程(编码:011701)

脚手架工程清单项目设置及工程量计算规则见表4-123。

2. 混凝土模板及支架(撑)(编码:011702)

混凝土模板及支架(撑)清单项目设置及工程量计算规则见表4-124。

表 4-123　　　　　　　　　脚手架工程(编码:011701)

项目编码	项目名称	项目特征	计量单位	工程量计算规则	工作内容
011701001	综合脚手架	1. 建筑结构形式 2. 檐口高度	m²	按建筑面积计算	1. 场内、场外材料搬运 2. 搭、拆脚手架、斜道、上料平台 3. 安全网的铺设 4. 选择附墙点与主体连接 5. 测试电动装置、安全锁等 6. 拆除脚手架后材料的堆放
011701002	外脚手架	1. 搭设方式 2. 搭设高度 3. 脚手架材质		按所服务对象的垂直投影面积计算	1. 场内、场外材料搬运 2. 搭、拆脚手架、斜道、上料平台 3. 安全网的铺设 4. 拆除脚手架后材料的堆放
011701003	里脚手架				
011701004	悬空脚手架	1. 搭设方式 2. 悬挑宽度 3. 脚手架材质		按搭设的水平投影面积计算	
011701005	挑脚手架		m	按搭设长度乘以搭设层数以延长米计算	
011701006	满堂脚手架	1. 搭设方式 2. 搭设高度 3. 脚手架材质		按搭设的水平投影面积计算	
011701007	整体提升架	1. 搭设方式及启动装置 2. 搭设高度	m²	按所服务对象的垂直投影面积计算	1. 场内、场外材料搬运 2. 选择附墙点与主体连接 3. 搭、拆脚手架、斜道、上料平台 4. 安全网的铺设 5. 测试电动装置、安全锁等 6. 拆除脚手架后材料的堆放
011701008	外装饰吊篮	1. 升降方式及启动装置 2. 搭设高度及吊篮型号			1. 场内、场外材料搬运 2. 吊篮的安装 3. 测试电动装置、安全锁、平衡控制器等 4. 吊篮的拆卸

表 4-124　　　　　　　混凝土模板及支架(撑)(编码:011702)

项目编码	项目名称	项目特征	计量单位	工程量计算规则	工作内容
011702001	基础	基础类型	m²	按模板与现浇混凝土构件的接触面积计算 　1. 现浇钢筋混凝土墙、板单孔面积≤0.3m²的孔洞不予扣除,洞侧壁模板亦不增加;单孔面积>0.3m²时应予扣除,洞侧壁模板面积并入墙、板工程量内计算 　2. 现浇框架分别按梁、板、柱有关规定计算;附墙柱、暗梁、暗柱并入墙内工程量内计算 　3. 柱、梁、墙、板相互连接的重叠部分,均不计算模板面积 　4. 构造柱按图示外露部分计算模板面积	1. 模板制作 2. 模板安装、拆除、整理堆放及场内外运输 3. 清理模板粘结物及模内杂物、刷隔离剂等
011702002	矩形柱	——			
011702003	构造柱				
011702004	异形柱	柱截面形状			
011702005	基础梁	梁截面形状			
011702006	矩形梁	支撑高度			
011702007	异形梁	1. 梁截面形状 2. 支撑高度			
011702008	圈梁	——			
011702009	过梁				
011702010	弧形梁、拱形梁	1. 梁截面形状 2. 支撑高度			

续表

项目编码	项目名称	项目特征	计量单位	工程量计算规则	工作内容
011702011	直形墙	—	m²	按模板与现浇混凝土构件的接触面积计算 1. 现浇钢筋混凝土墙、板单孔面积≤0.3m² 的孔洞不予扣除,洞侧壁模板亦不增加;单孔面积>0.3m² 时应予扣除,洞侧壁模板面积并入墙、板工程量内计算 2. 现浇框架分别按梁、板、柱有关规定计算;附墙柱、暗梁、暗柱并入墙内工程量内计算 3. 柱、梁、墙、板相互连接的重叠部分,均不计算模板面积 4. 构造柱按图示外露部分计算模板面积	1. 模板制作 2. 模板安装、拆除、整理堆放及场内外运输 3. 清理模板粘结物及模内杂物、刷隔离剂等
011702012	弧形墙				
011702013	短肢剪力墙、电梯井壁				
011702014	有梁板	支撑高度			
011702015	无梁板				
011702016	平板				
011702017	拱板				
011702018	薄壳板				
011702019	空心板				
011702020	其他板				
011702021	栏板				
011702022	天沟、檐沟	构件类型		按模板与现浇混凝土构件的接触面积计算	
011702023	雨篷、悬挑板、阳台板	1. 构件类型 2. 板厚度		按图示外挑部分尺寸的水平投影面积计算,挑出墙外的悬臂梁及板边不另计算	
011702024	楼梯	类型		按楼梯(包括休息平台、平台梁、斜梁和楼层板的连接梁)的水平投影面积计算,不扣除宽度≤500mm 的楼梯井所占面积,楼梯踏步、踏步板、平台梁等侧面模板不另计算,伸入墙内部分亦不增加	
011702025	其他现浇构件	构件类型		按模板与现浇混凝土构件的接触面积计算	
011702026	电缆沟、地沟	1. 沟类型 2. 沟截面		按模板与电缆沟、地沟接触的面积计算	
011702027	台阶	台阶踏步宽		按图示台阶水平投影面积计算,台阶端头两侧不另计算模板面积。架空式混凝土台阶,按现浇楼梯计算	
011702028	扶手	扶手断面尺寸		按模板与扶手的接触面积计算	
011702029	散水	—		按模板与散水的接触面积计算	
011702030	后浇带	后浇带部位		按模板与后浇带的接触面积计算	
011702031	化粪池	1. 化粪池部位 2. 化粪池规格		按模板与混凝土接触面积计算	
011702032	检查井	1. 检查井部位 2. 检查井规格			

3. 垂直运输(编码:011703)

垂直运输清单项目设置及工程量计算规则见表 4-125。

表 4-125　　　　　　　　　垂直运输(编码:011703)

项目编码	项目名称	项目特征	计量单位	工程量计算规则	工作内容
011703001	垂直运输	1. 建筑物建筑类型及结构形式 2. 地下室建筑面积 3. 建筑物檐口高度、层数	1. m² 2. 天	1. 按建筑面积计算 2. 按施工工期日历天数计算	1. 垂直运输机械的固定装置、基础制作、安装 2. 行走式垂直运输机械轨道的铺设、拆除、摊销

4. 超高施工增加(编码:011704)

超高施工增加清单项目设置及工程量计算规则见表 4-126。

表 4-126　　　　　　　　　超高施工增加(编码:011704)

项目编码	项目名称	项目特征	计量单位	工程量计算规则	工作内容
011704001	超高施工增加	1. 建筑物建筑类型及结构形式 2. 建筑物檐口高度、层数 3. 单层建筑物檐口高度超过 20m,多层建筑物超过 6 层部分的建筑面积	m²	按建筑物超高部分的建筑面积计算	1. 建筑物超高引起的人工工效降低以及由于人工工效降低引起的机械降效 2. 高层施工用水加压水泵的安装、拆除及工作台班 3. 通信联络设备的使用及摊销

5. 大型机械设备进出场及安拆(编码:011705)

大型机械设备进出场及安拆清单项目设置及工程量计算规则见表 4-127。

表 4-127　　　　　　　大型机械设备进出场及安拆(编码:011705)

项目编码	项目名称	项目特征	计量单位	工程量计算规则	工作内容
011705001	大型机械设备进出场及安拆	1. 机械设备名称 2. 机械设备规格型号	台次	按使用机械设备的数量计算	1. 安拆费包括施工机械、设备在现场进行安装拆卸所需人工、材料、机械和试运转费用以及机械辅助设施的折旧、搭设、拆除等费用 2. 进出场费包括施工机械、设备整体或分体自停放地点运至施工现场或由一施工地点运至另一施工地点所发生的运输、装卸、辅助材料等费用

6. 施工排水、降水(编码:011706)

施工排水、降水清单项目设置及工程量计算规则见表4-128。

表4-128 施工排水、降水(编码:011706)

项目编码	项目名称	项目特征	计量单位	工程量计算规则	工作内容
011706001	成井	1. 成井方式 2. 地层情况 3. 成井直径 4. 井(滤)管类型、直径	m	按设计图示尺寸以钻孔深度计算	1. 准备钻孔机械、埋设护筒、钻机就位;泥浆制作、固壁;成孔、出渣、清孔等 2. 对接上、下井管(滤管)、焊接,安放,下滤料,洗井,连接试抽等
011706002	排水、降水	1. 机械规格型号 2. 降排水管规格	昼夜	按排、降水日历天数计算	1. 管道安装、拆除、场内搬运等 2. 抽水、值班、降水设备维修等

7. 安全文明施工及其他措施项目(编码:011707)

安全文明施工及其他措施项目清单项目设置及工程量计算规则见表4-129。

表4-129 安全文明施工及其他措施项目(编码:011707)

项目编码	项目名称	工作内容及包含范围
011707001	安全文明施工	1. 环境保护:现场施工机械设备降低噪声、防扰民措施;水泥和其他易飞扬细颗粒建筑材料密闭存放或采取覆盖措施等;工程防扬尘洒水;土石方、建渣外运车辆防护措施等;现场污染源的控制、生活垃圾清理外运、场地排水排污措施;其他环境保护措施 2. 文明施工:"五牌一图";现场围挡的墙面美化(包括内外粉刷、刷白、标语等)、压顶装饰;现场厕所便槽刷白、贴面砖,水泥砂浆地面或地砖,建筑物内临时便溺设施;其他施工现场临时设施的装饰装修、美化措施;现场生活卫生设施;符合卫生要求的饮水设备、淋浴、消毒等设施;生活用洁净燃料;防煤气中毒、防蚊虫叮咬等措施;施工现场操作场地的硬化;现场绿化、治安综合治理;现场配备医药保健器材、物品和急救人员培训;现场工人的防暑降温、电风扇、空调等设备及用电;其他文明施工措施 3. 安全施工:安全资料、特殊作业专项方案的编制,安全施工标志的购置及安全宣传;"三宝"(安全帽、安全带、安全网)、"四口"(楼梯口、电梯井口、通道口、预留洞口)、"五临边"(阳台围边、楼板围边、屋面围边、槽坑围边、卸料平台两侧),水平防护架、垂直防护架、外架封闭等防护;施工安全用电,包括配电箱三级配电、两级保护装置要求、外电防护措施;起重机、塔吊等起重设备(含井架、门架)及外用电梯的安全防护措施(含警示标志)及卸料平台的临边防护、层间安全门、防护棚等设施;建筑工地起重机械的检验检测;施工机具防护棚及其围栏的安全保护设施;施工安全防护通道;工人的安全防护用品、用具购置;消防设施与消防器材的配置;电气保护、安全照明设施;其他安全防护措施 4. 临时设施:施工现场采用彩色、定型钢板,砖、混凝土砌块等围挡的安砌、维修、拆除;施工现场临时建筑物、构筑物的搭设、维修、拆除,如临时宿舍、办公室、食堂、厨房、厕所、诊疗所、临时文化福利用房、临时仓库、加工场、搅拌台、临时简易水塔、水池等;施工现场临时设施的搭设、维修、拆除,如临时供水管道、临时供电管线、小型临时设施等;施工现场规定范围内临时简易道路铺设,临时排水沟、排水设施安砌、维修、拆除;其他临时设施搭设、维修、拆除

项目编码	项目名称	工作内容及包含范围
011707002	夜间施工	1. 夜间固定照明灯具和临时可移动照明灯具的设置、拆除 2. 夜间施工时，施工现场交通标志、安全标牌、警示灯等的设置、移动、拆除 3. 包括夜间照明设备及照明用电、施工人员夜班补助、夜间施工劳动效率降低等
011707003	非夜间施工照明	为保证工程施工正常进行，在地下室等特殊施工部位施工时所采用的照明设备的安拆、维护及照明用电等
011707004	二次搬运	由于施工场地条件限制而发生的材料、成品、半成品等一次运输不能到达堆放地点，必须进行的二次或多次搬运
011707005	冬雨季施工	1. 冬雨(风)季施工时增加的临时设施(防寒保温、防雨、防风设施)的搭设、拆除 2. 冬雨(风)季施工时，对砌体、混凝土等采用的特殊加温、保温和养护措施 3. 冬雨(风)季施工时，施工现场的防滑处理，对影响施工的雨雪的清除 4. 包括冬雨(风)季施工时增加的临时设施，施工人员的劳动保护用品，冬雨(风)季施工劳动效率降低等
011707006	地上、地下设施、建筑物的临时保护设施	在工程施工过程中，对已建成的地上、地下设施和建筑物进行的遮盖、封闭、隔离等必要保护措施
011707007	已完工程及设备保护	对已完工程及设备采取的覆盖、包裹、封闭、隔离等必要保护措施

二、清单项目解释说明

1. 脚手架工程

(1)使用综合脚手架时，不再使用外脚手架、里脚手架等单项脚手架；综合脚手架适用于能够按"建筑面积计算规则"计算建筑面积的建筑工程脚手架，不适用于房屋加层、构筑物及附属工程脚手架。

(2)同一建筑物有不同檐高时，按建筑物竖向切面分别按不同檐高编列清单项目。

(3)整体提升架已包括 2m 高的防护架体设施。

(4)脚手架材质可以不描述，但应注明由投标人根据工程实际情况按照国家现行标准《建筑施工扣件式钢管脚手架安全技术规范》(JGJ 130)、《建筑施工附着升降脚手架管理暂行规定》(建建[2000]230 号)等规范自行确定。

2. 混凝土模板及支架(撑)

(1)原槽浇筑的混凝土基础，不计算模板。

(2)混凝土模板及支撑(架)项目，只适用于以平方米计量，按模板与混凝土构件的接触面积计算。以立方米计量的模板及支撑(支架)，按混凝土及钢筋混凝土实体项目执行，其综合单价中应包含模板及支撑(支架)。

(3)采用清水模板时，应在特征中注明。

(4)若现浇混凝土梁、板支撑高度超过 3.6m 时，项目特征应描述支撑高度。

3. 垂直运输

(1)建筑物的檐口高度是指设计室外地坪至檐口滴水的高度(平屋顶是指屋面板底高度),突出主体建筑物屋顶的电梯机房、楼梯出口间、水箱间、瞭望塔、排烟机房等不计入檐口高度。

(2)垂直运输指施工工程在合理工期内所需垂直运输机械。

(3)同一建筑物有不同檐高时,按建筑物的不同檐高做纵向分割,分别计算建筑面积,以不同檐高分别编码列项。

4. 超高施工增加

(1)单层建筑物檐口高度超过 20m,多层建筑物超过 6 层时,可按超高部分的建筑面积计算超高施工增加。计算层数时,地下室不计入层数。

(2)同一建筑物有不同檐高时,可按不同高度的建筑面积分别计算建筑面积,以不同檐高分别编码列项。

5. 施工排水、降水

相应专项设计不具备时,可按暂估量计算。

6. 安全文明施工及其他措施项目

表 4-129 中所列项目应根据工程实际情况计算措施项目费用,需分摊的应合理计算摊销费用。

第五章 建设工程招投标管理

第一节 建设工程招投标

一、建设工程招投标概述

(一)建设工程招标分类

1. 按工程项目建设程序分类

根据工程项目建设程序,招标可分为三类,即工程项目开发招标、工程勘察设计招标和工程施工招标。这是由建筑产品交易生产过程的阶段性决定的。

(1)工程项目开发招标。工程项目开发招标是建设单位(业主)邀请工程咨询单位对建设项目进行可行性研究,其"标的物"是可行性研究报告。中标的工程咨询单位必须对自己提供的研究成果负责,可行性研究报告应得到建设单位认可。

(2)工程勘察设计招标。工程勘察设计招标是指招标单位就拟建工程向勘察和设计任务发布通告,以法定方式吸引勘察单位或设计单位参加竞争,经招标单位审查获得投标资格的勘察、设计单位,按照招标文件的要求、在规定的时间内向招标单位填报投标书,招标单位从中择优确定中标单位完成工程勘察或设计任务。

(3)工程施工招标。工程施工招标投标则是针对工程施工阶段的全部工作开展的招投标,根据工程施工范围大小及专业不同,可分为全部工程招标、单项工程招标和专业工程招标等。

2. 按工程承包的范围分类

(1)项目总承包招标。这种招标可分为两种类型,一种是工程项目实施阶段的全过程招标,一种是工程项目全过程招标。前者是在设计任务书已经审完,从项目勘察、设计到交付使用进行一次性招标。后者是从项目的可行性研究到交付使用进行一次性招标,业主提供项目投资和使用要求及竣工、交付使用期限,其可行性研究、勘察设计、材料和设备采购、施工安装、职工培训、生产准备和试生产、交付使用都由一个总承包商负责承包,即所谓交钥匙工程。

(2)专项工程承包招标。在对工程承包招标中,对其中某项比较复杂,或专业性强,施工和制作要求特殊的单项工程可以单独进行招标的,称为专项工程承包招标。

3. 按行业类别分类

按行业类别分类,招标可分为土木工程招标、勘察设计招标、货物设备采购招标、机电设备安装工程招标、生产工艺技术转让招标、咨询服务(工程咨询)招标。

土木工程包括铁路、公路、隧道、桥梁、堤坝、电站、码头、飞机场、厂房、剧院、旅馆、医院、商店、学校、住宅等。货物采购包括建筑材料和大型成套设备等。咨询服务包括项目开发性研究、可行性研究、工程监理等。我国财政部经世界银行同意,专门为世界银行贷款项目的招标采购制定了有关方面的标准文本,包括货物采购国内竞争性招标文件范本、土建工程国内竞争性招标文件范本、资格预审文件范本、货物采购国际竞争性招标文件范本、土建工程国际竞争性招标文件范本、生产工艺技术转让招标文件范本、咨询服务合同协议范本、大型复杂工厂与设备的供货和安装监督招标文件范本总包合同（交钥匙工程）招标文件范本，以便利用世界银行贷款来支持和帮助我国的国民经济建设。

4. 按工程建设项目的构成分类

按照工程建设项目的构成，可以将建设工程招标投标分为全部工程招标投标、单项工程招标投标、单位工程招标投标、分部工程招标投标、分项工程招标投标。全部工程招标投标，是指对一个工程建设项目（如一所学校）的全部工程进行的招标投标。单项工程招标投标，是指对一个工程建设项目（如一所学校）中所包含的若干单项工程（如教学楼、图书馆、食堂等）进行的招标投标。单位工程招标投标，是指对一个单项工程所包含的若干单位工程（如一幢房屋）进行的招标投标。分部工程招标投标，是指对一个单位工程（如土建工程）所包含的若干分部工程（如土石方工程、深基坑工程、楼地面工程、装饰工程等）进行的招标投标。分项工程招标投标，是指对一个分部工程（如土石方工程）所包含的若干分项工程（如人工挖地槽、挖地坑、回填土等）进行的招标投标。

5. 按工程是否具有涉外因素分类

按照工程是否具有涉外因素，可以将建设工程招标投标分为国内工程招标投标和国际工程招标投标。国内工程招标投标，是指对本国没有涉外因素的建设工程进行的招标投标。国际工程招标投标，是指对有不同国家或国际组织参与的建设工程进行的招标投标。国际工程招标投标，包括本国的国际工程（习惯上称涉外工程）招标投标和国外的国际工程招标投标两个部分。国内工程招标投标和国际工程招标投标的基本原则是一致的，但在具体做法上有差异。随着社会经济的发展和国际工程交往的增多，国内工程招标投标和国际工程招标投标在做法上的区别已越来越小。

（二）建设工程招投标的意义

（1）有利于建设市场的法制化、规范化。从法律意义上说，工程建设招标投标是招标、投标双方按照法定程序进行交易的法律行为，所以双方的行为都受法律的约束。这就意味着建设市场在招标投标活动的推动下将更趋理性化、法制化和规范化。

（2）形成市场定价的机制，使工程造价更趋合理。招标投标活动最明显的特点是投标人之间的竞争，而其中最集中、最激烈的竞争则表现为价格的竞争。价格的竞争最终导致工程造价趋于合理的水平。

（3）促进建设活动中劳动消耗水平的降低，使工程造价得到有效的控制。在建设市场中，不同的投标人其劳动消耗水平是不一样的。但为了竞争招标项目、在市场中取胜，降低劳动消耗水平就成了市场取胜的重要途径。当这一途径为大家所重视时，必然要努力提高自身的劳动生产率，降低个别劳动消耗水平，进而导致整个工程建设领域劳动生产率的提高、平均劳动消耗水平下降，使得工程造价得到控制。

（4）有力地遏制建设领域的腐败，使工程造价趋向科学。工程建设领域在许多国家被认为是腐败行为的多发区和重灾区。我国在招标投标中采取设立专门机构对招标投标活动进行监督管理，从专家人才库中选取专家进行评标的方法，使工程建设项目承发包活动变得公开、公平、公正，可有效地减少暗箱操作、徇私舞弊行为，有力地遏制行贿受贿等腐败现象的产生，使工程造价的确定更趋科学、更加符合其价值。

（5）促进了技术进步和管理水平的提高，有助于保证工程质量、缩短工期。投标竞争中表现最激烈的虽然是价格的竞争，而实质上是人员素质、技术装备、技术水平、管理水平的全面竞争。

投标人要在竞争中获胜,就必须在报价、技术、实力、业绩等诸方面展现出优势。因此,竞争迫使竞争者都必须加大自己的投入,采用新材料、新技术、新工艺,加强企业和项目管理,因而促进了全行业的技术进步和管理水平的提高,使我国工程建设项目质量普遍得到提高,工期普遍得以合理缩短。

(三)建设工程招标方式及招标方式的选择

1. 公开招标

公开招标是指招标人在指定的报纸、电子网络或其他媒体上发布招标公告,吸引众多的投标人参加投标竞争,招标人从中择优选择中标单位的招标方式。公开招标是一种无限制的竞争方式,按竞争程度又可以分为国际竞争性招标和国内竞争性招标。公开招标可以保证招标人有较大的选择范围,可以在众多的投标人中选定报价合理、工期较短、信誉良好的承包商,有助于打破垄断,实行公平竞争。

2. 邀请招标

邀请招标也称选择性招标或有限竞争投标,是指招标人以投标邀请书的方式邀请特定的法人或者其他组织投标,选择一定数目的法人或其他组织(不少于 3 家)。邀请招标的优点在于:经过选择的投标单位在施工经验、技术力量、经济和信誉上都比较可靠,因而一般能保证进度和质量要求。此外,参加投标的承包商数量少,因而招标时间相对缩短,招标费用也较少。

由于邀请招标在价格、竞争的公平方面仍存在一些不足之处,因此,《招标投标法》规定,国家重点项目和省、自治区、直辖市的地方重点项目不宜进行公开招标的,经过批准后可以进行邀请招标。

公开招标与邀请招标的区别如下:

(1)招标信息的发布方式不同。公开招标是利用招标公告发布招标信息,而邀请招标则是采用向三家以上具备实施能力的投标人发出投标邀请书,请他们参与投标竞争。

(2)对投标人资格预审的时间不同。进行公开招标时,由于投标响应者较多,为了保证投标人具备相应的实施能力,以及缩短评标时间,突出投标的竞争性,通常设置资格预审程序。而邀请招标由于竞争范围小,且招标人对邀请对象的能力有所了解,不需要再进行资格预审,但评标阶段还要对各投标人的资格和能力进行审查和比较,通常称为"资格后审"。

(3)邀请的对象不同。邀请招标邀请的是特定的法人或者其他组织,而公开招标则是向不特定的法人或者其他组织邀请投标。

3. 议标

议标是由工程建设项目招标单位选择几家有承担能力的建筑安装企业进行协商,在保证工程质量的前提下,在施工图预算或工程量清单计价的基础上,对工程造价、工期等进行协商,如能达成一致意见,就可认定为中标单位。

4. 招标方式的选择

公开招标与邀请招标相比,可以在较大的范围内优选中标人,有利于投标竞争,但招标花费的费用较高、时间较长。采用何种形式招标应在招标准备阶段进行认真研究,主要分析哪些项目对投标人有吸引力,可以在市场中展开竞争。对于明显可以展开竞争的项目,应首先考虑采用打破地域和行业界限的公开招标。

为了符合市场经济要求和规范招标人的行为,建筑法规定,依法必须进行施工招标的工程,全部使用国有资金投资或者国有资金投资占控股或主导地位的工程,应当公开招标。招标投标法进一步明确规定:"国务院发展计划部门确定的国家重点和省、自治区、直辖市人民政府确定的地方重点项目不适宜公开招标的,经国务院发展计划部门或者省、自治区、直辖市人民政府批准,可以进行邀请招标"。采用邀请招标方式时,招标人应当向三个以上具备承担该工程施工能力、资信良好的施工企业发出投标邀请书。

采用邀请招标的项目一般属于以下几种情况之一:

(1)涉及保密的工程项目。

(2)专业性要求较强的工程,一般施工企业缺少技术、设备和经验,采用公开招标响应者较少。

(3)工程量较小,合同额不高的施工项目,对实力较强的施工企业缺少吸引力。

(4)地点分散且属于劳动密集型的施工项目,对外地域的施工企业缺少吸引力。

(5)工期要求紧迫的施工项目,没有时间进行公开招标。

(6)其他采用公开招标所花费的时间和费用与招标人最终可能获得的好处不相适应的施工项目。

(四)建设工程招投标原则

1. 公开原则

公开原则要求建设工程招标投标活动具有较高的透明度。具体有以下几层意思:

(1)建设工程招标投标的信息公开。通过建立和完善建设工程项目报建登记制度,及时向社会发布建设工程招标投标信息,让有资格的投标者都能享受到同等的信息,便于进行投标决策。

(2)建设工程招标投标的条件公开。什么情况下可以组织招标,什么机构有资格组织招标,什么样的单位有资格参加投标等,必须向社会公开,便于社会监督。

(3)建设工程招标投标的程序公开。工程建设项目的招标投标应当经过哪些环节、步骤,在每一环节、每一步骤有什么具体要求和时间限制,凡是适宜公开的,均应当予以公开;在建设工程招标投标全过程中,招标单位的主要招标活动程序、投标单位的主要投标活动程序和招标投标管理机构的主要监管程序,必须公开。

(4)建设工程招标投标的结果公开。哪些单位参加了投标,最后哪个单位中了标,应当予以公开。

2. 公平原则

公平原则,是指所有当事人和中介机构在建设工程招标投标活动中,享有均等的机会,具有同等的权利,履行相应的义务,任何一方都不受歧视。它主要体现在:

(1)工程建设项目,凡符合法定条件的,都一样进入市场通过招标投标进行交易,市场主体不仅包括承包方,也包括发包方,进入市场的条件是一样的。

(2)在建设工程招标投标活动中,所有合格的投标人进入市场的条件和竞争机会都是一样的,招标人对投标人不得搞区别对待,厚此薄彼。

(3)建设工程招标投标涉及的各方主体,都有与其享有的权利相适应的义务,因情事变迁(不可抗力)等原因造成各方权利义务关系不均衡的,都可以而且也应当依法予以调整或解除。

(4)当事人和中介机构对建设工程招标投标中自己有过错的损害根据过错大小承担责任,对各方均无过错的损害则根据实际情况分担责任。

3. 公正原则

公正原则,是指在建设工程招标投标活动中,按照同一标准实事求是地对待所有的当事人和中介机构。如招标人按照统一的招标文件示范文本,公正地表述招标条件和要求,按照事先经建设工程招标投标管理机构审查认定的评标定标办法,对投标文件进行公正的评价,择优确定中标人等。

4. 诚实信用原则

诚实信用原则,简称诚信原则,是指在建设工程招标投标活动中,当事人和有关中介机构应当以诚相待、讲求信义、实事求是,做到言行一致、遵守诺言、履行成约,不得见利忘义、投机取巧、弄虚作假、隐瞒欺诈、以次充好、掺杂使假、坑蒙拐骗,损害国家、集体和其他人的合法权益。诚实信用原则是建设工程招标投标活动中的重要道德规范,也是法律上的要求。诚实信用原则要求当事人和中介机构在进行招标投标活动时,必须具备诚实无欺、善意守信的内心状态,不得滥用权力损害他人,要在自己获得利益的同时充分尊重社会公德和国家、社会、他人的利益,自觉维护市场经济的正常秩序。

二、建设工程招投标实务

建设工程招投标程序如图 5-1 所示。

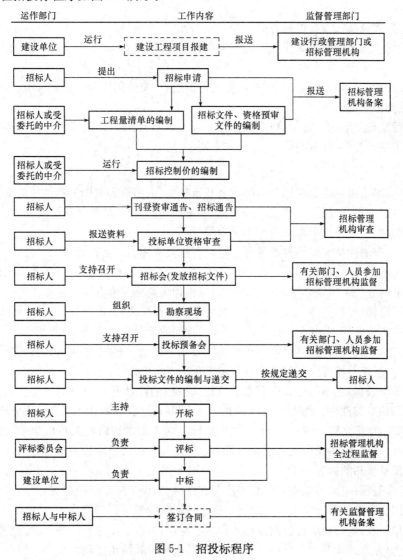

图 5-1　招投标程序

1. 招标公告发布或投标邀请书发送

公开招标的投标机会必须通过公开广告的途径予以通告,使所有的合格投标者都有同等的机会了解投标要求,以形成尽可能广泛的竞争局面。世界银行贷款项目采用国际竞争性招标,要求招标广告送交世界银行,免费安排在联合国出版的《发展商务报》上刊登,送交世界银行的时间,最迟不应晚于招标文件将向投标人公开发售前60天。

我国规定,依法应当公开招标的工程,必须在主管部门指定的媒介上发布招标公告。招标公告的发布应当充分公开,任何单位和个人不得非法限制招标公告的发布地点和发布范围。指定媒介发布依法必须发布的招标公告,不得收取费用。

招标公告的内容主要包括:

(1)招标人名称、地址、联系人姓名、电话,委托代理机构进行招标的,还应注明该机构的名称和地址。

(2)工程情况简介,包括项目名称、建筑规模、工程地点、结构类型、装修标准、质量要求、工期要求。

(3)承包方式,材料、设备供应方式。

(4)对投标人资质的要求及应提供的有关文件。

(5)招标日程安排。

(6)招标文件的获取办法,包括发售招标文件的地点、文件的售价及开始和截止出售的时间。

(7)其他要说明的问题。

依法实行邀请招标的工程项目,应由招标人或受其委托的招标代理机构向拟邀请的投标人发送投标邀请书。邀请书的内容与招标公告大同小异。

2. 资格预审

资格预审,是指招标人在招标开始前或者开始初期,由招标人对申请参加投标人进行资格审查。认定合格后的潜在投标人,得以参加投标。一般来说,对于大中型建设项目、"交钥匙"项目和技术复杂的项目,资格预审程序是必不可少的。

(1)资格预审的种类。资格预审可分为定期资格预审和临时资格预审。

1)定期资格预审,是指在固定的时间内集中进行全面的资格预审。大多数国家的政府使用定期资格预审的办法。审查合格者被资格审查机构列入资格审查合格者名单。

2)临时资格预审,是指招标人在招标开始之前或者开始之初,由招标人对申请参加投标的潜在投标人进行资质条件、业绩、信誉、技术、资金等方面的情况进行资格审查。

(2)资格预审的程序。资格预审主要包括以下几个程序:一是资格预审公告,二是编制、发出资格预审文件,三是对投标人资格的审查和确定合格者名单。

1)资格预审公告,是指招标人向潜在的投标人发出的参加资格预审的广泛邀请。该公告可以在购买资格预审文件前一周内至少刊登两次,也可以通过规定的其他媒介发出资格预审公告。

2)发出资格预审文件。资格预审公告后,招标人向申请参加资格预审的申请人发放或者出售资格预审查文件。资格预审文件通常由资格预审须知和资格预审表两部分组成。

①资格预审须知的内容一般为:比招标广告更详细的工程概况说明;资格预审的强制性条件;发包的工作范围;申请人应提供的有关证明和材料;当为国际工程招标时,对通过资格预审的国内投标者的优惠以及指导申请人正确填写资格预审表的有关说明等。

②资格预审表,是招标单位根据发包工作内容特点,对投标单位资质条件、实施能力、技术水平、商业信誉等方面的情况加以全面了解,以应答式表格形式给出的调查文件。资格预审表中开列的内容应能反映投标单位的综合素质。

只要投标申请人通过了资格预审就说明他具备承担发包工作的资质和能力,凡资格预审中评定过的条件在评标过程中就不再重新加以评定,因此,资格预审文件中的审查内容要完整、全面,避免不具备条件的投标人承担项目的建设任务。

3)评审资格预审文件。对各申请投标人填报的资格预审文件评定,大多采用加权打分法。

①依据工程项目特点和发包工作的性质,划分出评审的几大方面,如资质条件、人员能力、设备和技术能力、财务状况、工程经验、企业信誉等,并分别给予不同的权重。

②对各方面再细划分评定内容和分项打分标准。

③按照规定的原则和方法逐个对资格预审文件进行评定和打分,确定各投标人的综合素质得分。为了避免出现投标人在资格预审表中出现言过其实的情况,在有必要时还可辅以对其已实施过的工程现场调查。

4)确定投标人短名单。依据投标申请人的得分排序,以及预定的邀请投标人数目,从高分向低分录取。此时还需注意,若某一投标人的总分排在前几名之内,但某一方面的得分偏低较多,招标单位应适当考虑若他一旦中标后,实施过程中会有哪些风险,最终再确定他是否有资格进入短名单之内。对短名单之内的投标单位,招标单位分别发出投标邀请书,并请他们确认投标意向。如果某一通过资格预审单位又决定不再参加投标,招标单位应以得分排序的下一名投标单位递补。对没有通过资格预审的单位,招标单位也应发出相应通知,他们就无权再参加投标竞争。

(3)资格复审和资格后审。

1)资格复审,是为了使招标人能够确定投标人在资格预审时提交的资格材料是否仍然有效和准确。如果发现承包商和供应商有不轨行为,比如做假账、违约或者作弊,采购人可以中止或者取消承包商或者供应商的资格。

2)资格后审,是指在确定中标后,对中标人是否有能力履行合同义务进行的最终审查。

(4)资格预审的评审方法。资格预审的评审标准必须考虑到评标的标准,一般凡属评标时考虑的因素,资格预审评审时可不必考虑。反过来,也不应把资格预审中已包括的标准再列入评标的标准(对合同实施至关重要的技术性服务,工作人员的技术能力除外)。

资格预审的评审方法一般采用评分法。将预审应该考虑的各种因素分类,确定它们在评审中应占的比分。如:

机构及组织	10 分
人　　　员	15 分
设备、车辆	15 分
经　　　验	30 分
财 务 状 况	30 分
总　　　分	100 分

一般申请人所得总分在 70 分以下,或其中有一类得分不足最高分的 50％者,应视为不合格。各类因素的权重应根据项目性质以及它们在项目实施中的重要性而定。

评审时,在每一因素下面还可以进一步分若干参数,常用的参数如下:

1)组织及计划:

①总的项目实施方案。

②分包给分包商的计划。

③以往未能履约导致诉讼,损失赔偿及延长合同的情况。

④管理机构情况以及总部对现场实施指挥的情况。

2)人员:

①主要人员的经验和胜任的程度。

②专业人员胜任的程度。

3)主要施工设施及设备:

①适用性(型号、工作能力、数量)。

②已使用年份及状况。

③来源及获得该设施的可能性。

4)经验(过去 3 年):

①技术方面的介绍。

②所完成相似工程的合同额。

③在相似条件下完成的合同额。

④每年工作量中作为承包商完成的百分比平均数。

5)财务状况:

①银行介绍的函件。

②保险公司介绍的函件。

③平均年营业额。

④流动资金。

⑤流动资产与目前负债的比值。

⑥过去 5 年中完成的合同总额。

资格预审的评审标准应视项目性质及具体情况而定。如财务状况中,为了说明申请人在实施合同期间现金流动的需要,也可以采用申请人能取得银行信贷额的多少来代替流动资金或其他参数的办法。

3. 招标文件编制与发售

招标投标法第十九条规定:"招标人应当根据招标项目的特点和需要编制招标文件。招标文件应当包括招标项目的技术要求、对投标人资格审查的标准、投标报价要求和评标标准等所有实质性要求和条件以及拟签订合同的主要条款。国家对招标项目的技术、标准有规定的,招标人应当按照其规定在招标文件中提出相应要求。招标项目需要划分标段、确定工期的,招标人应当合理划分标段、确定工期,并在招标文件中载明。"

在需要资格预审的招标中,招标文件只发售给资格合格的厂商。在不拟进行资格预审的招标中,招标文件可发给对招标通告做出反应并有兴趣参加投标的所有承包商。

在招标通告上要清楚地规定发售招标文件的地点、起止时间以及发售招标文件的费用。对发售招标文件的时间,要相应规定得长一些,以使投标者有足够的时间获得招标文件。根据世界银行的要求,发售招标文件的时间可延长到投标截止时间。

在招标文件收费的情况下,招标文件的价格应定得合理,一般只收成本费,以免投标者因价格过高失去购买招标文件的兴趣。

另外,要做好购买记录,内容包括购买招标文件厂商的详细名称、地址、电话、招标文件编号、招标号等。这样做是为了便于掌握购买招标文件的厂商的情况,便于将购买招标文件的厂商与日后投标厂商进行对照,对于未购买招标文件的投标者,将取消其投标。同时,便于在需要时与投标者进行联系,如对招标文件进行修改,能够将修改文件准确、及时地发给购买招标文件的厂商。

4. 勘察现场

招标单位组织投标单位勘察现场的目的在于了解工程场地和周围环境情况,以获取投标单位认为有必要的信息。勘察现场一般安排在投标预备会的前 1~2 天。

投标单位在勘察现场中如有疑问,应在投标预备会前以书面形式向招标单位提出,但应给招标单位留有解答时间。

勘察现场主要涉及如下内容：

(1)施工现场是否达到招标文件规定的条件。

(2)施工现场的地理位置、地形和地貌。

(3)施工现场的地质、土质、地下水位、水文等情况。

(4)施工现场气候条件，如：气温、湿度、风力、年雨雪量等。

(5)现场环境，如交通、饮水、污水排放、生活用电、通信等。

(6)工程在施工现场的位置与布置。

(7)临时用地、临时设施搭建等。

5. 标前会议

标前会议，是指在投标截止日期以前，按招标文件中规定的时间和地点，召开的解答投标人质疑的会议，又称交底会。在标前会议上，招标单位负责人除了向投标人介绍工程概况外，还可对招标文件中的某些内容加以修改(但须报请招标投标管理机构核准)或予以补充说明，并口头解答投标人书面提出的各种问题，以及会议上即席提出的有关问题。会议结束后，招标单位应将其口头解答的会议记录加以整理，用书面补充通知(又称"补遗")的形式发给每一位投标人。补充文件作为招标文件的组成部分，具有同等的法律效力。补充文件应在投标截止日期前一段时间发出，以便让投标者有时间做出反应。

标前会议主要议程如下：

(1)介绍参加会议单位和主要人员。

(2)介绍问题解答人。

(3)解答投标单位提出的问题。

(4)通知有关事项。

在有的招标中，对于既不参加现场勘察，又不前往参加标前会议的投标人，可以认为他已中途退出，因而取消投标的资格。

6. 开标

开标，是指招标人将所有投标人的投标文件启封揭晓。我国招标投标法规定，开标应当在招标通告中约定的地点，招标文件确定的提交投标文件截止时间的同一时间公开进行。开标由招标人主持，邀请所有投标人参加。开标时，要当众宣读投标人名称、投标价格、有无撤标情况以及招标单位认为其他合适的内容。

(1)开标一般应按照下列程序进行：

1)主持人宣布开标会议开始，介绍参加开标会议的单位、人员名单及工程项目的有关情况。

2)请投标单位代表确认投标文件的密封性。

3)宣布公证、唱标、记录人员名单和招标文件规定的评标原则、定标办法。

4)宣读投标单位的名称、投标报价、工期、质量目标、主要材料用量、投标担保或保函以及投标文件的修改、撤回等情况，并作当场记录。

5)与会的投标单位法定代表人或者其代理人在记录上签字，确认开标结果。

6)宣布开标会议结束，进入评标阶段。

(2)投标单位法定代表人或授权代表未参加开标会议的视为自动弃权。投标文件有下列情形之一的将视为无效：

1)投标文件未按照招标文件的要求予以密封的。

2)投标文件中的投标函未加盖投标人的企业及企业法定代表人印章的,或者企业法定代表人委托代理人没有合法、有效的委托书(原件)及委托代理人印章的。

3)投标文件的关键内容字迹模糊、无法辨认的。

4)投标人未按照招标文件的要求提供投标保函或者投标保证金的。

5)组成联合体投标的,投标文件未附联合体各方共同投标协议的。

6)逾期送达。对未按规定送达的投标书,应视为废标,原封退回。但对于因非投标者的过失(因邮政、战争、罢工等原因),而在开标之前未送达的,投标单位可考虑接受该迟到的投标书。

7. 评标

开标后进入评标阶段。采用统一的标准和方法,对符合要求的投标进行评比,来确定每项投标对招标人的价值,最后达到选定最佳中标人的目的。

(1)评标机构。招标投标法规定,评标由招标人依法组建的评标委员会负责。依法必须招标的项目,评标委员会由招标人的代表和有关技术、经济等方面的专家组成,成员人数为5人以上的单数,其中,技术、经济等方面的专家不得少于成员总数的2/3。

技术、经济等专家应当从事相关领域工作满8年且具有高级职称或具有同等专业水平,由招标人从国务院有关部门或省、自治区、直辖市人民政府有关部门提供的专家名册或者招标代理机构的专家库内的相关专业的专家名单中确定;一般招标项目可以采取随机抽取方式,特殊招标项目可以由招标人直接确定。与投标人有利害关系的人不得进入相关项目的评标委员会,已经进入的应当更换。评标委员会成员的名单在中标结果确定前应当保密。

(2)评标的保密性与独立性。按照我国招标投标法的规定,招标人应当采取必要措施,保证评标在严格保密的情况下进行。评标的严格保密,是指评标在封闭状态下进行,评标委员会在评标过程中有关检查、评审和授标的建议等情况均不得向投标人或与该程序无关的人员透露。

由于招标文件中对评标的标准和方法进行了规定,列明了价格因素和价格因素之外的评标因素及其量化计算方法,因此,评标保密并不是在这些标准和方法之外另搞一套标准和方法进行评审和比较,而是这个评审过程是招标人及其评标委员会的独立活动,有权对整个过程保密,以免投标人及其他有关人员知晓其中的某些意见、看法或决定,而想方设法干扰评标活动的进行,也可以制止评标委员会成员对外泄漏和沟通有关情况,造成评标不公。

(3)投标文件的澄清和说明。评标时,评标委员会可以要求投标人对投标文件中含义不明确的内容做必要的澄清或者说明,比如投标文件有关内容前后不一致、明显打字(书写)错误或纯属计算上的错误等,评标委员会应通知投标人做出澄清或说明,以确认其正确的内容。澄清的要求和投标人的答复均应采用书面形式,且投标人的答复必须经法定代表人或授权代表人签字,作为投标文件的组成部分。

但是,投标人的澄清或说明,仅仅是对上述情形的解释和补正,不得有下列行为:①超出投标文件的范围。比如,投标文件中没有规定的内容,澄清时加以补充;投标文件提出的某些承诺条件与解释不一致,等等。②改变或谋求、提议改变投标文件中的实质性内容。实质性内容,是指改变投标文件中的报价、技术规格或参数、主要合同条款等内容。这种实质性内容的改变,其目的就是为了使不符合要求的或竞争力较差的投标变成竞争力较强的投标。实质性内容的改变将会引起不公平的竞争,因此是不允许发生的。

在实际操作中,部分地区采取"询标"的方式来要求投标单位进行澄清和解释。询标一般由受委托的中介机构来完成,通常包括审计、提出书面询标报告、质询与解答、提交书面询标经济分析报告等环节。提交的书面询标经济分析报告将作为评标委员会进行评标的参考,有利于评标委员会在较短的时间内完成对投标文件的审查、评审和比较。

　　(4)评标原则和程序。为保证评标的公正、公平性,评标必须按照招标文件确定的评标标准、步骤和方法,不得采用招标文件中未列明的任何评标标准和方法,也不得改变招标确定的评标标准和方法。设有标底的,应当参考标底。评标委员会完成评标后,应当向招标人递交书面评标报告,并推荐合格的中标候选人。招标人根据评标委员会提出的书面评标报告和推荐的中标候选人确定中标人。招标人也可授权评标委员会直接确定中标人。

　　1)评标原则。评标只对有效投标进行评审。在建设工程中,评标应遵循以下原则:

　　①平等竞争,机会均等。制定评标定标办法要对各投标人一视同仁,在评标定标的实际操作和决策过程中,要用一个标准衡量,保证投标人能平等地参加竞争。对投标人来说,在评标定标办法中不存在对某一方有利或不利的条款,大家在定标结果正式出来之前,中标的机会是均等的,不允许针对某一特定的投标人在某一方面的优势或弱势而在评标定标具体条款中带有倾向性。

　　②客观公正,科学合理。对投标文件的评价、比较和分析,要客观公正,不以主观好恶为标准,不带成见,真正在投标文件的响应性、技术性、经济性等方面评出客观的差别和优劣。采用的评标定标方法,对评审指标的设置和评分标准的具体划分,都要在充分考虑招标项目的具体特点和招标人的合理意愿的基础上,尽量避免和减少人为因素,做到科学合理。

　　③实事求是,择优定标。对投标文件的评审,要从实际出发,实事求是。评标定标活动既要全面,也要有重点,不能泛泛进行。任何一个招标项目都有自己的具体内容和特点,招标人作为合同的一方主体,对合同的签订和履行负有其他任何单位和个人都无法替代的责任,所以,在其他条件同等的情况下,应该允许招标人选择更符合招标工程特点和自己招标意愿的投标人中标。招标评标办法可根据具体情况,侧重于工期或价格、质量、信誉等一、两个招标工程客观上需要照顾的重点,在全面评审的基础上做出合理取舍。应该说这是招标人的一项重要权利,招标投标管理机构对此应予尊重。但招标的根本目的在于择优,而择优决定了评标定标办法中的突出重点、照顾工程特点和招标人意图,只能是在同等的条件下,针对实际存在的客观因素而不是纯粹招标人主观上的需要,才被允许,才是公正合理的。所以,在实践中,也要注意避免将招标人的主观好恶掺入评标定标办法中,防止影响和损害招标的择优宗旨。

　　2)中标人的投标应当符合的条件。《招标投标法》规定,中标人的投标应当符合下列条件之一:

　　①能够最大限度地满足招标文件中规定的各项综合评价标准。

　　②能够满足招标文件的实质性要求,并经评审的投标价格最低;但是投标价格低于成本的除外。

　　3)评标程序。评标程序一般分为初步评审和详细评审两个阶段。

　　①初步评审,包括对投标文件的符合性评审、技术性评审和商务性评审。

　　a. 符合性评审,包括商务符合性评审和技术符合性鉴定。投标文件应实质性响应招标文件的所有条款、条件,无显著差异和保留。显著差异和保留包括以下情况:对工程的范围、质量以及使用性能产生实质性影响;对合同中规定的招标单位的权利及投标单位的责任造成实质性限制;而且纠正这种差异或保留,将会对其他实质性响应的投标单位的竞争地位产生不公正的影响。

　　b. 技术性评审,主要包括对投标人所报的方案或组织设计、关键工序、进度计划,人员和机械设备的配备,技术能力,质量控制措施,临时设施的布置和临时用地情况,施工现场周围环境污染的保护措施等进行评估。

　　c. 商务性评审,指对确定为实质上响应招标文件要求的投标文件进行投标报价评估,包括对投标报价进行校核,审查全部报价数据是否有计算上或累计上的算术错误,分析报价构成的合理性。发现报价数据上有算术错误,修改的原则是:如果用数字表示的数额与用文字表示的数额不一致时,以文字数额为准;当单价与工程量的乘积与合价之间不一致时,通常以标出的单价为准,除非评标组织认为有明显的小数点错位,此时应以标出的合价为准,并修改单价。按上述原则调整投标书中的投标报价,经投标人确认同意后,对投标人起约束作用。如果投标人不接受修正后的投标报价,则其投标将被拒绝。

初步评审中,评标委员应当根据招标文件,审查并逐项列出投标文件的全部投资偏差。投标偏差分为重大偏差和细微偏差。出现重大偏差视为未能实质性响应招标文件,作废标处理;细微偏差指实质上响应招标文件要求,但在个别地方存在漏项或者提供了不完整的技术信息和资料等情况,且补正这些遗漏或不完整不会对其他投标人造成不公正的结果。细微偏差不影响投标文件的有效性。

②详细评审。经过初步评审合格的投标文件,评标委员会应当根据招标文件确定的评标标准和方法,对其技术部分和商务部分作进一步评审、比较。

(5)评标方法。对于通过资格预审的投标者,对他们的财务状况、技术能力和经验及信誉在评标时可不必再评审。评标方法的科学性对于实施平等的竞争,公正合理地选择中标者是极为重要的。评标涉及的因素很多,应在分门别类、有主有次的基础上,结合工程的特点确定科学的评标方法。

1)专家评议法。评标委员会根据预先确定的评审内容,如报价、工期、施工方案、企业的信誉和经验以及投标者所建议的优惠条件等,对各标书进行认真的分析比较后,评标委员会的各成员进行共同的协商和评议,以投票的方式确定中选的投标者。这种方法实际上是定性的优选法。由于缺少对投标书的量化的比较,因而易产生众说纷纭,意见难于统一的现象。但是其评标过程比较简单,在较短时间内即可完成,一般适用于小型工程项目。

2)低标价法。低标价法,也就是以标价最低者为中标者的评标方法,世界银行贷款项目多采用这种方法。但该标价是指评估标价,也就是考虑了各评审要素以后的投标报价,而非投标者投标书中的投标报价。采用这种方法时,一定要采用严谨的招标程序,严格的资格预审,所编制招标文件一定要严密,详评时对标书的技术评审等工作要扎实全面。

这种评标办法有两种方式,一种方式是将所有投标者的报价依次排队,取其3~4个,对其低报价的投标者进行其他方面的综合比较,择优定标。另一种方式是"A+B值评标法",即以低于标底一定百分数以内的报价的算术平均值为A,以标底或评标小组确定的更合理的标价为B,然后以"A+B"的均值为评标标准价,选出低于或高于这个标准价的某个百分数的报价的投标者进行综合分析比较,择优选定。

3)打分法。这种方法是由评标委员会事先将评标的内容进行分类,并确定其评分标准,然后由每位委员无记名打分,最后统计投标者的得分。得分超过及格标准分最高者为中标单位。这种定量的评标方法,在设评标因素多而复杂,或投标前未经资格预审就投标时,常采用的一种公正、科学的评标方法,能充分体现平等竞争、一视同仁的原则,定标后分歧意见较小。根据目前国内招标的经验,可按下式进行计算。

$$P=Q+\frac{B-b}{B}\times 200+\sum_{i=1}^{7}m_i$$

式中　　　P——最后评定分数;

Q——标价基数,一般取40~70分;

B——标底价格;

b——分析标价,分析标价=报价-优惠条件折价;

$\frac{B-b}{B}\times 200$——是指当报价每高于或低于标底1%时,增加或扣减2分。该比例大小,应根据

项目招标时,投标价格应占的权重来确定,此处仅是给予建议;

m_1——工期评定分数,分数上限一般取 15~40。当招标项目为盈利项目(如旅馆、商店、厂房等)时,工程提前交工,则业主可少付贷款利息并早日营业或投产,从而产生盈利,则工期权重可大些;

m_2,m_3——技术方案和管理能力评审得分,分数上限可分别为 20~10 分。当项目技术复杂、规模大时,权重可适当提高;

m_4——主要施工机械配备评审得分。如果工程项目需要大量的施工机械,如水电工程、土方开挖等,则其分数上限可取 10~30 分,一般的工程项目,可不予考虑;

m_5——投标者财务状况评审得分,上限可为 5~15 分,如果业主资金筹措遇到困难,需承包者垫资时,其权重可加大;

m_6,m_7——投标者社会信誉和施工经验得分,其上限可分别为 5~15 分。

8. 定标

评标结束后,评标小组应写出评标报告,提出中标单位的建议,交业主或其主管部门审核。评标报告一般由下列内容组成:

(1)招标情况。主要包括工程说明,招标过程等。

(2)开标情况。主要有开标时间、地点、参加开标会议人员唱标情况等。

(3)评标情况。主要包括评标委员会的组成及评标委员会人员名单、评标工作的依据及评标内容等。

(4)推荐意见。

(5)附件。主要包括评标委员会人员名单;投标单位资格审查情况表;投标文件符合情况鉴定表;投标报价评比报价表;投标文件质询澄清的问题等。

评标报告批准后,应即向中标单位发出中标函。

9. 签订合同

中标单位接受中标通知后,一般应在 15~30 天内签订合同,并提供履约保证。签订合同后,建设单位一般应在 7 天内通知未中标者,并退回投标保函,未中标者在收到投标保函后,应迅速退回招标文件。

若对第一中标者未达成签订合同的协议,可考虑与第二中标者谈判签订合同,若缺乏有效的竞争和其他正当理由,建设单位有权拒绝所有的投标,并对投标者造成的影响不负任何责任,也无义务向投标者说明原因。拒标的原因一般是所有投标的主要项目均未达到招标文件的要求,经建设主管部门批准后方能拒绝所有的投标。一旦拒绝所有的投标,建设单位应立即研究废标的原因,考虑是否对技术规程(规范)和项目本身要进行修改,然后考虑重新招标。

第二节　工程量清单招标

一、招投标中采用工程量清单的优点

(1)工程量清单招标为投标单位提供了公平竞争的基础。由于工程量清单作为招标文件的组成部分,包括了拟建工程的分部分项工程项目、措施项目、其他项目名称和相应数量的明细清单,由招标人负责统一提供,从而有效保证了投标单位竞争基础的一致性,减少了由于投标单位编制投标文件时出现的偶然性技术误差而导致投标失败的可能,充分体现招投标公平竞争的原则。同时,由于工程量清单的统一提供,简化了投标报价的计算过程,节省了时间,减少不必要的重复劳动。

(2)采用工程量清单招标有利于"质"与"量"的结合,体现企业的自主性。质量、造价、工期之间存在着必然的联系。投标企业报价时必须综合考虑招标文件规定完成工程量清单所需的全部费用,不仅要考虑工程本身的实际情况,还要求企业将进度、质量、工艺及管理技术等方案落实到清单项目报价中,在竞争中真正体现企业的综合实力。

(3)工程量清单计价有利于风险的合理分担。由于建筑工程本身的特性,工程的不确定和变更因素多,工程建设的风险较大。采用工程量清单计价模式后,投标单位只对自己所报的成本、单价等负责,而对工程量的变更或计算错误等不负责任,因此由这部分引起的风险也由业主承担,这种格局符合风险合理分担与责权利关系对等的原则。

(4)用工程量清单招标,淡化了标底的作用。在传统的招标投标方法中,标底一直是个关键的因素,标底的正确与否、保密程度如何一直是人们关注的焦点。实行工程量清单招标后,当招标人不设标底时,为有利于客观、合理地评审投标报价和避免哄抬标价,造成国有资产流入,招标人应编制招标控制价;当投标人的投标报价高于招标控制价,其投标应予以拒绝。这就从根本上消除了标底泄漏所带来的负面影响。

(5)工程量清单招标有利于企业精心控制成本,促进企业建立自己的定额库。中标后,中标企业可以根据中标价以及投标文件中的承诺,通过对单位工程成本、利润进行分析,统筹考虑,精心选择施工方案,逐步建立企业自己的定额库,通过在施工过程中不断地调整、优化组合;合理控制现场费用和施工技术措施费用等,从而不断地促进企业自身的发展和进步。

(6)工程量清单招标有利于控制工程索赔。在传统的招标方式中,"低价中标、高价索赔"的现象屡见不鲜,其中,设计变更、现场签证、技术措施费用及价格是索赔的主要内容。工程量清单计价招标中,由于单项工程的综合单价不因施工数量变化、施工难易程度、施工技术措施差异、取费等变化而调整,大大减少了施工单位不合理索赔的可能。

二、定额计价条件下招投标评标办法的优缺点

根据 2001 年 7 月 5 日原国家计委等七部委联合发布的第 12 号令《评标委员会和评标方法暂行规定》中第 29 条,"评标方法包括经评审的最低投标价法、综合评估法或者法律、行政法规允许的其他评标方法"。下面就这两种评标方法的优缺点做一探讨。

(1)综合评估法。这是目前建设工程招标中占统治地位的评标方法。这种评标方法对投标单位的报价、施工组织设计、企业业绩等给予不同的权重,其中报价的权重最高,一般占 60%～70%左右。对报价的评估又是以经过修正后的标底为基数,与标底完全一样的报价得满分,与标底误差在 0.5% 者扣一分,误差规定了上下限,超过上下限的报价为废标,最后综合得分最高者为中标人。

按照这种评标方法,投标单位要想中标,就必然要得高分,特别是报价一定要得高分才能中标。如何得高分呢? 只有报价最接近标底者才能得高分。报价如果报低了,不但得不了高分,还有可能因超过下限而被宣布为废标。这样企业只会使报价千方百计接近标底,一个企业的综合素质集中体现在低成本、高效率上,这样的评标办法保证不了优胜劣汰。

(2)经评审的最低投标价法。经评审的最低投标价法又叫合理低价法,在实质性响应招标文件的前提下,不低于企业成本的最低报价者就应是中标单位。但问题是定额计价投标时报的都是社会平均价格,都是按预算定额做出来的。如果拿标底做标准,低于标底的报价是不是低于企业的个别成本? 无从判断也无法判断。这也是合理低价法在实际工程评标时采用较少的原因之一。

综上所述,定额计价条件下招投标的评标办法都有其无法克服的一些缺点。只有在工程量清单计价条件下,这些缺点才会得到克服和改善。

三、无标底招标的实行

(1)我国 2000 年 1 月 1 日施行的《中华人民共和国招标投标法》关于标底只有一句描述:"招标人设有标底的,标底必须保密"。换句话说,招标人也可以不编制标底而进行招标。《建设工程工程量清单计价规范》颁布实施以来,政府有关部门在多个文件中明确提出鼓励实行"无标底招标",例如国务院办公厅在 2004 年 7 月 12 日在《国务院办公厅关于进一步规范招标投标活动的若干意见》中提出:"鼓励推行合理低价中标和无标底招标"。

(2)标底的消极作用。工程招标项目编制标底,是为了弄清工程投资的数额,是业主的期望购买价。但是,正是由于标底在评标中的重要作用,所以一些投标人为了中标,想方设法套取标底,由此产生的违法腐败问题也屡见不鲜。在综合评标法中,由于规定最接近标底的报价才能得高分,则不利于形成竞争的气氛,企业也不会主动地改进技术和管理,降低成本,提高本身的竞争力。

(3)无标底招标是与国际惯例接轨的要求。业主无标底招标(业主也没有可以用来编制标底的依据),由承包商根据自己的企业定额自主报价,通过市场竞争形成价格。我们要与国际惯例接轨,也有必要推行无标底招标。

四、推行工程量清单招标的准备工作

1. 转变观念

(1)必须正确认识招标投标。在实际工作中,不能把招投标看作工程建设中的一个独立过程,而应该清楚的认识到招投标是在整个工程建设过程中都发挥作用的一个重要环节。这是因为招投标不仅是解决了施工单位的选择问题,还明确了工程的价格、工期、质量等问题,因此招标文件、投标书、施工合同等在工程建设的"全程是有效的"。

(2)在推行工程量清单计价,解决"游戏规则"的市场化之后,有关各方应切实转变观念,接受并适应市场化的转变。一是施工企业应积极面对市场,迎接市场的挑战;二是政府监督管理部门必须从行政管理角色,学会并做好依法监督的新角色,全面引入风险竞争约束机制,通过市场来调节和引导施工企业合理有序的竞争;三是招标代理、造价咨询、监理等中介机构必须坚持依法独立执业,为建设各方提供公正、诚信、准确的专业技术服务,共同建立并维护健康有序的有形建筑市场。

2. 做好定额的制定和管理,及时发布市场信息,做好市场导向和服务

定额作为工程造价的计算基础,目前在我国有其不可替代的地位和作用。采用工程量清单计价后,定额尤其消耗量定额的作用依然重要。

(1)定额是作为编制工程量清单,进行项目划分和组合的基础。

(2)定额是招标工程标底、企业投标报价的计算基础。就目前我国建筑产业的发展状况来看,大部分企业还不具备建立和拥有自己的报价定额,因此,消耗量定额仍然是企业进行投标报价时不可或缺的计算依据之一。

(3)定额是调节和处理工程造价纠纷的重要依据。

(4)定额是衡量投标报价中消耗量合理与否的主要参考,是合理确定行业成本的重要基础。因此,各级造价管理部门应继续做好消耗量定额的制定、补充和管理工作,同时做好各种价格信息的收集、分析、发布工作,适应市场发展的需要,做好建设市场的导向和调控工作。

3. 加快建立高素质的中介机构,提高计价人员的综合素质

中介机构和计价人员是工程量清单计价最直接也是最重要的执行者,能否顺利推行工程量

清单计价,与中介机构和各层次计价人员的综合素质息息相关。从推行清单计价试点地区的情况来看,清单编制质量不高,缺项、漏项多是较为突出的问题之一,在一定程度上影响了招标工作的质量。因此,在推行工程量清单计价的同时,应做好宣传工作,加强对不同层次专业技术人员的培训,提高中介机构和计价人员的综合素质,以满足清单招标的需要。

4. 加强施工合同的监督管理,做好"事后跟踪",保证招标工作成果

施工合同的备案和跟踪管理,是建设行政主管部门和造价管理部门对工程招标后进行跟踪管理的最主要措施。采用工程量清单招标后,标有单价的工程量清单作为工程款支付和最终结算的重要依据,其单价在施工过程中往往是固定的。个别企业在中标后,为取得更高的利润,往往会不择手段,投标报价时的承诺是一套,施工现场又是另一套,不严格按工程量清单中的描述进行施工,造成招标"市场"与施工"现场"的脱节,严重影响了招投标的工作成果。因此,建设行政主管部门应加强施工合同的备案和跟踪管理工作,严格检查中标后施工企业在价款确定和调整、施工的保证措施等是否符合招标文件和工程量清单的要求,切实维护合同当事人双方的合法权益,提高合同的履约率。

5. 加快清单计价、电子评标等相关软件的开发与推广应用

采用清单计价后,清单项目综合单价的分析相比定额计价方法复杂了很多,要实现快速、准确、规范的投标报价,必须加快有关计算机配套软件的开发应用。同时,通过计算机辅助评标系统,可大大缩短评标时间,减少人为因素,提高评标的准确性和合理性。另外,应用计算机建立工程项目信息、主要材料价格信息、工程造价信息、投标单位信息、政策法规信息、评标专家信息等数据库,以及投标企业已完工程质量安全信息档案数据资料等,为招标投标的监督管理提供可靠的依据,提高管理的科学性和权威性。

五、推行工程量清单招标对建设单位的要求

推行工程量清单招标后,由于提倡无标底招标和合理低价中标的评标方法,减少了合同的纠纷,降低了工程造价,节省了投资成本,因而大多建设单位都主动要求采用工程量清单招标办法。与此同时,工程量清单招标也对建设单位提出了更高的要求,具体如下:

(1)建设单位必须认真学习《建设工程工程量清单计价规范》,弄清楚它与定额计价的区别,并努力提高自身的技术业务水平。

(2)认真、负责编制工程量清单,这份清单随招标文件一经公布,不仅要接受投标单位的质疑并指导招标,而且要接受工程竣工后实际工程量结算的检验,建设单位要准备承担相应的风险。

(3)学习施工验收规范,收集、了解、熟悉常用的施工方案。

(4)了解、掌握当前市场价格条件下的分部分项工程综合单价,学习运用合理低价中标评标办法。

(5)加强工程量清单招标下的合同管理。

六、推行工程量清单招标对施工单位的要求

(1)由于《建设工程工程量清单计价规范》在计算程序、项目划分、报价组成及工程量计算规则方面都与传统的定额计价方式有较大的区别,因此应认真学习《建设工程工程量清单计价规范》,及时转变观念,积极适应新变化。

(2)抓紧建立企业内部定额。施工企业应借鉴、参考国家的消耗量定额,在整理、测算自己企业实际消耗量的基础上,尽快建立、积累企业自己的内部定额。为独立自主地投标报价打下基础。

(3)建立企业的询价体系。施工企业要通过生产厂家调查,市场询价、网站信息等多种手段,

建立起企业自己的人工、材料、机械的价格信息库。这个询价体系要动态、灵活、应变,能适应不同工程、不同地区的报价需求。应充分利用当地造价管理部门的价格网站。

(4)优化企业的施工组织设计和施工方案。拟建工程的施工组织设计和施工方案,要精心选择、精心优化。要在先进、合理的施工方案前提下,提高效率,保证质量,节约成本,降低施工措施项目费。这是提高投标中标率的前提,也是提高企业素质的必由之路。

(5)加强清单项目"综合单价"的积累,为快速报价打下基础。企业要适应清单下的计价,必须要认真测算分部分项工程的"综合单价",并且在中标后与实际施工的分部分项工程成本进行分析对比,积累这些数据,再根据市场竞争情况确定企业不同标准的管理费用和利润等级。为快速报价,确定企业个别成本打下基础。

七、工程量清单招标工作

1. 工程量清单招标的工作程序

采用工程量清单招标,是指由招标单位提供统一招标文件(包括工程量清单),投标单位以此为基础,根据招标文件中的工程量清单和有关要求、施工现场实际情况及拟定的施工组织设计,按企业定额或参照建设行政主管部门发布的现行消耗量定额以及造价管理机构发布的市场价格信息进行投标报价,招标单位择优选定中标人的过程。一般来说,工程量清单招标的程序主要有以下几个环节:

(1)在招标准备阶段,招标人首先编制或委托有资质的工程造价咨询单位(或招标代理机构)编制招标文件,包括工程量清单。在编制工程量清单时,若该工程"全部使用国有资金投资或国有资金投资为主的大中型建设工程"应严格执行建设部颁发的《建设工程工程量清单计价规范》。

(2)工程量清单编制完成后,作为招标文件的一部分发给各投标单位。投标单位在接到招标文件后,可对工程量清单进行简单的复核,如果没有大的错误,即可考虑各种因素进行工程报价;如果投标单位发现工程量清单中工程量与有关图纸的差异较大,可要求招标单位进行澄清,但投标单位不得擅自变动工程量。

(3)招标单位在规定时间内带领投标单位踏勘现场并公共答疑。

(4)投标报价完成后,投标单位在约定的时间内提交投标文件。

(5)评标委员会根据招标文件确定的评标标准和方法进行评定标。由于采用了工程量清单计价方法,所有投标单位都站在同一起跑线上,因而竞争更为公平合理。

(6)在规定时间内与中标单位签订施工合同。

2. 工程量清单的编制

(1)编制人。《招标投标法》规定,招标文件可由有编制能力的招标人自行编制,或委托招标代理机构办理招标事宜。"13计价规范"规定:"工程量清单应由具有编制招标文件能力的招标人或受其委托具有相应资质的中介机构编制",其中,有资质的中介机构一般包括招标代理机构和工程造价咨询机构。

(2)编制依据。原建设部107号令《建筑工程施工发包与承包计价管理办法》规定:"工程量清单应当依据招标文件、施工设计图纸、施工现场条件和国家制定的统一工程量计算规则、分部分项工程项目划分、计量单位等进行编制"。即应严格按照《建设工程工程量清单计价规范》编制。

(3)编制内容。工程量清单的编制,应包括分部工程量清单、措施项目清单、其他项目清单、规费项目清单和税金项目清单,且必须严格按照"13计价规范"规定的计价规则和标准格式进行。在编制工程量清单时,应根据规范和设计图纸及其他有关要求对清单项目进行准确详细的描述,以保证投标企业正确理解各清单项目的内容,合理报价。

3. 采用工程量清单计价后评标方法的发展

无论采用哪一种评标办法,都有其长处和不足,实际应用时,应根据招标人的需求进行选择。比如某些较复杂的项目,或者招标人招标主要考虑的不是价格而是投标人的个人技术和专业知识及能力,那么,最低投标价中标的原则就难以适用,而必须采用综合评价方法,这样招标人的目的才能实现。因此,推行工程量清单招标后,需要有关部门对评标标准和评标方法进行以下改革和完善:

(1)制定更多的适应不同要求的、法律法规允许的评标方法,供招标人灵活选择,以满足不同类型、不同性质和不同特点的工程招标需要。

原国家计委等七部委2001年7月颁发的《评标委员会和评标办法暂行规定》,在关于低于成本价的认定标准、中标人的确定条件以及评标委员会的具体操作等方面做出了比较具体的规定,为我们制定新的评定标方法提供了依据。目前,广东省在实施工程量清单计价后,针对新的竞争环境和不同的需求,制定了具体的"合理低价评标法"、"平均报价评标法"、"两阶段低价评标法"以及"A+B评标法"等多种评定标试行办法,招标人可根据工程具体情况,选择一种,或其中的几种方法综合修改经建设行政主管部门备案后使用。这些方法和指导思想都值得各地或有关部门参考。

(2)充分发挥行业协会、学会的作用,将行业协会制定出的行业标准引入具体的评审标准和评标方法中,以定量代替定性评标办法,提高评审的合理性。

在采用工程量清单招标的试点地区中,有的地区在评定标中将造价工程师协会制定的"市场报价低于成本"的评定原则切实引入评定标办法中,借助专业的电脑软件,按照设定的量化指标标准,对投标企业报价中的消耗量、材料报价进行全面、系统的分析对比,为专家评审提供公正、全面的基础数据。

(3)采用电子计算机辅助评标,提高评标速度和评审的全面性、减少人为因素是今后有关部门进行研究的重要课题之一。

第三节　工程量清单投标报价

一、工程量清单下投标报价的特点

报价是投标的核心。它不仅是能否中标的关键,而且对中标后能否盈利、盈利多少也是主要的决定因素之一。我国为了推动工程造价管理体制改革,与国际惯例接轨,由定额模式计价向清单模式计价过渡,用规范的形式规范了清单计价的强制性、实用性、竞争性和通用性。工程量清单下投标报价的计价特点主要表现在以下几个方面:

(1)量价分离,自主计价。招标人提供清单工程量,投标人除要审核清单工程量外还要计算施工工程量,并要按每一个工程量清单自主计价,计价依据由定额模式的固定化变为多样化。定额由政府法定性变为企业自主维护管理的企业定额及有参考价值的政府消耗量定额;价格由政府指导预算基价及调价系数变为企业自主确定的价格体系,除对外能多方询价外,还要在内建立一整套价格维护系统。

(2)价格来源是多样的,政府不再作任何参与,由企业自主确定。国家采用的是"全部放开、自由询价、预测风险、宏观管理"。"全部放开"就是凡与计价有关的价格全部放开,政府不进行任何限制。"自由询价"是指企业在计价过程中采用什么方式得到的价格都有效,价格来源的途径不作任何限制。"预测风险"是指企业确定的价格必须是完成该清单项的完全价格,由于社会、环境、内部、外部原因造成的风险必须在投标前就预测到,包括在报价内。由于预测不准而造成的风险损失由投标人承担。"宏观管理"是因为建筑业在国民经济中占的比例特别大,国家从总体上还得宏观调控,政府造价管理部门定期或不定期发布价格信息,还得编制反映社会平均水平的消耗量定额,用于指导企业快速计价,并作为确定企业自身的技术水平的依据。

(3)提高企业竞争力,增强风险意识。清单模式下的招投标特点,就是在综合评价最优,保证质量、工期的前提下,合理低价中标。最低价中标,体现的是个别成本,企业必须通过合理的市场竞争,提升施工工艺水平,把利润逐步提高。企业不同于其他竞争对手的核心优势除企业本身的因素外,报价是主要的竞争优势。企业要体现自己的竞争优势就得有灵活全面的信息、强大的成本管理能力、先进的施工工艺水平、高效率的软件工具。除此之外企业需要有反映自己施工工艺水平的企业定额作为计价依据,有自己的材料价格系统、施工方案和数据积累体系,并且这些优势都要体现到投标报价中。

实行工程量清单就是风险共担,工程量清单计价无论对招标人还是投标人在工程量变更时都必须承担一定风险,有些风险不是承包人本身造成的,就得由招标人承担。因此,在"13计价规范"中规定了工程量的风险由招标人承担,综合单价的风险由投标人承担。投标报价有风险,但是不应怕风险,而是要采取措施降低风险,避免风险,转移风险。投标人必须采用多种方式规避风险,不平衡报价是最基本的方式,如在保证总价不变的情况下,资金回收早的单价偏高,回收迟的单价偏低。估计此项设计需要变更的,工程量增加的单价偏高,工程量减少的单价偏低等。在清单模式下索赔已是结算中必不可少的,也是大家会经常提到并要应用自如的工具。

二、推行工程量清单投标报价的前期工作

投标报价的前期工作主要是指确定投标报价的准备工作,主要包括:取得招标信息,提交资格预审资料,研究招标文件,准备投标资料,分析竞争形势,确定投标策略等。做好前期工作是做出有竞争力的投标报价的必要前提,投标人要高度重视,认真准备。

(1)得到招标信息并参加资格审查。招标信息的主要来源是招投标交易中心。交易中心会定期不定期地发布工程招标信息。有经验的投标人从工程立项甚至从项目可行性研究阶段就开始跟踪,并根据自身的技术优势和施工经验为业主提供合理化建议,配合业主的前期立项工作,从而获得业主的信任。

(2)投标人得到招标信息后,要及时报名参加,并向招标人提交资格审查资料。投标人资料主要包括:营业执照、资质证书、企业简历、技术力量、主要的机械设备,近三年内主要施工工程情况,在建工程项目及财务状况。

(3)研究招标文件。

1)认真研究招标文件的每句话,掌握招标范围,工程量清单包括的工程内容,掌握施工图纸及施工验收规范的要求、招标文件规定的工期、投标书的格式、签署方式、密封方法、投标的截止日期要熟悉,并形成备忘录,避免由于失误而造成不必要的损失。

2)研究评标办法。评标办法是招标文件的组成部分,招标文件规定采用综合评估法时,投标人的投标策略就是在投标报价、工期、质量、施工组织设计、企业业绩、信誉、项目经理等规定打分项目中如何提高得分,报价要尽可能接近标底,以确保综合得分最高。

招标文件规定采用合理低价中标法时,并不是最低报价人中标,而是"合理低价",是指投标人报价不能低于企业的个别成本。

3)研究合同条款。①价格条款。主要看清单综合单价的调整,能不能调,如何调。根据工期和工程实际预测价格风险。②分析付款方式。这是投标人能否保质保量按期完工的条件,有好多工程由于招标人不按期付款而造成了停工的现象,给招、投标双方造成了损失。③分析工期及

违约责任。根据编制的施工组织设计分析能不能按期完工,如完不了会有什么违约责任等。

4)研究工程量清单。必须对工程量清单中的实物工程量在施工过程中是否会变更增减等情况进行分析,特别要弄清工程量清单包括的工程内容。

(4)准备投标资料及确定投标策略。投标前必须准备与报价有关的所有资料,这些资料的质量高低直接影响投标报价成败。投标人要在投标时显示出核心竞争力就必须有一定的策略。投标策略是指承包商在投标竞争中的指导思想和参与投标竞争的方式和手段。要在调查研究、占有资料并分析研究的基础上,制定出切实可行的投标策略,才能提高中标的可能性。

三、投标策略和投标决策

(一)投标决策

1. 投标决策的内容

决策是指为实现一定的目标,运用科学的方法,在若干可行方案中寻找满意的行动方案的过程。

投标决策即是寻找满意的投标方案的过程。其内容主要包括如下三个方面:

(1)针对项目招标决定是投标或是不投标。一定时期内,企业可能同时面临多个项目的投标机会,受施工能力所限,企业不可能实践所有的投标机会,而应在多个项目中进行选择;就某一具体项目而言,从效益的角度看有盈利标、保本标和亏损标,企业需根据项目特点和企业现实状况决定采取何种投标方式,以实现企业的既定目标,诸如:获取盈利,占领市场,树立企业新形象等。

(2)倘若去投标,决定投什么性质的标。按性质划分,投标有风险标和保险标。从经济学的角度看,某项事业的收益水平与其风险程度成正比,企业需在高风险的可能的高收益与低风险的低收益之间进行抉择。

(3)投标中企业需制定如何采取扬长避短的策略与技巧,达到战胜竞争对手的目的。投标决策是投标活动的首要环节,科学的投标决策是承包商战胜竞争对手,并取得较好的经济效益与社会效益的前提。

2. 项目决策分析

投标人要决定是否参加某项目工程的投标,首先要考虑当前经营状况和长远经营目标;其次要明确参加投标的目的;然后分析中标可能性的影响因素。

建筑市场是买方市场,投标报价的竞争异常激烈,投标人选择投标与否的余地非常小,都或多或少地存在着经营状况不饱满的情况。一般情况下,只要接到招标人的投标邀请,承包人都积极响应参加投标。这主要是基于以下考虑:首先,参加投标项目多,中标机会也多;其次,经常参加投标,在公众面前出现的机会也多,能起到广告宣传的作用;第三,通过参加投标,可积累经验,掌握市场行情,收集信息,了解竞争对手的惯用策略;第四,投标人拒绝招标人的投标邀请,可能会破坏自身的信誉,从而失去以后收到投标邀请的机会。

当然,也有一种理论认为有实力的投标人应该从投标邀请中,选择那些中标概率高、风险小的项目投标,即争取"投一个、中一个、顺利履约一个"。这是一种比较理想的投标策略,在激烈的市场竞争中很难实现。

投标人在收到招标人的投标邀请后,一般不采取拒绝投标的态度。但有时投标人同时收到多个投标邀请,而投标报价资源有限,若不分轻重缓急地把投标资源平均分布,则每一个项目中标的概率都很低。这时承包人应针对各个项目的特点进行分析,合理分配投标资源,投标资源一般可以理解为投标编制人员和计算机等工具,以及其他资源。不同的项目需要的资源投入量不同;同样的资源在不同的时期、不同的项目中价值也不同,例如同一个投标人在民用建筑工程的投标中标价值较高,但在工业建筑的投标中标价值就较低,这是由投标人的施工能力及造价人员的业务专长和投标经验等因素所决定。投标人必须积累大量的经验资料,通过归纳总结和动态分析,才能判断不同工程的最小最优投标资源投入量。通过最小最优投标资源投入量的分析,可以取舍投标项目,对于投入大量的资源,中标概率仍极低的项目,应果断地放弃,以免浪费投标资源。

(二)投标报价策略

投标时,根据投标人的经营状况和经营目标,既要考虑自身的优势和劣势,也要考虑竞争的激烈程度,还要分析投标项目的整体特点,按照工程的类别、施工条件等确定报价策略。

(1)生存型报价策略。如投标报价以克服生存危机为目标而争取中标时,可以不考虑其他因素。由于社会、政治、经济环境的变化和投标人自身经营管理不善,都可能造成投标人的生存危机。这种危机首先表现在由于经济原因,投标项目减少;其次,政府调整基建投资方向,使某些投标人擅长的工程项目减少,这种危机常常是危害到营业范围单一的专业工程投标人;第三,如果投标人经营管理不善,会存在投标邀请越来越少的危机,这时投标人应以生存为重,采取不盈利甚至赔本也要夺标的态度,只要能暂时维持生存渡过难关,就会有东山再起的希望。

(2)竞争型报价策略。投标报价以竞争为手段,以开拓市场,低盈利为目标,在精确计算成本的基础上,充分估计各竞争对手的报价目标,用有竞争力的报价达到中标的目的。投标人处在以下几种情况下,应采取竞争型报价策略:经营状况不景气,近期接收到的投标邀请较少;竞争对手有威胁性;试图打入新的地区;开拓新的工程施工类型;投标项目风险小、施工工艺简单、工程量大、社会效益好的项目;附近有本企业其他正在施工的项目。

(3)盈利型报价策略。这种策略是投标报价充分发挥自身优势,以实现最佳盈利为目标,对效益较小的项目热情不高,对盈利大的项目充满自信。下面几种情况可以采用盈利型报价策略,如投标人在该地区已经打开局面、施工能力饱和、信誉度高、竞争对手少、具有技术优势并对招标人有较强的名牌效应、投标人目标主要是扩大影响,或者施工条件差、难度高、资金支付条件不好、工期质量等要求苛刻,为联合伙伴陪标的项目等。

(三)投标报价分析决策

初步报价提出后,应当对这个报价进行多方面分析。分析的目的是探讨这个报价的合理性、竞争性、盈利及风险,从而做出最终报价的决策。分析的方法可以从静态分析和动态分析两方面进行。

首先进行报价的静态分析。

先假定初步报价是合理的,分析报价的各项组成及其合理性。分析步骤如下:

(1)分析组价计算书中的汇总数字,并计算其比例指标。

1)统计总建筑面积和各单项建筑面积。

2)统计材料费用及各主要材料数量和分类总价,计算单位面积的总材料费用指标和各主要材料消耗指标及费用指标,计算材料费占报价的比重。

3)统计人工费总价及主要工人、辅助工人和管理人员的数量,按报价、工期、建筑面积及统计的工日总数算出单位面积的用工数,单位面积的人工费,并算出按规定工期完成工程时,生产工人和全员的平均人月产值和人年产值。计算人工费占总报价的比重。

4)统计临时工程费用,机械设备使用费、模板、脚手架和工具等费用,计算它们占总报价的比重,以及分别占购置费的比例,即以摊销形式摊入本工程的费用和工程结束后的残值。

5)统计各类管理费汇总数,计算它们占总报价的比重,计算利润、贷款利息的总数和所占比例。

6)如果报价人有意地分别增加了某些风险系数,可以列为潜在利润或隐匿利润提出,以便研讨。

7)统计分包工程的总价及各分包商的分包价,计算其占总报价和投标人自己施工的直接费用的比例,并计算各分包人分别占分包总价的比例,分析各分包价的直接费、间接费和利润。

(2)从宏观方面分析报价结构的合理性。例如分析总的人工费、材料费、机械台班费的合计数与总管理费用比例关系,人工费与材料费的比例关系,临时设施费及机械台班费与总人工费、材料费、机械费合计数的比例关系,利润与总报价的比例关系,判断报价的构成是否基本合理。如果发现有不合理的部分,应当初步探明原因。首先是研究本工程与其他类似工程是否存在某些不可比因素;如果扣掉不可比因素的影响后,仍然存在报价结构不合理的情况,就应当深入探索其原因,并考虑适当调整某些人工、材料、机械台班单价、定额含量及分摊系统。

(3)探讨工期与报价的关系。根据进度计划与报价,计算出月产值、年产值。如果从投标人的实践经验角度判断这一指标过高或者过低,就应当考虑工期的合理性。

(4)分析单位面积价格和用工量、用料量的合理性。参照同类工程的经验,如果本工程与同类工程有某些不可比因素,可以扣除不可比因素后进行分析比较。还可以收集当地类似工程的资料,排除某些不可比因素后进行分析对比,并探索本报价的合理性。

(5)对明显不合理的报价构成部分进行微观方面的分析检查。重点是从提高工效、改变施工方案、调整工期、压低供货人和分包人的价格、节约管理费用等方面提出可行措施,并修正初步报价,测算出另一个低报价方案。根据定量分析方法可以测算出基础最优报价。

(6)将原初步报价方案、低报价方案、基础最优报价方案整理成对比分析资料,提交内部的报价决策人或决策小组研讨。

其次,进行报价的动态分析。

通过假定某些因素的变化,测算报价的变化幅度,特别是这些变化对报价的影响。对工程中风险较大的工作内容,采用扩大单价,增加风险费用的方法来减少风险。

很多种风险都可能导致工期延误,如:管理不善、材料设备交货延误、质量返工、监理工程师的刁难、其他投标人的干扰等而造成工期延误,不但不能索赔,还可能遭到罚款。由于工期延长可能使占用的流动资金及利息增加,管理费相应增大,工资开支也增多,机具设备使用费用增大。这种增加的开支部分只能用减小利润来弥补,因此,通过多次测算可以得知工期拖延多久利润将全部丧失。

最后,进行报价的决策。

(1)报价决策的依据。作为决策的主要资料依据应当是投标人自己的造价人员编制的计算书及分析指标。至于其他途径获得的所谓招标人的"标底价"或者用情报的形式获得的竞争对手"报价"等等,只能作为一般参考。在工程投标竞争中,经常出现泄漏标底价和打探对手情报等情况,当然,上当受骗者也很多。没有经验的报价决策人往往过于相信来自各种渠道的情报,并用它作为决策报价的主要依据。有些经纪人掌握的"标底",可能只是招标人多年前编制的预算,或者只是从"可行性研究报告"上摘录下来的估算资料,与工程最后设计文件内容差别极大,毫无利用价值。有时,某些招标人利用中间商散布所谓"标底价",引诱投标人以更低的价格参加竞争,而实际工程成本却比这个"标底价"要高得多。还有的投标竞争对手也散布一个"报价",实际上,他的真实投标价格却比这个"报价"低得多,如果投标人一不小心落入圈套就会被竞争对手甩在后面。

因此,投标人应以自己的报价资料为依据进行科学分析,做出恰当的投标报价决策,才不会落入市场竞争的陷阱。

(2)报价差异的原因。虽然实行了工程量清单计价,由投标人自由组价。但一般来说,投标人对投标报价的计算方法大同小异,造价工程师的基础价格资料也是相似的。因此,从理论上分析,各投标人的投标报价同招标人的标底价都应当相差不远。但为什么在实际投标中却出现很大差异呢?除了那些明显的计算失误,如漏算、误解招标文件,有意放弃竞争而报高价者外,出现投标价格差异的基本原因有以下几方面:

1)追求利润的高低不一。有的投标人急于中标以维持生存局面,不得不降低利润率,甚至不计取利润;也有的投标人机遇较好,并不急切求得中标,因而追求的利润较高。

2)各自拥有不同的优势。有的投标人拥有闲置的机具和材料;有的投标人拥有雄厚的资金;有的投标人拥有众多的优秀管理人才等。

3)选择的施工方案不同。对于大中型项目和一些特殊的工程项目,施工方案的选择对成本的影响较大。优良的施工方案,包括工程进度的合理安排、机械化程度的正确选择、工程管理的优化等,都可以明显降低施工成本,因而降低报价。

4)管理费用的差别。国有企业和集体企业、老企业和新企业、项目所在地企业和外地企业、大型企业和中小型企业之间的管理费用的差别是比较大的。由于在清单计价模式下会显示投标人的个别成本,这种差别会使个别成本的差异更加明显。

(3)在利润和风险之间做出决策。由于投标情况纷繁复杂,计价中碰到的情况并不相同,很难事先预料。一般说来,报价决策并不是干预造价工程师的具体计算,而是应当由决策人与造价工程师一起,对各种影响报价的因素进行恰当的分析,并做出果断的决策。不仅要对计价时提出的各种方案、价格、费用、分摊系数等予以审定和进行必要的修正,决策人还要全面考虑期望的利润和承担风险的能力。风险和利润并存于工程中,投标人应当尽可能避免较大的风险,采取措施转移、防范风险并获得一定的利润策略。降低投标报价有利于中标,但会降低预期利润、增大风险。决策者应当在风险和利润之间进行权衡并做出选择。

(4)根据工程量清单做出决策。招标人在招标文件中提供的工程量清单,是按未进行图纸会审的图纸和规范编制的,投标人中标后随工程的进展常常会发生设计变更,从而发生价格的变更。有时投标人在核对工程量清单时,会发现工程量有漏项和错算的现象,为投标人计算综合单价带来不便,增大投标报价的风险。但是,在投标时,投标人必须严格按照招标人的要求进行。如果投标人擅自变更,招标人将拒绝接受该投标人的投标书。因此,有经验的投标人即使确认招标人的工程量清单有错项、漏项、施工过程中定会发生变更及招标条件隐藏着的巨大的风险,也不会正面变更或减少条件,而是针对招标人的错误采取不平衡报价等技巧,为中标后的索赔留下伏笔。或者利用详细说明、附加解释等十分谨慎地附加某些条件提示招标人注意,降低投标人的投标风险。

(5)低报价中标的决策。低报价中标是实行清单计价后的重要因素,但低价必须强调"合理"二字。报价并不是越低越好,不能低于投标人的个别成本,不能由于低价中标而造成亏损,这样中标的工程越多亏损就越多。决策者必须是在保证质量、工期的前提下,保证预期的利润并考虑一定风险的基础上确定最低成本价。因此,决策者在决定最终报价时要慎之又慎。低价虽然重要,但不是报价唯一因素,除了低报价之外,决策者可以采取策略或投标技巧战胜对手。投标人可以提出能够让招标人降低投资的合理化建议或对招标人有利的一些优惠条件来弥补报高价的不足。

四、投标中常用的投标技巧

1. 开标前的投标技巧

(1)不平衡报价。不平衡报价,指在总价基本确定的前提下,如何调整内部各个子项的报价,以期既不影响总报价,又在中标后投标人可尽早收回垫支于工程中的资金和获取较好的经济效益。但要注意避免不正常的调高或压低现象,避免失去中标机会。常见的不平衡报价法见表 5-1。

表 5-1   常见的不平衡报价法

序号	信 息 类 型	变 动 趋 势	不平衡结果
1	资金收入的时间	早 晚	单价高 单价低
2	清单工程量不准确	增加 减少	单价高 单价低
3	报价图纸不明确	增加工程量 减少工程量	单价高 单价低
4	暂定工程	自己承包的可能性高 自己承包的可能性低	单价高 单价低
5	单价和包干混合制项目	固定包干价格项目 单价项目	单价高 单价低
6	单价组成分析表	人工费和机械费 材料费	单价高 单价低
7	议标时招标人要求压低单价	工程量大的项目 工程量小的项目	单价小幅度降低 单价较大幅度降低
8	工程量不明确报单价的项目	没有工程量 有假定的工程量	单价高 单价适中

1)对能早期结账收回工程款的项目(如土方、基础等)的单价可报以较高价,以利于资金周转;对后期项目(如装饰、电气设备安装等)单价可适当降低。

2)估计今后工程量可能增加的项目,其单价可提高;而工程量可能减少的项目,其单价可降低。

但上述两点要统筹考虑。对于工程量数量有错误的早期工程,如不可能完成工程量表中的数量,则不能盲目抬高单价,需要具体分析后再确定。

3)图纸内容不明确或有错误,估计修改后工程量要增加的,其单价可提高;而工程内容不明确的,其单价可降低。

4)暂定项目又叫任意项目或选择项目,对这类项目要作具体分析,因这一类项目要开工后由发包人研究决定是否实施,由哪一家承包人实施。如果工程不分标,只由一家承包人施工,则其中肯定要做的单价可高些,不一定要做的则应低些。如果工程分标,该暂定项目也可能由其他承包人施工时,则不宜报高价,以免抬高总报价。

5)单价包干混合制合同中,发包人要求有些项目采用包干报价时,宜报高价。一则这类项目多半有风险，二则这类项目在完成后可全部按报价结账，即可以全部结算回来。而其余单价项目则可适当降低。

6)有的招标文件要求投标者对工程量大的项目报"单价分析表"，投标时可将单价分析表中的人工费及机械设备费报得较高，而材料费算得较低。这主要是为了在今后补充项目报价时可以参考选用"单价分析表"中的较高的人工费和机械设备费，而材料则往往采用市场价，因而可获得较高的收益。

7)在议标时，承包人一般都要压低标价。这时应该首先压低那些工程量小的单价，这样即使压低了很多个单价，总的标价也不会降低很多，而给发包人的感觉却是工程量清单上的单价大幅度下降，承包人很有让利的诚意。

8)在其他项目费中要报工日单价和机械台班单价，可以高些，以便在日后招标人用工或使用机械时可多盈利。对于其他项目中的工程量要具体分析，是否报高价，高多少有一个限度，不然会抬高总报价。

不平衡报价一定要建立在对工程量表中工程量风险仔细核对的基础上，特别是对于报低单价的项目，如工程量一旦增多，将造成承包人的重大损失，同时一定要控制在合理幅度内（一般可在10％左右），以免引起发包人反对，甚至导致废标。如果不注意这一点，有时发包人会挑选出报价过高的项目，要求投标者进行单价分析，而围绕单价分析中过高的内容压价，以致承包人得不偿失。

（2）多方案报价法。有时招标文件中规定，可以提一个建议方案；或对于一些招标文件，如果发现工程范围不很明确，条款不清楚或很不公正，或技术规范要求过于苛刻时，则要在充分估计风险的基础上，按多方案报价法处理。即是按原招标文件报一个价，然后再提出如果某条款作某些变动，报价可降低的额度。这样可以降低总价，吸引发包人。

投标者这时应组织一批有经验的设计和施工工程师，对原招标文件的设计和施工方案仔细研究，提出更理想方案以吸引发包人，促成自己的方案中标。这种新的建议可以降低总造价或提前竣工或使工程运用更合理。但要注意的是对原招标方案一定也要报价，以供发包人比较。

增加建议方案时，不要将方案写得太具体，保留方案的技术关键，防止发包人将此方案交给其他承包人，同时要强调的是，建议方案一定要比较成熟，或过去有这方面的实践经验。因为投标时间往往较短，如果仅为中标而匆忙提出一些没有把握的建议方案，可能引起很多后患。

（3）突然袭击法。由于投标竞争激烈，为迷惑对方，有意泄露一些假情报，如不打算参加投标，或准备投高标，表现出无利可图不干等假象，到投标截止之前几个小时，突然前往投标，并压低投标价，从而使对手措手不及而败北。

（4）低投标价夺标法。此种方法是非常情况下采用的非常手段。比如企业大量窝工，为减少亏损；或为打入某一建筑市场；或为挤走竞争对手保住自己的地盘，制定了严重亏损标，力争夺标。若企业无经济实力，信誉不佳，此法也不一定会奏效。

（5）先亏后盈法。对大型分期建设工程。在第一期工程投标时，可以将部分间接费分摊到第二期工程中去，少计算利润以争取中标。这样在第二期工程投标时，凭借第一期工程的经验、临时设施以及创立的信誉，比较容易拿到第二期工程。但第二期工程遥遥无期时，则不宜这样考虑，以免承担过高的风险。

（6）开口升级法。把报价视为协商过程，把工程中某项造价高的特殊工作内容从报价中减掉，使报价成为竞争对手无法相比的"低价"。利用这种"低价"来吸引发包人，从而取得了与发包人进一步商谈的机会，在商谈过程中逐步提高价格。当发包人明白过来当初的"低价"实际上是个钓饵时，往往已经在时间上处于谈判弱势，丧失了与其他承包人谈判的机会。利用这种方法时，要特别注意在最初的报价中说明某项工作的缺项，否则可能会弄巧成拙，真的以"低价"中标。

(7)联合保标法。在竞争对手众多的情况下,可以采取几家实力雄厚的承包商联合起来的方法来控制标价,一家出面争取中标,再将其中部分项目转让给其他承包商二包,或轮流相互保标。但此种报价方法实行起来难度较大,一方面要注意到联合保标几家公司间的利益均衡,又要保密,否则一旦被业主发现,有取消投标资格的可能。

2. 开标后的投标技巧

投标人通过公开开标这一程序可以得知众多投标人的报价,但低报价并不一定中标,需要综合各方面的因素、反复考虑,并经过议标谈判,方能确定中标者。所以,开标只是选定中标候选人,而非已确定中标者。投标人可以利用议标谈判施展竞争手段,从而改变自己原投标书中的不利因素而成为有利因素,以增加中标的机会。

从招标的原则来看,投标人在标书有效期内,是不能修改其报价的。但是,某些议标谈判可以例外。在议标谈判中的投标技巧主要有:

(1)降低投标价格。投标价格不是中标的唯一因素,但却是中标的关键性因素。在议标中,投标者适时提出降价要求是议标的主要手段。需要注意的是:其一,要摸清招标人的意图,在得到其希望降低标价的暗示后,再提出降低的要求。有些国家的政府关于招标的法规中规定,已投出的投标书不得改动任何文字。若有改动,投标即告无效。其二,降低投标价要适当,不得损害投标人自己的利益。

(2)补充投标优惠条件。除中标的关键因素——价格外,在议标谈判的技巧中,还可以考虑其他许多重要因素,如缩短工期,提高工程质量,降低支付条件要求,提出新技术和新设计方案,以及提供补充物资和设备等,以此优惠条件争取得到招标人的赞许,而争取中标。

五、清单计价模式下投标报价的编制

投标报价的编制工作是投标人进行投标的实质性工作,由投标人组织的专门机构来完成,主要包括审核工程量清单、编制施工组织设计、材料询价、计算工程单价、标价分析决策及编制投标文件等。下面就从这几个方面分别进行说明:

(1)审核工程量清单并计算施工工程量。一般情况,投标人必须按招标人提供的工程量清单进行组价,并按综合单价的形式进行报价。但投标人在按招标人提供的工程量清单组价时,必须把施工方案及施工工艺造成的工程增量以价格的形式包括在综合单价内。有经验的投标人在计算施工工程量时就对工程量清单工程量进行审核,这样可以知道招标人提供的工程量的准确度,为投标人不平衡报价及结算索赔做好伏笔。

在实行工程量清单模式计价后,建设工程项目分为三部分进行计价:分部分项工程项目计价、措施项目计价及其他项目计价。招标人提供的工程量清单是分部分项工程项目清单中的工程量,但措施项目中的工程量及施工方案工程量招标人不提供,必须由投标人在投标时按设计文件及施工组织设计、施工方案进行二次计算。由于清单报价最低者占优,投标人由于没有考虑周全而造成低价中标,一旦亏损责任自负,招标人不予承担。因此这部分用价格的形式分摊到报价内的量必须要认真计算,要全面仔细地考虑。

(2)编制施工组织设计及施工方案。施工组织设计及施工方案是招标人评标时考虑的主要因素之一,也是投标人确定施工工程量的主要依据。该项的内容主要包括:项目概况、项目组织机构、项目保证措施、前期准备方案、施工现场平面布置、总进度计划和分部分项工程进度计划、分部分项工程的施工工艺及施工技术组织措施、主要施工机械配置、劳动力配置、主要材料保证措施、施工质量保证措施、安全文明措施、保证工期措施等。

施工组织设计主要包括施工方法、施工机械设备及劳动力的配置、施工进度、质量保证措施、安全文明措施及工期保证措施等内容,因此施工组织设计不仅关系到工期,而且对工程成本和报价也有密切关系。好的施工组织设计,应能紧紧抓住工程特点,采用先进科学的施工方法,降低工程成本。既要采用先进的施工方法,安排合理的工期,又要充分有效地利用机械设备和劳动力,尽可能减少临时设施和资金的占用。如果同时能向招标人提出合理化建议,在不影响使用功能的前提下为招标人节约工程造价,那么会大大提高投标人的低价的合理性,增加中标的可能性。还要在施工组织设计中进行风险管理规划,以防范风险。

(3)建立完善的询价系统。实行工程量清单计价模式后,投标人自由组价,所有与价格有关的全部放开,政府不再进行任何干预。用什么方式询价,具体询什么价,这是投标人面临的主要问题。投标人在日常的工作中必须建立价格体系,积累一部分人工、材料、机械台班的价格。除此之外在编制投标报价时进行多方询价。询价的内容主要包括:材料市场价、人工当地的行情价、机械设备的租赁价、分部分项工程的分包价等。

(4)投标报价计算。根据工程量计价规范的要求,实行工程量清单计价必须采用综合单价法计价,并对综合单价包括的范围进行了明确规定。因此造价人员在计价时必须按工程量清单计价规范进行计价。工程计价的方法很多,对于实行工程量清单投标模式的工程计价,较多采用综合单价法计价。

"综合单价法"就是分部分项工程量清单费用及措施项目费用的单价综合了完成单位工程量或完成具体措施项目的人工费、材料费、机械使用费、管理费和利润,并考虑一定的风险因素;而将规费、税金等费用作为投标总价的一部分,单列在其他表中的一种计价方法。

投标报价,按照企业定额或政府消耗量定额标准及预算价格确定人工费、材料费、机械费,并以此为基础确定管理费、利润,由此计算出分部分项的综合单价。根据现场因素及工程量清单规定措施项目费以实物量或以分部分项工程费为基数按费率的方法确定。其他项目费按工程量清单规定的人工、材料、机械台班的预算价为依据确定。规费按政府的有关规定执行。税金按税法的规定执行。分部分项工程费、措施项目费、其他项目费、规费、税金等合计汇总得到初步的投标报价。根据分析、判断、调整得到投标报价。

六、工程量清单投标报价编制应注意的问题

1. 单价分析

投标报价是整个投标工作的核心。①要计算并核对工程量,要以单位项目划分为依据,重点对工程量进行核查,如发现有出入,应按规定做必要的调整和补充。②工作量清单是以按建筑物的实体量来划分,要完成工作内容,有很多的施工工序。因此,进行单价分析时,不能按过去的传统定额只套一个定额子目,而是综合了多个定额子目内容,要套用多个定额子目。③工程量清单没有考虑施工过程的施工损耗,在编制综合单价时,要在材料消耗量中考虑施工过程的施工损耗。④传统的预算定额综合了模板的制作、安装和人工、材料、机械费用;脚手架搭拆费、垂直运输机械费。而模板的制作、安装费;脚手架搭拆费;垂直运输机械费属于项目措施费,不能在综合单价中计算,而应列入项目措施费中。

要对单价进行分析研究,对较大的土建招标工程,在确定单价时要作专题分析,不能套常用定额。因为每个工程现场情况,气候条件,地貌与地质、工程的复杂程度、有哪些有利条件和不利条件,合同价格是否因工资和物价的变动而调整,工期长短、对设备和材料有哪些特殊要求,有哪些投标人参加,其中主要谁是对手及当前自己的状况等问题,都要周密考虑,在确定标价上,一方面要对工资、材料价格、施工机构、管理费、利润、临时设施等,结合初步的施工方案提出原则意见,并确定初步的、总体的投标框架;另一方面要针对工程量清单中的项目与技术规范中的有关

规定与要求,逐项进行分析研究,确定工程材料消耗量。另外,还应对工效、材料来源和当前价格以及施工期间发生的浮动幅度作深入的调查研究,做出全面的考虑。对于有些材料和设备,应及时询价,从而分别定出比较适当的材料、设备价格等的单价,然后逐一确定各项单价。

2. 综合汇总分析

首先计算出工程造价,然后进行一次全面的自校,查验计算有无误差,并从总价上权衡报价是否合理。

具体的测算方法是,通过各项综合单价的指标,如平均每立方米土方单价、每立方米钢筋混凝土单价、每吨钢筋及钢结构单价等,与各种不同建筑施工的单价指标进行比较,与类似工程的造价指标进行比较,是高是低,是否合理。如果出现总价或其中一部分单价偏高或偏低,应进行调整。

第四节　工程量清单与施工合同

一、工程量清单与施工合同主要条款的关系

工程量清单与施工合同关系密切,示范文本内有很多条款是涉及工程量清单的,现分述如下。

1. 工程量清单是合同文件的组成部分

施工合同不仅仅指发包人和承包人签订的协议书,它还应包括与建设项目施工有关的资料和施工过程中的补充、变更文件。《建设工程工程量清单计价规范》颁布实施后,工程造价采用工程量清单计价模式的,其施工合同即通常所说的"工程量清单合同"或"单价合同"。

合同文件应能相互解释,互为说明。除专用条款另有约定外,组成本合同的文件及优先解释顺序如下:

(1)本合同协议书。

(2)中标通知书。

(3)投标书及其附件。

(4)本合同专用条款。

(5)本合同通用条款。

(6)标准、规范及有关的技术文件。

(7)图纸。

(8)工程量清单。

(9)工程报价单或预算书。

对于招标工程而言,工程量清单是合同的组成部分。非招标的建设项目,其计价活动也必须遵守《建设工程工程量清单计价规范》,作为工程造价的计算方式和施工履行的标准之一,其合同内容也必须涵盖工程量清单。因此,无论招标抑或非招标的建设工程,工程量清单都是施工合同的组成部分。

2. 工程量清单是计算合同价款和确认工程量的依据

工程量清单中所载工程量是计算投标价格、合同价款的基础,承发包双方必须依据工程量清单所约定的规则,最终计量和确认工程量。

3. 工程量清单是计算工程变更价款和追加合同价款的依据

工程施工过程中,因设计变更或追加工程造价时,合同双方应依据工程量清单和合同其他约

定调整合同价格。一般按以下原则进行:①清单或合同中已有适用于变更工程的价格,按已有价格变更合同价款;②清单或合同中只有类似于变更工程的价格,可以参照类似价格变更合同价款;③清单或合同中没有适用或类似于变更工程的价格,由承包人提出适当的变更价格,经工程师确认后执行。

4. 工程量清单是支付工程进度款和竣工结算的计算基础

工程施工过程中,发包人应按照合同约定和施工进度支付工程款,依据已完项目工程量和相应单价计算工程进度款。工程竣工验收通过,承发包人应按照合同约定办理竣工结算,依据工程量清单约定的计算规则、竣工图纸对实际工程进行计量,调整工程量清单中的工程量,并依此计算工程结算价款。

5. 工程量清单是索赔的依据之一

在合同履行过程中,对于并非自己的过错,而是应由对方承担责任的情况造成的实际损失,合同一方可向对方提出经济补偿和(或)工期顺延的要求,即"索赔"。当一方向另一方提出索赔要求时,要有正当索赔理由,且有索赔事件发生时的有效证据,工程量清单作为合同文件的组成部分也是理由和证据。当承包人按照设计图纸和技术规范进行施工时,其工作内容是工程量清单所不包含的,则承包人可以向发包人提出索赔;当承包人不履行清单要求时,发包人可以向承包人提出反索赔要求。

二、清单合同的特点

建设工程采用工程量清单的方式进行计价最早诞生在英国,并逐步在英殖民国家使用。经过数百年实践检验与发展,目前已经成为世界上普遍采用的计价方式,世行和亚行贷款项目也都推荐或要求采用工程量清单的形式进行计价。工程量清单计价之所以有如此生命力,主要依赖于清单合同的自身特点和优越性。

(1)单价具有综合性和固定性。工程量清单报价均采用综合单价形式,综合单价中包含了清单项目所需的材料、人工、施工机械、管理费、利润以及风险因素,具有一定的综合性。与以往定额计价相比,清单合同的单价简单明了,能够直观反映各清单项目所需的消耗和资源。另一方面,工程量清单报价一经合同确认,竣工结算不能改变,单价具有固定性。在这方面,国家施工合同示范文本和国际 FIDIC 土木工程施工合同示范文本对增加工程做出了同样的约定。综合单价因工程变更需要调整时,可按《建设工程清单计价规范》的规定执行,在签订合同时应予以说明。

(2)便于施工合同价的计算。施工过程中,发包人代表或工程师可依据承包人提交的经核实的进度报表,拨付工程进度款;依据合同中的计日工单价,或参考合同中已有的单价或总价,有利于工程变更价的确定和费用索赔的处理。工程结算时,承包人可依据竣工图纸、设计变更和工程签证等资料计算实际完成的工程量,对与原清单不符的部分提出调整,并最终依据实际完成工程量确定工程造价。

(3)清单合同更加适合招标投标。清单报价能够真实地反映造价,在清单招标投标中,投标单位可根据自身的设备情况、技术水平、管理水平,对不同项目进行价格计算,充分反映投标人的实力水平和价格水平。由招标人统一提供工程量清单,不仅增大了招标投标市场的透明度,杜绝了腐败的源头,而且为投标企业提供了一个公平合理的基础和环境,真正体现了建设工程交易市场的公开、公平和公正。

招标文件是招标投标的核心,而工程量清单是招标文件的关键。准确、全面和规范的工程量清单有利于体现业主的意愿,有利于工程施工的顺利进行,有利于工程质量的监督和工程造价的控制;反之,将会给日后的施工管理和造价控制带来麻烦,造成纠纷,引起不必要的索赔,甚至导致与招标目的背道而驰的结果。对于投标人来说,不准确的工程量将会给投标人带来决策上的错误。因此,投标时施工单位应依据设计图纸和现场情况对工程量进行复核。

清单合同可以激活建筑市场竞争,促进建筑业的发展。传统的计价模式计算很大程度上束缚了投标单位根据实力投标竞争的自由。《建设工程工程量清单计价规范》颁布实施后,采用工程量清单计价模式,由施工企业依据单位实力自主报价,并通过市场竞争调整和形成价格。作为施工单位要在激烈的竞争中取胜,必须具备先进的设备、先进技术和管理方法,这就要求施工单位在施工中要加强管理、鼓励创新,从技术中要效率、从管理中要利润,在激烈的竞争中不断发展、不断壮大,促进建筑业的发展。

三、推行清单合同的社会环境

(1)建立合同风险管理制度。风险管理就是人们对潜在的损失进行辨识、评估、预防和控制的过程。风险转移是工程风险管理对策中采用最多的措施。工程保险和工程担保是风险转移的两种常用方法。工程保险可以采取建安工程一切险,附加第三者责任险的形式。工程担保能有效地保障工程建设顺利地进行,许多国家的政府都在法规中规定进行工程担保,在合同的标准条款中也有关于工程担保的条文。目前,我国工程担保和工程保险制度仍不健全,亟待政府出台有关的法律法规。

(2)尽快建立起比较完善的工程价格信息系统,包括综合项目和独立项目及相应的综合单价的基价数据。因为工程造价最终要做到随行就市,不但承包人要通晓,业主也要了如指掌,造价管理部门更要熟悉市场行情。否则的话,这种新机制就不会带来应有的结果。价格信息系统可以利用现代化的传媒手段,通过网络、新闻媒体等各种方式让社会有关各方都能及时了解工程建设领域内的最新价格信息。建立工程量清单项目数据库。

(3)完善工程量清单计价的操作。有了可操作的工程量清单计价办法,还要辅以完善的实施操作程序,才能使该工作在规范的基础上有序运作。为了保障推行工程量清单计价的顺利实施,必须设计研制出界面直观、操作快捷、功能齐全的高水平工程量清单计价系统软件,解决编制工程量清单、标底和投标报价中的繁杂运算程序,为推行工程量清单计价扫清障碍,满足参与招标、投标活动各方面的需求。

(4)各地造价管理部门应更新观念,转变职能,由"行政管理"走向"依法监督"。将发布指令性的工程费率标准改为发布指导性的工程造价指数及参考指标;将定期发布材料价格及调整系数改为工程市场参考价、生产商价格信息、投标工程材料报价等。加强服务工作,引导施工企业按自身的施工技术及管理水平编制企业内部定额。做好基础工作,强化资料、信息的收集积累。新形势下,工程造价管理部门应加强基础工作,全面及时收集整理工程造价管理资料,整理后发布相关的政策、宏观指标、指数,服务社会、引导市场,促使建筑市场形成有序的竞争环境。

(5)提高造价执业队伍的水平,规范执业行为。清单计价对工程造价专业队伍特别是执业人员的个人素质提出了更高要求。要顺利实施工程量清单计价,当务之急就是必须加大管理力度,促进工程造价专业队伍的健康发展。一是对人员的管理转变为行业协会管理。专业队伍的健康发展、素质教育、规章制度的制定、监督管理等具体工作由行业协会负责;二是建章立制,实施规范管理,制定行业规范、人员职业道德规范、行为准则、业绩考核等可行办法,使造价专业队伍自我约束、健康发展;三是加强专业培训,实施继续教育制度,每年对专业队伍进行规定内容的培训学习,定期组织理论讨论会、学术报告会,开展业务交流、经验介绍等活动,提高自身素质。

第六章　工程价款结算与竣工决算

第一节　工程价款结算

一、工程结算的分类与方式

工程结算是指承包商与业主之间根据双方协议进行的财务结算。

(一)工程结算的分类

根据工程建设的不同时期以及结算对象的不同,工程结算分为预付款结算、中间结算和竣工结算。

(1)工程预付款,又称为工程备料款,是指由施工单位自行采购建筑材料,根据工程承包合同(协议),建设单位在工程开工前按年度工程量的一定比例预付给施工单位的备料款,工程预付款的结算是指在工程后期随工程所需材料储备逐渐减少,预付款以抵冲工程价款的方式陆续扣回。

(2)中间结算是指在工程建设过程中,施工单位根据实际完成的工程数量计算工程价款与建设单位办理的价款结算。中间结算分为按月结算和分段结算两种。

(3)竣工结算是指施工单位按合同(协议)规定的内容全部完工、交工后,施工单位与建设单位按照合同(协议)约定的合同价款及合同价款调整内容进行的最终工程价款结算。

(二)工程结算的方式

根据工程性质、规模大小、资金来源、工期长短及承包方式的不同,工程结算的方式也不同,主要有以下几种结算方式:

1. 按月结算

实行旬末或月中预支,月终结算,竣工后清算的方法。跨年度竣工的工程,在年终进行工程盘点,办理年度结算。我国现行建筑安装工程价款结算中,相当一部分是实行这种按月结算。

2. 竣工后一次结算

建设项目或单项工程全部建筑安装工程建设期在 12 个月以内,或者工程承包合同价值在 100 万元以下的,可以实行工程价款每月月中预支,竣工后一次结算。

3. 分段结算

即当年开工,当年不能竣工的单项工程或单位工程按照工程形象进度,划分不同阶段进行结算。分段结算可以按月预支工程款。分段的划分标准,由各部门、自治区、直辖市、计划单列市规定。

对于以上三种主要结算方式的收支确认,财政部在 1999 年 1 月 1 日起实行的《企业会计准则——建造合同》讲解中作了如下规定:

——实行旬末或月中预支,月终结算,竣工后清算办法的工程合同,应分期确认合同价款收入的实现,即:各月份终了,与发包单位进行已完工程价款结算时,确认为承包合同已完工部分的工程收入实现,本期收入额为月终结算的已完工程价款金额。

——实行合同完成后一次结算工程价款办法的工程合同,应于合同完成,施工企业与发包单位进行工程合同价款结算时,确认为收入实现,实现的收入额为承发包双方结算的合同价款总额。

——实行按工程形象进度划分不同阶段、分段结算工程价款办法的工程合同,应按合同规定的形象进度分次确认已完阶段工程收益实现。即:应于完成合同规定的工程形象进度或工程阶段,与发包单位进行工程价款结算时,确认为工程收入的实现。

4. 目标结款方式

即在工程合同中,将承包工程的内容分解成不同的控制界面,以业主验收控制界面作为支付工程价款的前提条件。也就是说,将合同中的工程内容分解成不同的验收单元,当承包商完成单元工程内容并经业主(或其委托人)验收后,业主支付构成单元工程内容的工程价款。

目标结款方式下,承包商要想获得工程价款,必须按照合同约定的质量标准完成界面内的工程内容;要想尽早获得工程价款,承包商必须充分发挥自己的组织实施能力,在保证质量前提下,加快施工进度。这意味着承包商拖延工期时,则业主推迟付款,增加承包商的财务费用、运营成本,降低承包商的收益,客观上使承包商因延迟工期而遭受损失。同样,当承包商积极组织施工,提前完成控制界面内的工程内容,则承包商可提前获得工程价款,增加承包收益,客观上承包商因提前工期而增加了有效利润。同时,因承包商在界面内质量达不到合同约定的标准而业主不预验收时,承包商也会因此而遭受损失。可见,目标结款方式实质上是运用合同手段、财务手段对工程的完成进行主动控制。

目标结款方式中,对控制界面的设定应明确描述,便于量化和质量控制,同时要适应项目资金的供应周期和支付频率。

5. 结算双方约定的其他结算方式

施工企业在采用按月结算工程价款方式时,要先取得各月实际完成的工程数量,并按照工程预算定额中的工程直接费预算单价、间接费用定额和合同中采用利税率,计算出已完工程造价。实际完成的工程数量,由施工单位根据有关资料计算,并编制"已完工程月报表",然后按照发包单位编制"已完工程月报表",将各个发包单位的本月已完工程造价汇总反映。再根据"已完工程月报表"编制"工程价款结算账单",与"已完工程月报表"一起,分送发包单位和经办银行,据以办理结算。

施工企业在采用分段结算工程价款方式时,要在合同中规定工程部位完工的月份,根据已完工程部位的工程数量计算已完工程造价,按发包单位编制"已完工程月报表"和"工程价款结算账单"。

对于工期较短、能在年度内竣工的单项工程或小型建设项目,可在工程竣工后编制"工程价款结算账单",按合同中工程造价一次结算。

"工程价款结算账单"是办理工程价款结算的依据。工程价款结算账单中所列应收工程款应与随同附送的"已完工程月报表"中的工程造价相符,"工程价款结算账单"除了列明应收工程款外,还应列明应扣预收工程款、预收备料款、发包单位供给材料价款等应扣款项,算出本月实收工程款。

为了保证工程按期收尾竣工,工程在施工期间,不论工程长短,其结算工程款,一般不得超过承包工程价值的95%,结算双方可以在5%的幅度内协商确定尾款比例,并在工程承包合同中订明。施工企业如已向发包单位出具履约保函或有其他保证的,可以不留工程尾款。

"已完工程月报表"和"工程价款结算账单"的格式见表6-1、表6-2。

表 6-1 已完工程月报表

发包单位名称： 年 月 日 （单位：元）

单项工程和单位工程名称	合同造价	建筑面积	开竣工日期		实际完成数		备 注
			开工日期	竣工日期	至上月(期)止已完工程累计	本月(期)已完工程	

施工企业： 编制日期： 年 月 日

表 6-2 工程价款结算账单

发包单位名称： 年 月 日 （单位：元）

单项工程和单位工程名称	合同造价	本月(期)应收工程款	应 扣 款 项			本月(期)实收工程款	尚未归还	累计已收工程款	备注
			合计	预收工程款	预收备料款				

施工企业： 编制日期： 年 月 日

二、工程进度款

(1)发承包双方应按照合同约定的时间、程序和方法，根据工程计量结果，办理期中价款结算，支付进度款。

(2)发包人支付工程进度款，其支付周期应与合同约定的工程计量周期一致。工程量的正确计量是发包人向承包人支付工程进度款的前提和依据。计量和付款周期可采用分段或按月结算的方式。

1)按月结算与支付。即实行按月支付进度款，竣工后结算的办法。合同工期在两个年度以上的工程，在年终进行工程盘点，办理年度结算。

2)分段结算与支付。即当年开工、当年不能竣工的工程按照工程形象进度，划分不同阶段，支付工程进度款。

当采用分段结算方式时，应在合同中约定具体的工程分段划分，付款周期应与计量周期一致。

(3)已标价工程量清单中的单价项目，承包人应按工程计量确认的工程量与综合单价计算；综合单价发生调整的，以发承包双方确认调整的综合单价计算进度款。

(4)已标价工程量清单中的总价项目和采用经审定批准的施工图纸及其预算方式发包形成的总价合同应由承包人根据施工进度计划和总价构成、费用性质、计划发生时间和相应的工程量等因素按计量周期进行分解，分别列入进度款支付申请中的安全文明施工费和本周期应支付的总价项目的金额中，并形成进度款支付分解表，在投标时提交，非招标工程在合同洽商时提交。在施工过程中，由于进度计划的调整，发承包双方应对支付分解进行调整。

1)已标价工程量清单中的总价项目进度款支付分解方法可选择以下之一(但不限于)：

①将各个总价项目的总金额按合同约定的计量周期平均支付。

②按照各个总价项目的总金额占签约合同价的百分比，以及各个计量支付周期内所完成的

单价项目的总金额,以百分比方式均摊支付。

③按照各个总价项目组成的性质(如时间、与单价项目的关联性等)分解到形象进度计划或计量周期中,与单价项目一起支付。

2)采用经审定批准的施工图纸及其预算方式发包形成的总价合同,除由于工程变更形成的工程量增减予以调整外,其工程量不予调整。因此,总价合同的进度款支付应按照计量周期进行支付分解,以便进度款有序支付。

(5)发包人提供的甲供材料金额,应按照发包人签约提供的单价和数量从进度款支付中扣除,列入本周期应扣减的金额中。

(6)承包人现场签证和得到发包人确认的索赔金额应列入本周期应增加的金额中。

(7)进度款的支付比例按照合同约定,按期中结算价款总额计,不低于60%,不高于90%。

(8)承包人应在每个计量周期到期后的7天内向发包人提交已完工程进度款支付申请一式四份,详细说明此周期认为有权得到的款额,包括分包人已完工程的价款。支付申请应包括下列内容:

1)累计已完成的合同价款。

2)累计已实际支付的合同价款。

3)本周期合计完成的合同价款。

①本周期已完成单价项目的金额。

②本周期应支付的总价项目的金额。

③本周期已完成的计日工价款。

④本周期应支付的安全文明施工费。

⑤本周期应增加的金额。

4)本周期合计应扣减的金额:

①本周期应扣回的预付款。

②本周期应扣减的金额。

5)本周期实际应支付的合同价款。

上述"本周期应增加的金额"中包括除单价项目、总价项目、计日工、安全文明施工费外的全部应增金额,如索赔、现场签证金额,"本周期应扣减的金额"包括除预付款外的全部应减金额。

由于进度款的支付比例最高不超过90%,而且根据原建设部、财政部印发的《建设工程质量保证金管理暂行办法》第七条规定:"全部或者部分使用政府投资的建设项目,按工程价款结算总额5%左右的比例预留保证金",因此"13计价规范"未在进度款支付中要求扣减质量保证金,而是在竣工结算价款中预留保证金。

(9)发包人应在收到承包人进度款支付申请后的14天内,根据计量结果和合同约定对申请内容予以核实,确认后向承包人出具进度款支付证书。若发承包双方对部分清单项目的计量结果出现争议,发包人应对无争议部分的工程计量结果向承包人出具进度款支付证书。

(10)发包人应在签发进度款支付证书后的14天内,按照支付证书列明的金额向承包人支付进度款。

(11)若发包人逾期未签发进度款支付证书,则视为承包人提交的进度款支付申请已被发包人认可,承包人可向发包人发出催告付款的通知。发包人应在收到通知后的14天内,按照承包人支付申请的金额向承包人支付进度款。

(12)发包人未按照规定支付进度款的,承包人可催告发包人支付,并有权获得延迟支付的利息;发包人在付款期满后的7天内仍未支付的,承包人可在付款期满后的第8天起暂停施工。发包人应承担由此增加的费用和延误的工期,向承包人支付合理利润,并应承担违约责任。

（13）发现已签发的任何支付证书有错、漏或重复的数额，发包人有权予以修正，承包人也有权提出修正申请。经发承包双方复核同意修正的，应在本次到期的进度款中支付或扣除。

三、工程索赔

索赔是合同双方依据合同约定维护自身合法利益的行为，它的性质属于经济补偿行为，而非惩罚。

1. 索赔的条件

当合同一方向另一方提出索赔时，应有正当的索赔理由和有效证据，并应符合合同的相关约定。建设工程施工中的索赔是发、承包双方行使正当权利的行为，承包人可向发包人索赔，发包人也可向承包人索赔。任何索赔事件的确立，其前提条件是必须有正当的索赔理由。对正当索赔理由的说明必须具有证据，因为进行索赔主要是靠证据说话。没有证据或证据不足，索赔是难以成功的。

2. 索赔的证据

（1）索赔证据的要求。一般有效的索赔证据都具有以下几个特征：

1）及时性：既然干扰事件已发生，又意识到需要索赔，就应在有效时间内提出索赔意向。在规定的时间内报告事件的发展影响情况，在规定时间内提交索赔的详细额外费用计算账单，对发包人或工程师提出的疑问及时补充有关材料。如果拖延太久，将增加索赔工作的难度。

2）真实性：索赔证据必须是在实际过程中产生，完全反映实际情况，能经得住对方的推敲。由于在工程过程中合同双方都在进行合同管理，收集工程资料，所以双方应有相同的证据。使用不实的、虚假证据是违反商业道德甚至法律的。

3）全面性：所提供的证据应能说明事件的全过程。索赔报告中所涉及的干扰事件、索赔理由、索赔值等都应有相应的证据，不能凌乱和支离破碎，否则发包人将退回索赔报告，要求重新补充证据。这会拖延索赔的解决，损害承包商在索赔中的有利地位。

4）关联性：索赔的证据应当能互相说明，相互具有关联性，不能互相矛盾。

5）法律证明效力：索赔证据必须有法律证明效力，特别对准备递交仲裁的索赔报告更要注意这一点。

①证据必须是当时的书面文件，一切口头承诺、口头协议不算。

②合同变更协议必须由双方签署，或以会谈纪要的形式确定，且为决定性决议。一切商讨性、意向性的意见或建议都不算。

③工程中的重大事件、特殊情况的记录、统计应由工程师签署认可。

（2）索赔证据的种类。

1）招标文件、工程合同、发包人认可的施工组织设计、工程图纸、技术规范等。

2）工程各项有关的设计交底记录、变更图纸、变更施工指令等。

3）工程各项经发包人或合同中约定的发包人现场代表或监理工程师签认的签证。

4）工程各项往来信件、指令、信函、通知、答复等。

5）工程各项会议纪要。

6）施工计划及现场实施情况记录。

7）施工日报及工长工作日志、备忘录。

8）工程送电、送水、道路开通、封闭的日期及数量记录。

9）工程停电、停水和干扰事件影响的日期及恢复施工的日期记录。

10）工程预付款、进度款拨付的数额及日期记录。

11)工程图纸、图纸变更、交底记录的送达份数及日期记录。

12)工程有关施工部位的照片及录像等。

13)工程现场气候记录,如有关天气的温度、风力、雨雪等。

14)工程验收报告及各项技术鉴定报告等。

15)工程材料采购、订货、运输、进场、验收、使用等方面的凭据。

16)国家和省级或行业建设主管部门有关影响工程造价、工期的文件、规定等。

(3)索赔时效的功能。索赔时效是指合同履行过程中,索赔方在索赔事件发生后的约定期限内不行使索赔权即视为放弃索赔权利,其索赔权归于消灭的制度。一方面,索赔时效届满,即视为承包人放弃索赔权利,发包人可以此作为证据的代用,避免举证的困难;另一方面,只有促使承包人及时提出索赔要求,才能警示发包人充分履行合同义务,避免类似索赔事件的再次发生。

3. 承包人的索赔

(1)若承包人认为非承包人原因发生的事件造成了承包人的损失,承包人应在确认该事件发生后,持证明索赔事件发生的有效证据和依据正当的索赔理由,按合同约定的时间向发包人发出索赔通知。发包人应按合同约定的时间对承包人提出的索赔进行答复和确认。发包人在收到最终索赔报告后并在合同约定时间内,未向承包人做出答复,视为该项索赔已经认可。

这种索赔方式称之为单项索赔,即在每一件索赔事项发生后,递交索赔通知书,编报索赔报告书,要求单项解决支付,不与其他的索赔事项混在一起。单项索赔是施工索赔通常采用的方式。它避免了多项索赔的相互影响制约,所以解决起来比较容易。

当施工过程中受到非常严重的干扰,以致承包人的全部施工活动与原来的计划不大相同,原合同规定的工作与变更后的工作相互混淆,承包人无法为索赔保持准确而详细的成本记录资料,无法采用单项索赔的方式,而只能采用综合索赔。综合索赔俗称一揽子索赔。即对整个工程(或某项工程)中所发生的数起索赔事项,综合在一起进行索赔。采取这种方式进行索赔,是在特定的情况下被迫采用的一种索赔方法。

采取综合索赔时,承包人必须提出以下证明:①承包商的投标报价是合理的;②实际发生的总成本是合理的;③承包商对成本增加没有任何责任;④不可能采用其他方法准确地计算出实际发生的损失数额。

据合同约定,承包人应按下列程序向发包人提出索赔:

1)承包人应在知道或应当知道索赔事件发生后28天内,向发包人提交索赔意向通知书,说明发生索赔事件的事由。承包人逾期未发出索赔意向通知书的,丧失索赔的权利。

2)承包人应在发出索赔意向通知书后28天内,向发包人正式提交索赔通知书。索赔通知书应详细说明索赔理由和要求,并应附必要的记录和证明材料。

3)索赔事件具有连续影响的,承包人应继续提交延续索赔通知,说明连续影响的实际情况和记录。

4)在索赔事件影响结束后的28天内,承包人应向发包人提交最终索赔通知书,说明最终索赔要求,并应附必要的记录和证明材料。

(2)承包人索赔应按下列程序处理:

1)发包人收到承包人的索赔通知书后,应及时查验承包人的记录和证明材料。

2)发包人应在收到索赔通知书或有关索赔的进一步证明材料后的28天内,将索赔处理结果答复承包人,如果发包人逾期未做出答复,视为承包人索赔要求已被发包人认可。

3)承包人接受索赔处理结果的,索赔款项应作为增加合同价款,在当期进度款中进行支付;承包人不接受索赔处理结果的,应按合同约定的争议解决方式办理。

（3）承包人要求赔偿时，可以选择下列一项或几项方式获得赔偿：

1）延长工期。

2）要求发包人支付实际发生的额外费用。

3）要求发包人支付合理的预期利润。

4）要求发包人按合同的约定支付违约金。

（4）索赔事件发生后，在造成费用损失时，往往会造成工期的变动。当索赔事件造成的费用损失与工期相关联时，承包人应根据发生的索赔事件向发包人提出费用索赔要求的同时，提出工期延长的要求。发包人在批准承包人的索赔报告时，应将索赔事件造成的费用损失和工期延长联系起来，综合做出批准费用索赔和工期延长的决定。

（5）发承包双方在按合同约定办理了竣工结算后，应被认为承包人已无权再提出竣工结算前所发生的任何索赔。承包人在提交的最终结清申请中，只限于提出竣工结算后的索赔，提出索赔的期限应自发承包双方最终结清时终止。

4. 发包人的索赔

（1）根据合同约定，发包人认为由于承包人的原因造成发包人的损失，宜按承包人索赔的程序进行索赔。当合同中未就发包人的索赔事项作具体约定，按以下规定处理。

1）发包人应在确认引起索赔的事件发生后 28 天内向承包人发出索赔通知，否则，承包人免除该索赔的全部责任。

2）承包人在收到发包人索赔报告后的 28 天内，应做出回应，表示同意或不同意并附具体意见，如在收到索赔报告后的 28 天内，未向发包人做出答复，视为该项索赔报告已经认可。

（2）发包人要求赔偿时，可以选择下列一项或几项方式获得赔偿：

1）延长质量缺陷修复期限。

2）要求承包人支付实际发生的额外费用。

3）要求承包人按合同的约定支付违约金。

（3）承包人应付给发包人的索赔金额可从拟支付给承包人的合同价款中扣除，或由承包人以其他方式支付给发包人。

四、竣工结算与支付

1. 一般规定

（1）工程完工后，发承包双方必须在合同约定时间内办理工程竣工结算。合同中没有约定或约定不清的，按"13 计价规范"中有关规定处理。

（2）工程竣工结算应由承包人或受其委托具有相应资质的工程造价咨询人编制，并应由发包人或受其委托具有相应资质的工程造价咨询人核对。实行总承包的工程，由总承包人对竣工结算的编制负总责。

（3）当发承包双方或一方对工程造价咨询人出具的竣工结算文件有异议时，可向工程造价管理机构投诉，申请对其进行执业质量鉴定。

（4）工程造价管理机构对投诉的竣工结算文件进行质量鉴定，宜按第二章第三节"六"的相关规定进行。

（5）根据《中华人民共和国建筑法》第六十一条规定："交付竣工验收的建筑工程，必须符合规定的建筑工程质量标准，有完整的工程技术经济资料和经签署的工程保修书，并具备国家规定的其他竣工条件"，由于竣工结算是反映工程造价计价规定执行情况的最终文件，竣工结算办理完毕,发包人应将竣工结算文件报送工程所在地或有该工程管辖权的行业管理部门的工程造价管理机构备案。竣工结算文件应作为工程竣工验收备案、交付使用的必备文件。

2. 编制与复核

(1)工程竣工结算应根据下列依据编制和复核:

1)"13计价规范"。

2)工程合同。

3)发承包双方实施过程中已确认的工程量及其结算的合同价款。

4)发承包双方实施过程中已确认调整后追加(减)的合同价款。

5)建设工程设计文件及相关资料。

6)投标文件。

7)其他依据。

(2)分部分项工程和措施项目中的单价项目应依据发承包双方确认的工程量与已标价工程量清单的综合单价计算;发生调整的,应以发承包双方确认调整的综合单价计算。

(3)措施项目中的总价项目应依据已标价工程量清单的项目和金额计算;发生调整的,应以发承包双方确认调整的金额计算,其中安全文明施工费应按照国家或省级、行业建设主管部门的规定计算。施工过程中,国家或省级、行业建设主管部门对安全文明施工费进行了调整的,措施项目费中和安全文明施工费应作相应调整。

(4)办理竣工结算时,其他项目费的计算应按以下要求进行计价:

1)计日工的费用应按发包人实际签证确认的数量和合同约定的相应项目综合单价计算。

2)当暂估价中的材料、工程设备是招标采购的,其单价按中标价在综合单价中调整。当暂估价中的材料、设备为非招标采购的,其单价按发承包双方最终确认的单价在综合单价中调整。当暂估价中的专业工程是招标发包的,其专业工程费按中标价计算。当暂估价中的专业工程为非招标发包的,其专业工程费按发承包双方与分包人最终确认的金额计算。

3)总承包服务费应依据已标价工程量清单金额计算,发承包双方依据合同约定对总承包服务进行了调整,应按调整后的金额计算。

4)索赔事件产生的费用在办理竣工结算时应在其他项目费中反映。索赔费用的金额应依据发承包双方确认的索赔事项和金额计算。

5)现场签证发生的费用在办理竣工结算时应在其他项目费中反映。现场签证费用金额依据发承包双方签证资料确认的金额计算。

6)合同价款中的暂列金额在用于各项价款调整、索赔与现场签证后,若有余额,则余额归发包人,若出现差额,则由发包人补足并反映在相应的工程价款中。

(5)规费和税金应按国家或省级、行业建设主管部门对规费和税金的计取标准计算。规费中的工程排污费应按工程所在地环境保护部门规定的标准缴纳后按实列入。

(6)由于竣工结算与合同工程实施过程中的工程计量及其价款结算、进度款支付、合同价款调整等具有内在联系,因此发承包双方在合同工程实施过程中已经确认的工程计量结果和合同价款,在竣工结算办理中应直接进入结算,从而简化结算流程。

3. 竣工结算

竣工结算的编制与核对是工程造价计价中发、承包双方应共同完成的重要工作。按照交易的一般原则,任何交易结束,都应做到钱、货两清,工程建设也不例外。工程施工的发承包活动作为期货交易行为,当工程竣工验收合格后,承包人将工程移交给发包人时,发承包双方应将工程价款结算清楚,即竣工结算办理完毕。

(1)合同工程完工后,承包人应在经发承包双方确认的合同工程期中价款结算的基础上汇总编制完成竣工结算文件,应在提交竣工验收申请的同时向发包人提交竣工结算文件。

承包人未在合同约定的时间内提交竣工结算文件,经发包人催告后14天内仍未提交或没有明确答复的,发包人有权根据已有资料编制竣工结算文件,作为办理竣工结算和支付结算款的依据,承包人应予以认可。

因承包人无正当理由在约定时间内未递交竣工结算书,造成工程结算价款延期支付的,责任由承包人承担。

(2)发包人应在收到承包人提交的竣工结算文件后的28天内核对。发包人经核实,认为承包人还应进一步补充资料和修改结算文件,应在上述时限内向承包人提出核实意见,承包人在收到核实意见后的28天内应按照发包人提出的合理要求补充资料,修改竣工结算文件,并应再次提交给发包人复核后批准。

(3)发包人应在收到承包人再次提交的竣工结算文件后的28天内予以复核,将复核结果通知承包人,并应遵守下列规定:

1)发包人、承包人对复核结果无异议的,应在7天内在竣工结算文件上签字确认,竣工结算办理完毕。

2)发包人或承包人对复核结果认为有误的,无异议部分按照本条第1)款规定办理不完全竣工结算;有异议部分由发承包双方协商解决;协商不成的,应按照合同约定的争议解决方式处理。

(4)《最高人民法院关于审理建设工程施工合同纠纷案件适用法律问题的解释》(法释〔2004〕14号)第二十条规定:"当事人约定,发包人收到竣工结算文件后,在约定期限内不予答复,视为认可竣工结算文件的,按照约定处理。承包人请求按照竣工结算文件结算工程价款的,应予支持"。根据这一规定,要求发承包双方不仅应在合同中约定竣工结算的核对时间,并应约定发包人在约定时间内对竣工结算不予答复,视为认可承包人递交的竣工结算。"13计价规范"对发包人未在竣工结算中履行核对责任的后果进行了规定,即:发包人在收到承包人竣工结算文件后的28天内,不核对竣工结算或未提出核对意见的,应视为承包人提交的竣工结算文件已被发包人认可,竣工结算办理完毕。

(5)承包人在收到发包人提出的核实意见后的28天内,不确认也未提出异议的,应视为发包人提出的核实意见已被承包人认可,竣工结算办理完毕。

(6)发包人委托工程造价咨询人核对竣工结算的,工程造价咨询人应在28天内核对完毕,核对结论与承包人竣工结算文件不一致的,应提交给承包人复核;承包人应在14天内将同意核对结论或不同意见的说明提交工程造价咨询人。工程造价咨询人收到承包人提出的异议后,应再次复核,复核无异议的,应在7天内在竣工结算文件上签字确认,竣工结算办理完毕;复核后仍有异议的,对于无异议部分按照规定办理不完全竣工结算;有异议部分由发承包双方协商解决;协商不成的,应按照合同约定的争议解决方式处理。

承包人逾期未提出书面异议的,应视为工程造价咨询人核对的竣工结算文件已经承包人认可。

(7)对发包人或发包人委托的工程造价咨询人指派的专业人员与承包人指派的专业人员经核对后无异议并签名确认的竣工结算文件,除非发承包人能提出具体、详细的不同意见,发承包人都应在竣工结算文件上签名确认,如其中一方拒不签认的,按下列规定办理:

1)若发包人拒不签认的,承包人可不提供竣工验收备案资料,并有权拒绝与发包人或其上级部门委托的工程造价咨询人重新核对竣工结算文件。

2)若承包人拒不签认的,发包人要求办理竣工验收备案的,承包人不得拒绝提供竣工验收资料,否则,由此造成的损失,承包人承担相应责任。

(8)合同工程竣工结算核对完成,发承包双方签字确认后,发包人不得要求承包人与另一个或多个工程造价咨询人重复核对竣工结算。这可以有效地解决工程竣工结算中存在的一审再审、以审代拖、久审不结的现象。

(9)发包人对工程质量有异议,拒绝办理工程竣工结算的,已竣工验收或已竣工未验收但实际投入使用的工程,其质量争议应按该工程保修合同执行,竣工结算应按合同约定办理;已竣工未验收且未实际投入使用的工程以及停工、停建工程的质量争议,双方应就有争议的部分委托有资质的检测鉴定机构进行检测,并应根据检测结果确定解决方案,或按工程质量监督机构的处理决定执行后办理竣工结算,无争议部分的竣工结算应按合同约定办理。

4. 结算款支付

(1)承包人应根据办理的竣工结算文件向发包人提交竣工结算款支付申请。申请应包括下列内容:

1)竣工结算合同价款总额。

2)累计已实际支付的合同价款。

3)应预留的质量保证金。

4)实际应支付的竣工结算款金额。

(2)发包人应在收到承包人提交竣工结算款支付申请后 7 天内予以核实,向承包人签发竣工结算支付证书。

(3)发包人签发竣工结算支付证书后的 14 天内,应按照竣工结算支付证书列明的金额向承包人支付结算款。

(4)发包人在收到承包人提交的竣工结算款支付申请后 7 天内不予核实,不向承包人签发竣工结算支付证书的,视为承包人的竣工结算款支付申请已被发包人认可;发包人应在收到承包人提交的竣工结算款支付申请 7 天后的 14 天内,按照承包人提交的竣工结算款支付申请列明的金额向承包人支付结算款。

(5)工程竣工结算办理完毕后,发包人应按合同约定向承包人支付工程价款。发包人按合同约定应向承包人支付而未支付的工程款视为拖欠工程款。根据《最高人民法院关于审理建设工程施工合同纠纷案件适用法律问题的解释》(法释[2004]14 号)第十七条:"当事人对欠付工程价款利息计付标准有约定的,按照约定处理;没有约定的,按照中国人民银行发布的同期同类贷款利率信息。发包人应向承包人支付拖欠工程款的利息,并承担违约责任。"和《中华人民共和国合同法》第二百八十六条:"发包人未按照合同约定支付价款的,承包人可以催告发包人在合理期限内支付价款。发包人逾期不支付的,除按照建设工程的性质不宜折价、拍卖的以外,承包人可以与发包人协议将该工程折价,也可以申请人民法院将该工程依法拍卖。建设工程的价款就该工程折价或者拍卖的价款优先受偿。"等规定,"13 计价规范"中指出:"发包人未按照上述第(3)条和第(4)条规定支付竣工结算款的,承包人可催告发包人支付,并有权获得延迟支付的利息。发包人在竣工结算支付证书签发后或者在收到承包人提交的竣工结算款支付申请 7 天后的 56 天内仍未支付的,除法律另有规定外,承包人可与发包人协商将该工程折价,也可直接向人民法院申请将该工程依法拍卖。承包人应就该工程折价或拍卖的价款优先受偿。"

优先受偿,最高人民法院在《关于建设工程价款优先受偿权的批复》(法释[2002]16 号)中规定如下:

1)人民法院在审理房地产纠纷案件和办理执行案件中,应当依照《中华人民共和国合同法》第二百八十六条的规定,认定建筑工程的承包人的优先受偿权优于抵押权和其他债权。

2)消费者交付购买商品房的全部或者大部分款项后,承包人就该商品房享有的工程价款优先受偿权不得对抗买受人。

3)建筑工程价款包括承包人为建设工程应当支付的工作人员报酬、材料款等实际支出的费用,不包括承包人因发包人违约所造成的损失。

4)建设工程承包人行使优先权的期限为六个月,自建设工程竣工之日或者建设工程合同约定的竣工之日起计算。

5. 质量保证金

(1)发包人应按照合同约定的质量保证金比例从结算款中预留质量保证金。质量保证金用于承包人按照合同约定履行属于自身责任的工程缺陷修复义务的,为发包人有效监督承包人完成缺陷修复提供资金保证。原建设部、财政部印发的《建设工程质量保证金管理暂行办法》(建质[2005]7号)第七条规定:"全部或者部分使用政府投资的建设项目,按工程价款结算总额5%左右的比例预留保证金。社会投资项目采用预留保证金方式的,预留保证金的比例可参照执行"。

(2)承包人未按照合同约定履行属于自身责任的工程缺陷修复义务的,发包人有权从质量保证金中扣除用于缺陷修复的各项支出。经查验,工程缺陷属于发包人原因造成的,应由发包人承担查验和缺陷修复的费用。

(3)在合同约定的缺陷责任期终止后,发包人应按照规定,将剩余的质量保证金返还给承包人。原建设部、财政部印发的《建设工程质量保证金管理暂行办法》(建质[2005]7号)第九条规定:"缺陷责任期内,承包人认真履行合同约定的责任,到期后,承包人向发包人申请返还保证金"。

6. 最终结清

(1)缺陷责任期终止后,承包人已完成合同约定的全部承包工作,但合同工程的财务账目需要结清,因此承包人应按照合同约定向发包人提交最终结清支付申请。发包人对最终结清支付申请有异议的,有权要求承包人进行修正和提供补充资料。承包人修正后,应再次向发包人提交修正后的最终结清支付申请。

(2)发包人应在收到最终结清支付申请后的14天内予以核实,并应向承包人签发最终结清支付证书。

(3)发包人应在签发最终结清支付证书后的14天内,按照最终结清支付证书列明的金额向承包人支付最终结清款。

(4)发包人未在约定的时间内核实,又未提出具体意见的,应视为承包人提交的最终结清支付申请已被发包人认可。

(5)发包人未按期最终结清支付的,承包人可催告发包人支付,并有权获得延迟支付的利息。

(6)最终结清时,承包人被预留的质量保证金不足以抵减发包人工程缺陷修复费用的,承包人应承担不足部分的补偿责任。

(7)承包人对发包人支付的最终结清款有异议的,应按照合同约定的争议解决方式处理。

五、合同解除的价款结算与支付

合同解除是合同非常态的终止,为了限制合同的解除,法律规定了合同解除制度。根据解除权来源划分,可分为协议解除和法定解除。鉴于建设工程施工合同的特性,为了防止社会资源浪费,法律不赋予发承包人享有任何单方解除权,因此,除了协议解除,按照《最高人民法院关于审理建设工程施工合同纠纷案件适用法律问题的解释》第八条、第九条的规定,施工合同的解除有承包人根本违约的解除和发包人根本违约的解除两种。

(1)发承包双方协商一致解除合同的,应按照达成的协议办理结算和支付合同价款。

(2)由于不可抗力致使合同无法履行解除合同的,发包人应向承包人支付合同解除之日前已完成工程但尚未支付的合同价款,此外,还应支付下列金额:

1)招标文件中明示应由发包人承担的赶工费用。

2)已实施或部分实施的措施项目应付价款。

3)承包人为合同工程合理订购且已交付的材料和工程设备货款。

4)承包人撤离现场所需的合理费用,包括员工遣送费和临时工程拆除、施工设备运离现场的费用。

5)承包人为完成合同工程而预期开支的任何合理费用,且该项费用未包括在本款其他各项支付之内。

发承包双方办理结算合同价款时,应扣除合同解除之日前发包人应向承包人收回的价款。当发包人应扣除的金额超过了应支付的金额,承包人应在合同解除后的86天内将其差额退还给发包人。

(3)由于承包人违约解除合同的,对于价款结算与支付应按以下规定处理:

1)发包人应暂停向承包人支付任何价款。

2)发包人应在合同解除后28天内核实合同解除时承包人已完成的全部合同价款以及按施工进度计划已运至现场的材料和工程设备货款,按合同约定核算承包人应支付的违约金以及造成损失的索赔金额,并将结果通知承包人。发承包双方应在28天内予以确认或提出意见,并办理结算合同价款。如果发包人应扣除的金额超过了应支付的金额,则承包人应在合同解除后的56天内将其差额退还给发包人。

3)发承包双方不能就解除合同后的结算达成一致的,按照合同约定的争议解决方式处理。

(4)由于发包人违约解除合同的,对于价款结算与支付应按以下规定处理:

1)发包人除应按照上述第(2)条的有关规定向承包人支付各项价款外,应按合同约定核算发包人应支付的违约金以及给承包人造成损失或损害的索赔金额费用。该笔费用由承包人提出,发包人核实后与承包人协商确定后的7天内向承包人签发支付证书。

2)发承包双方协商不能达成一致的,按照合同约定的争议解决方式处理。

六、合同价款争议的解决

施工合同履行过程中出现争议是在所难免的,解决合同履行过程中争议的主要方法包括协商、调解、仲裁和诉讼四种。当发承包双方发生争议后,可以先进行协商和解从而达到消除争议的目的,也可以请第三方进行调解;若争议继续存在,发承包双方可以继续通过仲裁或诉讼的途径解决,当然,也可以直接进入仲裁或诉讼程序解决争议。不论采用何种方式解决发承包双方的争议,只有及时并有效的解决施工过程中的合同价款争议,才是工程建设顺利进行的必要保证。

1. 监理或造价工程师暂定

从我国现行施工合同示范文本、监理合同示范文本、造价咨询合同示范文本的内容可以看出,合同中一般均会对总监理工程师或造价工程师在合同履行过程中发承包双方的争议如何处理有所约定。为使合同争议在施工过程中就能够由总监理工程师或造价工程师予以解决,"13计价规范"对总监理工程师或造价工程师的合同价款争议处理流程及职责权限进行了如下约定:

(1)若发包人和承包人之间就工程质量、进度、价款支付与扣除、工期延期、索赔、价款调整等发生任何法律上、经济上或技术上的争议,首先应根据已签约合同的规定,提交合同约定职责范围内的总监理工程师或造价工程师解决,并应抄送另一方。总监理工程师或造价工程师在收到此提交件后14天内应将暂定结果通知发包人和承包人。发承包双方对暂定结果认可的,应以书面形式予以确认,暂定结果成为最终决定。

(2)发承包双方在收到总监理工程师或造价工程师的暂定结果通知之后的14天内未对暂定结果予以确认也未提出不同意见的,应视为发承包双方已认可该暂定结果。

(3)发承包双方或一方不同意暂定结果的,应以书面形式向总监理工程师或造价工程师提出,说明自己认为正确的结果,同时抄送另一方,此时该暂定结果成为争议。在暂定结果对发承包双方当事人履约不产生实质影响的前提下,发承包双方应实施该结果,直到按照发承包双方认可的争议解决办法被改变为止。

2. 管理机构的解释和认定

(1)合同价款争议发生后,发承包双方可就工程计价依据的争议以书面形式提请工程造价管理机构对争议以书面文件进行解释或认定。工程造价管理机构是工程造价计价依据、办法以及相关政策的制定和管理机构。对发包人、承包人或工程造价咨询人在工程计价中,对计价依据、办法以及相关政策规定发生的争议进行解释是工程造价管理机构的职责。

(2)工程造价管理机构应在收到申请的10个工作日内就发承包双方提请的争议问题进行解释或认定。

(3)发承包双方或一方在收到工程造价管理机构书面解释或认定后仍可按照合同约定的争议解决方式提请仲裁或诉讼。除工程造价管理机构的上级管理部门做出了不同的解释或认定,或在仲裁裁决或法院判决中不予采信的外,工程造价管理机构做出的书面解释或认定应为最终结果,并应对发承包双方均有约束力。

3. 协商和解

(1)合同价款争议发生后,发承包双方任何时候都可以进行协商。协商达成一致的,双方应签订书面和解协议,并明确和解协议对发承包双方均有约束力。

(2)如果协商不能达成一致协议,发包人或承包人都可以按合同约定的其他方式解决争议。

4. 调解

按照《中华人民共和国合同法》的规定,当事人可以通过调解解决合同争议,但在工程建设领域,目前的调解主要出现在仲裁或诉讼中,即所谓司法调解;有的通过建设行政主管部门或工程造价管理机构处理,双方认可,即所谓行政调解。司法调解耗时较长,且增加了诉讼成本;行政调解受行政管理人员专业水平、处理能力等的影响,其效果也受到限制。因此,"13计价规范"提出了由发承包双方约定相关工程专家作为合同工程争议调解人的思路,类似于国外的争议评审或争端裁决,可定义为专业调解,这在我国合同法的框架内,为有法可依,使争议尽可能在合同履行过程中得到解决,确保工程建设顺利进行。

(1)发承包双方应在合同中约定或在合同签订后共同约定争议调解人,负责双方在合同履行过程中发生争议的调解。

(2)合同履行期间,发承包双方可协议调换或终止任何调解人,但发包人或承包人都不能单独采取行动。除非双方另有协议,在最终结清支付证书生效后,调解人的任期应即终止。

(3)如果发承包双方发生了争议,任何一方可将该争议以书面形式提交调解人,并将副本抄送另一方,委托调解人调解。

(4)发承包双方应按照调解人提出的要求,给调解人提供所需要的资料、现场进入权及相应设施。调解人应被视为不是在进行仲裁人的工作。

(5)调解人应在收到调解委托后28天内或由调解人建议并经发承包双方认可的其他期限内提出调解书,发承包双方接受调解书的,经双方签字后作为合同的补充文件,对发承包双方均具有约束力,双方都应立即遵照执行。

(6)当发承包双方中任一方对调解人的调解书有异议时,应在收到调解书后 28 天内向另一方发出异议通知,并应说明争议的事项和理由。但除非并直到调解书在协商和解或仲裁裁决、诉讼判决中做出修改,或合同已经解除,承包人应继续按照合同实施工程。

(7)当调解人已就争议事项向发承包双方提交了调解书,而任一方在收到调解书后 28 天内均未发出表示异议的通知时,调解书对发承包双方应均具有约束力。

5. 仲裁、诉讼

(1)发承包双方的协商和解或调解均未达成一致意见,其中的一方已就此争议事项根据合同约定的仲裁协议申请仲裁,应同时通知另一方。进行协议仲裁时,应遵守《中华人民共和国仲裁法》的有关规定,如第四条:"当事人采用仲裁方式解决纠纷,应当双方自愿,达成仲裁协议。没有仲裁协议,一方申请仲裁的,仲裁委员会不予受理";第五条:"当事人达成仲裁协议,一方向人民法院起诉的,人民法院不予受理,但仲裁协议无效的除外";第六条:"仲裁委员会应当由当事人协议选定。仲裁不实行级别管辖和地域管辖"。

(2)仲裁可在竣工之前或之后进行,但发包人、承包人、调解人各自的义务不得因在工程实施期间进行仲裁而有所改变。当仲裁是在仲裁机构要求停止施工的情况下进行时,承包人应对合同工程采取保护措施,由此增加的费用应由败诉方承担。

(3)在前述(一)至(四)中规定的期限之内,暂定或和解协议或调解书已经有约束力的情况下,当发承包中一方未能遵守暂定或和解协议或调解书时,另一方可在不损害他可能具有的任何其他权利的情况下,将未能遵守暂定或不执行和解协议或调解书达成的事项提交仲裁。

(4)发包人、承包人在履行合同时发生争议,双方不愿和解、调解或者和解、调解不成,又没有达成仲裁协议的,可依法向人民法院提起诉讼。

第二节　工程竣工决算

一、竣工决算的概念

建设项目竣工决算是由建设单位编制的反映建设项目实际造价和投资效果的文件,是竣工验收报告的重要组成部分。建设项目竣工决算应包括从项目筹划到竣工投产全过程的全部实际费用,即建筑工程费、安装工程费、设备工器具购置费和工程建设其他费用以及预备费等。

根据《基本建设项目竣工决算编制办法》的规定,竣工决算分大、中型建设项目和小型建设项目进行编制。

为了严格执行基本建设项目的竣工验收制度,正确核定新增固定资产价值,考核分析投资效果,所有新建、改建和扩建项目竣工后,都要按照国家主管部门对基本建设项目竣工验收的有关规定和要求编制竣工决算。竣工决算是办理竣工工程交付使用验收的依据,是竣工验收报告的组成部分,它综合反映了基本建设计划的执行情况,工程的建设成本,新增的生产能力以及定额和技术经济指标的完成情况。

二、竣工决算编制

1. 竣工决算编制的主要依据

(1)经批准的可行性研究报告和投资估算书。

(2)经批准的初步设计或扩大初步设计及其概算或修正概算书。

(3)经批准的施工图设计及其施工图预算书。

(4)设计交底或图纸会审会议纪要。

(5)标底、承包合同、工程结算资料。

(6)施工记录或施工签证单及其他施工发生的费用记录,如索赔报告与记录等停(交)工报告。

(7)竣工图及各种竣工验收资料。

(8)历年基建资料、财务决算及批复文件。

(9)设备、材料调价文件和调价记录。

(10)有关财务核算制度、办法和其他有关资料、文件等。

2. 竣工决算编制的内容

(1)竣工决算报告说明书。

(2)竣工决算报表。

(3)工程竣工图。

(4)工程造价对比分析。

3. 竣工决算报告说明书的内容

竣工决算报告说明书中全面反映了竣工工程建设成果的经验,是全面考核分析工程投资与造价的局面总结,其主要内容包括:

(1)对工程总的评价。从工程的进度、质量、安全和造价四个方面进行的分析说明。

1)进度,主要说明开工和竣工日期,对照合同工期是提前还是延期。

2)质量,根据验收委员会或质量监督部门的验收情况评定等级、合格率和优良品率。

3)安全,根据劳动部门和施工部门的记录,对有无设备及人身事故进行说明。

4)造价,应对照概算,说明节约还是超支,用金额和百分率进行分析说明。

(2)对各项财务和技术经济指标的分析。

1)概算执行情况分析。

2)新增生产能力的效益分析。说明交会使用财产占总投资额的比例、新增加固定资产的造价占投资总数的比例,分析有机构成和成果。

3)基本建设投资包干情况的分析。说明投资包干数,实际使用数和节约额,投资包干结余的构成和包干结余的分配情况。

4)财务分析。列出历年资金来源和资金占用情况。

(3)工程建设的经验教训及有待解决的问题。

4. 竣工决算的造价分析

在分析时,可将决算报表中所提供的实际数据和相关资料与批准的概算、预算指标进行对比,以确定竣工项目总造价是节约还是超支。

(1)主要实物工程量。对比分析中应分析项目的建设规模、结构、标准是否遵循设计文件的规定,其间的变更部分是否符合规定,对造价的影响如何,对于实物工程量出入比较大的情况,必须查明原因。

(2)主要材料消耗量。在建筑安装工程投资中,材料费用所占的比重很大,因此考核材料费用也是考核工程造价的重点。考核主要材料消耗量,要按照竣工决算报表中所列明的三大材料实际超概算的消耗量,查明超耗的原因。

(3)考核建设单位管理费、建筑及安装工程间接费的取费标准。根据竣工决算报表中所列的建设单位管理费,与概(预)算所列的控制额比较,确定其节约或超支数额,并进一步查明原因。

附　录

附录一　材料、成品、半成品损耗率取值

材料、成品、半成品损耗率取值表

序号	材料名称	工程项目	损耗率(%)
1	烧结普通砖	地面、屋面、空斗墙	1.5
2	烧结普通砖	基础	0.5
3	烧结普通砖	实砖墙	2
4	烧结普通砖	方砖柱	3
5	烧结普通砖	圆砖柱	7
6	烧结普通砖	圆弧形砖墙	4
7	烧结普通砖	烟囱	4
8	烧结普通砖	水塔	3
9	多孔砖	墙	2
10	小青瓦、黏土瓦、水泥瓦	(包括脊瓦)	3.5
11	石棉瓦	石棉垄瓦(板瓦)	4
12	石棉瓦	大波石棉瓦	4
13	石棉瓦	石棉板	4
14	玻璃钢瓦		3
15	煤渣空心砌块		3
16	混凝土空心砌块		2
17	煤渣砌块		2
18	泡沫混凝土块	包括改锯	7
19	轻质混凝土块		2
20	硅酸盐砌块		2
21	加气混凝土块	包括改锯	7
22	加气混凝土板		2
23	白瓷砖		3.5
24	饰面砖		2.5
25	陶瓷锦砖(马赛克)		1.5
26	玻璃锦砖		1.5
27	梁柱面贴玻璃镜		23
28	石膏板墙面		5
29	石膏板天棚		7
30	水泥花砖		2
31	缸砖		1.5
32	缸砖防滑条		6
33	地板砖		2.5
34	硬木地板砖		2
35	玻璃砖		3
36	水磨石板		1.5
37	混凝土板		1
38	花岗石板、大理石板	平面	1.5
39	花岗石板、大理石板	立面	2
40	人造大理石板		1.5

续一

序号	材料名称	工程项目	损耗率（%）
41	沥青板		1
42	铸石板	平面	5
43	铸石板	立面	7
44	块料	零星项目	6
45	耐酸砖	平面	2
46	耐酸砖	立面	3
47	耐酸陶瓷板	平面	4
48	耐酸陶瓷板	立面、池槽	6
49	沥青浸渍砖		5
50	耐火砖		2
51	耐火土		3.5
52	耐火泥		1.5
53	硅藻土		3
54	菱苦土		2
55	素（黏）土		2.5
56	石灰粉		2
57	天然砂		3
58	砂	混凝土工程	3
59	河砂、山砂	混凝土、砂浆	3
60	石灰石砂		2
61	石英砂		2
62	石英粉		1.5
63	石英石		2
64	方整石		1
65	方整石	砌体	1
66	踏步石		4
67	毛石		2
68	砾（碎）石、细砾石		3
69	石屑		3
70	白石子		4
71	干粘石		15
72	重晶石、碎大理石		1.5
73	重晶石（砂、粉）		1.5
74	铸石粉		1.5
75	滑石粉		1
76	滑石粉	油漆工程	5
77	生石膏		2
78	防水粉		2
79	水泥		2
80	白水泥		3
81	混凝土（现浇）	二次灌浆	3
82	混凝土（现浇）	地面	1
83	混凝土（现浇）	其余部分	1.5
84	混凝土（预制）	桩、基础梁、柱	1

续二

序号	材料名称	工程项目	损耗率(%)
85	混凝土(预制)	空心板	1.5
86	混凝土(现浇)	其余部分	1.5
87	细石混凝土		1
88	轻质混凝土		2
89	炉(矿)渣混凝土		2
90	沥青混凝土		1
91	耐酸混凝土		2
92	硫磺混凝土		2
93	重晶石混凝土		1.5
94	水泥石灰炉渣混凝土		1
95	砌筑砂浆	砖砌体	1
96	砌筑砂浆	空斗墙	5
97	砌筑砂浆	多孔砖墙	10
98	砌筑砂浆	泡沫塑料沫混凝土块墙	2
99	砌筑砂浆	毛、方石砌体	1
100	砌筑砂浆	加气混凝土、硅酸盐砌块	2
101	砌筑砂浆	炊用小炉灶	3
102	水泥砂浆	抹天棚、梁、柱、腰线、挑檐	2.5
103	水泥砂浆	抹墙及墙裙	2
104	水泥砂浆	地面、屋面、构筑物	1
105	素水泥浆		1
106	混合砂浆	抹天棚	3
107	混合砂浆	抹墙及墙裙	2
108	石灰砂浆	抹天棚	1.5
109	石灰砂浆	抹墙	1
110	纸筋麻刀灰浆		1
111	水泥白石子浆		2
112	水泥石屑浆		2
113	菱苦土浆		1
114	耐酸砂浆		1
115	硫磺砂浆		2
116	钢屑砂浆		1
117	沥青砂浆	熬制	5
118	沥青砂浆	操作	1
119	沥青胶泥	地面	1
120	树脂胶泥	酚醛、环氧、呋喃	5
121	耐酸胶泥		5
122	石灰、炉渣、灰土		1
123	碎砖三合土		1
124	碎砖、炉(矿)渣		1.5
125	碎(砾)石三合土		1
126	水泥焦渣	保温层铺设	1

续三

序号	材料名称	工程项目	损耗率(%)
127	现浇水泥珍珠岩	保温层铺设	2
128	现浇水泥蛭石	保温层铺设	2
129	干铺蛭石	保温层铺设	4
130	干铺珍珠岩	保温层铺设	4
131	水泥蛭石块	保温层铺设	4
132	沥青珍珠岩块	保温层铺设	4
133	石灰锯屑	保温层铺设	5
134	锯屑(末)		5
135	钢筋	现浇混凝土 $\phi10$ 内	2
136	钢筋	现浇混凝土 $\phi10$ 外	4.5
137	钢筋	现浇混凝土 $\phi10$ 内	1.5
138	钢筋	现浇混凝土 $\phi10$ 外	3.5
139	钢筋(预应力)	后张吊车梁	13
140	钢筋(预应力)	先张高强丝束	9
141	钢筋(预应力)	其他粗筋	6
142	铁件	成品	1
143	钢材	其他部分	6
144	轻钢龙骨		6
145	钢管		4
146	铸铁管		1
147	镀锌铁皮	屋面	2
148	镀锌铁皮	水落管	6
149	镀锌铁皮	檐沟、天沟、排水	6
150	瓦垄铁		2
151	铁丝		2
152	铁丝网		5
153	钢板网		5
154	铁纱	门窗纱	16
155	铁钉		2
156	铁钉带垫		2
157	木螺钉		5
158	扒钉		6
159	镀锌螺钉带垫		2
160	螺栓		2
161	小五金、合页、风钩	成品	1
162	轴承(推拉门)		1
163	钻杆		2
164	钢丝绳		5
165	铝板		6
166	铅块		1
167	铝合金型材		6
168	铝龙骨	天棚、地面	6
169	金属防滑条		1

续四

序号	材料名称	工程项目	损耗率(%)
170	金属嵌条		6
171	金属压条、压板		3
172	金属屑		2
173	电焊条		20
174	氧气		6
175	乙炔气		6
176	焊锡		5
177	木材	企口板制作 7.5cm	22
178	木材	企口板制作 10cm	22
179	木材	企口板制作 15cm	22
180	木材	平口板制作	4.4
181	木材	平板、毛板、企口板安装	5
182	木材	错口板制作(不分规格)	13
183	木材	错口板安装	5
184	木材	蓆纹地板安装	3
185	木材	踢脚板	3
186	木材	木装修	4
187	木材	间壁墙、墙筋制作方木	4
188	木材	间壁墙、墙筋制作圆木	3
189	木材	地面、天棚、楞木方木	3
190	木材	地面、天棚、楞木圆木	2
191	木材	钢木大门、板	22
192	木材	隔断门	10
193	木材	门窗框、扇(包配料)	6
194	木材	圆窗框(包配料)	38.5
195	木材	镶板门心板制作	13
196	木材	镶板门心板安装	6
197	木材	拼板门企口制作	26
198	木材	拼板门企口安装	6
199	木材	盖口条、披水、门窗贴脸	4
200	木材	窗帘盒及挂镜线	4
201	木材	装饰上板条	5
202	木材	木栏杆及扶手	4.7
203	木材	木屋架、檩、椽木、方木	6
204	木材	木屋架、檩、椽木、圆木	5
205	木材	屋面板(平口)制作	4.4
206	木材	屋面板(错口)制作	13
207	木材	屋面板安装	3.3
208	木材	瓦条(带望板)	1.5
209	木材	瓦条(不带望板)	4
210	木材	软木(屋面)	5
211	木材	木压条(玻纱木压条)制作	20
212	木材	木压条(玻纱木压条)安装	10

续五

序号	材料名称	工程项目	损耗率(%)
213	木材	封檐板	2.5
214	塑料窗帘盒		2
215	窗帘轨		7
216	刨花板、木丝板		3.5
217	胶合板、纤维板、吸音板	天棚、间壁	5
218	胶合板、纤维板、吸音板	门窗扇(包配料)	15
219	防火胶板		5
220	柚木夹板		5
221	柚木皮		5
222	埃特板		5
223	宝丽板		5
224	矿棉吸音板		5
225	石膏板、钙塑板	不包括改锯	5
226	铝塑板		5
227	菱美板		5
228	碳化板		5
229	菱苦土板		5
230	镜面玲珑胶板		5
231	镜面不锈钢	天棚	5
232	镜面不锈钢	柱面(不含搭接)	7
233	镁铝曲板		5
234	铝合金装饰板		7
235	铝合金条板		7
236	铝合金方板		7
237	铝合金靠墙板	天棚	5
238	铝合金扣板	天棚、墙面	7
239	大铝条	天棚	6
240	小铝条	天棚	6
241	接插件	天棚	5
242	丝绒面料		5
243	人造革面料	墙、柱面	4
244	密封胶	墙面	4
245	竹片	成品	5
246	防静电楼地板		2
247	地毯	含搭接	3
248	地板胶垫		10
249	压棍地毯		1
250	木卡条		5
251	塑料扶手		17
252	塑料堵头		4
253	塑料胶粘剂		5
254	普通平板玻璃	配制	20
255	普通平板玻璃	安装	3

续六

序号	材料名称	工程项目	损耗率(%)
256	镭射玻璃	地面	2
257	镭射玻璃	墙、柱面	3
258	车边玻璃		3
259	木模板制作	各种混凝土结构	5
260	工具式钢模板		1
261	工具式钢模板零星卡具		2
262	工具式钢模板支撑系统		1
263	构筑物木模板制作	烟囱水塔基础	3.5
264	构筑物木模板安装	烟囱水塔基础	2.5
265	构筑物木模板制作	烟囱筒壁	2
266	构筑物木模板安装	烟囱筒壁	2.5
267	构筑物木模板制作	烟囱圈梁	4
268	构筑物木模板安装	烟囱圈梁	4
269	构筑物木模板制作	水塔塔顶、槽底	6
270	构筑物木模板安装	水塔塔顶、槽底	6
271	构筑物木模板制作	水塔内外壁、塔身、筒身	2～3
272	构筑物木模板安装	水塔内外壁、塔身、筒身	2.5～4
273	构筑物木模板制作	贮水(油)池	1.5～3
274	构筑物木模板安装	贮水(油)池	1.5～4
275	构筑物木模板制作	地沟	2～2.5
276	构筑物木模板安装	地沟	3
277	毛竹		5
278	沥青	熬制	5
279	沥青	操作	2
280	石油沥青玛琋脂	熬制	5
281	石油沥青玛琋脂	操作	1
282	石油沥青	熬制	5
283	石油沥青	操作	1
284	刷沥青	屋面、地面	1
285	防水卷材	不含搭接	1
286	毛毡		8
287	矿渣棉		4
288	玻璃棉		4
289	麻布		1
290	麻刀、麻丝		2
291	纸筋		2
292	草袋		10
293	稻壳		7
294	木炭		10
295	清油		3
296	清油	油漆工程	3
297	铅油		2.5
298	香水油		2

序号	材料名称	工程项目	损耗率(%)
299	松节油		3
300	熟桐油(光油)		4
301	清漆		3
302	酚醛清漆		3
303	硝基清漆		3
304	硝基释剂		5
305	天光调和漆		3
306	调和漆、磁漆		3
307	醇酸调和漆		3
308	醇酸磁漆		3
309	聚氨酯漆		3
310	丙烯酸漆		3
311	丙烯酸稀释漆		8
312	水性水泥漆		6
313	地板漆		2
314	防锈漆		3
315	磷化底漆		5
316	醇酸锌黄底漆		3
317	酚醛耐酸漆		3
318	防火漆		3
319	黑板漆		2
320	过氯乙烯防腐漆		5
321	过氯乙烯腻子		3
322	过氯乙烯稀释剂		30
323	漆片		1
324	油漆溶剂油		4
325	醇酸漆稀释剂		8
326	硝基漆稀释剂		10
327	稀料		5
328	油腻子	粘板门用	5
329	腻子	油漆涂料(木材用)	5
330	油漆	成品	2
331	砂蜡		2
332	光蜡		1
333	硬黄蜡、硬白蜡		2.5
334	地板蜡、软黄蜡		1
335	红土子		3
336	大白粉		8
337	石膏粉		5
338	色粉	包括颜料	3
339	银粉、铝粉		2
340	樟丹粉		2
341	石性颜料		4

序号	材料名称	工程项目	损耗率(%)
342	血料		10
343	水(骨)胶		2
344	108 胶		5
345	羧甲基纤维素		3
346	聚醋酸乙烯乳液		3
347	可赛银		5
348	涂料	刷	4
349	涂料	喷	15
350	涂料	滚	6
351	酒精		7
352	草酸		2
353	火碱		9
354	丁醇		5
355	水玻璃		2
356	氟硅酸钠		1
357	乙二胺、丙酮		2.5
358	苯磺酰氯		2.5
359	硫酸、硫磺		2.5
360	盐酸		5
361	氯化镁		2
362	甲苯		2.5
363	二甲苯		8
364	食盐		2
365	环氧树脂		3
366	酚醛树脂		3
367	呋喃树脂		3
368	壁纸		12
369	壁纸		30
370	汽油		10
371	煤油		3
372	煤		8
373	水		15
374	聚硫橡胶		2.5
375	橡皮		1
376	橡皮条		5
377	水龙带		5
378	沥青胶(泥)		1
379	水泥石棉管		2
380	陶土管		5
381	炸药		3
382	电雷管		2
383	火雷管		3
384	导火索		6

附录二　建筑工程建筑面积计算规则

《建筑工程建筑面积计算规范》(GB/T 50353—2013)对建筑工程建筑面积的计算作出了具体的规定和要求。

一、计算建筑面积的范围

(1)建筑物的建筑面积应按自然层外墙结构外围水平面积之和计算。结构层高在 2.20m 及以上的,应计算全面积;结构层高在 2.20m 以下的,应计算 1/2 面积。主体结构外的室外阳台、雨篷、檐廊、室外走廊、室外楼梯等按下述相应规则计算建筑面积。当外墙结构本身在一个层高范围内不等厚时,以楼地面结构标高处的外围水平面积计算。

(2)建筑物内设有局部楼层(附图 1)时,对于局部楼层的二层及以上楼层,有围护结构的应按其围护结构外围水平面积计算,无围护结构的应按其结构底板水平面积计算。结构层高在 2.20m 及以上的,应计算全面积;结构层高在 2.20m 以下的,应计算 1/2 面积。

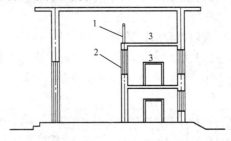

附图 1　建筑物内的局部楼层
1—围护设施;2—围护结构;3—局部楼层

(3)形成建筑空间的坡屋顶,结构净高在 2.10m 及以上的部位应计算全面积;结构净高在 1.20m 及以上至 2.10m 以下的部位应计算 1/2 面积;结构净高在 1.20m 以下的部位不应计算建筑面积。

(4)场馆看台下的建筑空间,结构净高在 2.10m 及以上的部位应计算全面积;结构净高在 1.20m 及以上至 2.10m 以下的部位应计算 1/2 面积;结构净高在 1.20m 以下的部位不应计算建筑面积。室内单独设置的有围护设施的悬挑看台,应按看台结构底板水平投影面积计算建筑面积。有顶盖无围护结构的场馆看台应按其顶盖水平投影面积的 1/2 计算面积。

注:场馆看台下的建筑空间因其上部结构多为斜板,所以采用净高的尺寸划定建筑面积的计算范围和对应规则。室内单独设置的有围护设施的悬挑看台,因其看台上部设有顶盖且可供人使用,所以按看台板的结构底板水平投影计算建筑面积。

(5)地下室、半地下室应按其结构外围水平面积计算。结构层高在 2.20m 及以上的,应计算全面积;结构层高在 2.20m 以下的,应计算 1/2 面积。

(6)出入口外墙外侧坡道有顶盖的部位,应按其外墙结构外围水平面积的 1/2 计算面积。

注:出入口坡道分有顶盖出入口坡道和无顶盖出入口坡道,出入口坡道顶盖的挑出长度,为顶盖结构外边线至外墙结构外边线的长度;顶盖以设计图纸为准,对后增加及建设单位自行增加的顶盖等,不计算建筑面积。顶盖不分材料种类(如钢筋混凝土顶盖、彩钢板顶盖、阳光板顶盖等)。地下室出入口如附图 2 所示。

(7)建筑物架空层及坡地建筑物吊脚架空层(附图 3),应按其顶板水平投影计算建筑面积。结构层高在 2.20m 及以上的,应计算全面积;结构层高在 2.20m 以下的,应计算 1/2 面积。

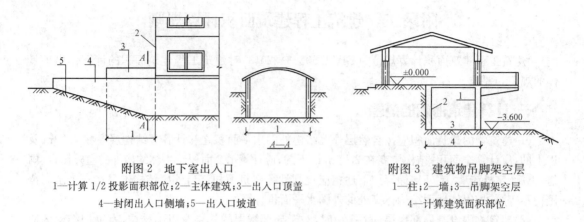

附图 2　地下室出入口
1—计算 1/2 投影面积部位；2—主体建筑；3—出入口顶盖
4—封闭出入口侧墙；5—出入口坡道

附图 3　建筑物吊脚架空层
1—柱；2—墙；3—吊脚架空层
4—计算建筑面积部位

（8）建筑物的门厅、大厅应按一层计算建筑面积，门厅、大厅内设置的走廊应按走廊结构底板水平投影面积计算建筑面积。结构层高在 2.20m 及以上的，应计算全面积；结构层高在 2.20m 以下的，应计算 1/2 面积。

（9）建筑物间的架空走廊，有顶盖和围护结构的，应按其围护结构外围水平面积计算全面积；无围护结构、有围护设施的，应按其结构底板水平投影面积计算 1/2 面积。

注：无围护结构的架空走廊如附图 4 所示；有围护结构的架空走廊如附图 5 所示。

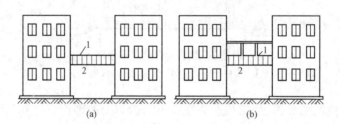

附图 4　无围护结构的架空走廊
1—栏杆；2—架空走廊

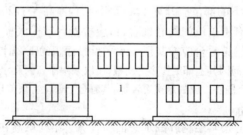

附图 5　有围护结构的架空走廊
1—架空走廊

（10）立体书库、立体仓库、立体车库，有围护结构的，应按其围护结构外围水平面积计算建筑面积；无围护结构、有围护设施的，应按其结构底板水平投影面积计算建筑面积。无结构层的应按一层计算，有结构层的应按其结构层面积分别计算。结构层高在 2.20m 及以上的，应计算全面积；结构层高在 2.20m 以下的，应计算 1/2 面积。

注:起局部分隔、存储等作用的书架层、货架层或可升降的立体钢结构停车层均不属于结构层,故该部分分层不计算建筑面积。

(11)有围护结构的舞台灯光控制室,应按其围护结构外围水平面积计算。结构层高在2.20m及以上的,应计算全面积;结构层高在2.20m以下的,应计算1/2面积。

(12)附属在建筑物外墙的落地橱窗,应按其围护结构外围水平面积计算。结构层高在2.20m及以上的,应计算全面积;结构层高在2.20m以下的,应计算1/2面积。

(13)窗台与室内楼地面高差在0.45m以下且结构净高在2.10m及以上的凸(飘)窗,应按其围护结构外围水平面积计算1/2面积。

(14)有围护设施的室外走廊(挑廊),应按其结构底板水平投影面积计算1/2面积;有围护设施(或柱)的檐廊(附图6),应按其围护设施(或柱)外围水平面积计算1/2面积。

(15)门斗(附图7)应按其围护结构外围水平面积计算建筑面积。结构层高在2.20m及以上的,应计算全面积;结构层高在2.20m以下的,应计算1/2面积。

(16)门廊应按其顶板水平投影面积的1/2计算建筑面积;有柱雨篷应按其结构板水平投影面积的1/2计算建筑面积;无柱雨篷的结构外边线至外墙结构外边线的宽度在2.10m及以上的,应按雨篷结构板的水平投影面积的1/2计算建筑面积。

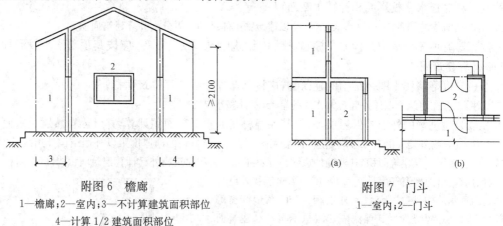

附图6　檐廊
1—檐廊;2—室内;3—不计算建筑面积部位
4—计算1/2建筑面积部位

附图7　门斗
1—室内;2—门斗

注:雨篷分为有柱雨篷和无柱雨篷。有柱雨篷,没有出挑宽度的限制,也不受跨越层数的限制,均计算建筑面积。无柱雨篷,其结构板不能跨层,并受出挑宽度的限制,设计出挑宽度大于或等于2.10m时才计算建筑面积。出挑宽度,是指雨篷结构外边线至外墙结构外边线的宽度,弧形或异形时,取最大宽度。

(17)设在建筑物顶部的、有围护结构的楼梯间、水箱间、电梯机房等,结构层高在2.20m及以上的应计算全面积;结构层高在2.20m以下的,应计算1/2面积。

(18)围护结构不垂直于水平面的楼层,应按其底板面的外墙外围水平面积计算。结构净高在2.10m及以上的部位,应计算全面积;结构净高在1.20m及以上至2.10m以下的部位,应计算1/2面积;结构净高在1.20m以下的部位,不应计算建筑面积。

注:斜围护结构与斜屋顶采用相同的计算规则,即只要外壳倾斜,就按结构净高划段,分别计算建筑面积。斜围护结构如附图8所示。

(19)建筑物的室内楼梯、电梯井、提物井、管道井、通风排气竖井、烟道,应并入建筑物的自然层计算建筑面积。有顶盖的采光井应按一层计算面积,结构净高在2.10m及以上的,应计算全面积,结构净高在2.10m以下的,应计算1/2面积。

注:建筑物的楼梯间层数按建筑物的层数计算。有顶盖的采光井包括建筑物中的采光井和地下室采光井。地下室采光井如附图9所示。

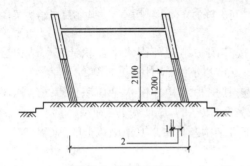

附图 8　斜围护结构

1—计算 1/2 建筑面积部位；2—不计算建筑面积部位

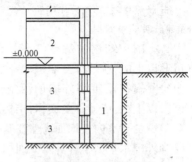

附图 9　地下室采光井

1—采光井；2—室内；3—地下室

(20)室外楼梯应并入所依附建筑物自然层，并应按其水平投影面积的 1/2 计算建筑面积。

注：利用室外楼梯下部的建筑空间不得重复计算建筑面积；利用地势砌筑的为室外踏步，不计算建筑面积。

(21)在主体结构内的阳台，应按其结构外围水平面积计算全面积；在主体结构外的阳台，应按其结构底板水平投影面积计算 1/2 面积。

注：建筑物的阳台，不论其形式如何，均以建筑物主体结构为界分别计算建筑面积。

(22)有顶盖无围护结构的车棚、货棚、站台、加油站、收费站等，应按其顶盖水平投影面积的 1/2 计算建筑面积。

(23)以幕墙作为围护结构的建筑物，应按幕墙外边线计算建筑面积。

注：设置在建筑物墙体外起装饰作用的幕墙，不计算建筑面积。

(24)建筑物的外墙外保温层，应按其保温材料的水平截面积计算，并计入自然层建筑面积。

注：建筑物外墙外侧有保温隔热层的，保温隔热层以保温材料的净厚度乘以外墙结构外边线长度按建筑物的自然层计算建筑面积，其外墙外边线长度不扣除门窗和建筑物外已计算建筑面积构件(如阳台、室外走廊、门斗、落地橱窗等部件)所占长度。当建筑物外已计算建筑面积的构件(如阳台、室外走廊、门斗、落地橱窗等部件)有保温隔热层时，其保温隔热层也不再计算建筑面积。外墙是斜面者按楼面楼板处的外墙外边线长度乘以保温材料的净厚度计算。外墙外保温以沿高度方向满铺为准，某层外墙外保温铺设高度未达到全部高度时(不包括阳台、室外走廊、门斗、落地橱窗、雨篷、飘窗等)，不计算建筑面积。保温隔热层的建筑面积是以保温隔热材料的厚度来计算的，不包含抹灰层、防潮层、保护层(墙)的厚度。建筑外墙外保温如附图 10 所示。

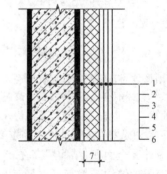

附图 10　建筑外墙外保温示意图

1—墙体；2—粘结胶浆；3—保温材料；4—标准网
5—加强网；6—抹面胶浆；7—计算建筑面积部位

(25)与室内相通的变形缝，应按其自然层合并在建筑物建筑面积内计算。对于高低联跨的建筑物，当高低跨内部连通时，其变形缝应计算在低跨面积内。

注：与室内相通的变形缝是指暴露在建筑物内，在建筑物内可以看得见的变形缝。

(26)对于建筑物内的设备层、管道层、避难层等有结构层的楼层，结构层高在 2.20m 及以上的，应计算全面积；结构层高在 2.20m 以下的，应计算 1/2 面积。

二、不应计算建筑面积的范围

(1)与建筑物内不相连通的建筑部件。

(2)骑楼(附图 11)、过街楼(附图 12)底层的开放公共空间和建筑物通道。

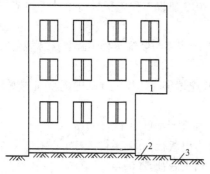

附图 11　骑楼

1—骑楼;2—人行道;3—街道

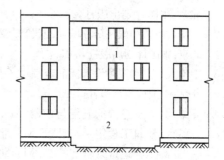

附图 12　过街楼

1—过街楼;2—建筑物通道

(3)舞台及后台悬挂幕布和布景的天桥、挑台等。

(4)露台、露天游泳池、花架、屋顶的水箱及装饰性结构构件。

(5)建筑物内的操作平台、上料平台、安装箱和罐体的平台。

(6)勒脚、附墙柱、垛、台阶、墙面抹灰、装饰面、镶贴块料面层、装饰性幕墙,主体结构外的空调室外机搁板(箱)、构件、配件,挑出宽度在 2.10m 以下的无柱雨篷和顶盖高度达到或超过两个楼层的无柱雨篷。

(7)窗台与室内地面高差在 0.45m 以下且结构净高在 2.10m 以下的凸(飘)窗,窗台与室内地面高差在 0.45m 及以上的凸(飘)窗。

(8)室外爬梯、室外专用消防钢楼梯。

(9)无围护结构的观光电梯。

(10)建筑物以外的地下人防通道,独立的烟囱、烟道、地沟、油(水)罐、气柜、水塔、贮油(水)池、贮仓、栈桥等构筑物。

参 考 文 献

[1] 中华人民共和国住房和城乡建设部. GB 50500—2013 建设工程工程量清单计价规范[S].
    北京:中国计划出版社,2013.
[2] 中华人民共和国住房和城乡建设部. GB 50854—2013 房屋与装饰工程工程量计算规范[S].
    北京:中国计划出版社,2013.
[3] 中华人民共和国建设部标准定额司. GJD—101—95 全国统一建筑工程基础定额(土建)[S].
    北京:中国计划出版社,1995.
[4] 龚维丽. 工程造价的确定与控制[M]. 2 版. 北京:中国计划出版社,2001.
[5] 王朝霞. 建筑工程定额与计价[M]. 北京:中国电力出版社,2004.
[6] 尹贻林. 工程造价计价与控制[M]. 北京:中国计划出版社,2003.
[7] 王瑞红,谢洪. 预算员[M]. 北京:机械工业出版社,2002.
[8] 武建文. 造价工程师提高必读[M]. 北京:中国电力出版社,2005.
[9] 《造价工程师实务手册》编写组. 造价工程师实务手册[M]. 北京:机械工业出版社,2006.
[10] 陶学明. 工程造价计价与管理[M]. 北京:中国建筑工业出版社,2004.
[11] 张银龙. 工程量清单计价及企业定额编制与应用[M]. 北京:中国石化出版社,2004.